CAD 실기 실습

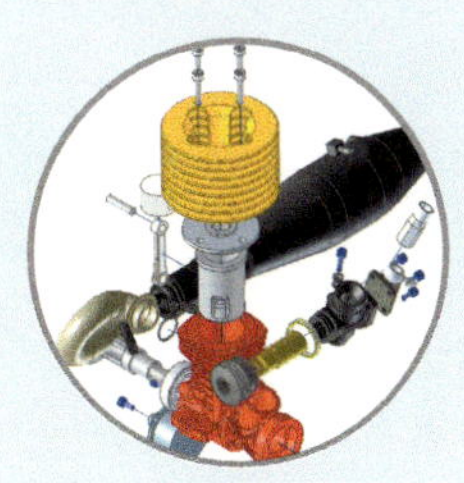
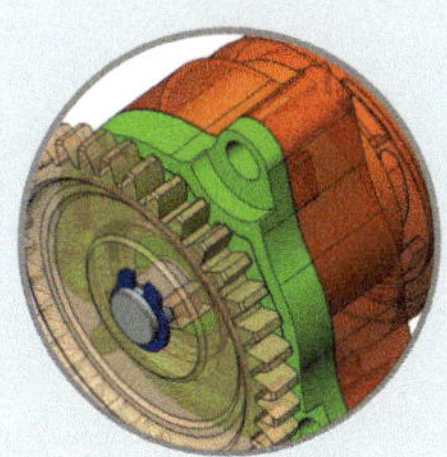
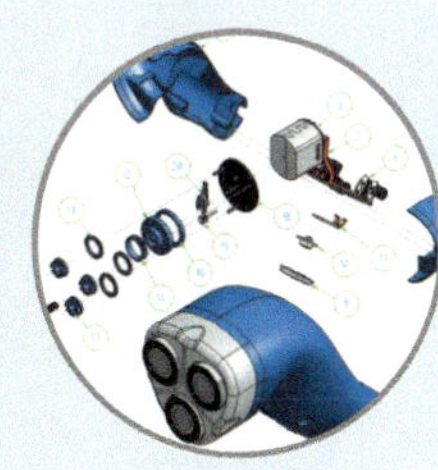

일진사

학습자 여러분! 안녕하십니까? 기계 분야 실기시험을 준비하느라 수고가 많습니다. 아시다시피 기계공학의 핵심 분야는 기계설계라고 자부할 수 있으며 산업 수요에 맞춰 국가기술자격증시험에서도 CAD형 작업 과제가 강화되고 있는 실정입니다.

그러나 어떻게 준비해야 할 지 막연하고 또한 전문적으로 가르쳐 주는 곳을 찾기도 어렵고 비용도 만만치 않을 것입니다. 도면 해독 능력 부족과 과제 분석의 어려움, CAD 프로그램 사용 미숙 등으로 독학으로 준비하기에는 무모할 뿐만 아니라 최근 바뀐 수검 기준을 몰라 과거 방식으로 작업하다 실패를 보는 경우가 많습니다.

2009년 1월부터 일반기계 기사, 건설기계 기사, 건설기계 산업기사 등 기계 직종 분야의 CAD 작업형 실기시험이 기계설계 산업기사와 동일하게 통일되었고 채점 기준도 바뀌었습니다.
이에 필자는 수년간 채점위원으로서 문제 출제한 경험을 토대로 확실한 수검 안내서를 준비하였습니다.

본 교재는 Inventor 사용자나 SolidWorks 사용자가 모델링 투상을 추출하고 AutoCAD에서 최종 도면을 완성하는 방식으로 만들었는데, 이것은 학교 등에서 일반적으로 가장 많이 사용하는 CAD 프로그램과 과제 수행 방식으로 수검 요구 조건에 맞게, 과제 수행 시간을 절약하는 진행 방법입니다.

또한 필자는 본 교재와 맞게 실기 강의를 형설지공(www.zgong.co.kr)과 KISA(www.kisa.co.kr) 사이트에서 동시 온라인 강좌를 실시하고 있으며 이 강좌를 시청하면서 연습을 병행한다면 보다 높은 학습 효율을 얻을 수 있습니다.

현재 가장 출제 빈도가 높은 공개된 과제를 다루었으며, 실전에는 다양하게 변형된 과제가 나오므로 부록에 나와 있는 여러 실전 과제를 연습해 봄으로써 응용력을 높여 완벽한 실기 준비를 할 수 있을 것입니다. 특히 부록의 기출 과제는 실전 연습을 할 수 있도록 1:1 척도로 인쇄되었습니다.

혹시 교재 내용의 CAD 프로그램 버전과 학습자가 사용하는 프로그램의 버전이 맞지 않아 고심한다면 걱정을 털어도 됩니다. 그것을 예상하여 어느 버전에서도 적용할 수 있도록 일반적 명령과 메뉴를 사용하여 큰 문제가 없도록 하였습니다.

그럼, 본 교재를 사용하는 수험생 여러분께 감사를 드리며 합격의 권투를 빌겠습니다.

강형식(dajicno@hanmail.net) 드림

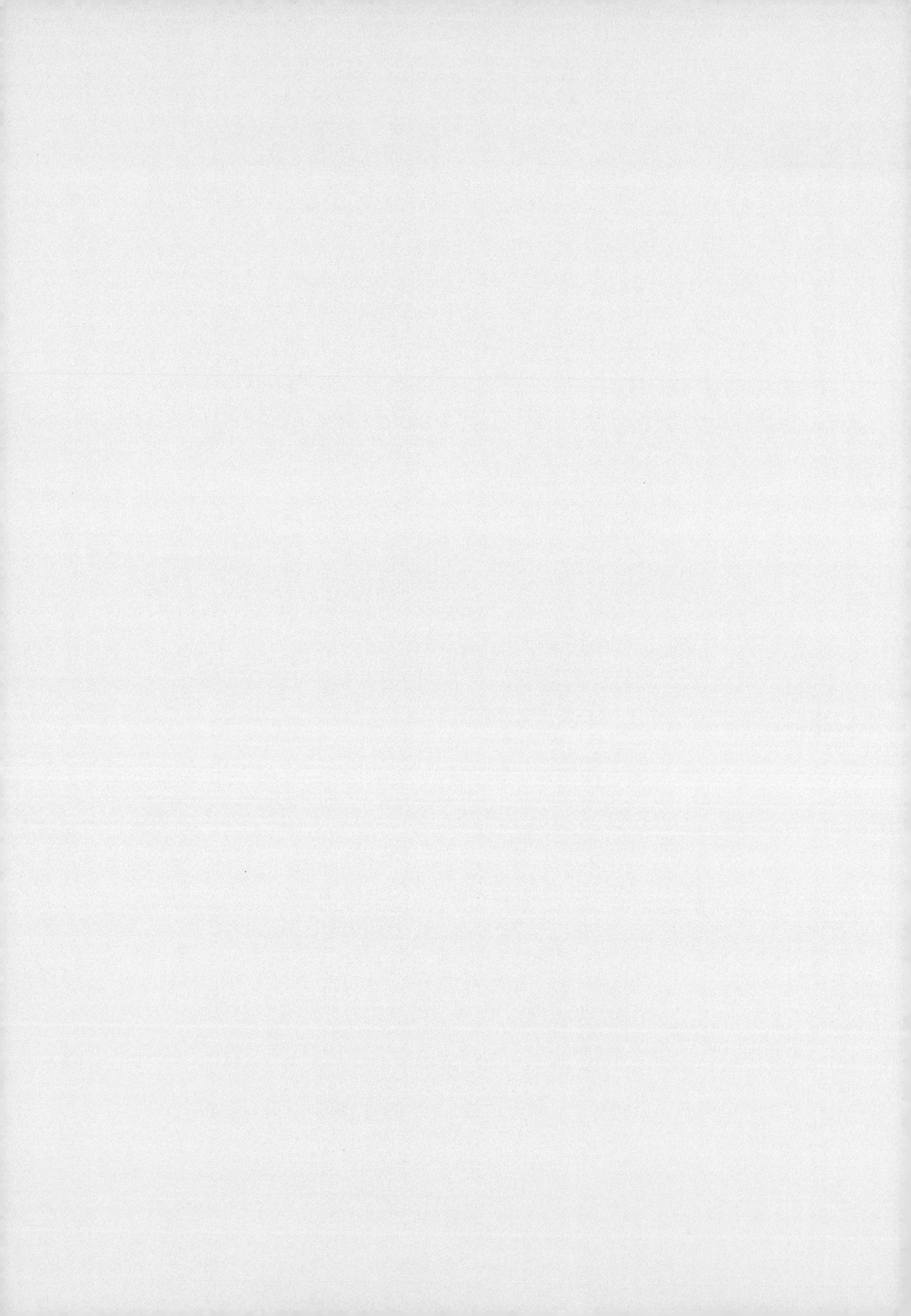

C O N T E N T S [차 례]

>>> 부 록

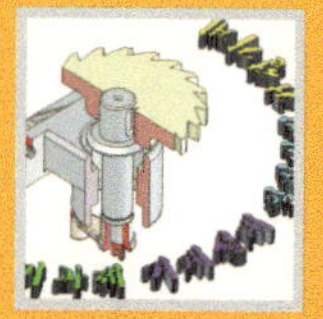 CAD

실기 공통

01 기계설계 산업기사 실기 소개

1 수검 준비 및 요령

1 수검 준비

2009년부터 CAD 작업 실기 과제 방법이 바뀌었으며, 이에 본 교재도 그 기준에 맞춰 제작하였다. 필자의 경험을 토대로 수검자가 알아야 할 과제 요구 조건, 수검자 주의사항, 바뀐 채점 기준에 따른 채점표 부분을 소개한다.

먼저 응시자가 신분증, 수검증, KS 데이터북, 자, 필기구 등과 함께 수검장에 들어서면 시험 감독관은 인물 확인 후 수검자에게 비번호를 부여하는데, 비번호는 잘 보이는 곳의 상의에 부착하고 지정된 좌석에 앉아 컴퓨터와 프로그램의 이상 여부를 시험 시작 전 확인해야 한다.

응시자 본인이 쓰는 CAD 프로그램이 달라 노트북 등 개인 컴퓨터를 사용할 때는 감독관에게 사전 허락을 얻도록 한다. 이 경우 플로팅 시 문제가 발생되기도 하는데 반드시 완성 도면 파일을 색상, 크기 등 수검 요구조건과 동일 형태로 AutoCAD의 기본 파일 DWG 형태로 변환하는 기술을 가지고 임해야 애로사항을 줄일 수 있음을 명심해야 한다.

장비 점검이 끝나면 아래와 같은 문제지를 받게 되는데 아래 항목과 같이 비번호와 성명을 기록한 후 수검에 임한다.

수검 매 회마다 똑같은 내용이 아니므로 반드시 요구사항을 읽고 준수하도록 한다.

[문제지에 기록해야 할 사항]

비(등)번호 : ××	성 명 : 홍 길 동

실기시험이 시작되면 자리에서 이탈할 수 없으며 용무가 있을 시 손을 들어 감독관의 지시에 따른다. 대체로 점심식사 시간 없이 연속으로 하기 때문에 후반 체력이 떨어지면 집중력도 떨어지므로 체력 보강을 위해 밀봉된 음료나 과자 등의 간식을 준비하는 것도 센스라 볼 수 있다.

2 수검 요령

① 수검 시작 신호가 들어오면 시간 체크를 해 놓고, 과제물 도면 검토에 들어가는데, 이때 구동 원리와 목적, 각 부품 형상을 충분히 살핀다.

② 과제물 도면에 요구사항과 대조하면서 여백에 중요 내용(단면도 부품, 비중 등)을 기록한다.

③ 과제 도면은 보통 1:1 또는 1:2로 실척에 맞게 프린팅되어 있으므로 수검자 본인이 과제물의 크기를 직접 자로 재어 가면서 투상해야 한다. 치수 측정 시 착오에 의한 오작도 발생을 방지하고, 시간을 절약하기 위해 색상이 다른 필기구를 써서 끼워맞춤 치수, 중심거리 등의 중요 치수 측정값은 도면 여백에 직접 기록해 두고 복잡한 형상 부분은 간략 프리핸드 스케치하여 필요한 치수 기입을 해 둔다.

④ 표준 부품은 지참한 KS 데이터 북을 통해 필요한 자료를 추출하여 문제지 여백에 그려둔다.

⑤ 과제 수행 성공 여부는 시간 관리에 달렸다고 해도 과언이 아니므로 시간을 체크해가며 과제 수행을 해야 하는데 어려운 난제 부분부터 하기보다는 쉬운 투상부터 하다보면 그 과정에서 저절로 풀리는 경우가 있으므로 어려워 보이는 투상에서 너무 머뭇거려 시간을 빼았기는 일이 없도록 한다.

필자의 작업 시간 관리 경험치는 다음과 같은데 참고하길 바란다. 이것은 개인마다 편차와 숙련도가 다르므로 평소 연습 시 습관화하여 기록해 보는 것이 중요하다.

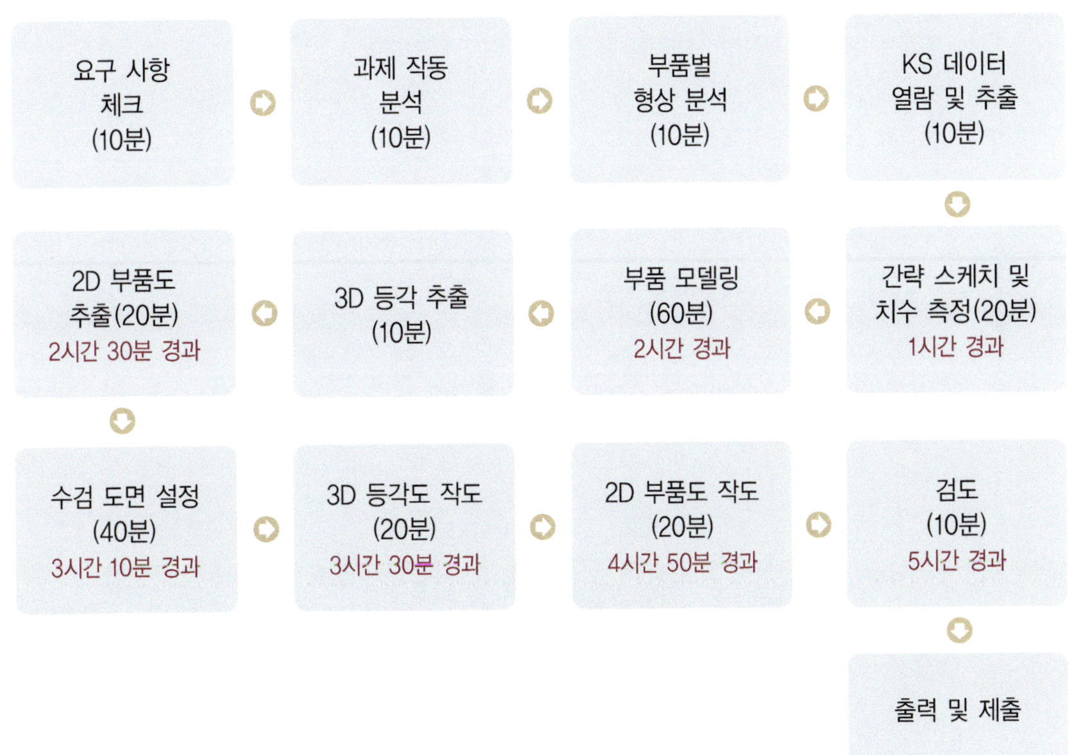

5HR 과제의 작업 시간 관리의 예

❸ 검 도

자! 이제 실기 도면이 완성이 되었다면 8부 능선을 넘었다고 볼 수 있다. 그러나 다음의 검도 과정이 중요하며, 많은 수검자들이 시간 부족에 당황하여 종료 신호 시 미완성 상태에서 바로 제출하는 것을 많이 봐 왔는데, 감독관은 채점 권한이 없으므로 미완성 작품도 출력물을 철하고 인정해 주긴 하지만 중앙 채점 과정에서 미완성 또는 오작으로 실격 처리된다. 연장 시간을 쓰게 되어

감점을 당하더라도 약간의 시간을 할애하여 검도를 실시하며 다음과 같은 요령으로 실시하면 도움이 될 것이다.

① 요구 부품별로 투상도, 요구 부품 단면 및 해칭, 투상선 누락은 없는가?

② 중요 치수(끼워 맞춤부, 중심거리, 전체 치수, KS 데이터 치수) 누락은 없는가?

③ 기능과 품질에 따른 주요부 기하공차, 표면거칠기를 논리적 위치에 적절하게 기입했는가?

④ 품번과 부품란 번호가 일치하고 중량값 기입이 맞는가?

⑤ 열처리 부품의 주서는 기입했고 재질은 적합한가?

⑥ 전체적 균형 배치가 맞아 짜임새 있고, 미려한가?

⑦ 전체보기하여 여백 등에 표면거칠기 기호 등 불필요한 객체가 남아 있지 않은가?

⑧ 파단선, 은선 등 색상은 적합하고, 중심선이 너무 짧거나 길게 나온 곳이 있어 미관이 안 좋은 곳은 없는가?

이렇게 해서 모든 검도가 끝나면 모든 작업 파일을 부여된 비번호 폴더에 모아서 제출하고 작업 시간을 감독에게 체크아웃 시킨 후에 2D 부품도와 3D 모델링도만 본인이 직접 플로팅하는데 이것은 작업 시간에 포함 안 되니 차분하게 출력물의 이상 유무를 확인한 후 감독관에게 서명받고 시험 문제지와 함께 제출 후 퇴실한다.

이때 출력물에서 잘못 작도된 부분이 발견되는 경우 본인 실수에 의한 것은 시간이 남았어도 다시 작업을 할 수 없다.

2 과제 요구사항의 예

다음은 기계설계 산업기사의 실기 문제지의 한 예이며 일반기계 기사, 건설기계 기사, 건설기계 산업기사 준비생도 동일하게 수검 준비를 하면 된다. 본 교재에서는 아래와 같은 요구 조건으로 과제 수행 과정을 수록하였다.

> 시험 시간 : 표준 시간(5시간), 연장 시간(30분)

■ 2차원 부품도 작업

① 지급된 조립 도면에서 부품 ①, ②, ③, ④번 부품 제작도는 CAD 프로그램을 이용하여 제도한다.

② 제도는 제3각법에 의해 A2 크기 도면의 윤곽선(그림 참조) 영역 내에 1:1로 제도한다.

③ 2차원 부품도는 과제의 기능과 동작을 정확히 이해하여 투상도, 치수, 치수공차와 끼워맞춤 공차기호, 기하공차 기호, 표면거칠기 기호 등 부품 제작에 필요한 모든 사항을 기입한다.

④ 제도는 KS 규격에서 정한 바에 의하고, 규정되지 아니한 내용은 ISO 규격과 관례에 따른다.

⑤ 도면을 아래 양식에 맞추어 좌측 상단 A부에 수검번호, 성명을 먼저 작성하고, 오른쪽 하단 B부에는 표제란과 부품란을 작성한 후 부품 제작도를 제도한다.(단, 도면을 A2 규격에

제도한 후 출력 시에는 A3 규격 용지에 해도 무방하나 반드시 KS 제도 비례척이 되어야 한다.)

⑥ 나사부 도시는 3차원 설계에서는 실물 형상에 맞게 투상하고, 2차원 부품 공작도에서는 KS 나사 도시법에 따라 투상한다.

⑦ 척도는 KS 제도 척도 중에서 택일하여 비례적으로 작성하고 출력 후 디스켓에 저장한 다음 본인이 출력한 도면과 함께 제출한다.

⑧ 출력은 지급된 용지(A3 용지)에 본인이 직접 흑백으로 출력하여 제출한다.

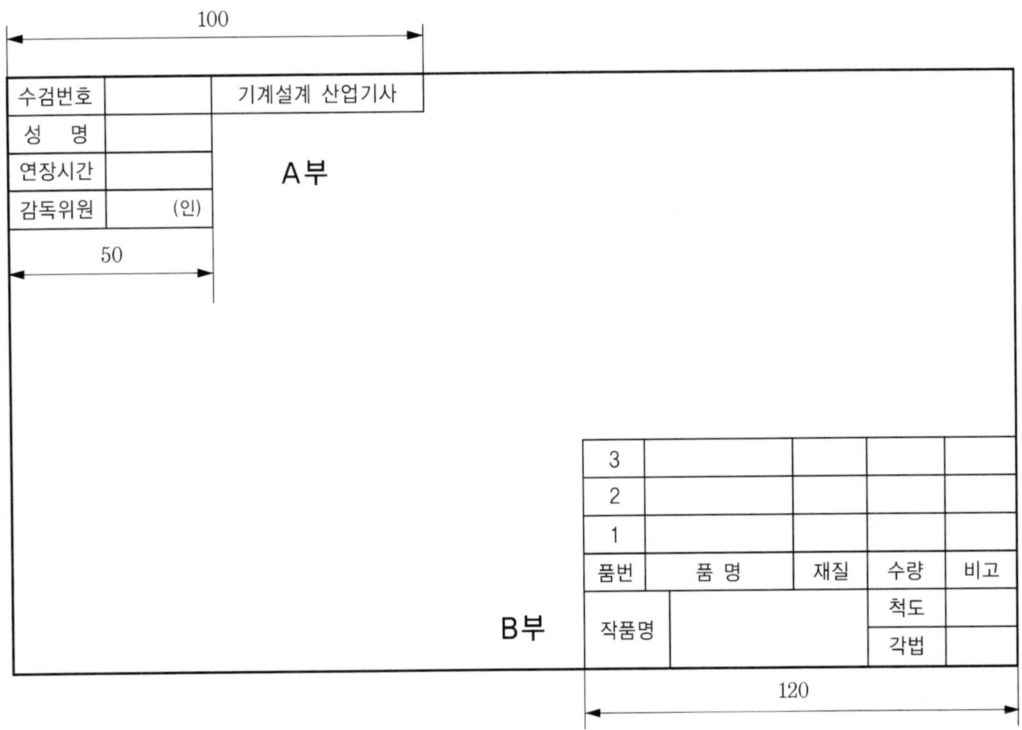

② 3차원 모델링도 작업

① 2차원 부품도 작업에서 지시한 부품들을 솔리드 모델링한 후 흑백으로 출력 시 형상이 잘 나타나도록 등각투상도로 나타낸다.

• 부품 ①, ②, ④의 내부 형상이 잘 나타날 수 있도록 한쪽 단면(1/4 단면) 처리한다.(단, 한쪽 단면 처리 시 단면부는 해칭 처리한다.)

• 등각투상도를 렌더링 처리하여 나타내어도 무방하다.(단, 출력 시 형상이 잘 나타나도록 색 상 및 그 외 사항을 적절히 지정하며, 렌더링 시에는 단면부 해칭 처리는 하지 않는다.)

② 도면의 크기는 A2로 하며 윤곽선(위 그림 참조) 영역 내에 적절히 배치하도록 한다.

③ 척도는 NS로 A3로 출력 시 형상이 잘 나타나도록 실물의 형상과 배치를 고려하여 임의로 한다.

④ 부품마다 실물의 특징이 가장 잘 나타나는 등각축을 2개 선택하여 등각 이미지를 2개씩 나타낸다.

⑤ 좌측 상단 A부에 수검번호, 성명을 먼저 작성하고, 오른쪽 하단 B부에는 표제란과 부품란을 작성한 후 모델링도 작업을 한다.

⑥ 부품란 '비고'에는 모델링한 모든 부품의 중량을 g 단위로 소수점 첫째자리에서 반올림하여 기입한다.

- 중량 계산 시 한쪽 단면(1/4 단면) 처리한 상태에서 중량을 계산하지 않도록 주의한다.(모델이 완전한 형상에서 중량을 계산해야 함.)
- 중량은 3차원 모델링도 비고란에 기입하며, 재질과 상관없이 비중을 7.85로 하여 계산한다.

⑦ 지급된 용지에 본인이 직접 등각투상도로 나타낸 도면을 흑백으로 출력하여 제출한다.

[3차원 모델링 작업 예시]

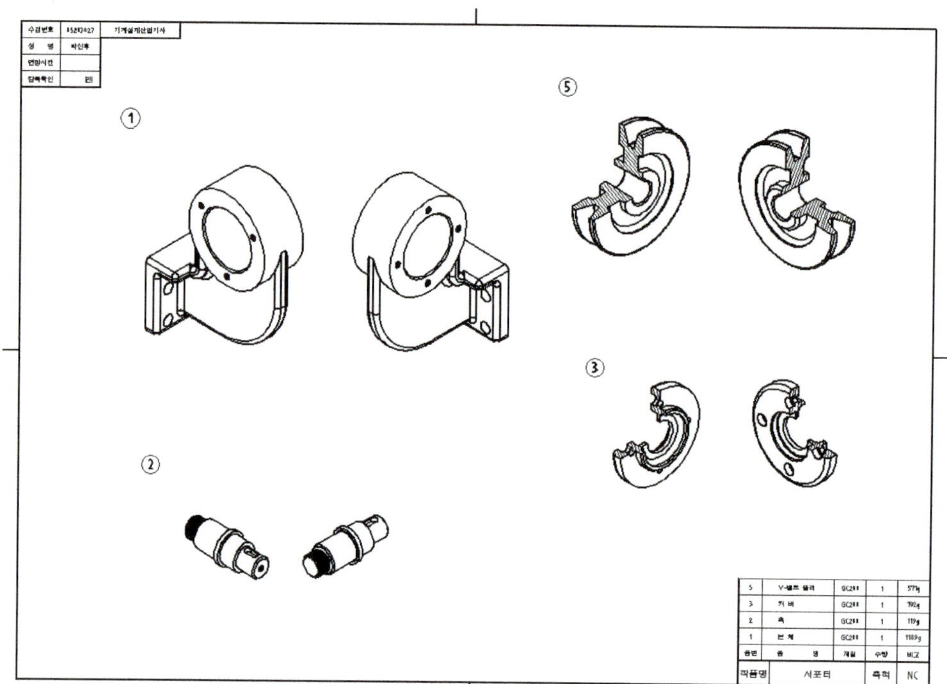

3 수검자 유의사항

① 미리 작성된 part program 또는 block은 일체 사용할 수 없다.

② 시작 전 바탕화면에 본인 비번호로 폴더를 생성한 후 이 폴더에 비번호를 파일명으로 하여 작업 내용을 저장하고, 시험을 종료한 후 하드디스크의 작업 내용은 삭제한다.

③ 출력물을 확인하여 다른 수험자와 동일 작품이 발견될 경우 모두 부정행위로 처리한다.

④ 정전 또는 기계 고장으로 인한 자료 손실을 방지하기 위하여 10분에 1회 이상 저장한다.

⑤ 제도 작업에 필요한 data book은 열람할 수 있으나, 출제 문제의 해답 및 투상도와 관련된 설명이나, 투상도가 수락되어 있는 노트 및 서적은 열람하지 못한다.

⑥ 장비 조작 미숙으로 인해 파손 및 고장을 일으킬 염려가 있거나 출력 시간이 30분을 초과할 경우는 시험위원 합의하에 실격 처리된다.

⑦ 과제에 표시되지 않은 표준 부품은 data book에서 가장 적당한 것을 선정하여 해당 규격으로 제도하고, 도면의 치수와 규격이 일치하지 않을 때에도 해당 규격으로 제도한다.

⑧ 연장 시간 사용 시 허용 연장 시간 범위 내에서 매 10분마다 3점씩을 감점 처리한다.

⑨ 도면의 한계(limits)와 선의 굵기와 문자의 크기를 구분하기 위한 색상을 다음과 같이 정한다.

(ㄱ) 도면의 한계 설정(limits)

• a와 b의 도면의 한계선(도면의 가장자리 선)은 출력되지 않도록 한다.

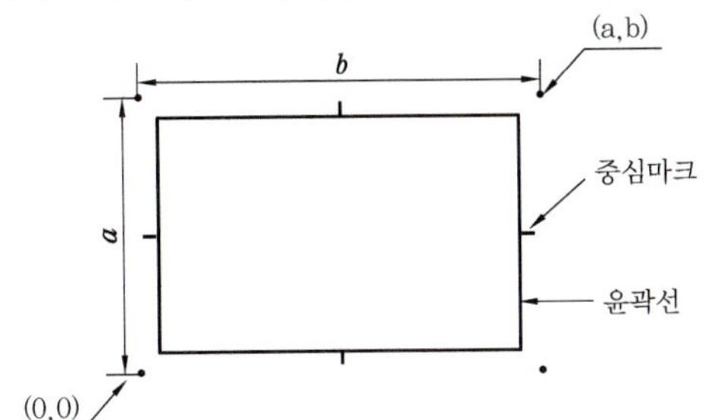

구 분	도면의 한계		중심마크
	a	b	c
도면 사이즈 (A2 용지)	420	594	10

(ㄴ) 선 굵기와 문자, 숫자 크기 구분을 위한 색상 지정

출력 시 선 굵기	색상(color)	용 도
0.35 mm	초록색(Green)	윤곽선, 부품번호, 외형선, 개별주서 등
0.25 mm	노란색(Yellow)	숨은선, 치수문자, 일반주서 등
0.18 mm	흰색(White), 빨강(Red)	해칭, 치수선, 치수보조선, 중심선 등

(ㄷ) 사용 문자의 크기는 7.0, 5.0, 3.5, 2.5 중 적절한 것으로 사용한다.

⑩ 좌측 상단 A부에 감독위원 확인을 받아야 하며, 안전수칙을 준수해야 한다.

⑪ 표제란 위에 있는 부품란에는 각 도면에서 제도하는 해당 부품만 기재한다.

⑫ 작업이 끝나면 제공된 USB에 바탕화면의 비번호 폴더 전체를 저장하고, 출력 시는 시험위원이 USB를 삽입한 후 수험자 본인이 시험위원 입회하에 직접 출력하며, 출력 소요 시간은 시험 시간에서 제외한다.

⑬ 다음 사항에 해당하는 작품은 채점 대상에서 제외된다.

(ㄱ) 시험 시간 내에 1개의 부품(2D 또는 3D)이라도 제도되지 않는 작품

(ㄴ) 요구한 각법을 지키지 않고 제도한 작품

(ㄷ) 요구한 척도를 지키지 않고 제도한 작품

(ㄹ) 요구한 도면 크기에 제도되지 않아 제시한 출력 용지와 크기가 맞지 않는 작품

(ㅁ) 지급된 용지에 출력되지 않은 작품

(ㅂ) 끼워맞춤 공차 기호를 기입하지 않았거나 아무 위치에 기입하여 제도한 작품

(ㅅ) 기하공차 기호를 기입하지 않았거나 아무 위치에 기입하여 제도한 작품

(ㅇ) 표면거칠기 기호가 기입되지 않았거나 아무 위치에 기입하여 제도한 작품

(ㅈ) 2D 부품도나 3D 등각투상도 중 하나라도 제출하지 않은 작품

(ㅊ) KS 제도 통칙을 준수하지 않고 제도한 작품

⑭ 지급된 시험 문제는 비번호 기재 후 반드시 제출한다.

⑮ 출력은 사용하는 CAD 프로그램상에서 출력하는 것이 원칙이나, 출력에 애로사항이 발생할 경우 pdf 파일로 변환하여 출력하는 것도 무방하다.

자격 종목 및 등급	기계설계 산업기사	작품명	동력변환장치 2	척 도	1 : 1

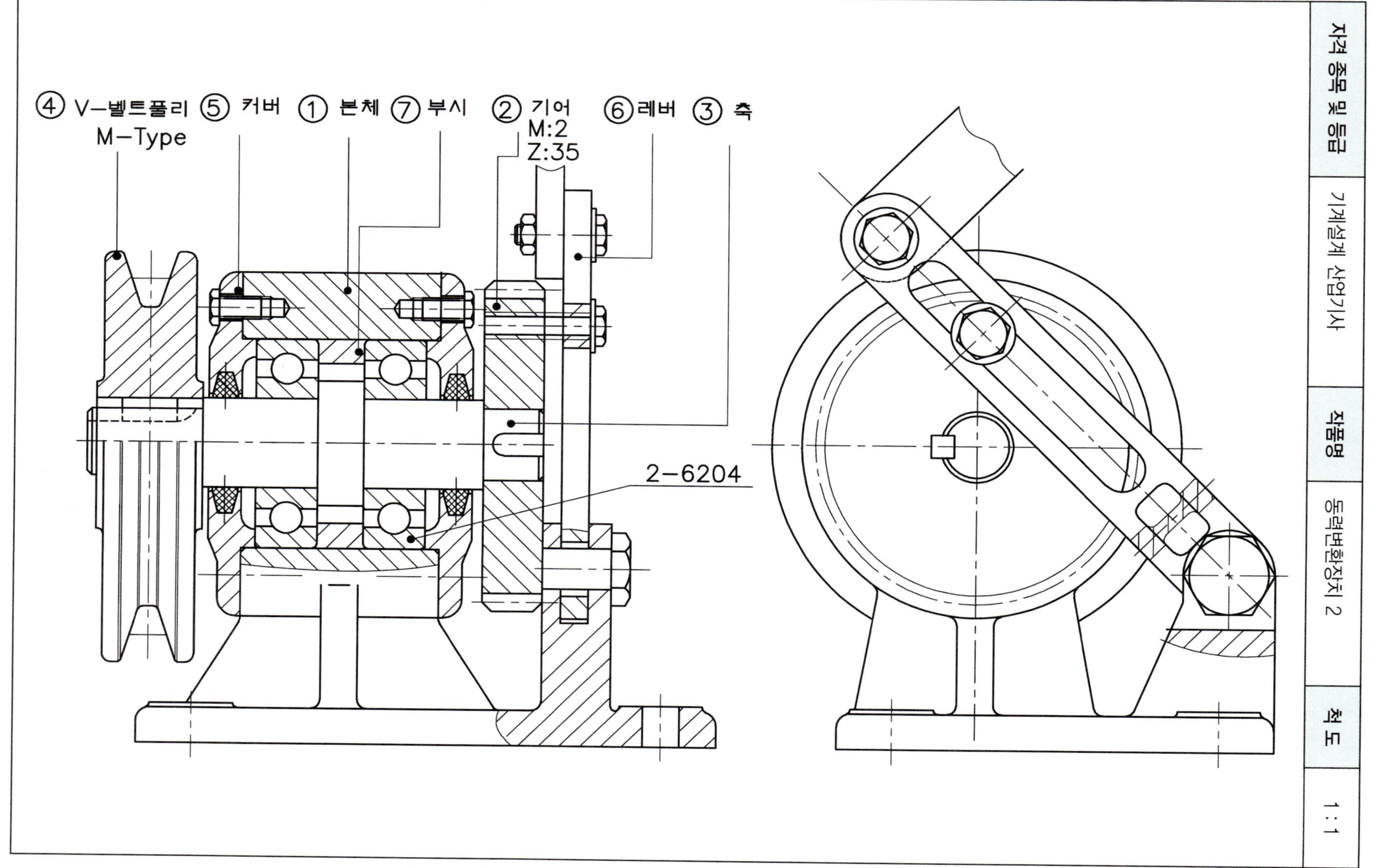

[2차원 부품도 작업]

항목 번호	주요 항목	세 부 항 목	세부 배점	배점 68점
1	투상도 선택과 배열	합리적인 투상도 수 선택과 배열	상 : 10점, 중 : 7점, 하 : 4점, 불량 : 0점	20
		올바른 투상도와 단면도 선택	상 : 5점, 중 : 3점, 하 : 1점, 불량 : 0점	
		과제의 잘못 이해와 투상도 누락	5점 (개소당-1점)	
2	치수 기입	치수 기입과 적절한 위치	14점 (개소당-1점)	18
		치수 누락(KS 규격 중요 치수)	4점 (개소당-2점)	
3	치수공차, 기하공차, 표면거칠기 기호 기입	치수공차, 끼워맞춤 공차 기호의 올바른 기입위치와 값	6점 (개소당-1점)	18
		올바른 데이텀 선정 및 기하공차 기호 기입의 적절성과 값	6점 (개소당-1점)	
		표면거칠기 기호의 적절성 및 누락 여부	6점 (개소당-2점)	
4	주서, 부품란, 표제란 작성	올바른 주서의 기입과 위치	상 : 4점, 중 : 3점, 하 : 1점, 불량 : 0점	8
		올바른 부품란, 표제란 작성 (부품명, 재질, 수량, 작품명, 척도, 각법 등)	상 : 4점, 중 : 3점, 하 : 1점, 불량 : 0점	
5	도면 외관과 해칭	선과 문자의 적절한 크기 및 도형의 균형 배치	상 : 4점, 중 : 3점, 하 : 1점, 불량 : 0점	4

[3차원 모델링도 작업]

항목 번호	주요 항목	세 부 항 목	세부 배점	배점 32점
6	올바른 등각축 선정	부품의 특징 표면이 적절하게 표현되는 등각축 선정 여부 (120도)	상 : 4점, 중 : 3점, 하 : 1점, 불량 : 0점	4
7	3차원 분해도 투상	각 부품의 형상 표현의 적절성	상 : 3점, 중 : 2점, 하 : 1점, 불량 : 0점	13
		형상 표현 누락(형상, 라운드, 필렛, 모따기, 해칭 등)	10점 (개소당-2점)	
8	중량 계산	모델링 대상 부품의 중량 해석 적절성	15	15

5 일반기계 기사, 건설기계 기사, 건설기계 산업기사 변경 내용

제1부
실기 공통

[2009년 1월부터 시행]

구 분	변경 전	변경 후	비 고
시험 시간	필답형 : 2시간 작업형 : 표준시간 : 4시간 연장시간 : 30분	필답형 : 2시간 작업형 : 표준시간 : 5시간 연장시간 : 30분	작업형 표준시간 : 1시간 추가
배 점	필답형 : 70점 (60점) 작업형 : 30점 (40점) ( ) : 산업기사	필답형 : 50점 작업형 : 50점 기사, 산업기사 동일한 배점 (※기계설계 산업기사는 필답형 무, 작업형 배점 100점)	필답형과 작업형을 동일한 50점 배점
실기 구성	필답형 : 기계설계 실무 작업형 : 2차원 CAD 작업	필답형 : 변경 전과 동일 작업형 : 2차원 CAD 작업 (2D 부품도) 3차원 CAD 작업 (3D 모델링도)	3차원 CAD 작업 추가
작업형 내용	- 2차원 CAD 작업 - 주어진 조립도에서 3~4개 부품을 CAD 소프트웨어로 부품도 작성 후 부품 제작에 필요한 모든 사항을 기입	- 2차원, 3차원 CAD 작업 - 주어진 조립도에서 3~4개 부품을 CAD 소프트웨어로 3D 솔리드 모델링한 후 2차원으로 부품도 작성 후 부품 제작에 필요한 모든 사항을 기입	기계설계 산업기사와 비교 시 채점 비중만 다르며 작업 내용은 동일

위 표 내용과 같이 기계 직종 작업형 실기시험 내용은 동일하게 통일되었으며, 과제 내용 또한 동력전달장치, 동력변환장치, 클램프, 지그 등의 치공구로 위의 자격증 모두 비슷하다.

02 수검용 도면 설정하기

1 AutoCAD 환경 구축하기

1 각 AutoCAD 버전별 화면 구성

수검자는 실기 장소에 설치된 AutoCAD 버전이 내가 사용하는 것과 다르면 어쩌나 하고 고심하리라 생각된다. 버전 차이에 따른 화면 구성 내용이 다르므로 화면 구성을 맞출 필요가 있으며 다음과 같이 화면 구성을 한다면 상위 버전이 설치되어 있더라도 화면 구성 형태나 도구막대 아이콘 위치나 모양이 비슷하여 수검 진행에는 큰 무리가 없다.

① AutoCAD 2006 이하 구버전 사용자는 메뉴 구성이 복잡하지 않아 초기 화면 그대로 사용해도 무난하다.

② AutoCAD 2007 버전 이상 사용자는 화면의 우측 상단에 있는 메뉴 구성 창에서 AutoCAD 클래식을 더블 클릭하여 사용한다. 이때 시트 세트 관리자 창과 TOOL PALETTES 창이 같이 뜨게 되는데 이것은 꺼 놓는다.

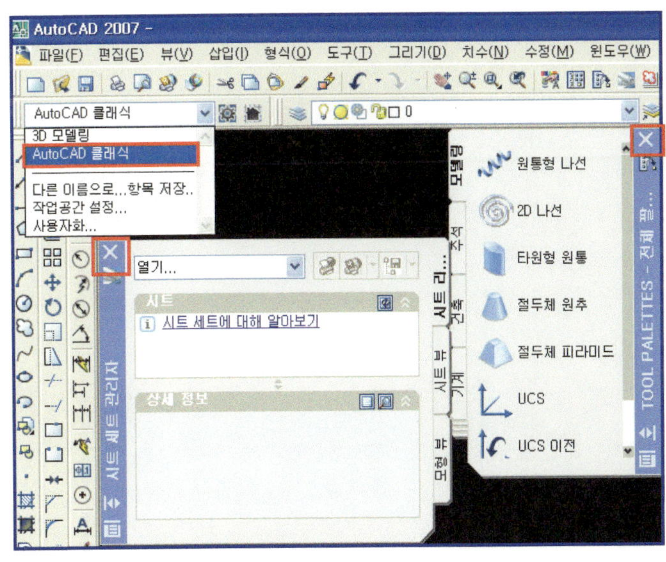

AutoCAD 2007 화면 구성

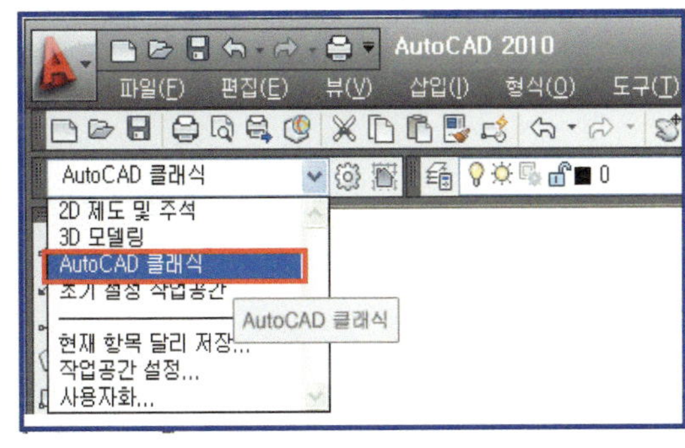

AutoCAD 2010 화면 구성

③ 도구막대 구성은 상단부는 그대로 두고, 좌측이나 우측단에 그리기(Draw), 수정(Modify), 치수(Dim) 도구막대를 배치하여 보통 사용한다. 단, 숙련자라면 단축키를 외워 사용하므로 도구막대 없이 사용하여도 된다.

❷ 옵션 설정

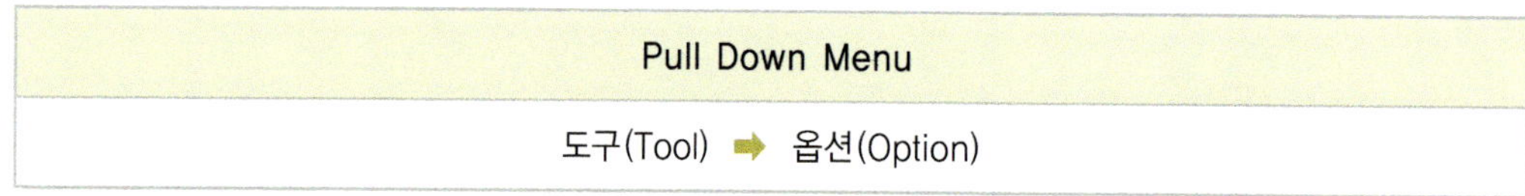

① 화면표시 탭에서 색상 버튼을 눌러 모형 공간을 검은색으로 설정한다.

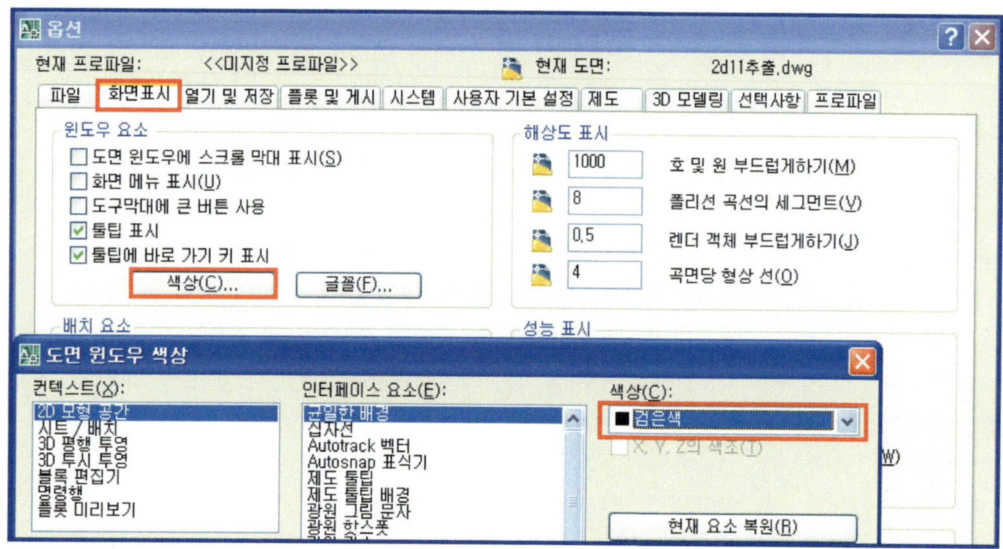

② 선택사항 탭에서 선택 상자 크기의 스크롤 바를 1/3 지점 정도에 놓는다.

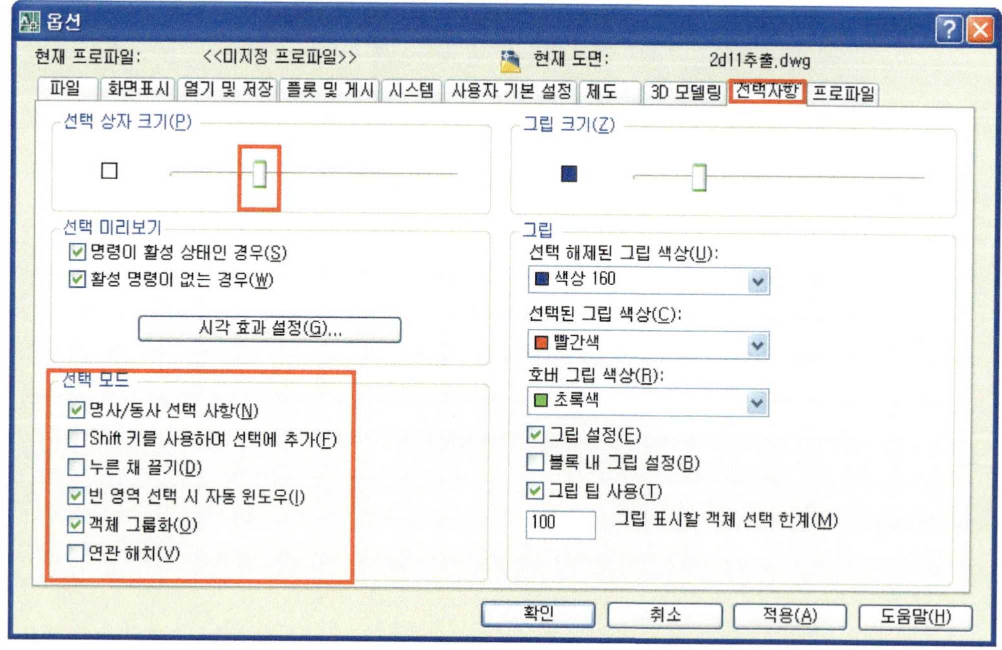

AutoCAD P/G 실행 후 초기 시작 파일의 설정값이 수검용에 맞지 않으므로 수검자는 유의사항에 맞게 도면 환경을 설정해야 한다. 간혹 기작성된 설정 도면 파일을 이용하려고 하는 수검자가 있는데 절대 허용이 안 되며 이것은 부정행위로 간주되므로 다음과 같은 방법으로 설정 방법을 숙달시켜 작업 시간을 단축시켜야 한다.

2  영역(Limits) 설정 및 윤곽선 그리기

① 도면 영역 설정은 A2 크기인 폭 594mm, 높이 420mm로 해야만 도면 출력 시 이 영역의 출력 옵션을 통해 도면의 출력 척도와 여백 조정을 정확히 할 수 있다.

Pull Down Menu	명 령 어	단축 아이콘
형식(FORMAT) ➡ 도면한계(A)	LIMITS	

영역 설정

```
명령: LIMITS ↵
모형 공간 한계 재설정:
왼쪽 아래 구석 지정 또는 [켜기(ON)/끄기(OFF)] 〈0.0000, 0.0000〉: ↵
오른쪽 위 구석 지정 〈420.0000, 297.0000〉: 594, 420 ↵

명령: ZOOM ↵
원도 구석을 지정, 축척 비율 (nX 또는 nXP)을 입력, 또는
[전체(A)/중심(C)/동적(D)/범위(E)/이전(P)/축척(S)/원도(W)/객체(O)] 〈실시간〉: A ↵
모형 재생성 중.
```

② 전체보기(ZOOM ALL)로 화면을 정리한 후 도면 작업은 전체를 사용할 수 없으므로 상하좌우 여백을 15mm로 하여 윤곽선을 그린다.

Pull Down Menu	명 령 어	단축 아이콘
그리기(D) ➡ 직사각형(G)	RECTANG	

윤곽선 그리기

```
명령: _RECTANG ↵
첫 번째 구석점 지정 또는 [모따기(C)/고도(E)/모깎기(F)/두께(T)/폭(W)]: 15, 15
다른 구석점 지정 또는 [영역(A)/치수(D)/회전(R)]: 579, 405
```

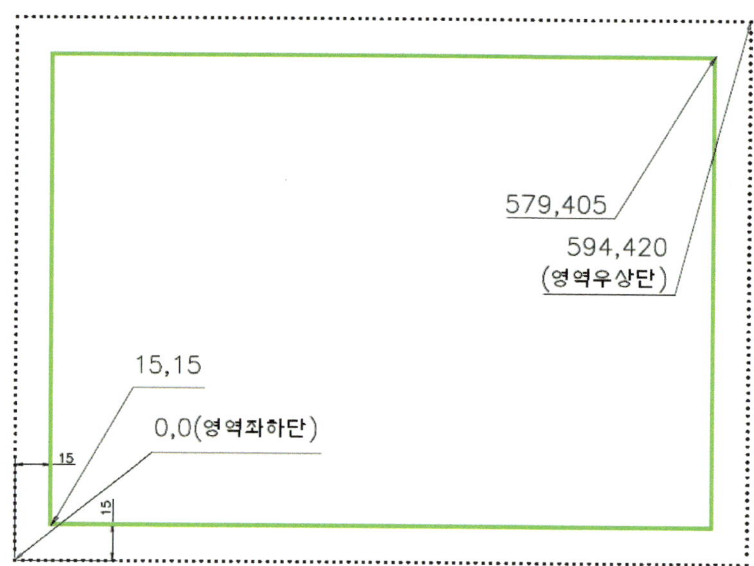

③ 그려진 사각형의 각 중간 부분에 중심마크 선을 5~10mm 정도의 수직으로 선을 그려 중심
마크를 나타낸다. 이것은 도면의 필수 사항이므로 생략해서는 안된다.

Pull Down Menu	명 령 어	단축 아이콘
그리기(D) ➡ 선(L)	LINE	

중심마크 그리기

명령: LINE ↵
첫 번째 점 지정: MID(중간점) ↵
다음 점 지정 또는 [명령 취소(U)]: @0,5 ↵

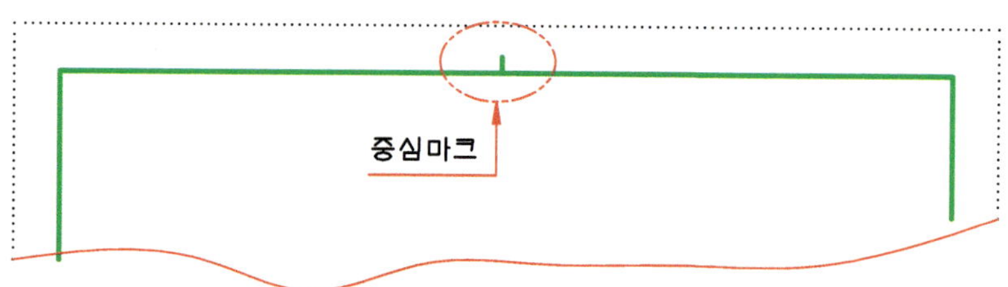

3 레이어(Layer)

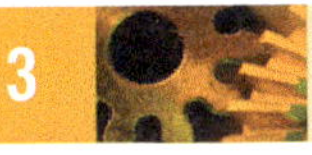

Pull Down Menu	명 령 어	단축 아이콘
형식(FORMAT) ➡ 도면층(L)	LAYER	

도면층 특성 관리자 설정창이 AutoCAD 버전에 따라 모양이 조금씩 다르지만 기본적 골격은 같다. 0번 레이어는 초록색으로 바꾸고 새 도면층을 만들어 치수 기입이라 이름을 준다. 색상은 상관없다.

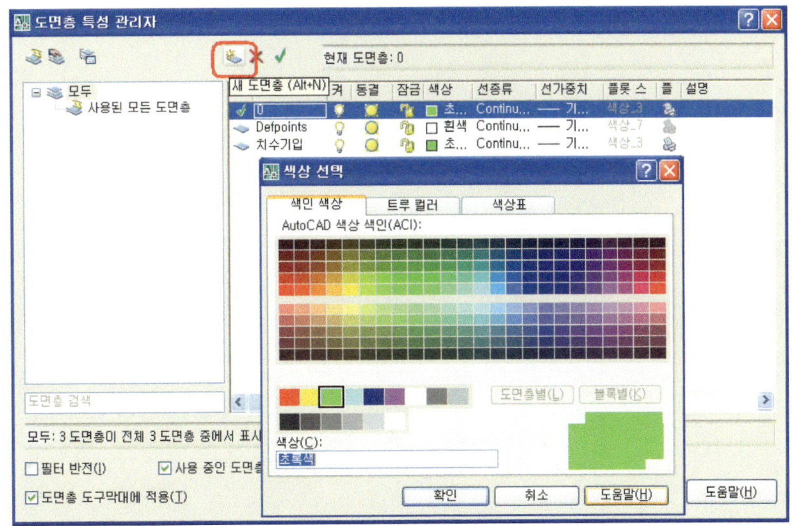

현재 설정 레이어는 0에 두어 차후 Inventor 또는 SolidWorks 등의 3차원 모델링 프로그램에서 변환 추출한 투상 객체를 그대로 삽입되도록 하고 치수 기입, 표면거칠기 기호, 주서 등 추가되는 객체는 치수 기입 레이어에 삽입되게 한다. 레이어를 많이 만들어 요소 성격별로 분리해도 좋지만 분리할 때마다 레이어를 바꿔야 하므로 시간을 뺏길 필요가 없다.

선의 종류, 선 가중치 설정은 불필요하며 도면 출력 시 플로팅 설정에서 객체 색상별로 선 가중치를 부여하므로 걱정할 필요 없고 여기서 일단락한다.

4 문자 스타일(Text style)

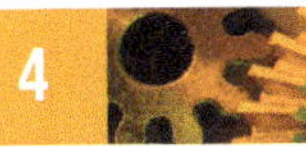

다음은 도면에 사용할 문자체, 크기를 설정한다.

Pull Down Menu	명 령 어	단축 아이콘
형식(FORMAT) ➡ 문자 스타일	STYLE	

다음과 같이 romans.shx 글꼴 ➡ 큰 글꼴 사용(B) 체크 ➡ whgtxt.shx 선택 후 문자 높이를 3.5로 설정한 후 적용한다.

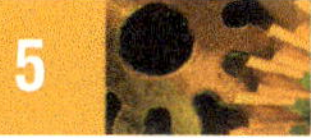

※ **큰 글꼴 whgtxt.shx 선택 이유**

- SHX 글꼴(X)은 윈도즈 운영체계에서 지원되는 글꼴로 확대 시 두께가 있고 다양한 글씨체를 지원하지만 메모리가 커지고 일부 특수문자 사용 시 깨짐이 발생한다.
- 큰 글꼴(B)은 AutoCAD에서 지원하는 전용 글꼴로 그 중 whgtxt.shx는 한글, 로마자를 지원하고 고딕체로 처리 속도가 빠르며 특수문자를 쓰는 데도 적합하다.

도면에 쓰일 문자 스타일을 결정했다면 앞에서 그린 수검란, 표제란, 부품란에 다음과 같이 문자를 넣는다. 문자를 넣을 때는 단일행 문자(DTEXT)로 하여 필요한 문구를 전부 입력한 후 하나씩 문장을 클릭하여 각각 이동 배치해 넣는 방법이 가장 빠르다.

위에서 정한 문자 스타일을 가지고 색상을 노란색으로 하여 도면의 수검란과 부품란, 표제란을 완성한다.

Pull Down Menu	명 령 어	단축 아이콘
그리기(D) ➡ 문자 ➡ 단일행 문자(S)	DTEXT	A

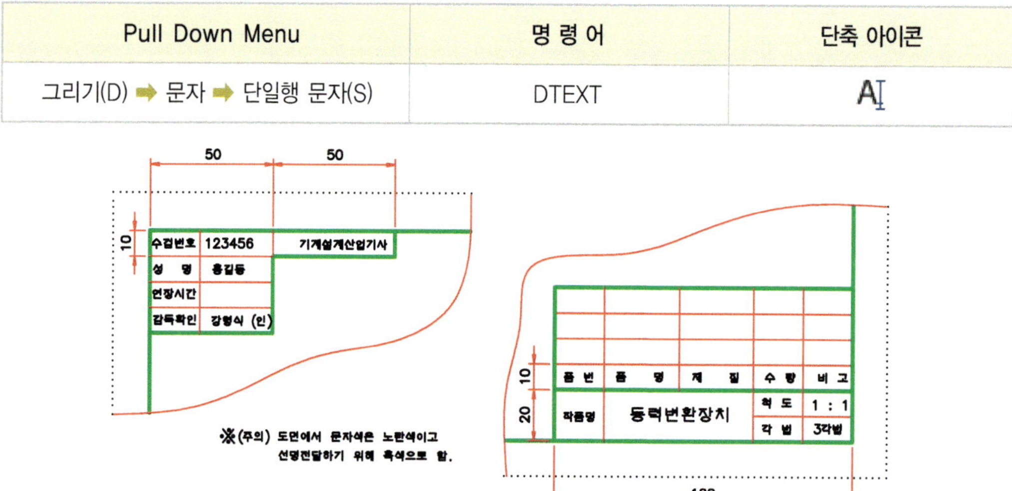

5 치수 스타일(Dim style)

가장 신경이 많이 쓰이고 설정 옵션이 많아 까다롭다고 여기는 부분이 치수 기입에 관한 것이다. 여기서는 AutoCAD 매뉴얼을 익히는 시간이 아니므로 세부 설명 없이 수검용에 맞게 필요한 항목에 세팅을 주고 그 외 것은 기본 설정값 그대로 사용한다.

먼저 수검자 주의사항을 살펴보면 치수선은 흰색 또는 적색이고, 문자는 노란색에 높이가 3.5로 되어 있음을 알 수 있다. 이에 맞춰 치수 스타일을 결정해야 한다.

출력 시 선 굵기	색상(color)	용 도
0.25 mm	노란색(Yellow)	숨은선, 치수문자, 일반주서 등
0.18 mm	흰색(White) / 빨강(Red)	해칭, 치수선, 치수보조선, 중심선 등

1 설정 명령어

Pull Down Menu	명 령 어	단축 아이콘
형식(FORMAT) ➡ 치수 스타일(D)	DDIM	

대화 창을 살펴보면 현재 ISO-25가 기본값으로 되어 있다. 수검용에 맞게 새로운 치수 스타일을 만든다.

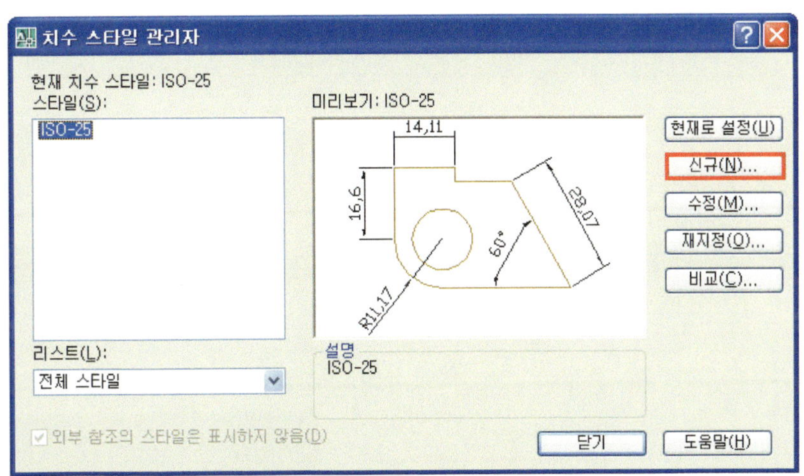

우측의 신규(N)를 누른 후 새 스타일 이름(N)을 수검용으로 하고 [계속] 버튼을 눌러 상세 설정에 들어간다. 치수 스타일 설정 창이 AutoCAD 버전에 따라 모양이 조금씩 다르지만 기본적 골격은 같다.

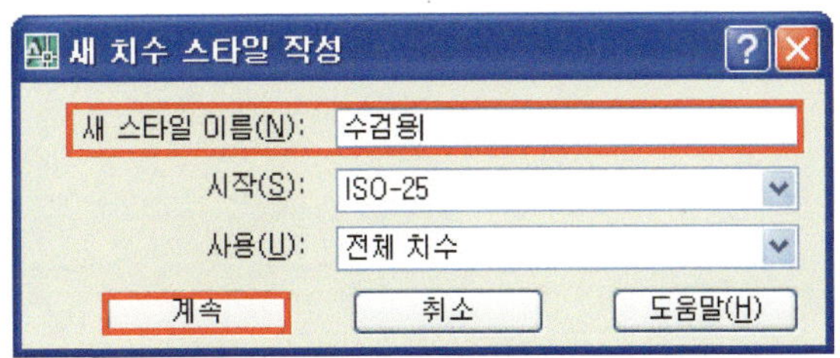

❷ 선(Line) 설정

좌측 상단의 선 탭을 누르면 다음과 같은 창이 나온다.

치수선은 빨간색, Continuous, 기준선 간격 10, 치수보조선은 빨간색, Continuous, Continuous, 치수선 너머로 연장 1.5, 원점에서 간격띄우기 1로 맞춘다.

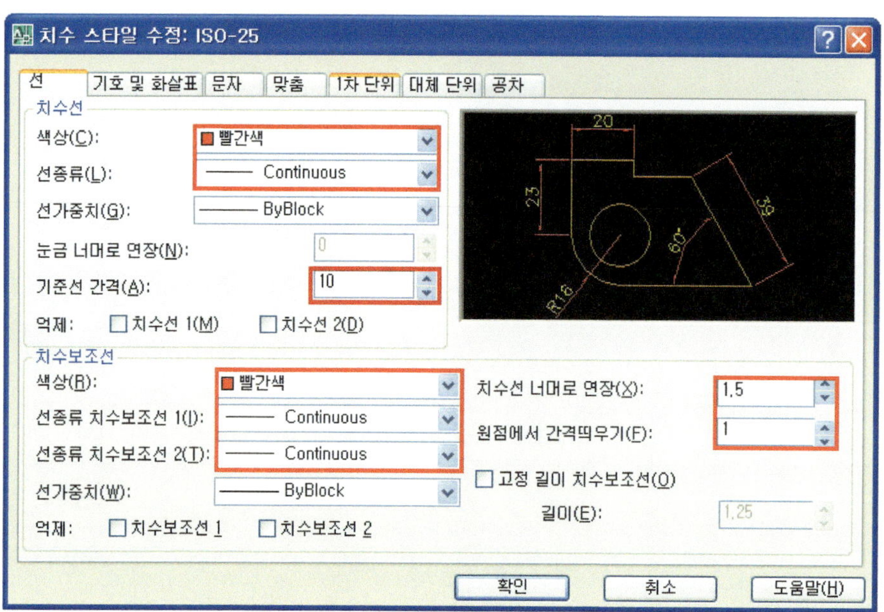

❸ 기호 및 화살표(Arrow) 설정

화살촉은 닫고 채움, 화살표 크기는 3으로 하고, 중심 표식은 선, 크기는 2.5로 설정한다.

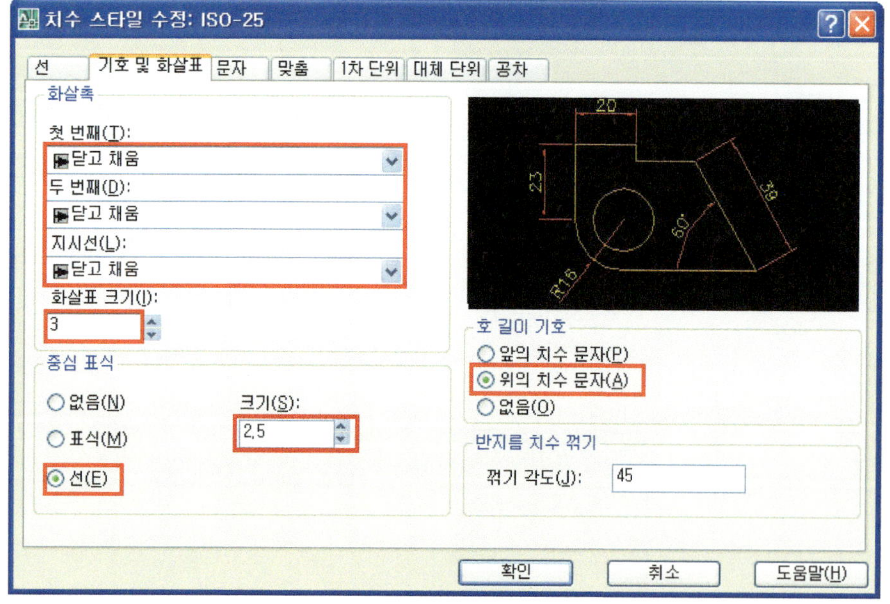

4 문자(Text) 설정

문자 스타일은 Standard로 정하고, 문자 색상은 노란색, 문자 높이는 3.5로 설정한 후, 나머지
는 기본 설정값에 따라도 무방하다.

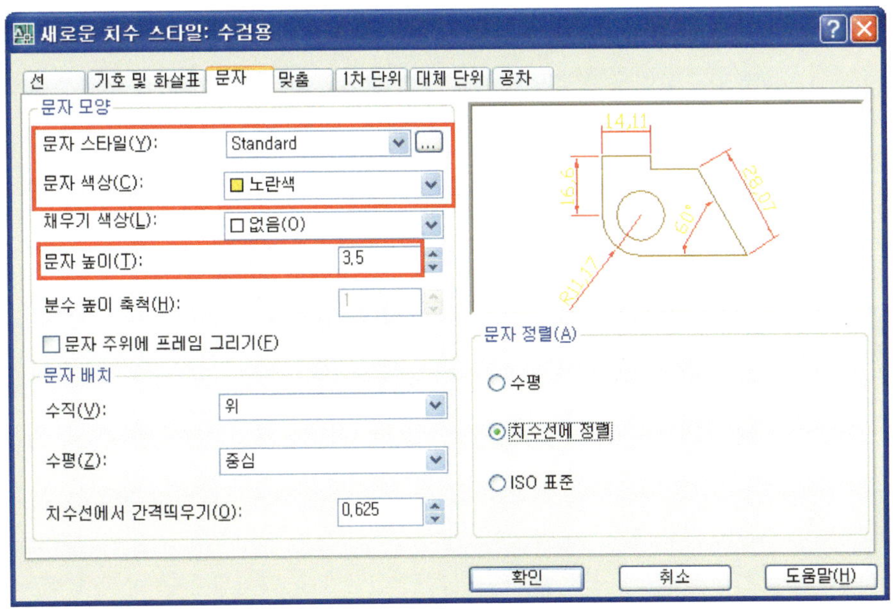

5 맞춤(Fit)

맞춤 옵션은 제일 상단의 **문자 또는 화살표(최대로 맞춤)**으로, 문자 배치는 **치수선 옆에 배치**
(B)로 설정하되 실전에서 좁은 곳의 치수 기입 시 배치가 생각대로 안되면 dimtedit(◢)를 사용
하여 치수 문자 위치를 이동해 주면 된다.

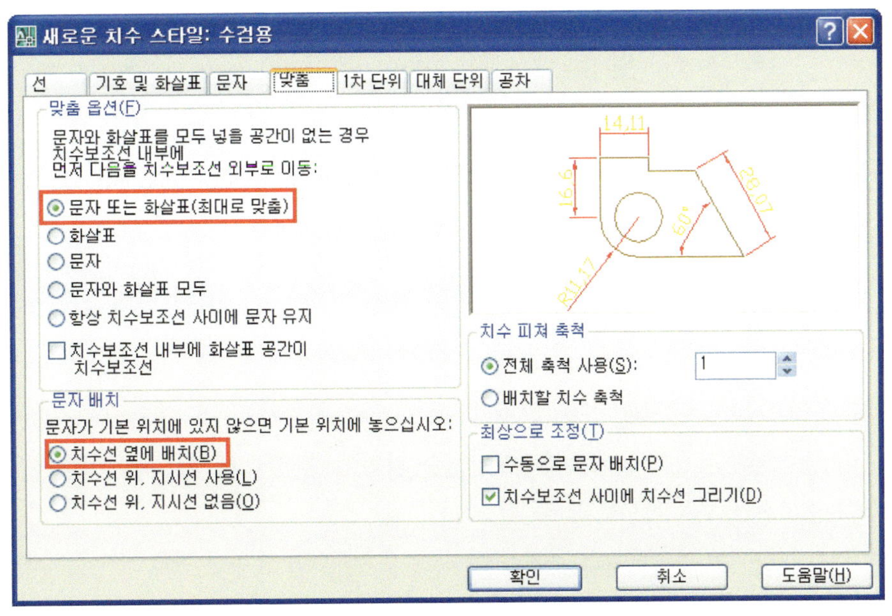

⑥ 1차 단위, 대체 단위, 공차 설정

이 부분의 설정은 할 필요없이 기본 디볼트 값에 따르며, 특히 정밀공차 치수 기입 부분은 치수 문자 편집 명령어 DDEDIT(단축 명령어 ED)를 사용하여 스택 옵션을 이용 기입하는 것이 시간을 절약하는 방법이다.

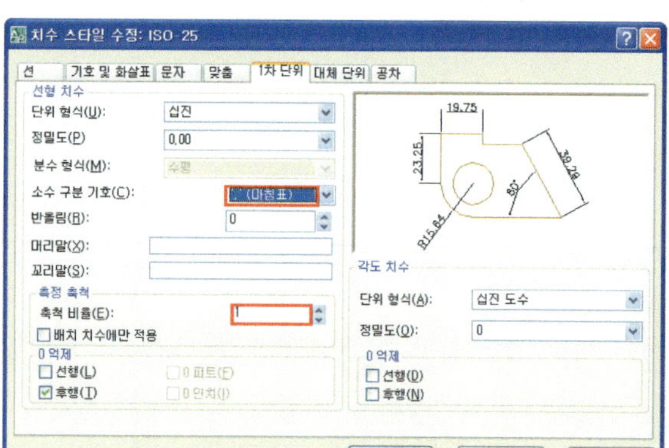 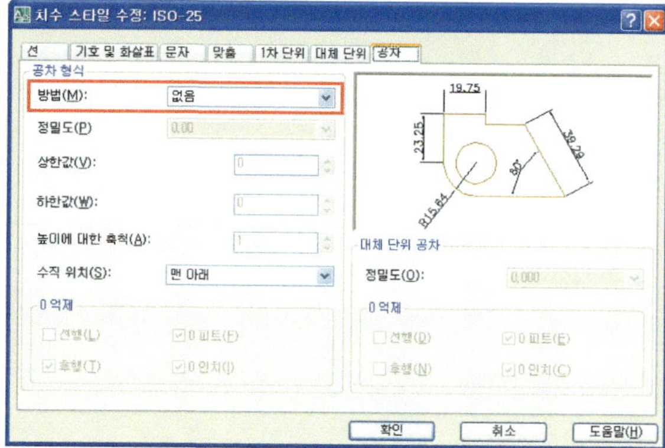

※ 치수에 공차 넣는 방법

① 명령어 ED(DDEDIT)로 공차를 줄 치수 문자를 선택한다. 그림과 같은 문자 형식창이 나온다.

② 치수 문자 뒤에 공차값을 입력한다.(예 +0.02^-0.01)

③ 공차 입력한 부분을 마우스로 드래그하면 그 부분이 청색 띠로 된다.

④ 문자 크기 → 2, 색상 → 적색, 스택(름) 옵션을 주고 [확인]을 클릭한다.

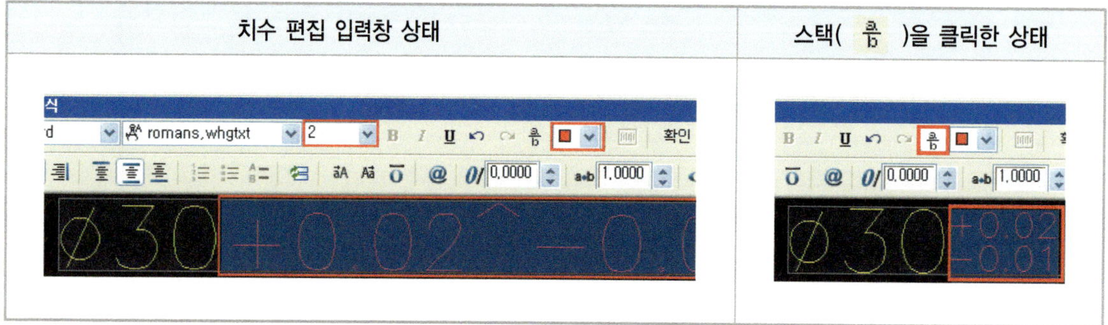

치수 편집 입력창 상태	스택(름)을 클릭한 상태

※ 치수 기입 시 순서 착안점

① 주요 치수부터 기입하되 내부에 작은 치수 기입이 발생할 시 예측하여 충분한 공간을 둔다.(채점에서는 주요 치수를 보게 됨)

② 주요 치수는 끼워맞춤부, KS 데이터 산출부, 전체 길이, 중심간 거리를 떠올리며 빠진 곳이 없도록 정면도에 주로 기입하고 관련된 형상(구멍 위치, 탭 등)은 그 투상도에 집중 배치하여 한눈에 알아볼 수 있도록 한다.

③ 이때 중복 치수 기입은 피해야 한다.(감점 대상)

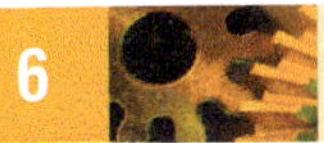 **6** 객체 스냅(OSNAP)

Pull Down Menu	명 령 어	단축 아이콘
도구(T) ➡ 제도 설정값(F)	OSNAP	F3 단축키

객체의 특정 위치를 추적하기 위해 객체 스냅을 설정하는 것이 도움이 되나 너무 많이 스냅 모드를 설정하면 오히려 작업하는 데 방해를 받게 되므로 끝점, 중간점, 중심, 사분점, 교차점 정도만 체크해 놓는다.

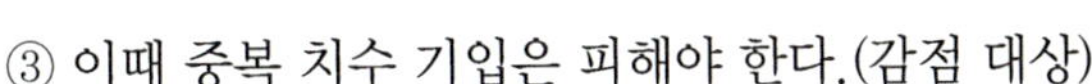

작업 도중 위에서 설정한 것 외의 객체 스냅 모드가 필요한 경우 [shift] 키와 마우스 오른쪽 버튼을 동시에 누르면 객체 스냅 팝업 창이 나오는데, 그 중에서 요구되는 것을 선택하면 오직 선택된 객체 스냅 모드만 실행하게 된다.

7 주서, 표면거칠기, 일반주서, 요목표 작성

1 주 서

위에서 설정된 문자 스타일을 사용하여 노란색으로 본 과제와 관련된 주서를 작성한다.

Pull Down Menu	명 령 어	단축 아이콘
그리기(D) ➡ 문자 ➡ 단일행 문자(S)	DTEXT	A𝖨

보통 도면의 우측 부품란 상단부에 배치하는 것이 일반적이나 빈 공간을 찾아 도면 하단에 넣어도 무방하다.

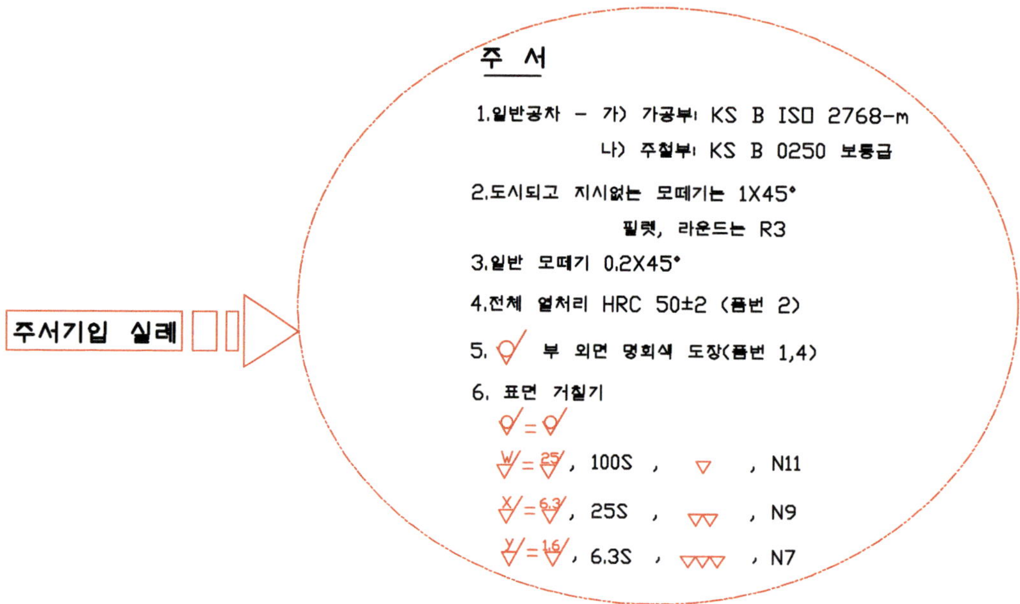

※ **주서 작성 요령**

① 일반공차 항에서 부품란에 주철(예 GC200) 또는 주강(예 SC37)을 썼는지 확인하고 그 재질이 없으면 내용도 삭제한다.

② 습동부, 축의 키홈부, 기어 치부 등은 부품도 내에서 또는 주서란에 반드시 열처리 내용을 표기한다. 이때 재질은 아래 표를 참조하고 특히 주의할 점은 열처리가 불가능한 회주철 (GC), 일반구조강(SB) 등을 쓰면 안된다.

③ 물체 형상이 복잡하고 모서리가 라운딩되어 있으면 대부분 회주철(GC)로 판단한다.

④ 지시 없는 모따기 C1, 라운드 R3(R2) 등을 주어 부품도에 이 부분의 치수 기입이 생략되었음을 인식하고 도면에서 치수 기입을 생략한다.

⑤ 표면거칠기 색상은 적색으로 하여 가늘게 출력되도록 하고 시간만 소요되게 내용은 복잡하게 할 필요가 없으며 다음 그림과 같이 간단 명료하게 중심선 거칠기 비교표를 만들어 준다.

② 일반공차 KS 규정 변경사항

오래된 도면에는 주서의 일반공차가 가공부를 KS B 0412, 주철부를 KS B 0411를 쓰는 경우가 있는데 폐지되었고 바뀐 것을 써야 한다.

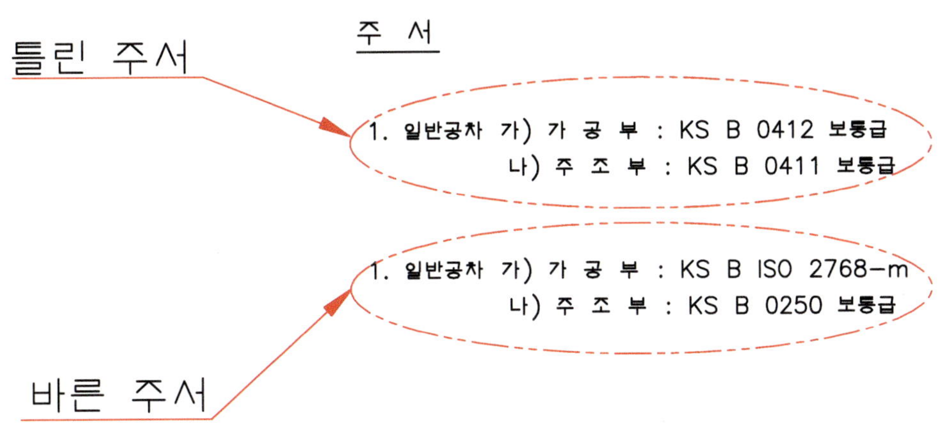

① KS B ISO 2768 규정 내용

(일반 공차-제1부 : 개별 공차 표시가 없는 선형 치수 및 각도 치수에 대한 공차)

제도 표시를 단순화하기 위해서 공차 표시가 없는 선형 및 각도 치수에 대한 일반 공차를 4개의 등급으로 나누어 규정한다.

[표1] 파손된 가장자리를 제외한 선형 치수에 대한 허용 편차

공차등급		기준 치수 구분							
호 칭	설 명	0.5 이상 3 이하	3 초과 6 이하	6 초과 30 이하	30 초과 120 이하	120 초과 400 이하	400 초과 1000 이하	1000 초과 2000 이하	2000 초과 4000 이하
f	정밀	±0.05	±0.05	±1	±0.15	±0.2	±0.3	±0.5	–
m	보통	±0.1	±0.1	±2	±0.3	±0.5	±0.8	±1.2	±2
c	거침	±0.2	±0.3	±5	±0.8	±0.12	±2	±3	±4
v	매우 거침	–	±0.5	±1	±1.5	±2.5	±4	±6	±8

[표2] 파손된 가장자리에 대한 허용 편차(바깥 반지름 및 모따기 높이)

공차 등급		기준 치수 구분		
호 칭	설 명	0.5 이상 3 이하	3 초과 6 이하	6 초과
f	정밀	±0.2	±0.5	±1
m	보통	±0.2	±0.5	±1
c	거침	±0.4	±1	±2
v	매우 거침	±0.4	±1	±2

[표3] 각도의 허용 편차

공차 등급		각을 이루는 치수(단위 mm)에 대한 허용 편차				
호 칭	설 명	10 이하	10 초과 50 이하	50 초과 120 이하	120 초과 400 이하	400 초과
f	정밀	±1°	±1° 30′	±1° 20′	±1° 10′	±1° 5′
m	보통					
c	거침	±1° 3′	±1°	±0° 30′	±0° 15′	±0° 10′
v	매우 거침	±3	±2	±1	±0° 30′	±0° 20′

② KS B 0250 규정 내용

이 규격은 주조품의 치수 공차 및 요구하는 절삭 여유 방식에 대하여 규정하고, 금속 및 합금을 여러 가지 방법으로 주조한 주조품의 치수에 적용한다.

이 규격은 도면에 일괄하여 지시하는 주조품의 보통 치수 공차(이하 보통 공차라 한다.)의 등급 및 요구하는 절삭 여유와 특정 치수 뒤에 계속해서 직접 지시하는 개별 공차 및 요구하는 절삭 여유의 양쪽에 적용한다.

[표1] 길이의 등급 및 허용차

치수의 구분	회 주철품		구상 흑연 주철품	
	정밀급	보통급	정밀급	보통급
120 이하	±2	±1.5	±1.5	±2
120 초과 250 이하	±1.5	±2	±2	±2.5
250 초과 400 이하	±1.5	±3	±2.5	±3.5
400 초과 800 이하	±1.5	±4	±4	±5
800 초과 1600 이하	±1.5	±6	5	±7
1600 초과 3450 이하	−	±10	−	±10

[표2] 살두께의 등급 및 허용차

치수의 구분	회 주철품		구상 흑연 주철품	
	정밀급	보통급	정밀급	보통급
10 이하	±1	±1.5	±1.2	±2
10 초과 18 이하	±1.5	±2	±1.5	±2.5
18 초과 30 이하	±2	±3	±2	±3
30 초과 50 이하	±2	±3.5	±2.5	±4

③ 표면거칠기 기호

부품도에 쓰일 표면거칠기 기호가 무수히 많으므로 매번 할 때마다 그리지 말고 미리 도면 영

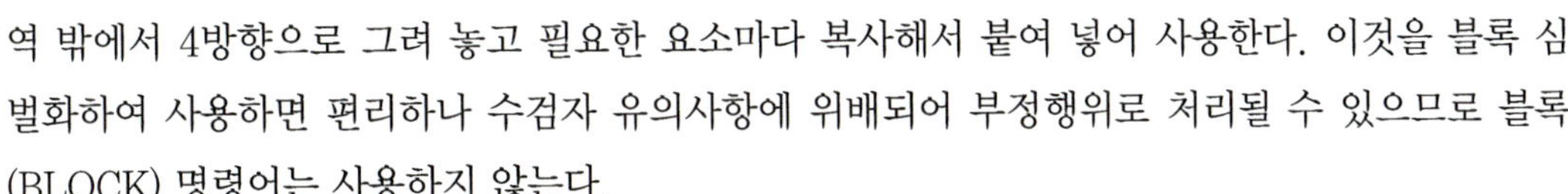

역 밖에서 4방향으로 그려 놓고 필요한 요소마다 복사해서 붙여 넣어 사용한다. 이것을 블록 심벌화하여 사용하면 편리하나 수검자 유의사항에 위배되어 부정행위로 처리될 수 있으므로 블록 (BLOCK) 명령어는 사용하지 않는다.

> **3. 수검자 유의사항 (14쪽)**
> ① 미리 작성된 part program 또는 block은 일체 사용할 수 없다.

표면거칠기 기호는 다음 그림의 순서대로 하면 빠르게 만들 수 있다.

먼저 명령어 polygon(⬠)을 써서 반지름이 3.5인 육각형을 그린 후 아래 화살표 진행 순서대로 그려 나간다.

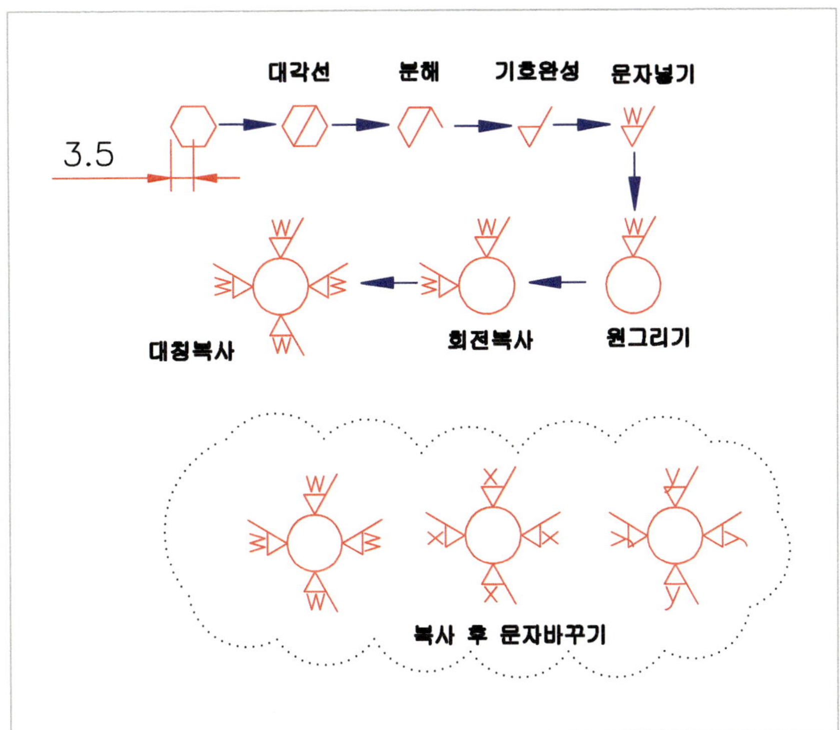

이렇게 최종 만든 4방향의 w, x, y, 거칠기 기호를 부품도 인근 지역에서 복사하여 쓸 수 있도록 윤곽선 외곽 여러 군데 복사해 둔다. 최종 도면 완성 후에는 불필요 객체이니 지워야 하는 것을 잊지 말아야 한다.

4 일반 주서

부품도 상단에 부품번호와 함께 그 부품에 쓰인 표면거칠기를 만들어 각 부품도에 삽입해야 한다. 부품번호의 원은 지름 12mm 정도의 크기로 하고 위에서 사용된 표면거칠기 기호와 문자를 2배 확대한 후 녹색으로 바꾸어 준다. 이것 역시 윤곽선 밖에 두어 각 부품도에 맞게 편집 복사해서 여러 곳에 사용한다.

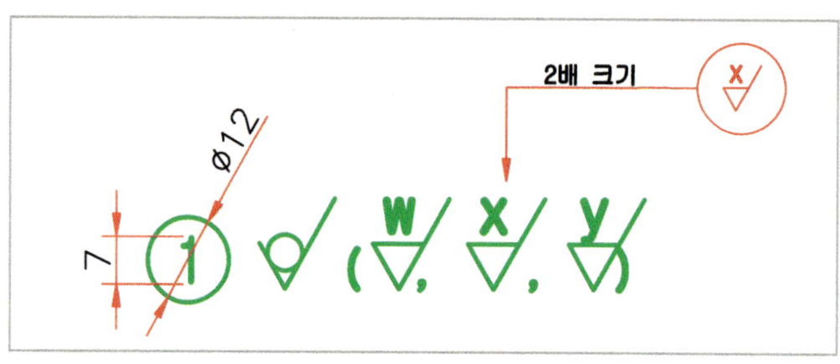

⑤ 요목표

기어, 스프링, 스프로킷 등 특수 가공을 해야 하는 부품들은 요목표를 작성해 제작에 따른 제반 사항을 알려 주어야 한다. 요목표의 위치는 부품도 주변 여백에 알아보기 쉬운 곳에 배치시킨다. 보통은 기어가 가장 많이 나오고 크기는 무관하며 항목은 다음 그림의 예를 참조하면 된다.

스퍼기어 요목표	
기어치형	표 준
치 형	보통이
모 듈	2
압 력 각	20°
잇 수	35
피치원지름	70
전체이높이	4.5
다듬질방법	호브절삭
정 밀 도	5급

스프링 요목표	
재료지름	Ø2
평균지름	Ø26
총감긴수	11.5
유효감긴수	9.5
감긴방향	오른쪽
자유높이	80
표면처리	숏피닝
방청처리	흑색에나멜
스프링상수	1kg/mm

스프로킷 요목표	
호칭번호	40
원주피치	12.7
롤러외경	Ø7.95
이모양	s형
잇 수	36
피치원지름	145.72
정 밀 도	5급

⑥ 재질 설정

사실 부품의 재질 설정은 그 부품 기능에 따른 기계적 성질에 맞춰야 하는데 상당히 어려운 일이며 대체로 인장 강도와 열처리 관계, 가격 등을 고려하여 설정하게 된다.

아래의 재질표는 부품명에 따른 재질 기호표로, 판단 시 이 표를 참고해서 적용하면 무난하다.

```
                        재 질 표

일 반     : SM40C,SM45C        래 크     : SNC815,836
강력축    : SNC815             피니언    : SNC815,836
크랭크    : SNC631             스프로킷 : SNC415
캠 축     : SNC815             일반부시 : PBC2
기어축    : SNC836,815,415     칼 라     : SM35C
스플라인 : SNC415              드릴부시 : SCT2
나사축    : SM40C              커 버     : GC25,SM35C
스퍼기어 : CNC1,2 SNC815,415  평벨트풀리 : GCD37,AC8A
웜 휠     : SF45               V벨트풀리 : GCD37,AC8A
웜        : SNC815,415         하우징    : GC250,SM35C
베벨기어 : CNC1,2,SNC815       플랜지    : GC250
클러치    : SM15,20CK SNC415   피스톤    : WM1
편심축    : SNC415             핀        : SM45C,SM50C
링 크     : SNC415             크랭크축 : SM45C
슬라이드 : GC250,SM35C
```

7 설정도면 저장

이렇게 수검자 유의사항에 맞게 설정된 도면파일은 3차원 모델링도 작업과 2차원 부품도 작업
에 사용해야 하므로 전체보기(Zoom All)를 실시한 다음 검도를 한 후 최종 수검설정도면.dwg 형
태로 저장해 둔다. 이렇게 해서 설정도면이 완성되었다.

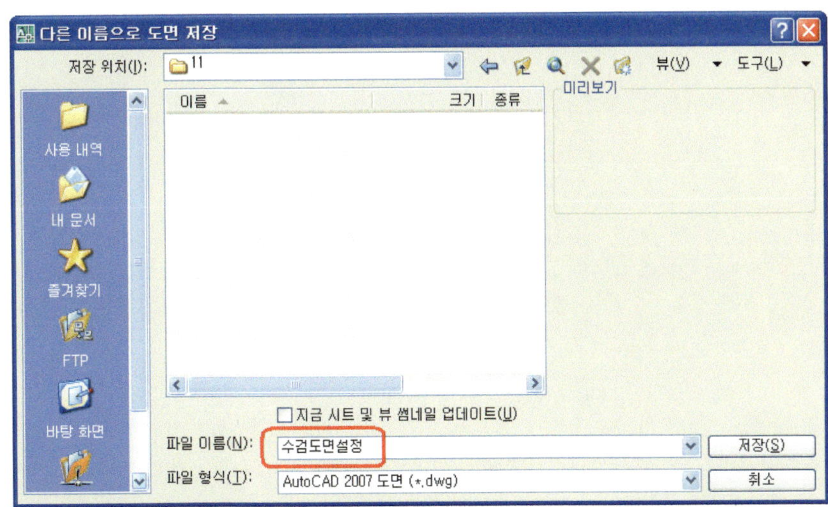

이것으로 과제 수행을 하기 위한 사전 준비가 완료되었다.

다음 그림은 완성된 수검설정 도면의 기본 형태를 보여주고 있다.

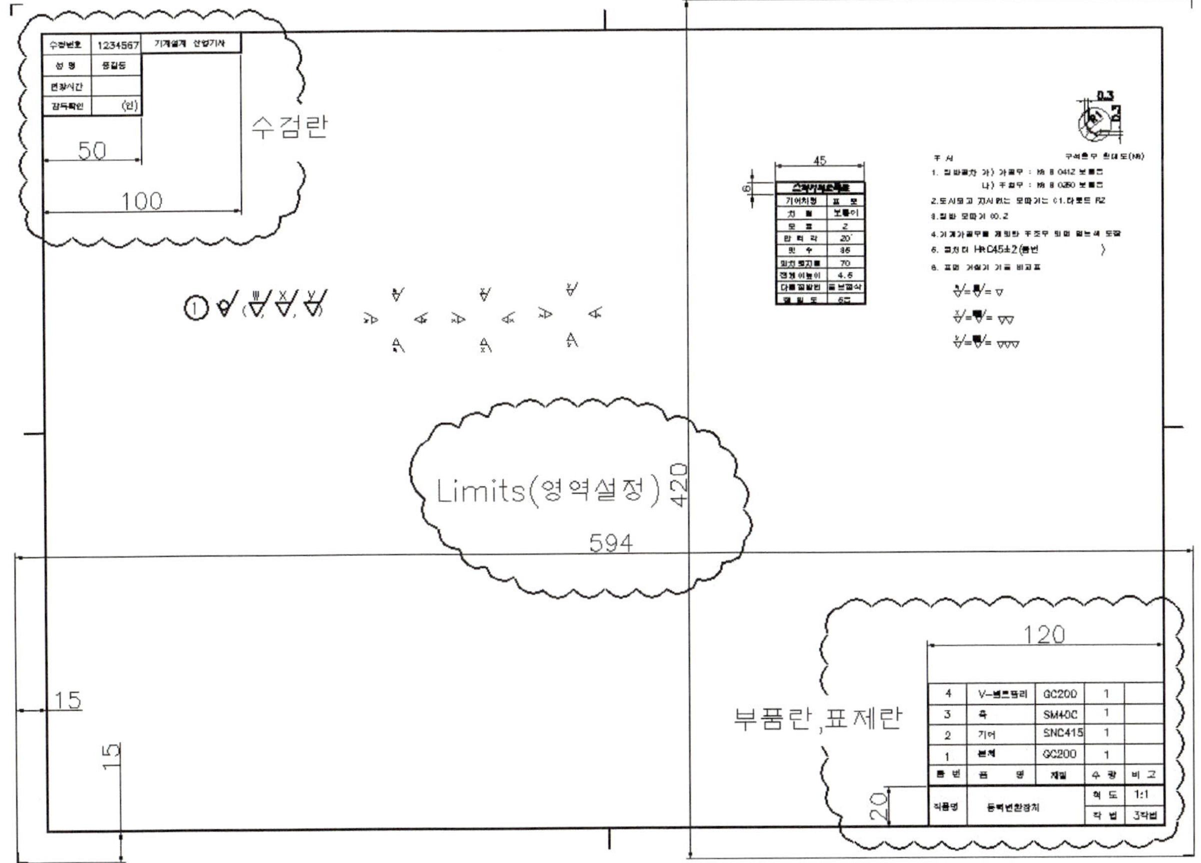

   CAD

01 동력변환장치 부품 모델링

1  Inventor(동력변환장치) 기본 환경 설정하기

1 수검 환경 설정

Inventor(동력변환장치)를 실행하고 **빠른 시작**을 선택하면 다음과 같은 기본 템플릿 선택 화면이 나온다. 과제 수행 중에 발생되는 모든 파일은 한곳에 관리를 해야 하므로 수검자는 시험장에서 부여받은 비번호와 동일한 폴더를 다음과 같이 만들어 주어야 한다.

01 Inventor에서는 파일 관리를 프로젝터라는 곳에서 하므로 우측 하단의 [프로젝트] 버튼을 클릭한다.

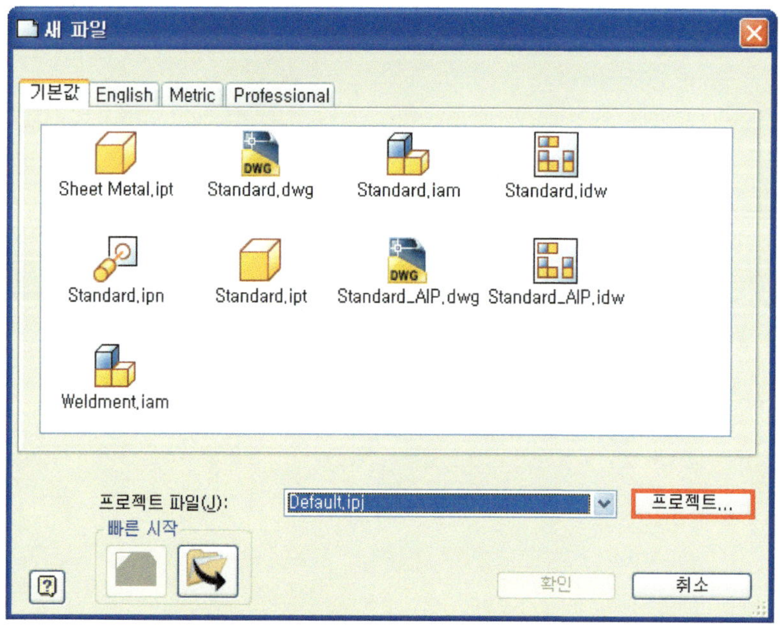

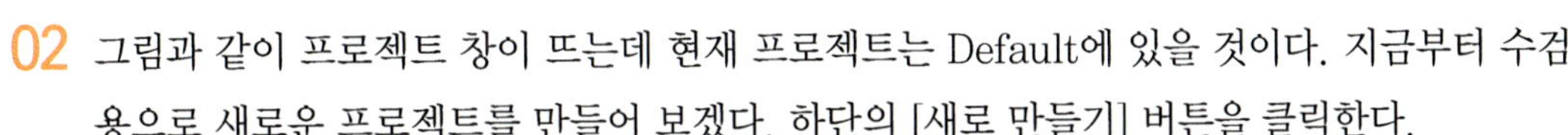

02 그림과 같이 프로젝트 창이 뜨는데 현재 프로젝트는 Default에 있을 것이다. 지금부터 수검 용으로 새로운 프로젝트를 만들어 보겠다. 하단의 [새로 만들기] 버튼을 클릭한다.

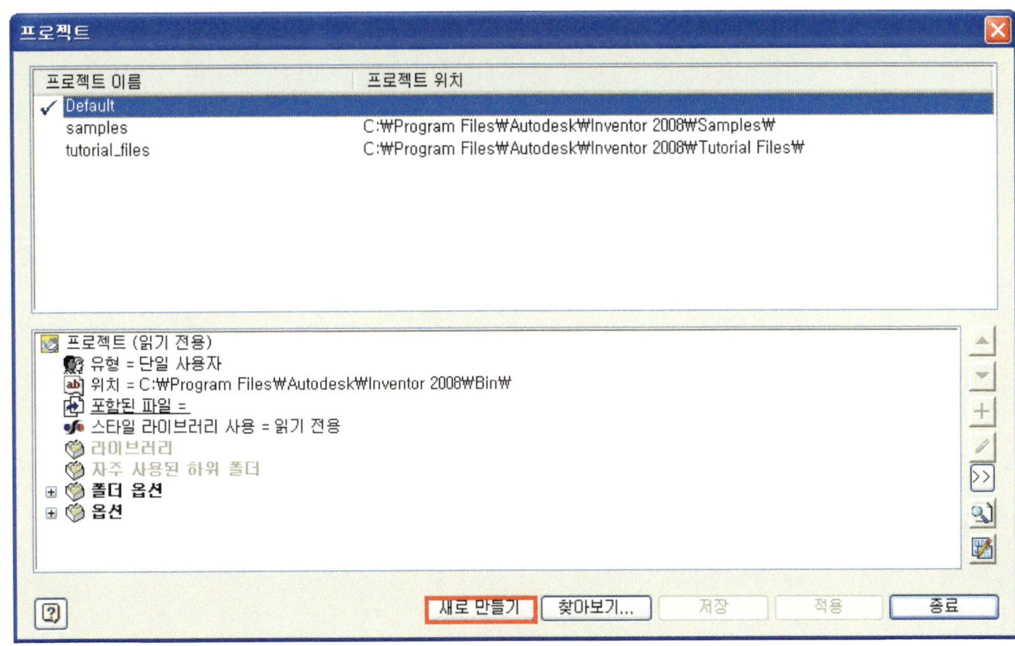

03 프로젝트 파일 이름 칸에 인식하기 편리한 대표적 이름, 예를 들면 기계설계산업기사실기라 쓰고 아래 칸의 [...]를 클릭하여 위치 지정을 한다.

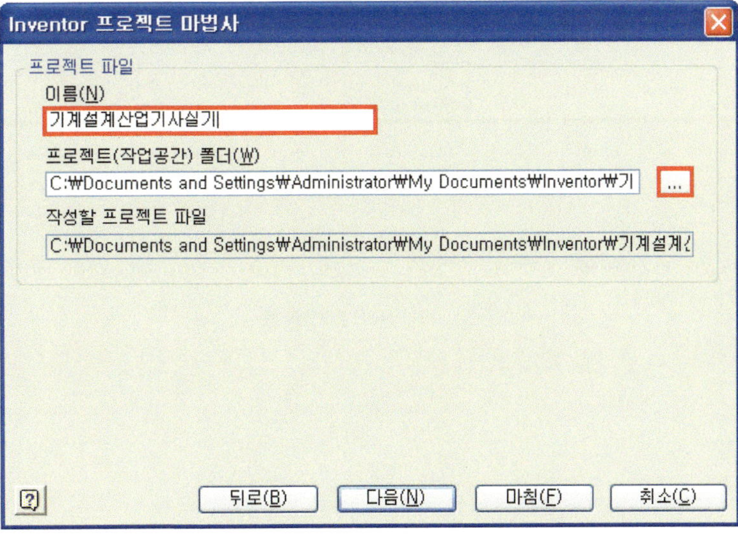

04 [새 폴더 만들기]를 클릭하여 바탕화면에 부여받은 비번호(예 11)로 명명하고 [확인]을 클릭한다.

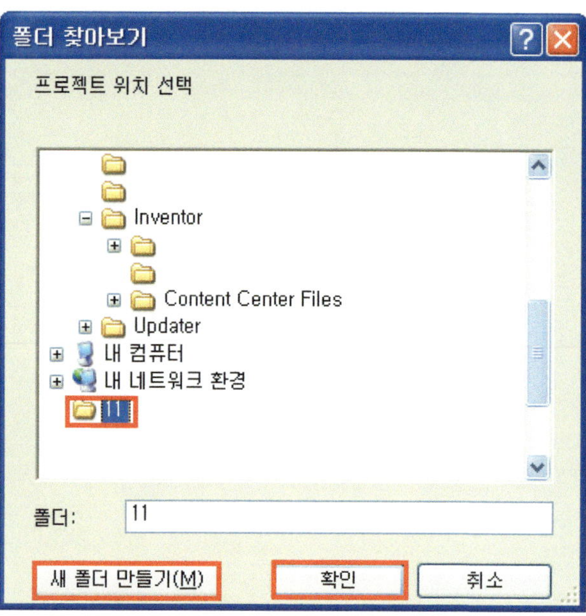

05 자! 그러면 프로젝트 리스트에 기계설계산업기사실기라는 목록이 생겼을 것이다. 이곳을 더블 클릭하여 현재 프로젝트로 설정한다. 앞으로 작업 후 생성되는 파일은 이곳에 저장된다. 마지막으로 우측 하단의 [종료] 버튼을 클릭한다.

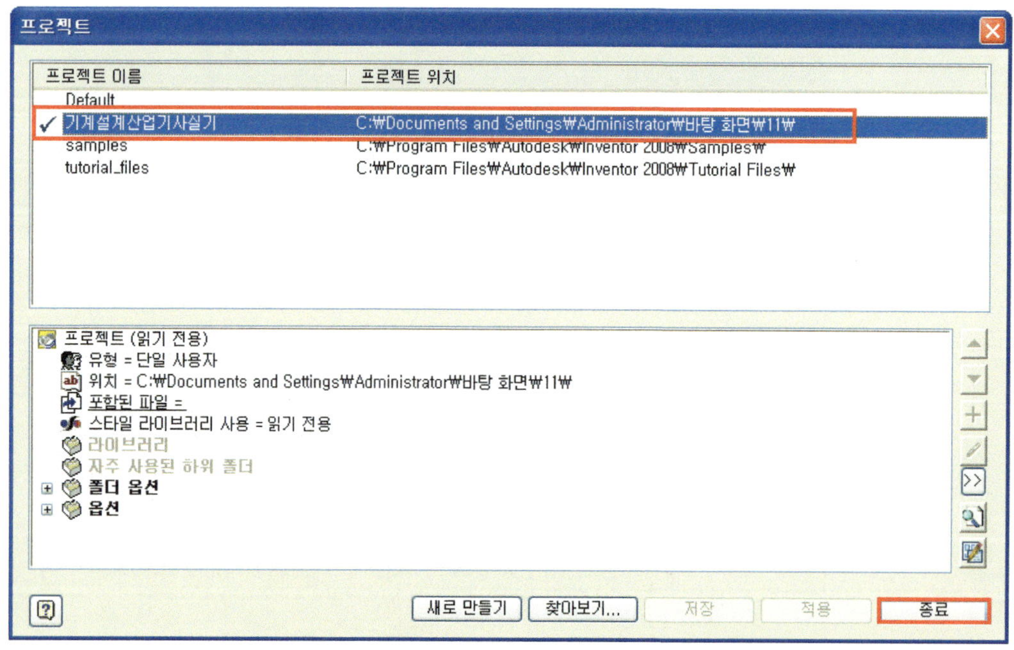

프로젝트 설정을 마치면 다시 다음과 같은 시작 화면이 될 것이다. 버전에 따라 화면 모양이 다르지만 기본적 기능은 다 동일하며 기사 실기시험은 이 기본 기능으로 모든 것을 할 수 있으므로 학습자는 당황할 필요가 없다.

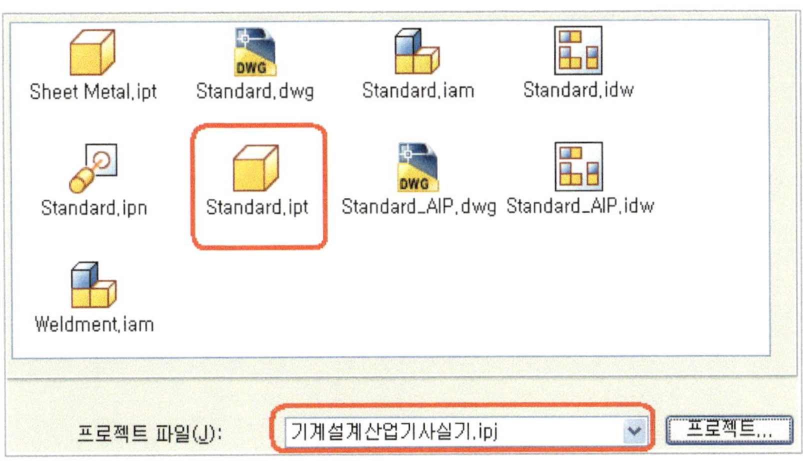

그 중 몇 개를 살펴보면 다음과 같다.

순 번	작업 모드	내 용
1	Standard.ipt	단품(Part) 모델링을 하기 위한 환경을 제공한다.
2	Sheet Metal.ipt	판금 환경을 제공한다.
3	Standard.idw	2D 또는 3D 투상 도면을 추출 작성하기 위한 환경을 제공한다.
4	Standard.iam	부품 모델링을 조립하기 위한 환경을 제공한다.
5	Standard.ipn	조립 모델링 분해를 위한 환경을 제공한다.

이 단원에서는 부품 모델링을 해야 하므로 Standard.ipt를 더블 클릭한다.

2 Inventor 옵션 수정하기

초기 화면에서 모델링 속도를 높여 능률을 향상시키고 시간을 절약하기 위해 옵션 사항을 다음과 같이 한다. 이곳 역시 버전에 따라 차이는 있지만 여기 설정 옵션 항목은 기본적으로 모두 제공하고 있다. [풀다운 메뉴] ➡ [도구] ➡ [응용프로그램 옵션]을 선택한다.

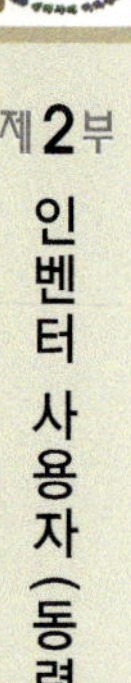

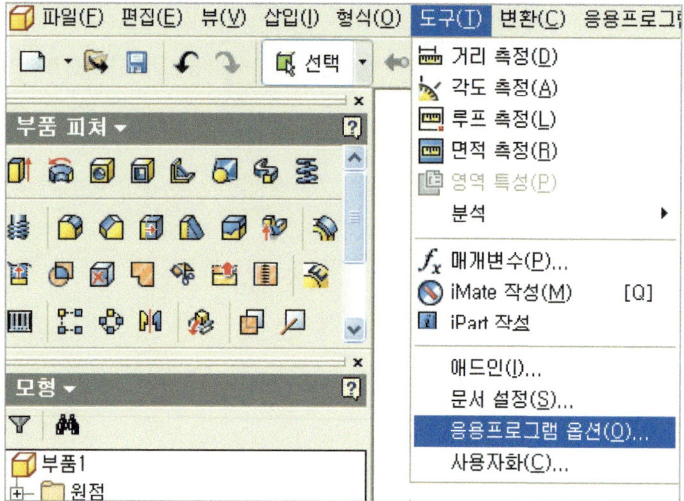

상단의 [스케치] 탭을 선택하고 그림의 적색 마크부처럼 선택한다.

① 작성할 때 치수 편집 : 치수 기입 시 바로 치수 편집창이 나와 입력이 자유롭다.

② 스케치 작성 시 평행 뷰 : 스케치 작성 시 바로 수직 방향 뷰로 전환되어 시간 절약이 된다.

③ 축(화면표시) : 모눈 선은 선 그릴 때 혼돈을 초래하므로 끄고 축만 보이게 한다.

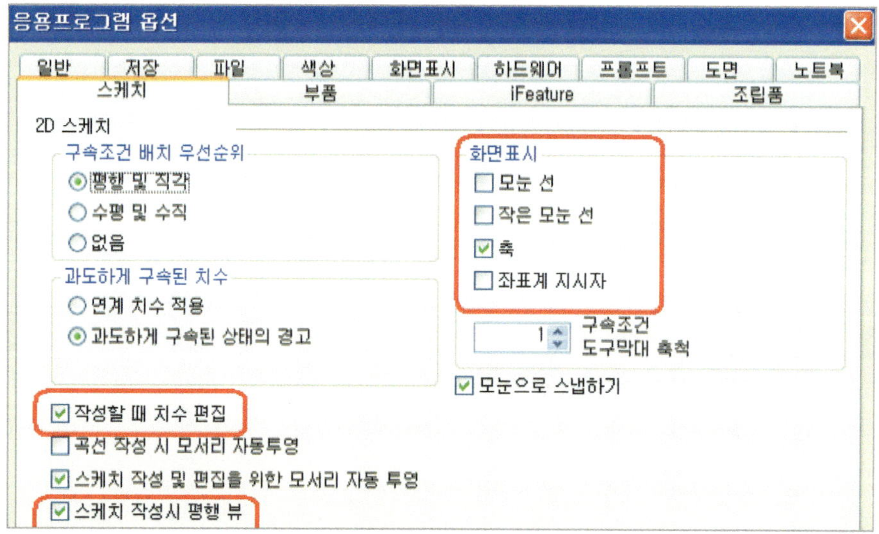

지금부터 인벤터(Inventor) 프로그램을 활용하여 동력변환장치의 부품 모델링을 해 보자.

첫 번째로 가장 형상이 복잡하고 사물의 크기가 큰 1번 몸체를 해 봄으로써 이와 유사한 동력전달장치의 몸체 모델링도를 그릴 수 있는 능력을 배양한다. 대체로 동력전달장치는 모양이 다르지만 기본적 구조는 비슷해서 투상도 능력을 쌓는다면 그리 어렵지 않게 해결해 낼 수 있다.

물론 모델링을 시작하기 전에 투상에 대한 치수를 측정하거나 표준 기계 요소품은 KS 데이터북에서 필요 치수를 추출해야 하며, 여기서는 학습자의 편의를 위해 아래와 같이 작성된 부품도를 참조하여 모델링을 해 보도록 하겠다.

여기서 중요한 것은 모델링 순서를 익히고 작업 평면 설정, 스케치에 적절한 구속 조건과 치수 기입을 통해 도형 정의를 할 수 있는 응용력을 기르는 것이다.

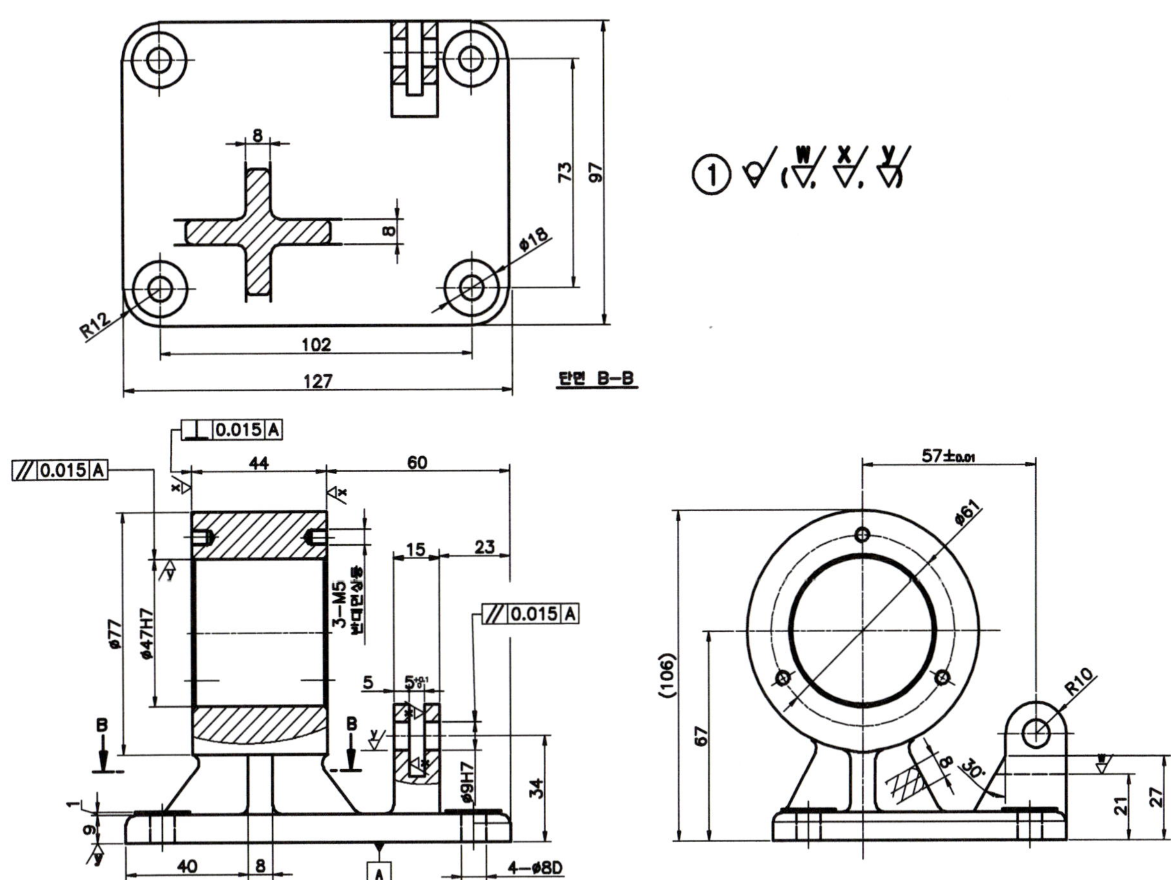

1번 몸체 투상 참고도

[1] 밑판 기본 베이스 돌출

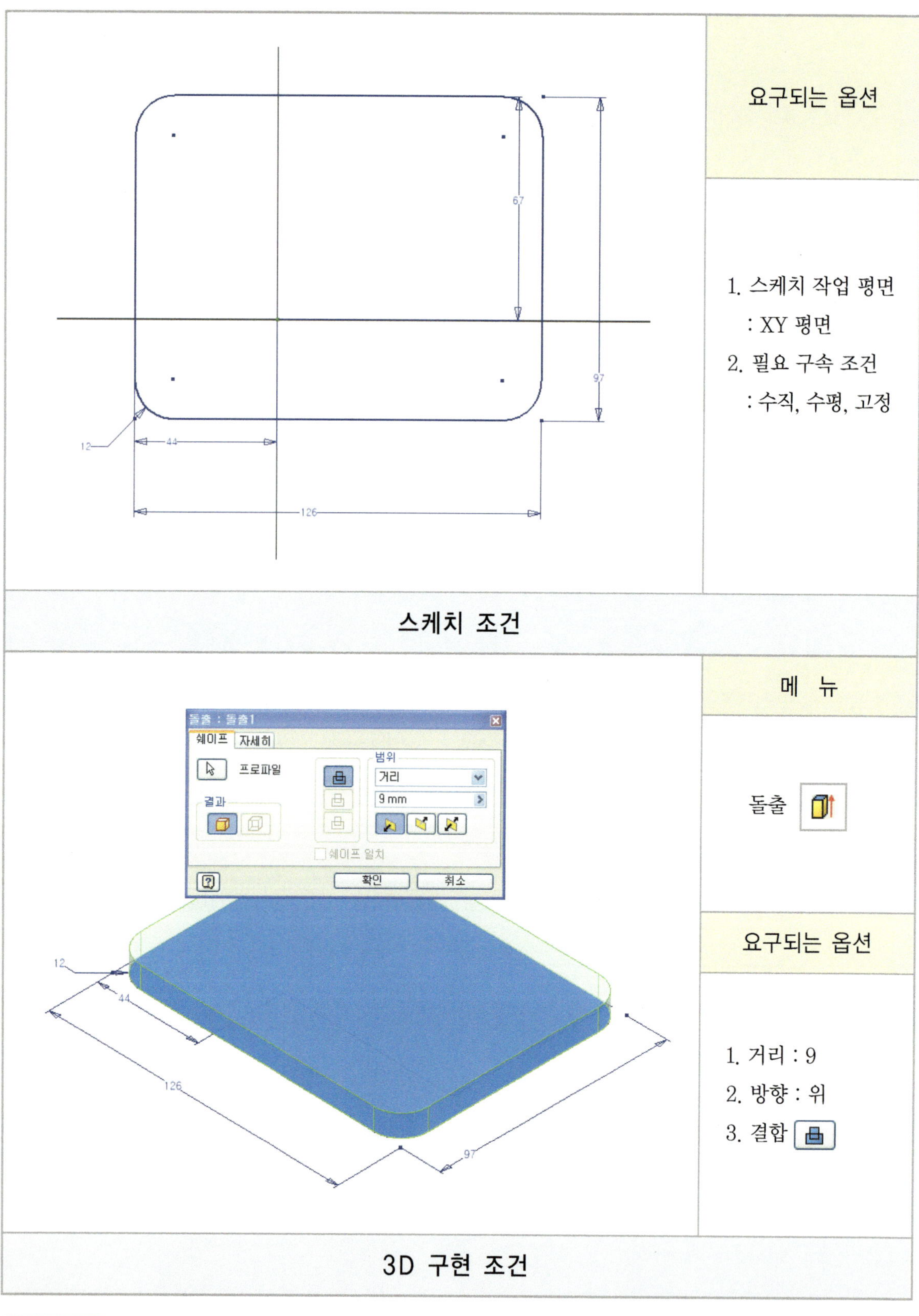

도 움 말   스케치에서 원점의 위치는 몸체 원통부 중앙에 두고 그려나가되 원점을 통과하는 수평·수직선은 구성선으로 바꾸어 고정 구속을 준다.

[2] 원통부(베어링 삽입부) 회전

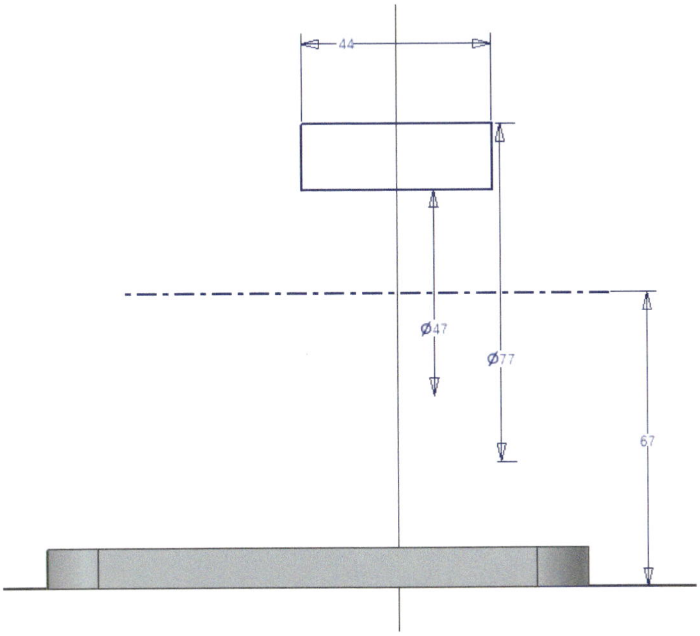

	요구되는 옵션
	1. 스케치 작업 평면 : XY 평면(정면) 2. 필요 구속 조건 : 대칭

스케치 조건

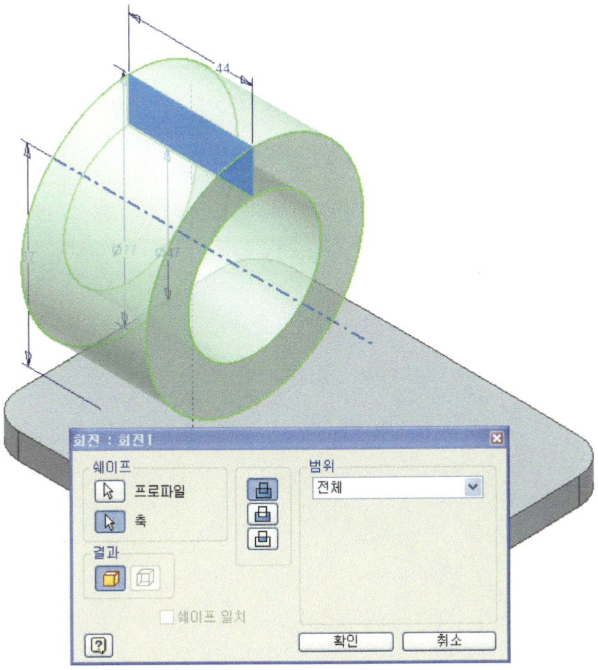

	메 뉴
	회전

	요구되는 옵션
	1. 범위 조건 : 전체 2. 방향 : 위 3. 결합

3D 구현 조건

도움말 수직선은 구성선으로 그리고 사각형은 좌우 대칭 구속을 준다. 스케치에서 원통부 수평선은 중심선으로 그리고 회전 피쳐 시 회전축으로 사용한다.

[3] 우측 리브 돌출

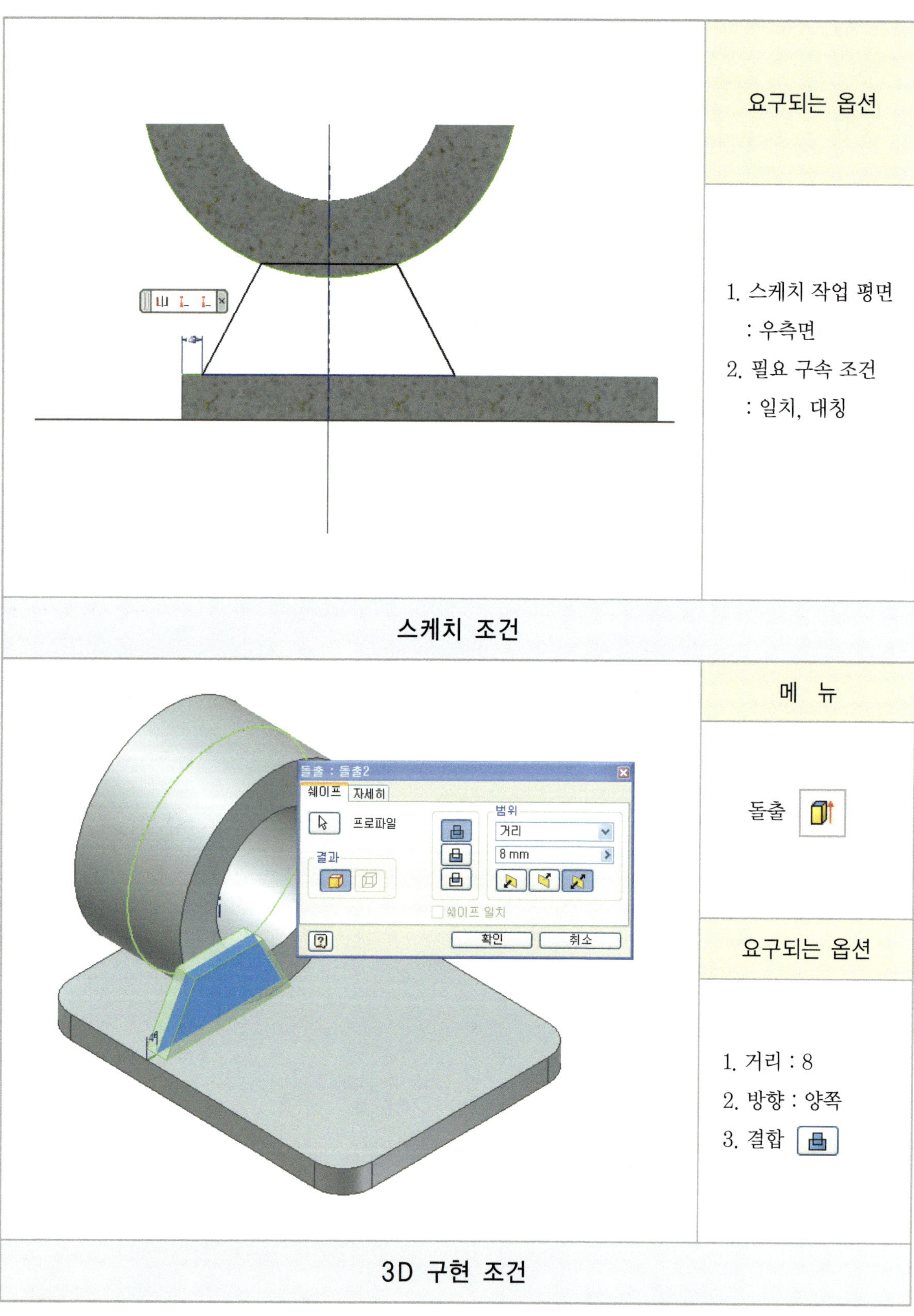

도움말　수직선은 구성선으로 그리고 양쪽의 사선에 좌우 대칭 구속을, 끝점 원통 모서리에 일치 구속을 준다. 구성선을 그릴 때는 우측 상단의 구성(✎)을 눌러서 그리고 그린 후에는 해제시킨다.

[4] 베이스부 필렛

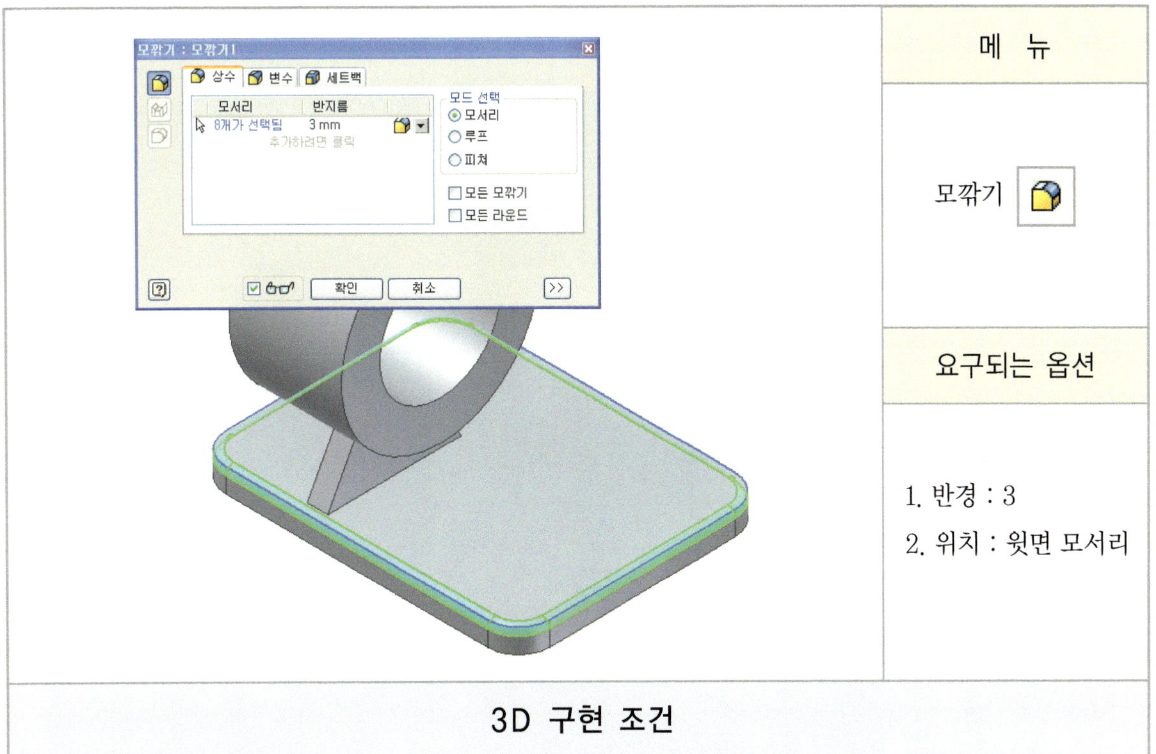

<table>
<tr><td rowspan="2"></td><td>메 뉴</td></tr>
<tr><td>모깎기 </td></tr>
<tr><td rowspan="2"></td><td>요구되는 옵션</td></tr>
<tr><td>1. 반경 : 3
2. 위치 : 윗면 모서리</td></tr>
</table>

3D 구현 조건

[5] 리브 두께부 필렛

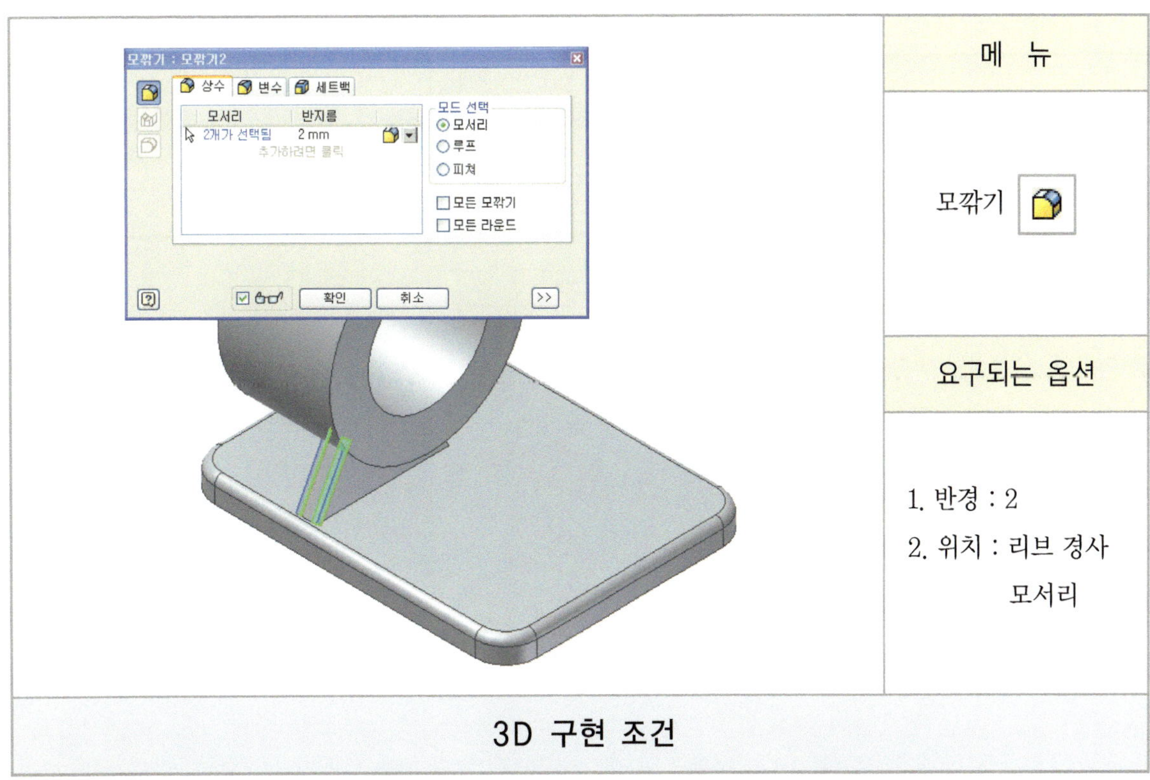

<table>
<tr><td rowspan="2"></td><td>메 뉴</td></tr>
<tr><td>모깎기 </td></tr>
<tr><td rowspan="2"></td><td>요구되는 옵션</td></tr>
<tr><td>1. 반경 : 2
2. 위치 : 리브 경사
　　　　 모서리</td></tr>
</table>

3D 구현 조건

도움말　라운딩부가 서로 교차하는 곳은 순서상 이곳 경사면부터 해야 깔끔한 처리가 된다.

[6] 정면 리브 돌출

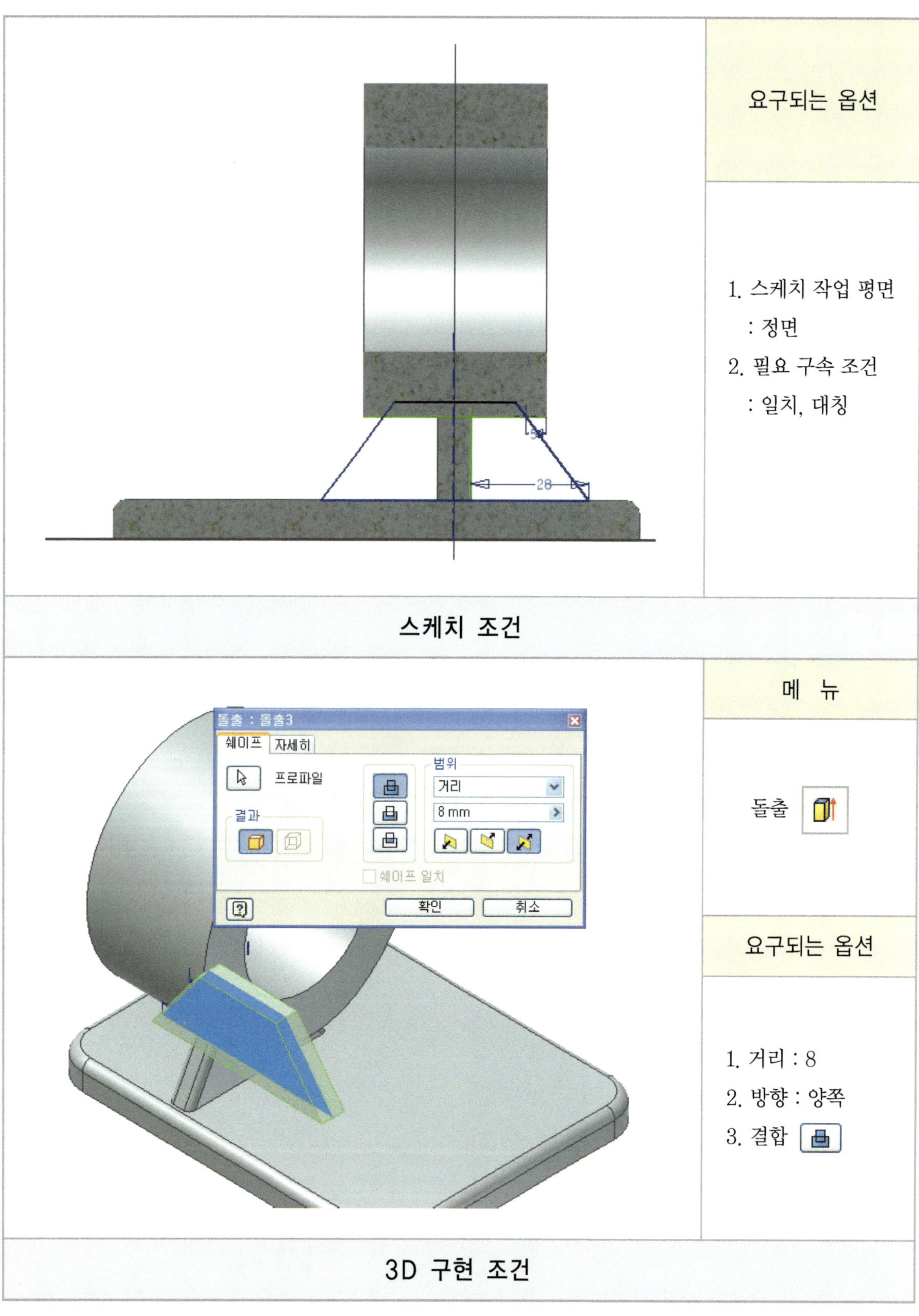

도움말   원통 모서리와 경사선이 만나는 곳에 점을 추가하여 선 끝과 점을 일치 구속을 주고 치수를 5 정도 주어야 필렛 처리 후에도 원통 끝 단면이 원형을 유지할 수 있다.

[7] 정면 리브 필렛

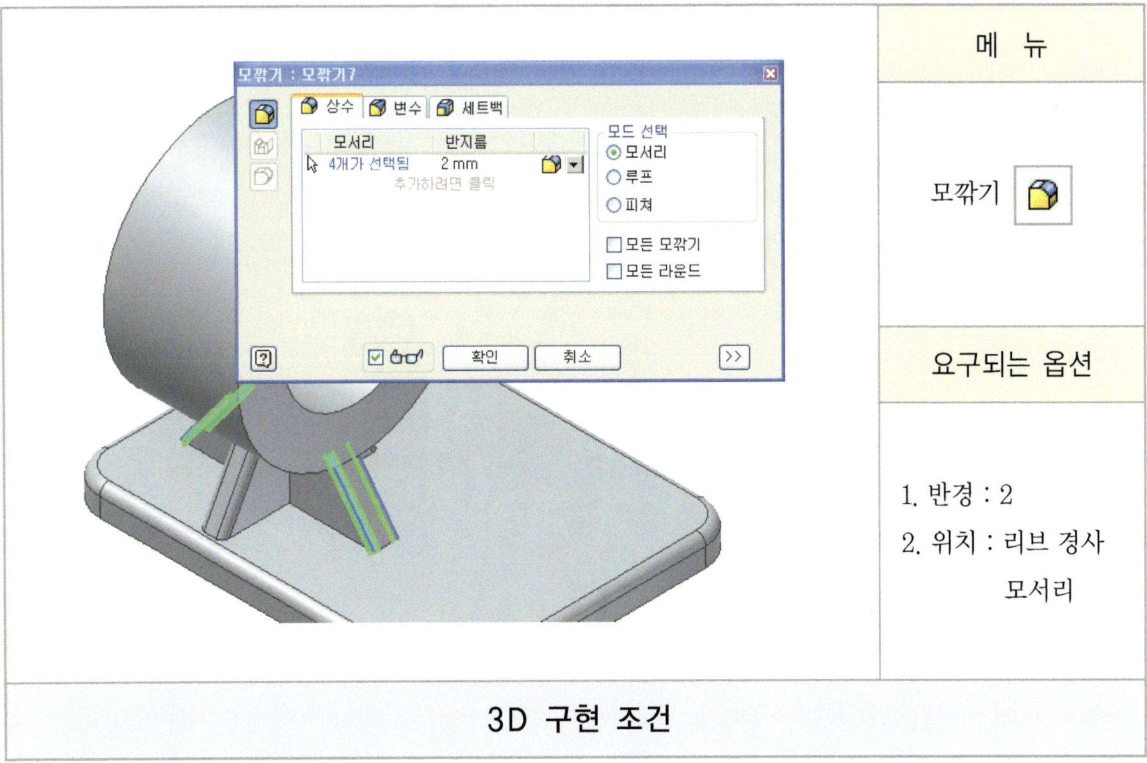

3D 구현 조건

[8] 원통과 리브 교차부 필렛

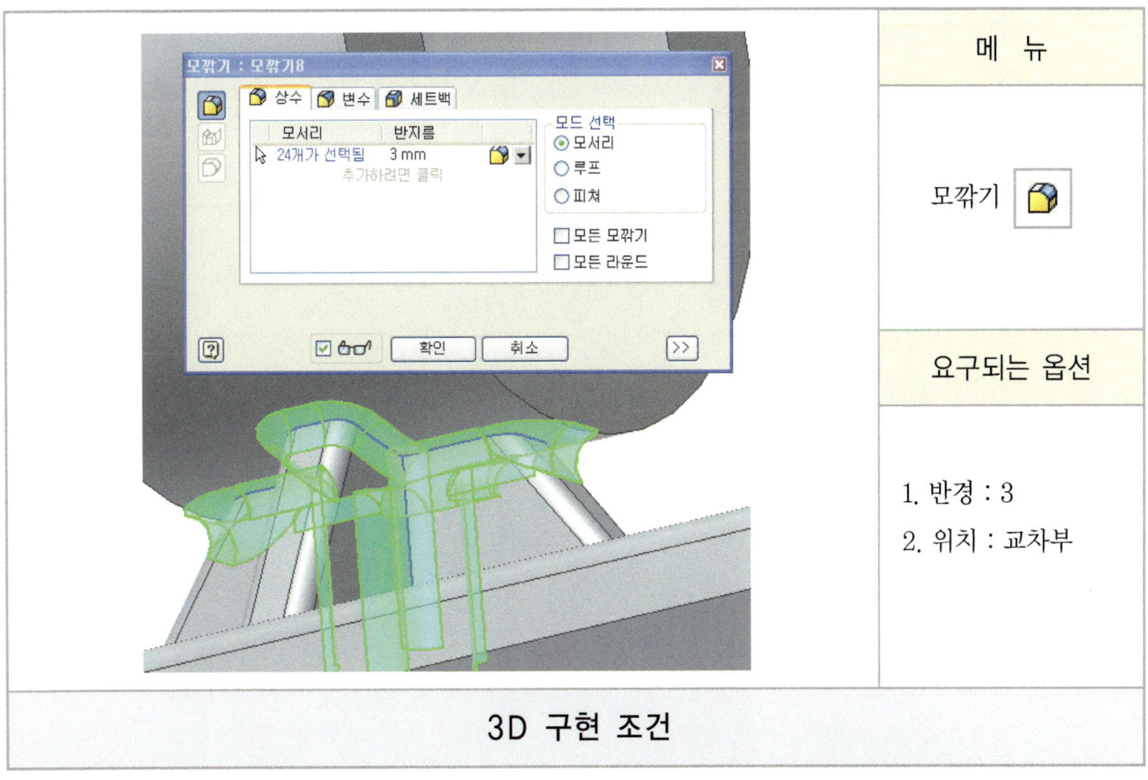

3D 구현 조건

도 움 말   필렛 처리는 순서상 리브의 경사면 모서리부터 한 후 원통과 리브 교차부를 해야 매끄럽게 된다.

[9] 밑판과 리브 교차부 필렛

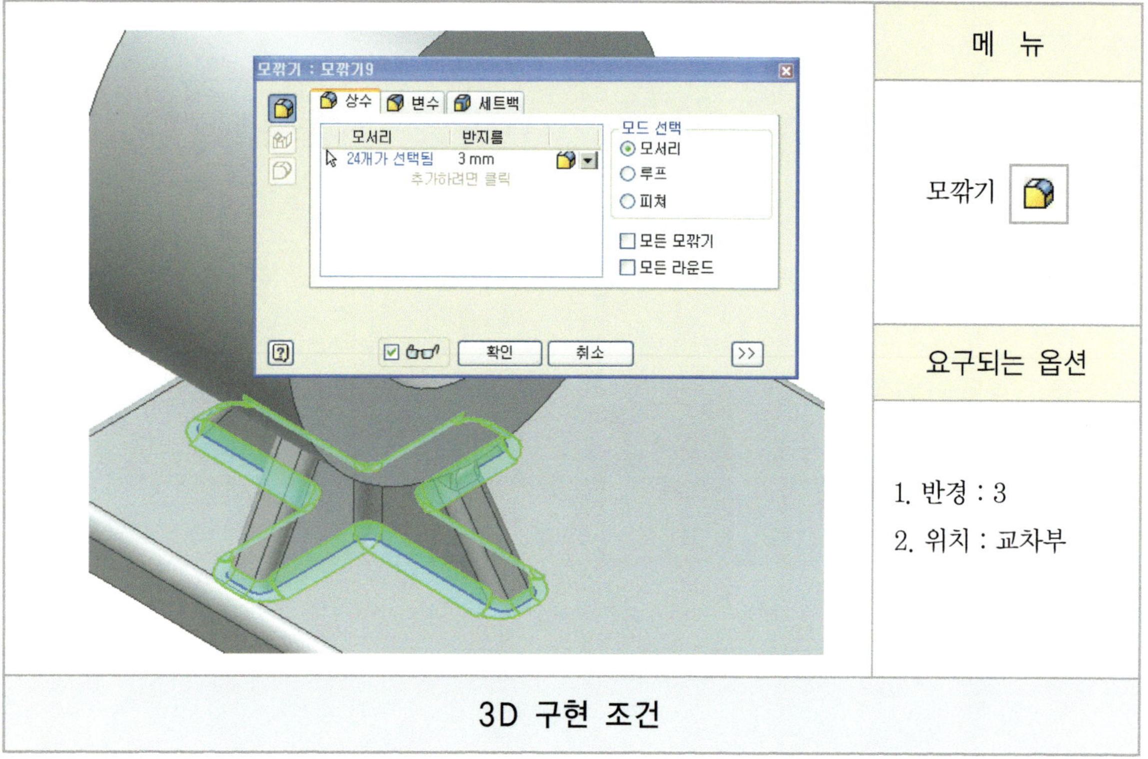

메 뉴	
모깎기	

3D 구현 조건

요구되는 옵션

1. 반경 : 3
2. 위치 : 교차부

도움말 리브 경사면이 둥글게 모깎기 되어 있으므로 접선 관계로 루프가 형성되어 모서리 1곳만 선택하면 된다.

제2부 인벤터 사용자 (동력변환장치)

[10] 원통 측면 암나사(탭) 내기

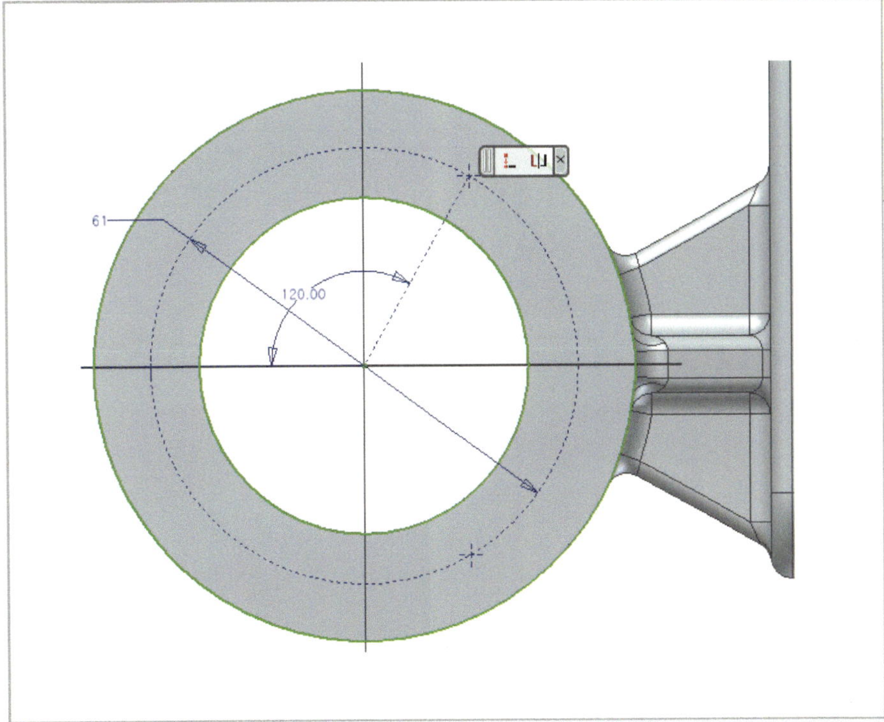

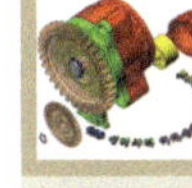

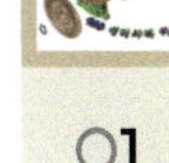

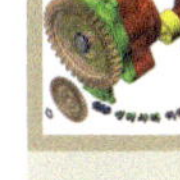

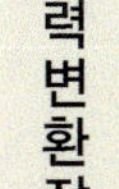

요구되는 옵션

1. 스케치 작업 평면
   : 원통 단면
2. 필요 구속 조건
   : 일치, 대칭

스케치 조건

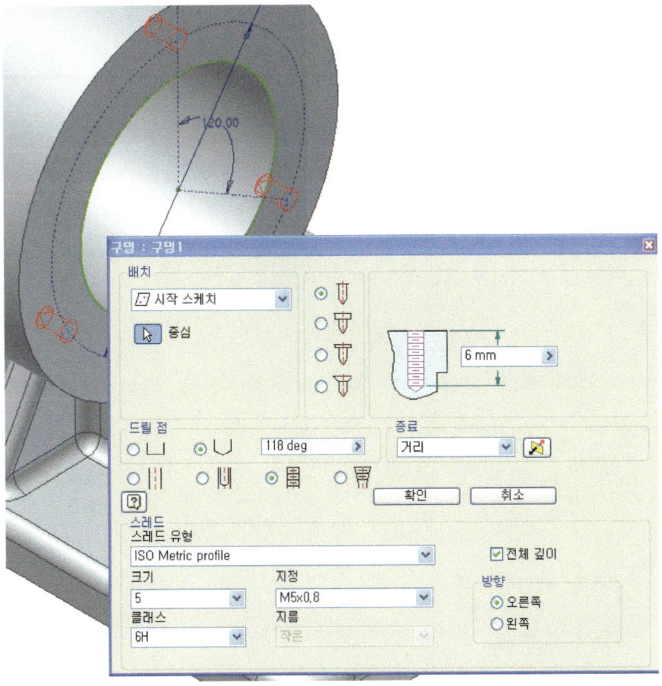

메 뉴

구멍

요구되는 옵션

1. 스레드 유형
   : ISO Metric
2. 배치 : 시작 스케치
3. 크기 : 5
4. 구멍깊이 : 6

3D 구현 조건

도움말 시작 스케치에 점의 위치를 줌으로써 점과 동일한 위치에 구멍을 뚫는다. 또한 유형을 스레드(탭구멍)로 하면 차후 2D 도면 추출 시 안지름, 골지름 형상이 도시되어 나온다.

[11] 원통 내경 모서리 모따기

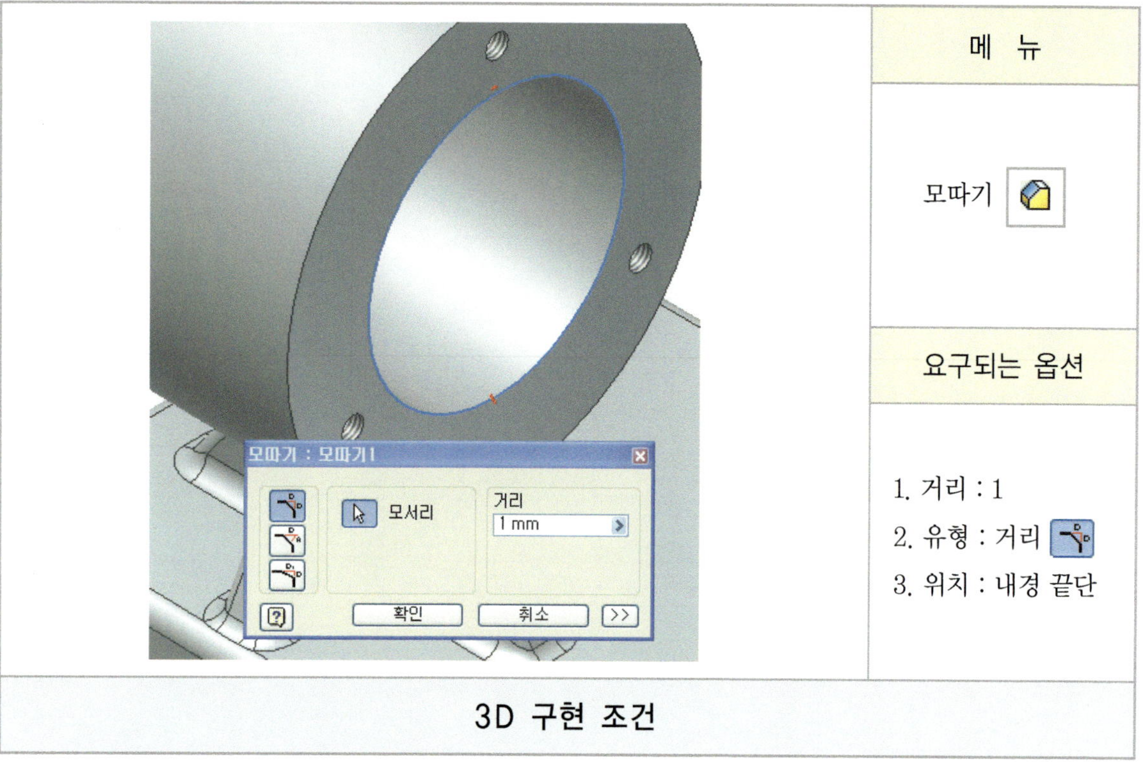

3D 구현 조건

[12] 원통 반대쪽 단면 대칭 복사

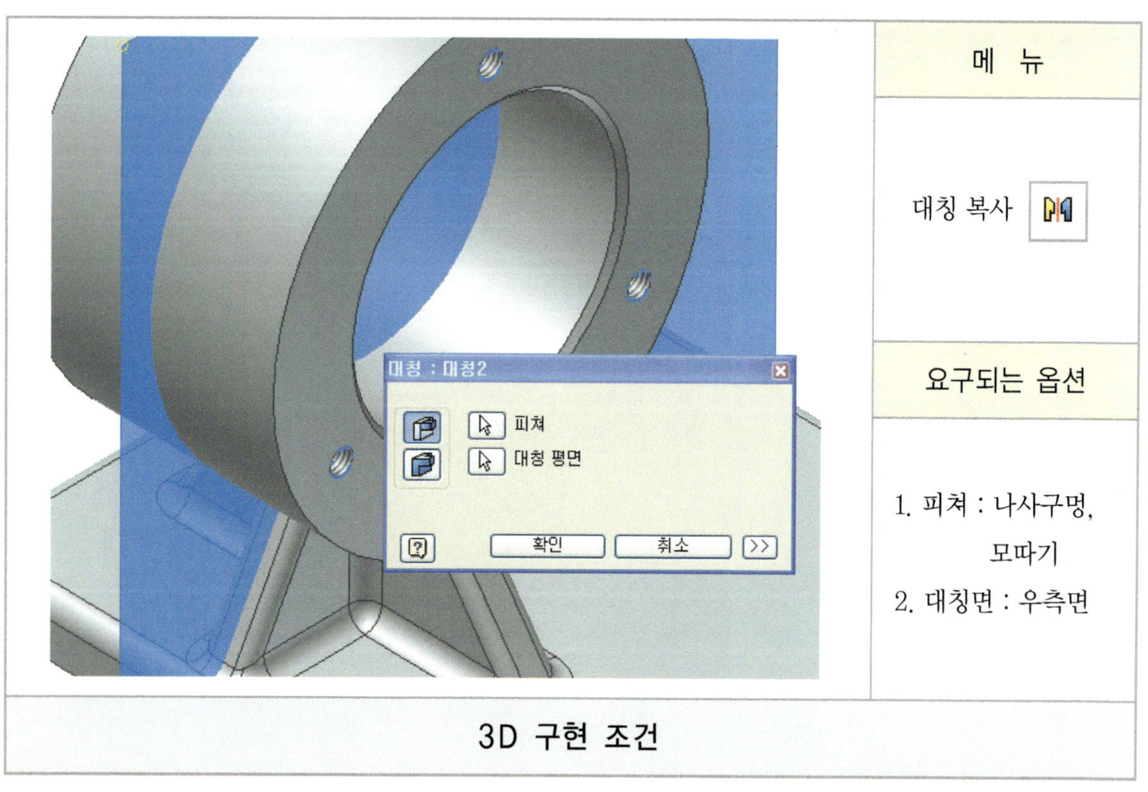

3D 구현 조건

도움말   대칭 복사를 통해 형상 관리와 작업 시간을 줄일 수 있고 원통 길이가 바뀌어도 피쳐 구현
에러가 안 생긴다.

[13] 밑판 볼트 조립부 돌출

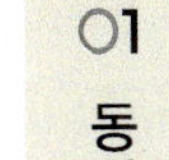
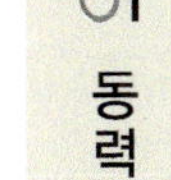
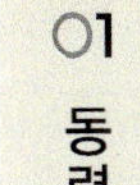

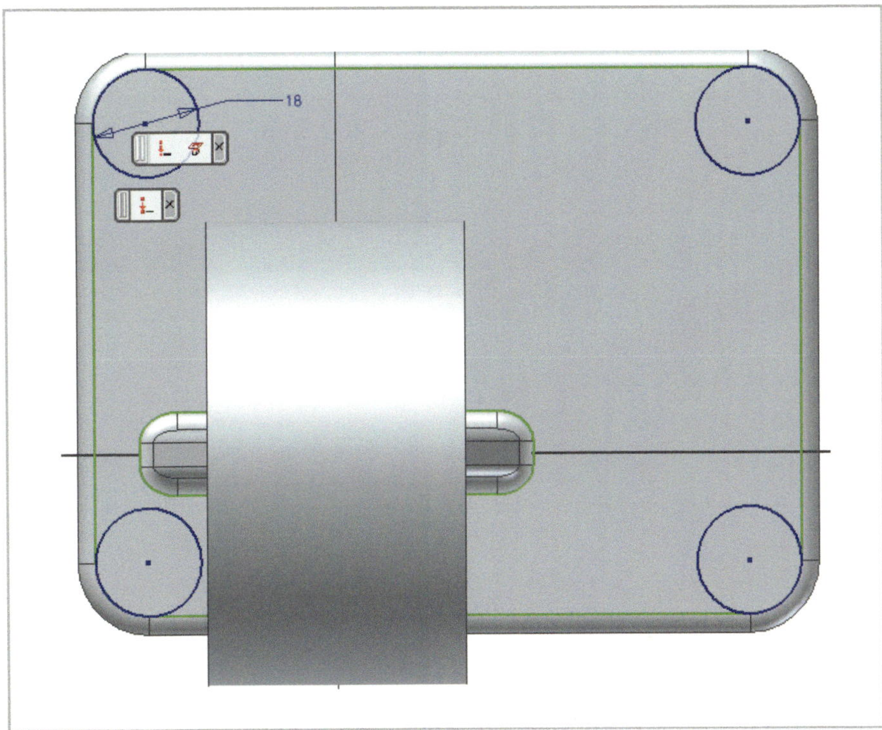

스케치 조건

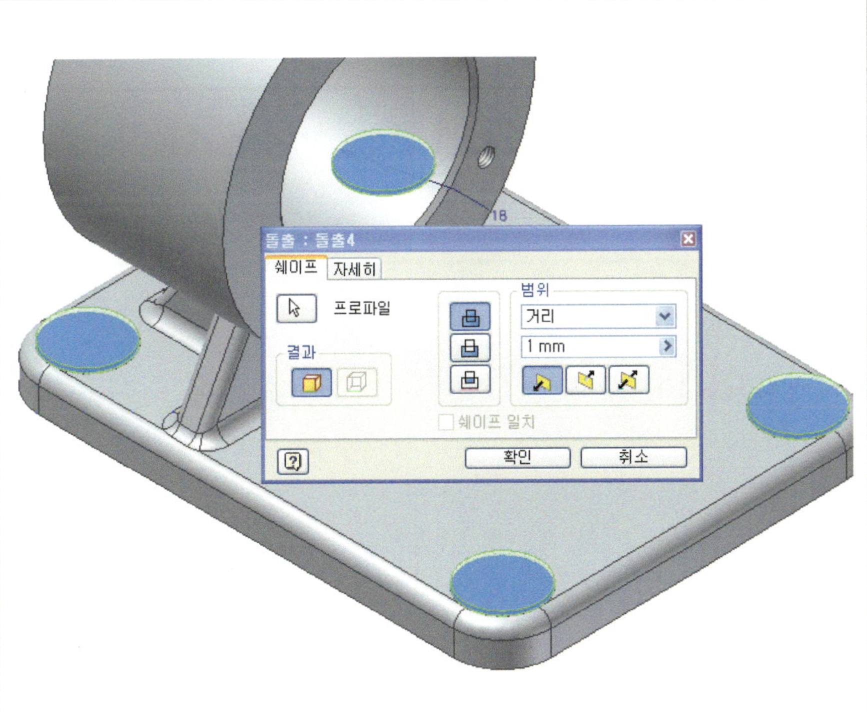

3D 구현 조건

도움말 원을 스케치할 때 베이스의 필렛부 중심에 클릭하여 동심 동일 크기 원을 그리면 일치와 투영 구속이 들어가게 되어 치수 기입이 필요 없게 된다.

[14] 요크부(링크 조립부) 돌출

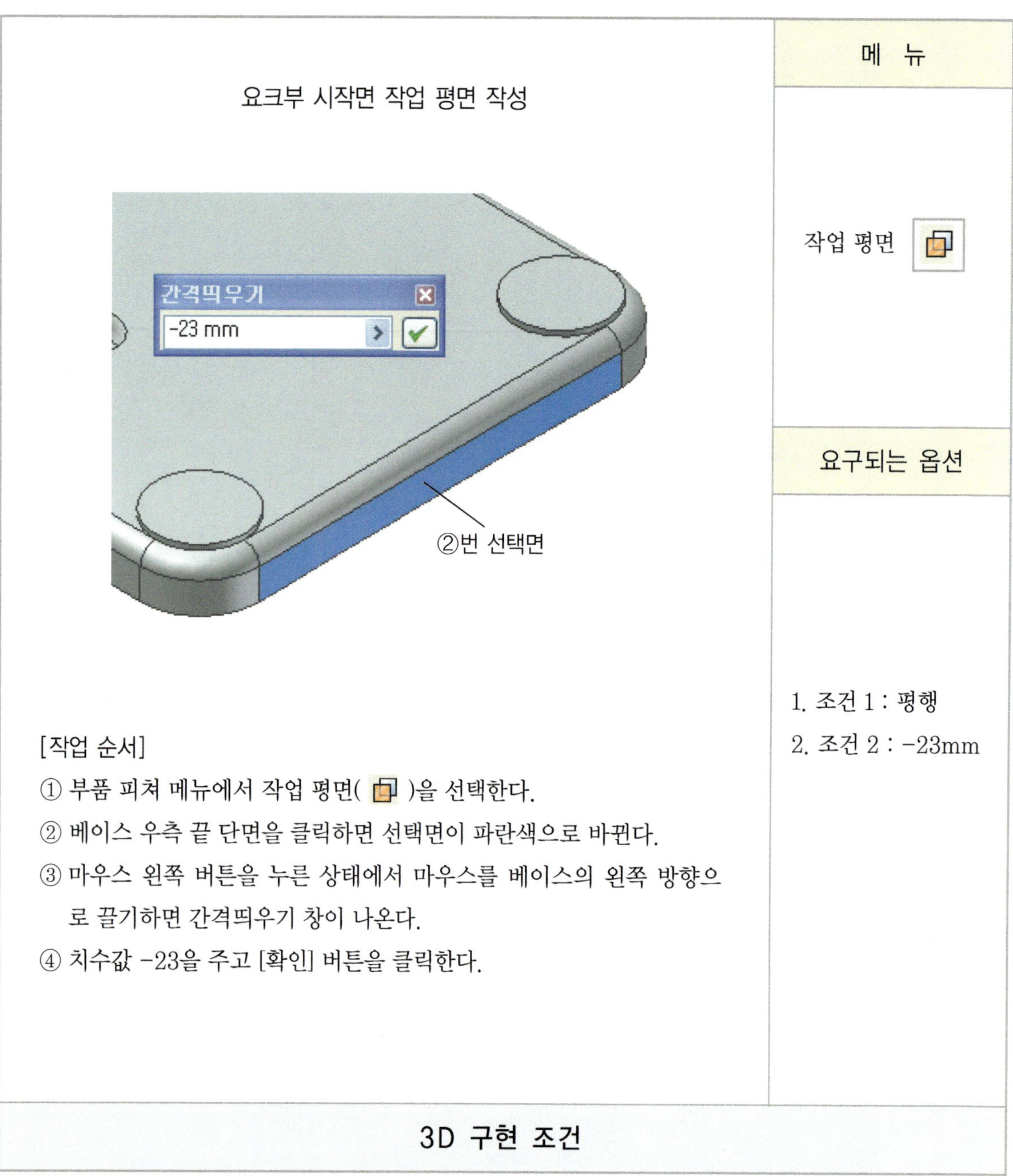

메 뉴
작업 평면

요구되는 옵션
1. 조건 1 : 평행 2. 조건 2 : −23mm

[작업 순서]

① 부품 피쳐 메뉴에서 작업 평면( )을 선택한다.

② 베이스 우측 끝 단면을 클릭하면 선택면이 파란색으로 바뀐다.

③ 마우스 왼쪽 버튼을 누른 상태에서 마우스를 베이스의 왼쪽 방향으로 끌기하면 간격띄우기 창이 나온다.

④ 치수값 −23을 주고 [확인] 버튼을 클릭한다.

3D 구현 조건

도움말 Y요크부 형상이 베이스 안쪽의 허공상에 존재하므로 그곳에 스케치 작성을 하려면 시작되는 곳에 새로운 작업 평면을 만들어야 한다.

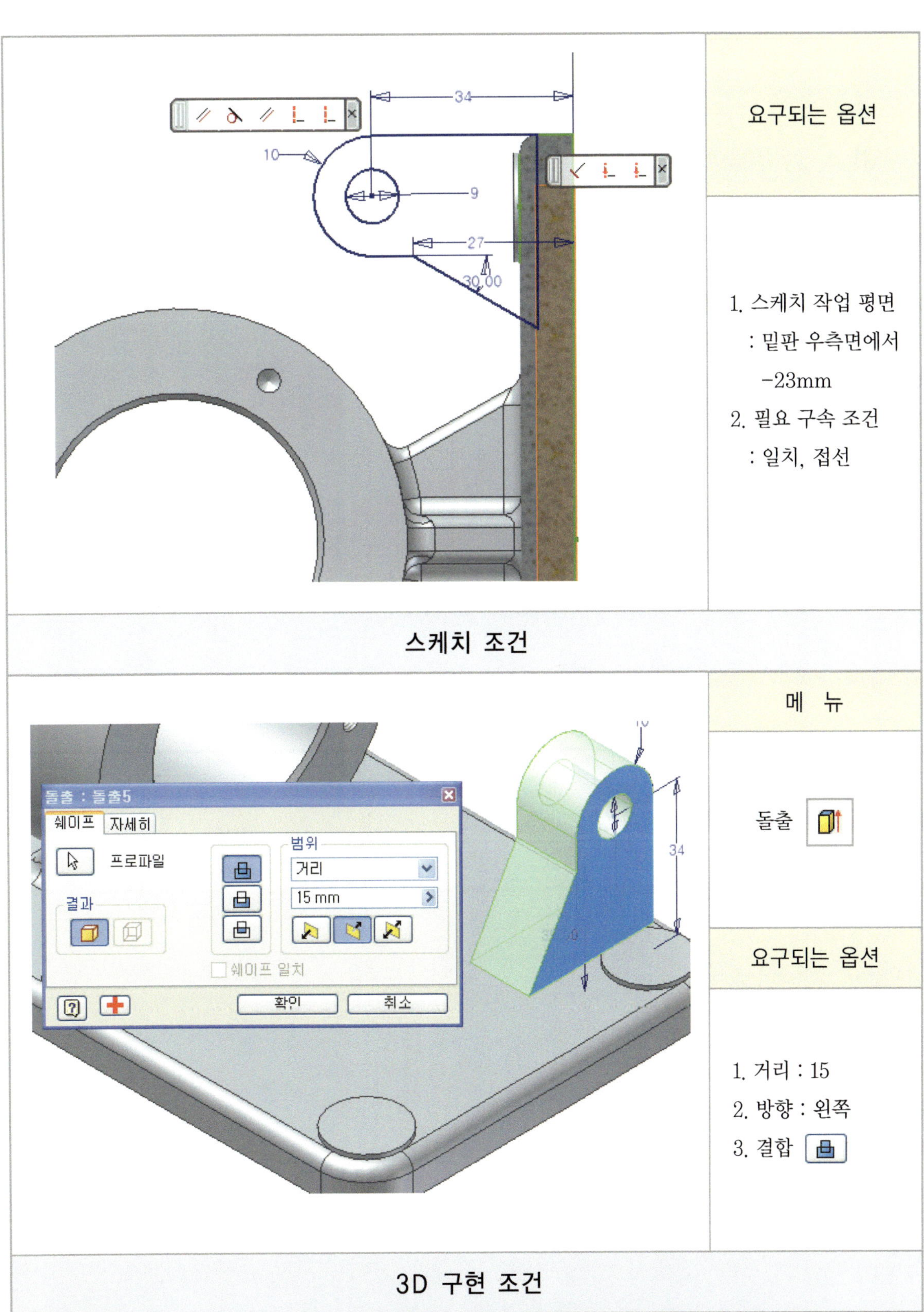

요구되는 옵션

1. 스케치 작업 평면
   : 밑판 우측면에서
   −23mm
2. 필요 구속 조건
   : 일치, 접선

스케치 조건

메 뉴

돌출

요구되는 옵션

1. 거리 : 15
2. 방향 : 왼쪽
3. 결합

3D 구현 조건

도움말 스케치 작성 시 F7 키를 눌러 슬라이스(단면) 보기하여 스케치 선이 보이게 한다.

[15] Y요크부 돌출부 필렛

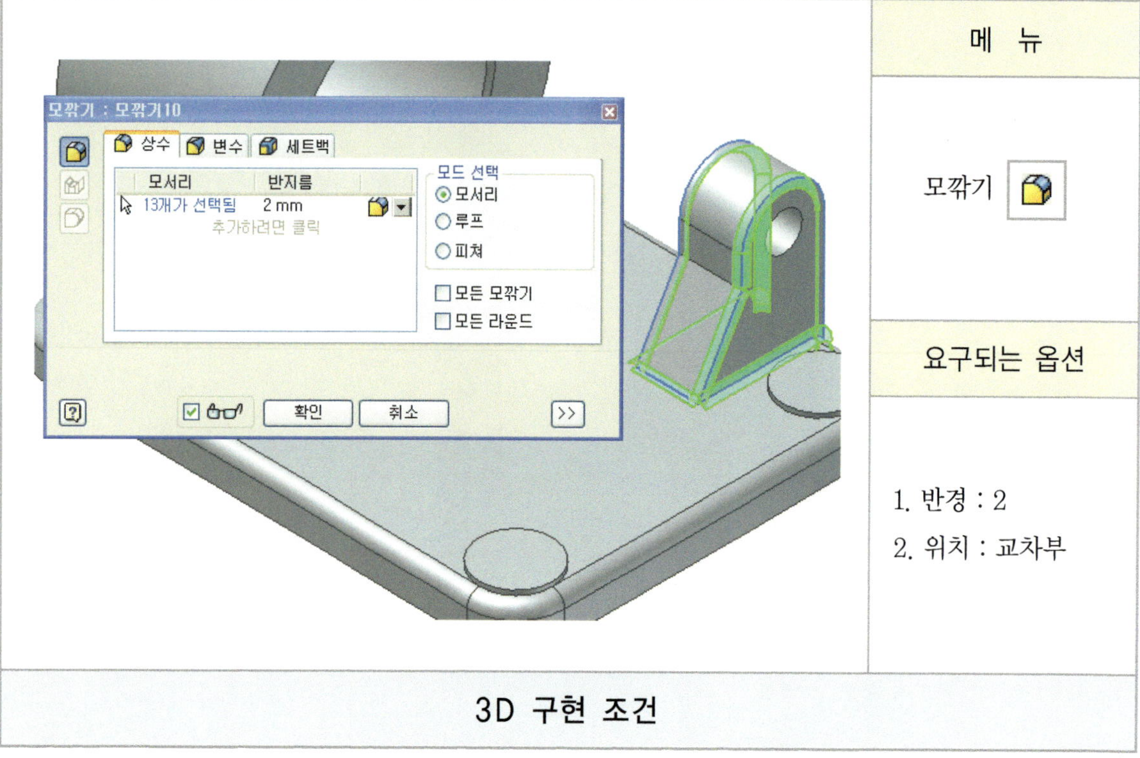

메 뉴
모깎기

요구되는 옵션
1. 반경 : 2 2. 위치 : 교차부

3D 구현 조건

도움말 Y요크부 모든 모서리(13개)를 선택하여 한꺼번에 필렛 처리를 한다.

[16] Y요크 링크 결합부 절단

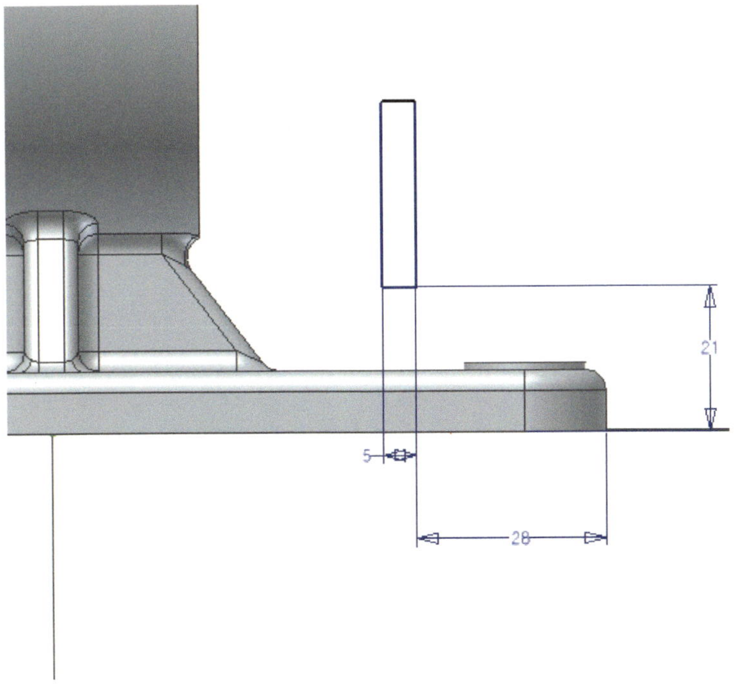

요구되는 옵션

1. 스케치 작업 평면
   : 정면
2. 필요 구속 조건
   : 수직, 수평

스케치 조건

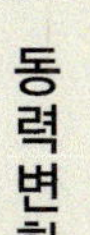

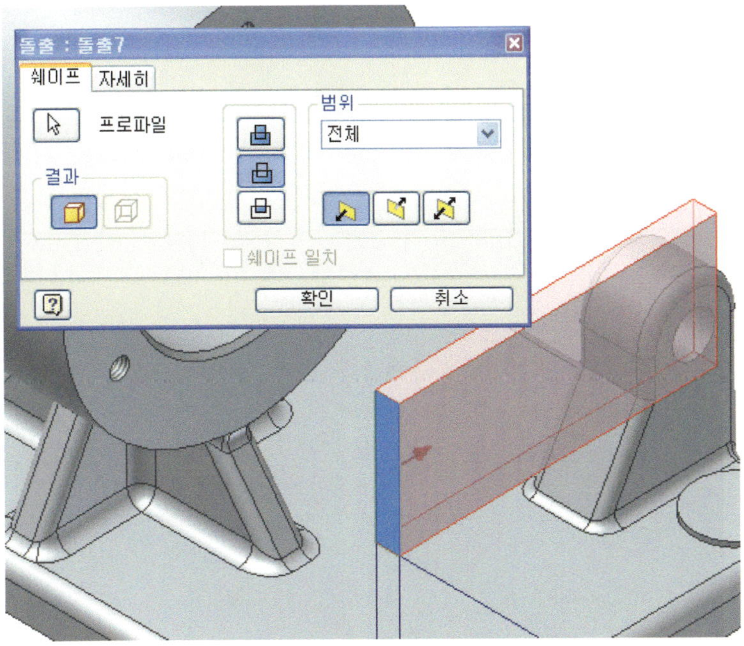

메 뉴

돌출

요구되는 옵션

1. 범위 조건 : 전체
2. 방향 : 뒤쪽
3. 절단

3D 구현 조건

도움말　스케치 작업 평면은 정면 외에 정면과 평행한 아무 면을 선택하여도 무방하다.

[17] 볼트 조립부 구멍

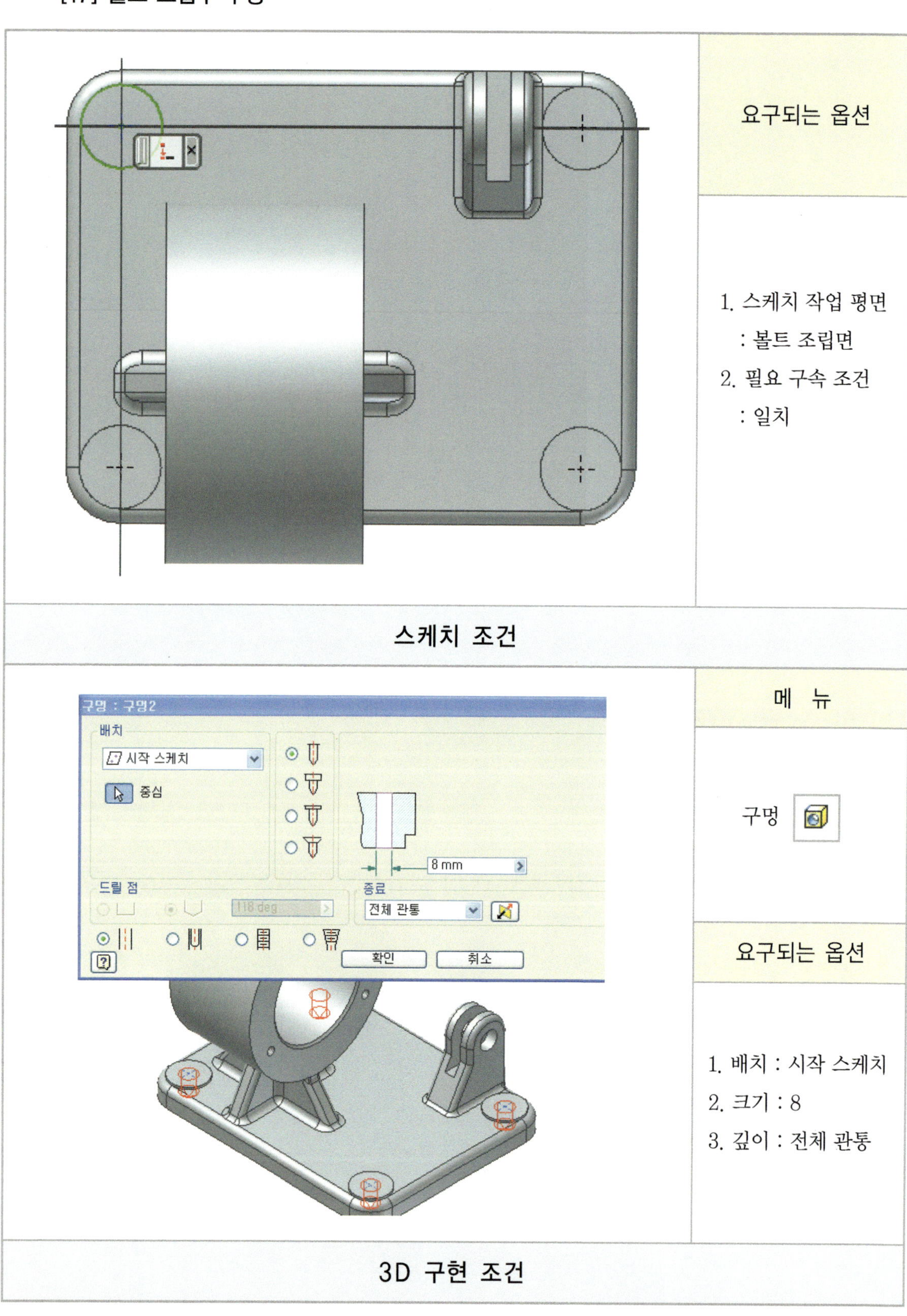

도움말　점과 원 중심에 일치 구속을 줌으로써 치수 기입을 필요 없게 한다.

제**2**부
인벤터 사용자 (동력 변환장치)

[18] 중량 계산

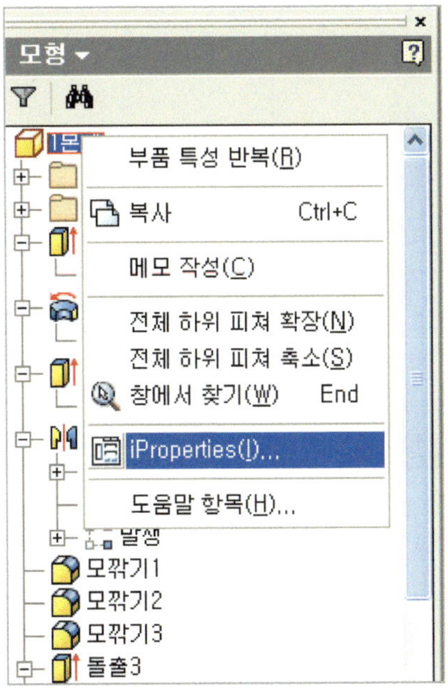

	메 뉴
	파일→iProperties

메뉴 위치

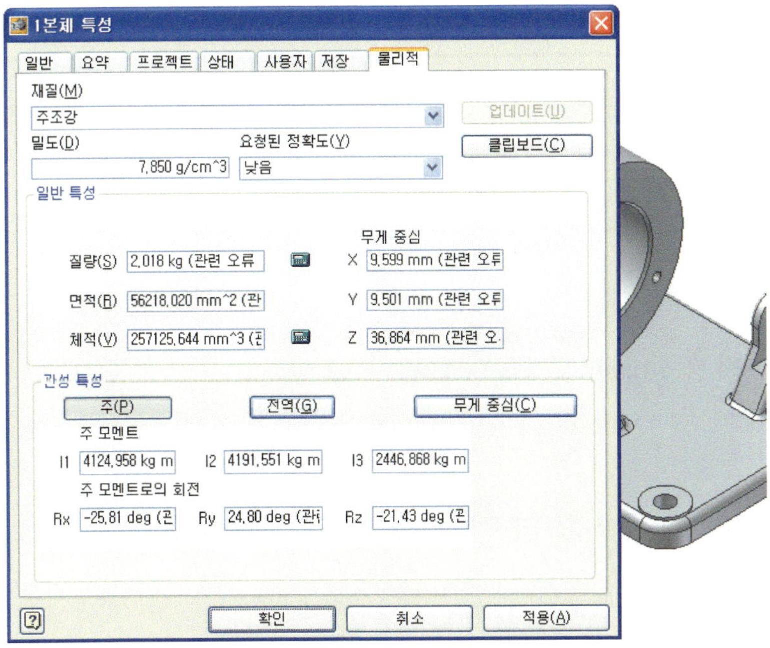

	요구되는 옵션
	1. 재질 : 주조강 2. 밀도 : 7.85 3. 질량 : 2018g

3D 구현 조건

도움말　문제지 요구 조건의 비중값을 살펴보고 비슷한 재질을 선정한다. 여기서는 비중이 7.85이므로 주조강을 선택하고 업데이트→적용을 클릭하여 질량을 산출한다.

[19] 원통부 단면(한쪽 단면도)

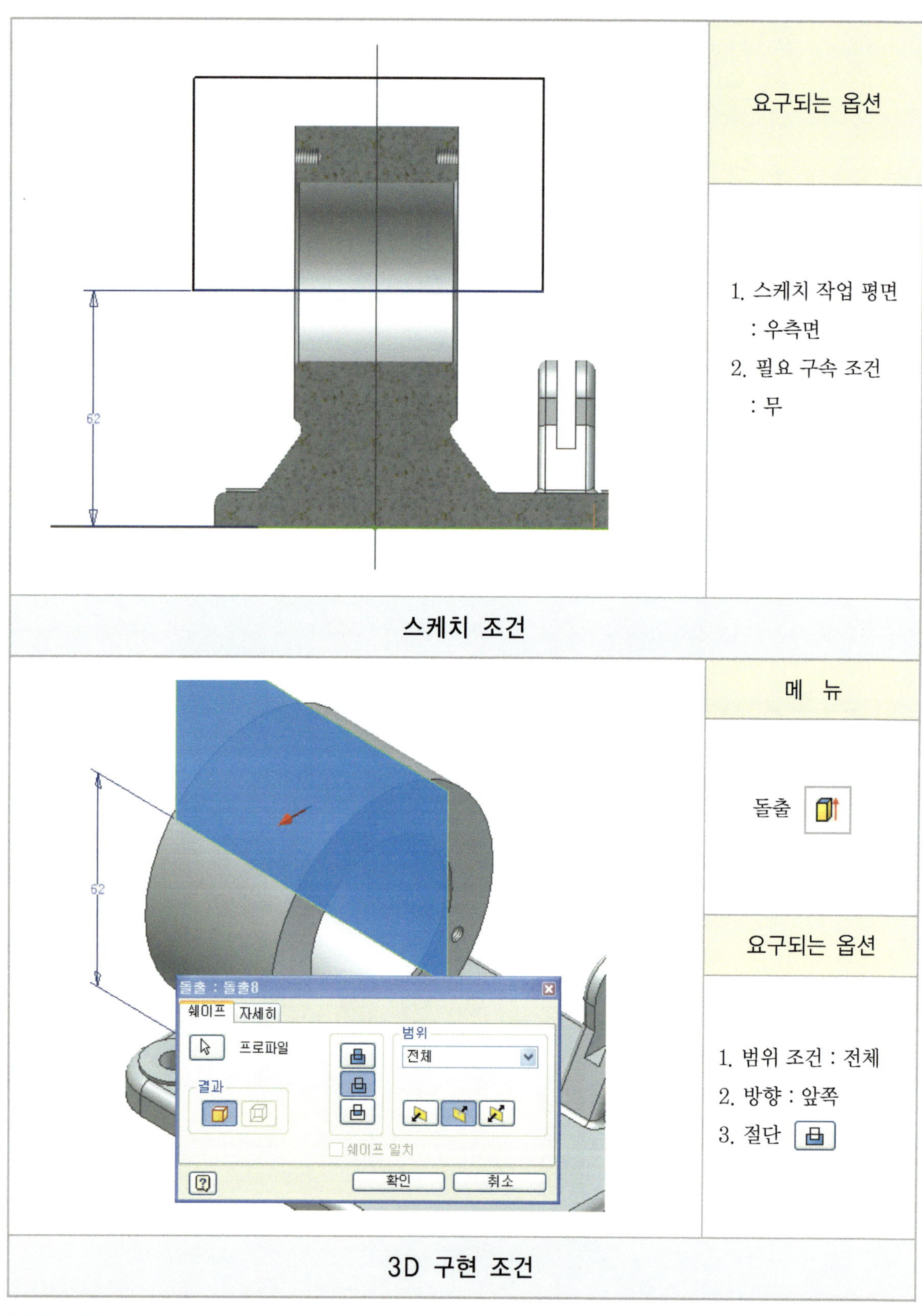

도움말 3D 모델링도 추출 시 내부 형상을 볼 수 있도록 돌출 절단을 하고, 2D 부품도 추출 시에는 다시 이 부분을 피쳐 억제를 해 놓아 절단 전 형상을 유지한다.

[20] Y요크 구멍부 단면(한쪽 단면도)

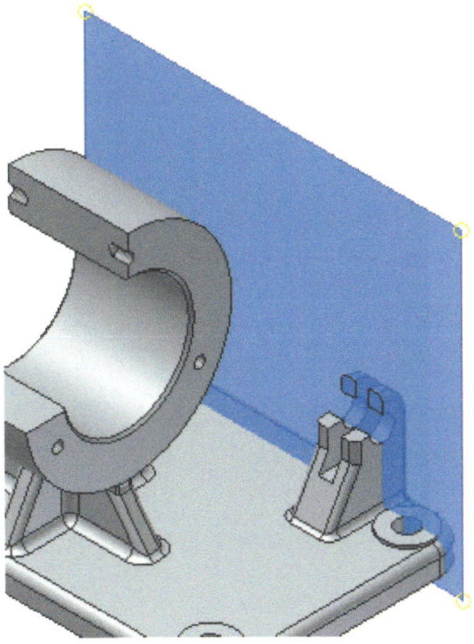

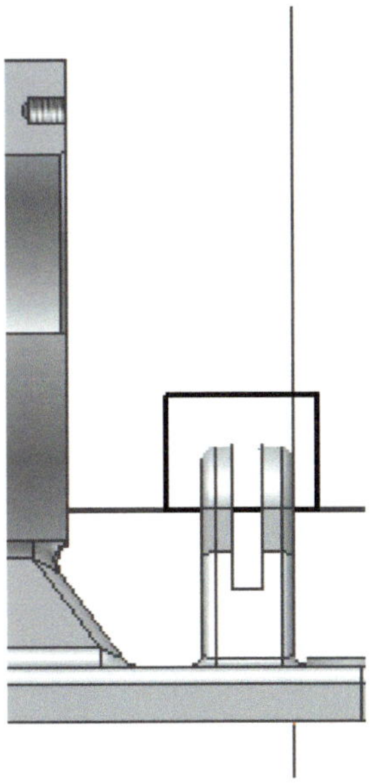

스케치 조건

3D 구현 조건

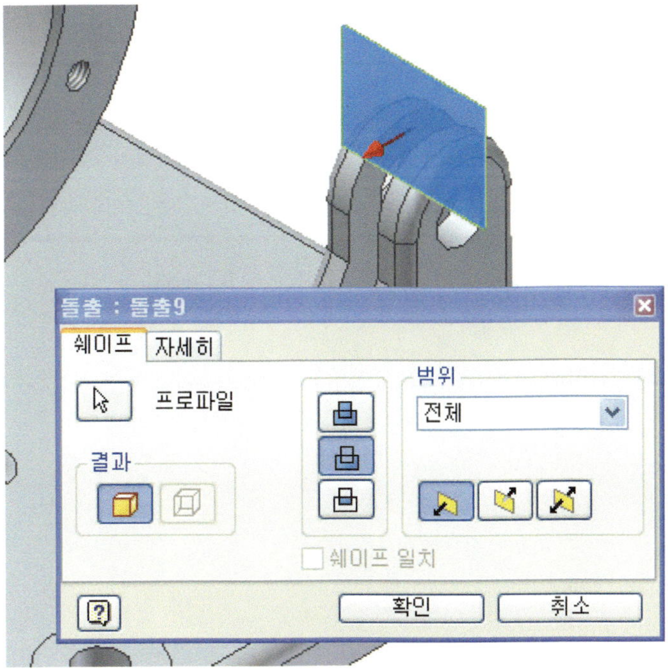

이렇게 해서 1번 몸체 모델링이 완성되었다.

[21] 모델링 저장하기

[다른 이름으로 저장]을 할 때 부여받은 비번호로 폴더(例 비번호 11일 때)를 만들고 1몸체.ipt
로 저장하여 찾기 쉽게 한다.

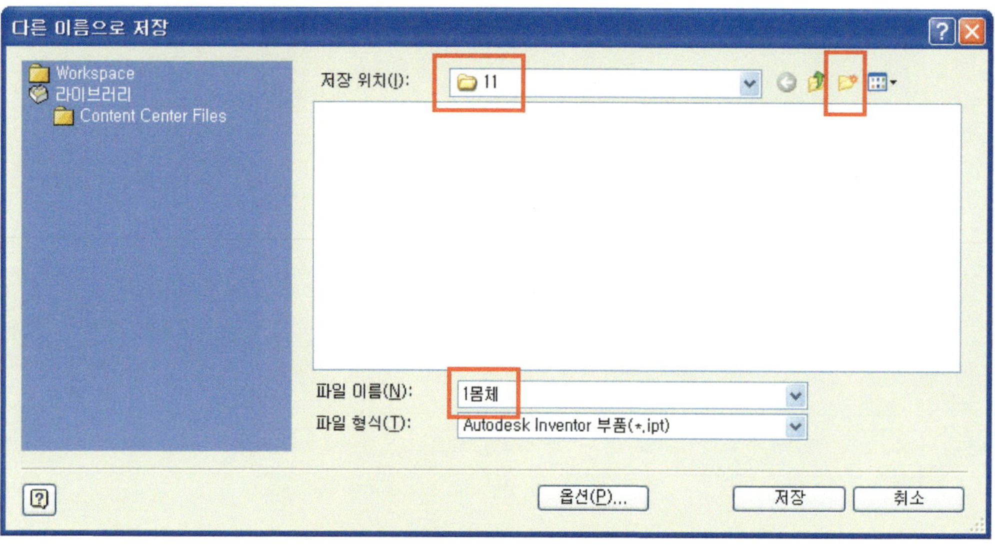

다음 그림은 2번 기어와 4번 V벨트 풀리 도면이다. 두 부품은 회전체로 부품 성격이 비슷하여
같이 묶었으며 이 단원에서는 아래 도면의 치수를 참조하여 모델링 구상을 하고 KS 데이터 치수
등 세부사항은 2D 부품도 작업 시 작성한다.

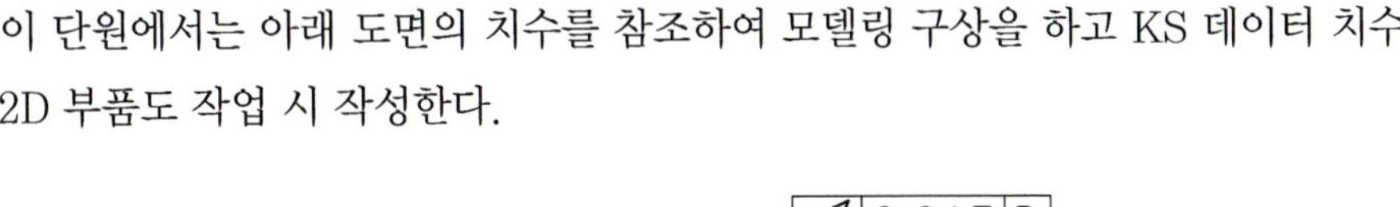

스퍼기어요목표	
기어치형	표 준
치 형	보통이
모 듈	2
압 력 각	20°
잇 수	35
피치원지름	70
전체이높이	4.5
다듬질방법	호브절삭
정 밀 도	5급

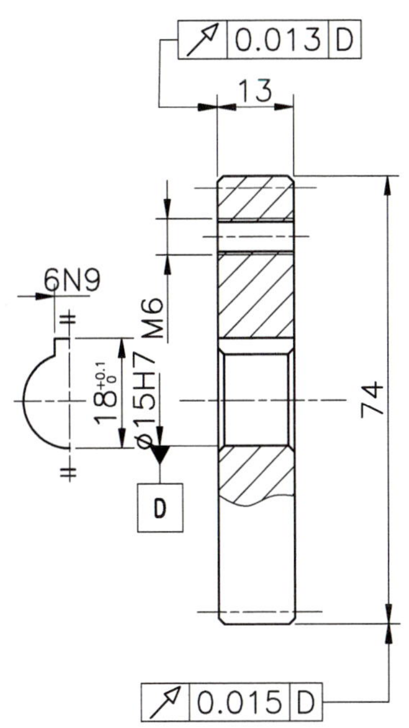

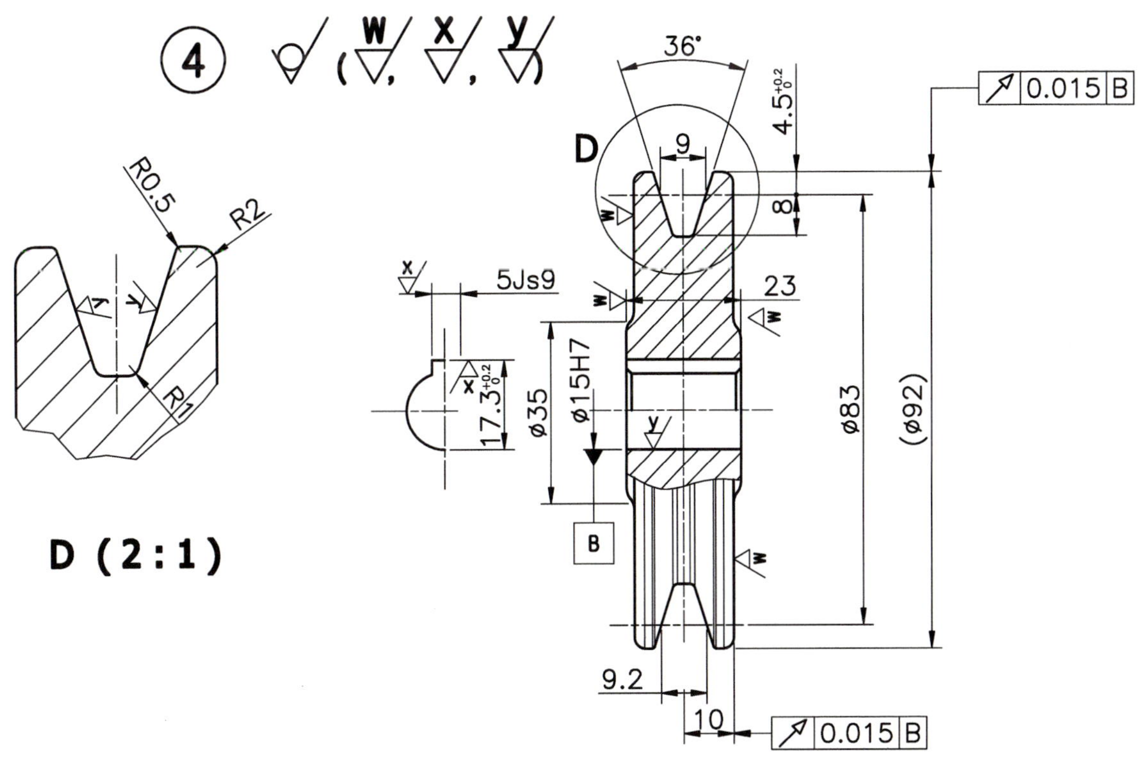

1 2번 기어 모델링

기어 모델링을 할 때 기준이 되는 데이터는 모듈(M)과 잇수(Z)이다.

이것을 통해 피치원 지름(P.C.D)이 결정되고 치형의 모양과 크기를 결정할 수 있다.

모델링은 이뿌리원을 스케치 돌출하여 기초 베이스를 완성한 다음 다시 1개의 치형을 스케치 돌출 완성한 후 원형 패턴을 이용하여 잇수만큼 360도 회전 복사를 하면 된다.

치형 곡선을 그리면 보통 인벌류트 곡선이 되어 복잡하나 다음과 같이 3개의 교점을 구한 후 3점 원호 그리기로 근사치로 완성한다. 기어 치부의 치수는 아래 치수표를 참고하여 완성한다.

치수표

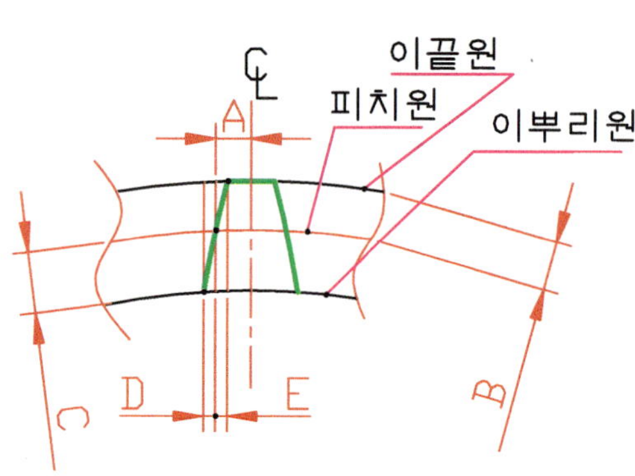

치수	수　식
A	모듈(M) × 0.75
B	모듈(M)
C	모듈(M) × 1.25
D	모듈(M) × 0.25
E	모듈(M) × 0.25

기어 치부 치수

다음으로 축구멍 키홈부를 돌출 컷하고 모서리부를 필렛 또는 모따기 처리한다.

[1] 이뿌리부 원통 돌출

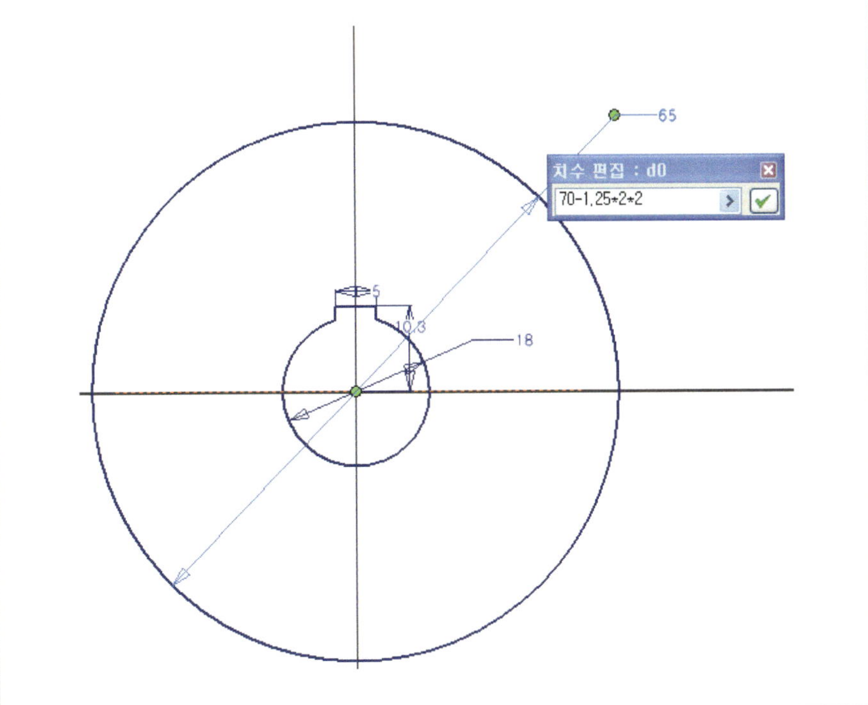

요구되는 옵션

1. 스케치 작업 평면
   : 우측면
2. 필요 구속 조건
   : 키홈부선 대칭
3. 이뿌리원 크기
   =피치원 지름$-1.25M \times 2$
   $=70-1.25 \times 2 \times 2$
   $=65$

스케치 조건

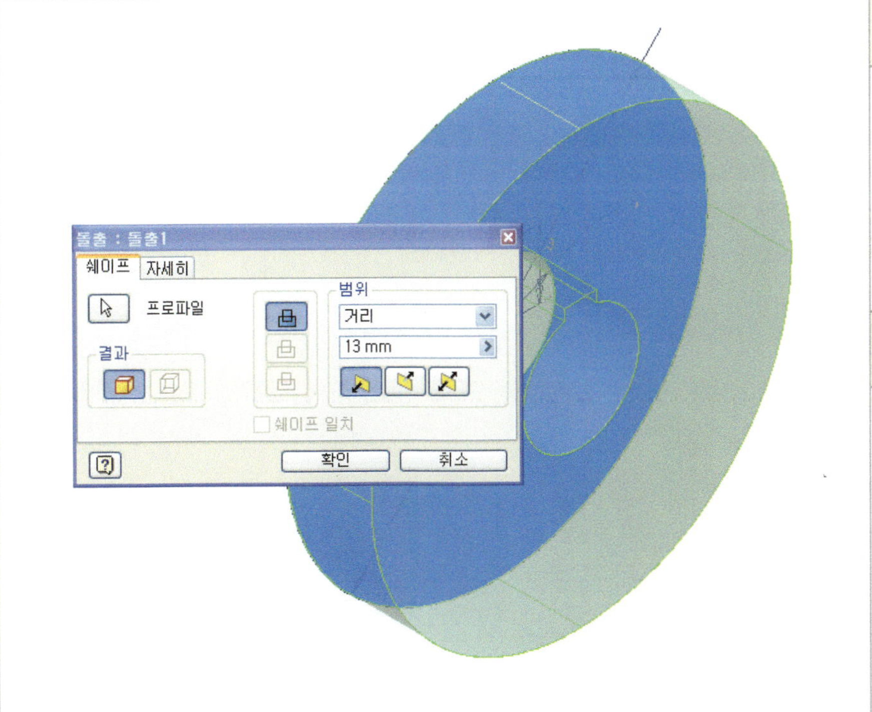

메 뉴

돌출

요구되는 옵션

1. 거리 : 13
2. 방향 : 뒤쪽
3. 결합

3D 구현 조건

도 움 말　스케치에서 원점을 중앙에 두고 수평·수직의 구성선을 그린 후 이뿌리원과 축구멍 형상을 그린다. 키홈부 두 선은 수직 구성선에 대칭 구속을 주어 스케치를 완성한다.

[2] 기어 치형부 돌출

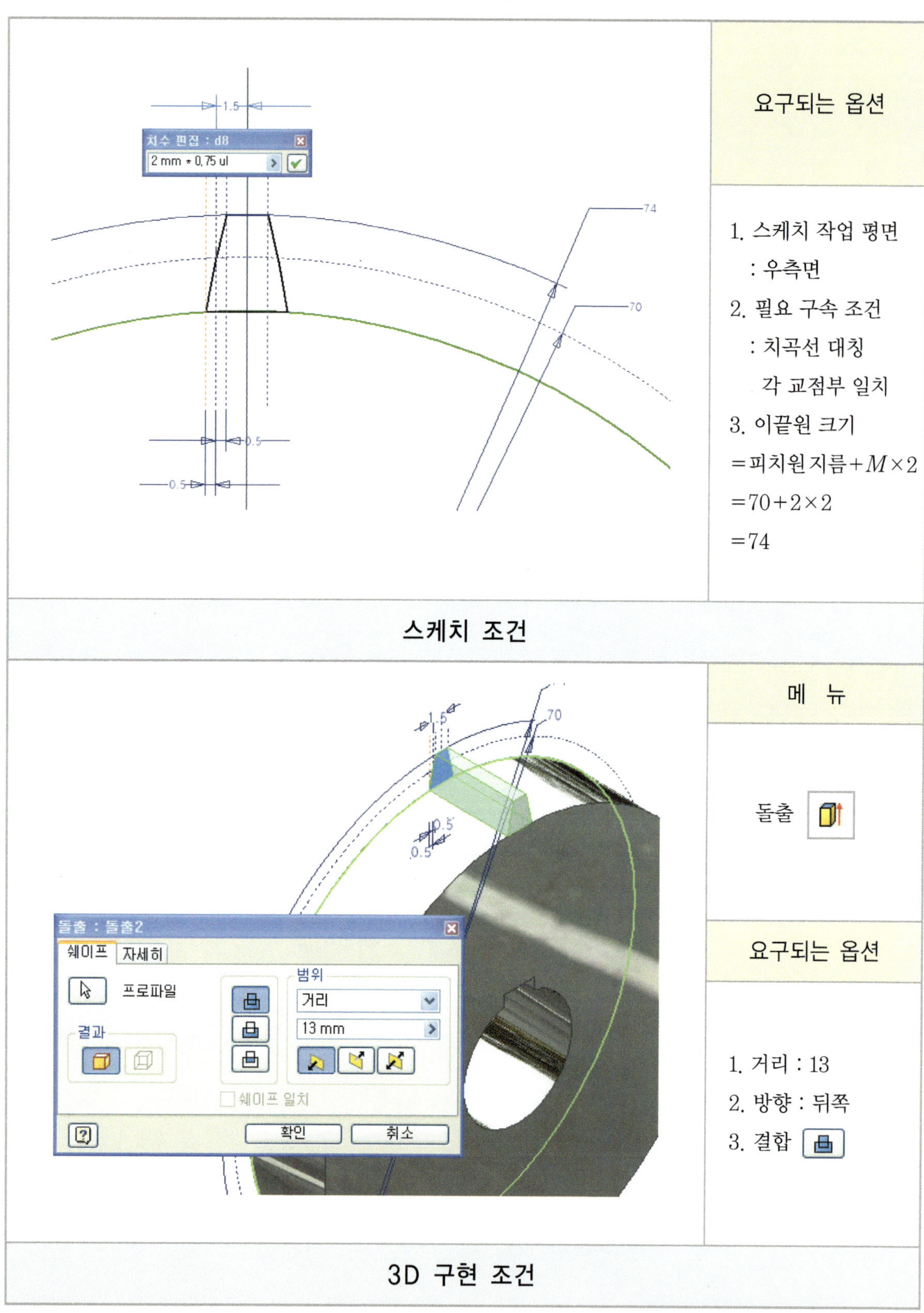

도움말　치단면 스케치 시 수직선과 피치원을 구성선으로 그린 후 치수 관계를 그림과 같이 수식으로 준다. 이후 이끝, 피치, 이뿌리 교차부를 지나는 3점 원호를 그리고 수직 구성선에 대해 대칭 복사, 자르기를 통해 단일 윤곽 치형을 완성해 나간다.

[3] 기어 치부 필렛 및 모따기

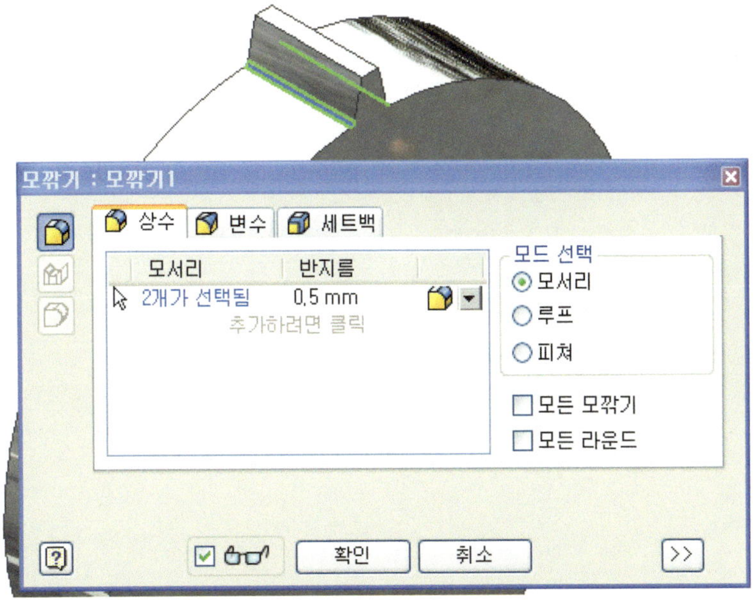

<table>
<tr><td rowspan="3">

</td><td>메 뉴</td></tr>
<tr><td>모깎기</td></tr>
<tr><td>요구되는 옵션

1. 반경 : 0.5

2. 유형 : 상수

3. 위치 : 원통 치부
　　　교차 모서리</td></tr>
</table>

3D 구현 조건

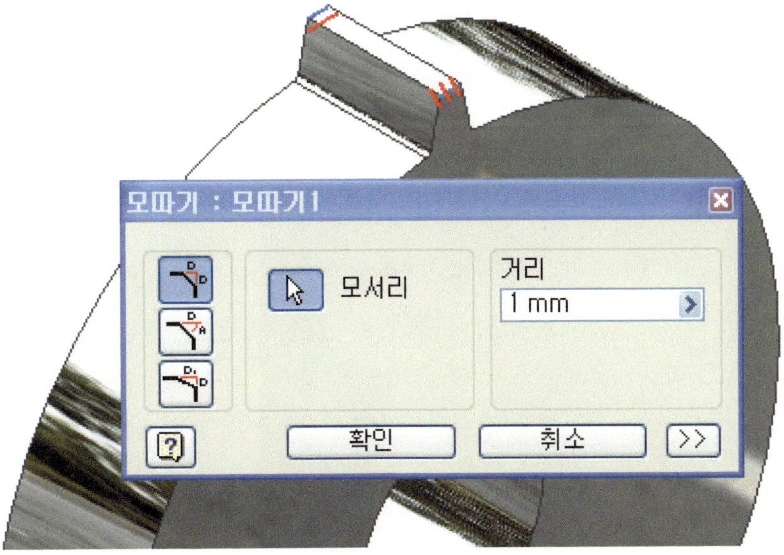

<table>
<tr><td rowspan="3">

</td><td>메 뉴</td></tr>
<tr><td>모따기</td></tr>
<tr><td>요구되는 옵션

1. 거리 : 1

2. 유형 : 거리

3. 위치 : 치형 끝단</td></tr>
</table>

3D 구현 조건

도움말　이뿌리면은 필렛, 이끝면 측면은 모따기 처리하여 치형을 완성한다.

[4] 기어 치부 회전 복사 및 우측면 탭구멍

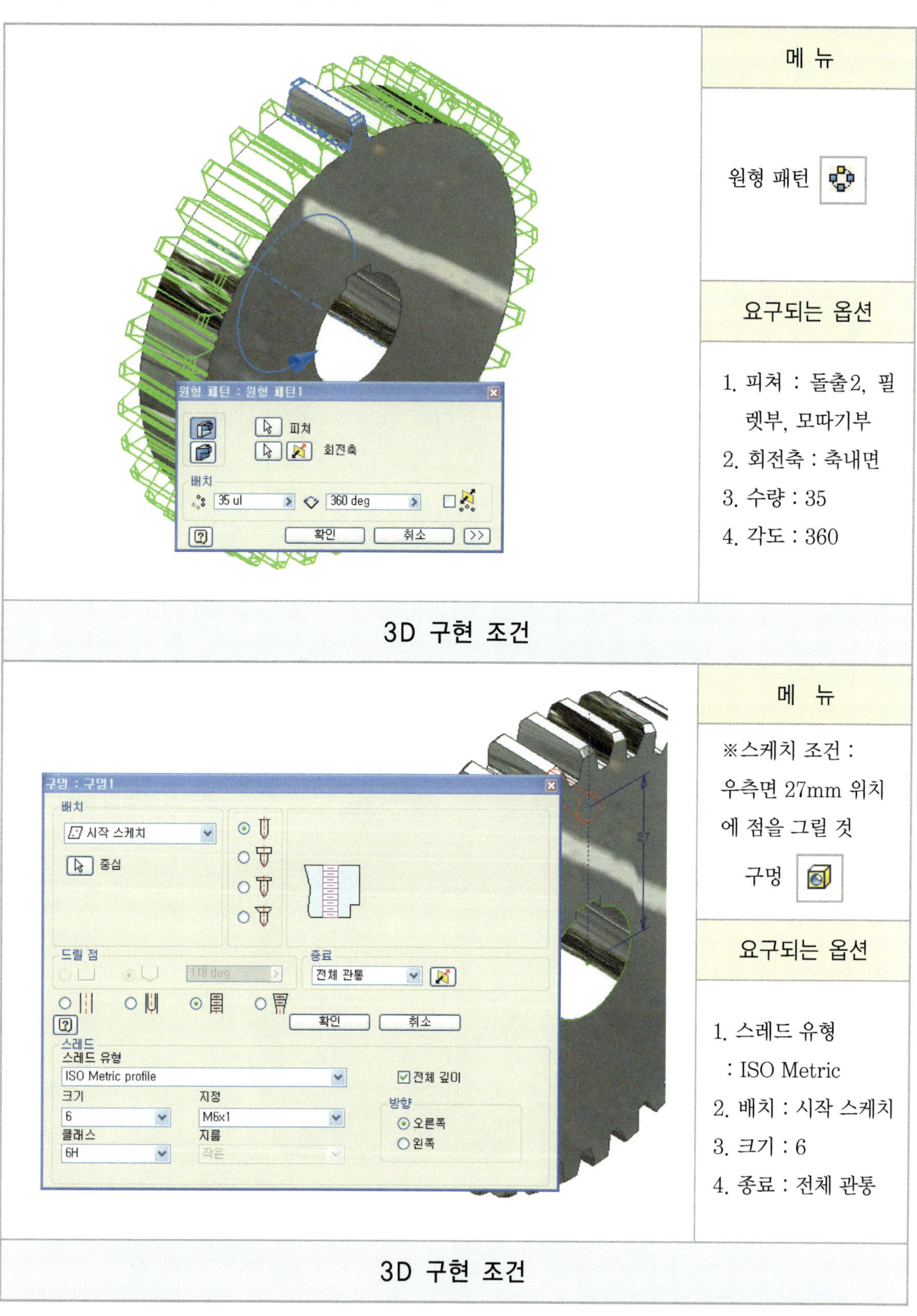

도움말　원형 패턴에서 대상 피쳐 선택 시 치형돌출부, 필렛부, 모따기부 3개를 동시에 선택해야 하는데 검색기창에서 해당되는 피쳐 목록을 선택하면 편리하다.

[5] 중량 계산

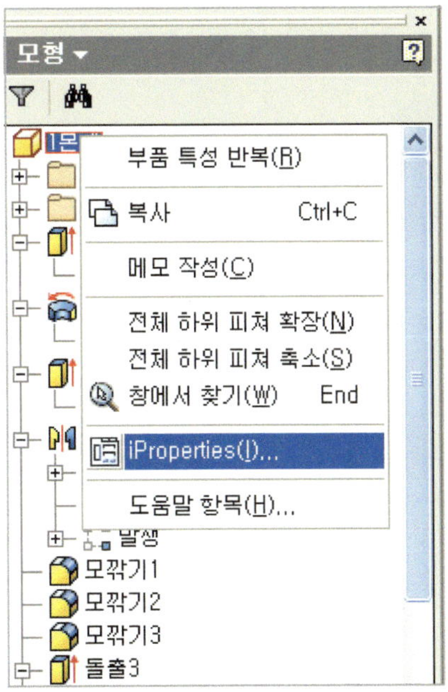

<table>
<tr><td rowspan="2">

(모형 특성 메뉴)

</td><td>메 뉴</td></tr>
<tr><td>

파일→iProperties

</td></tr>
</table>

메뉴 위치

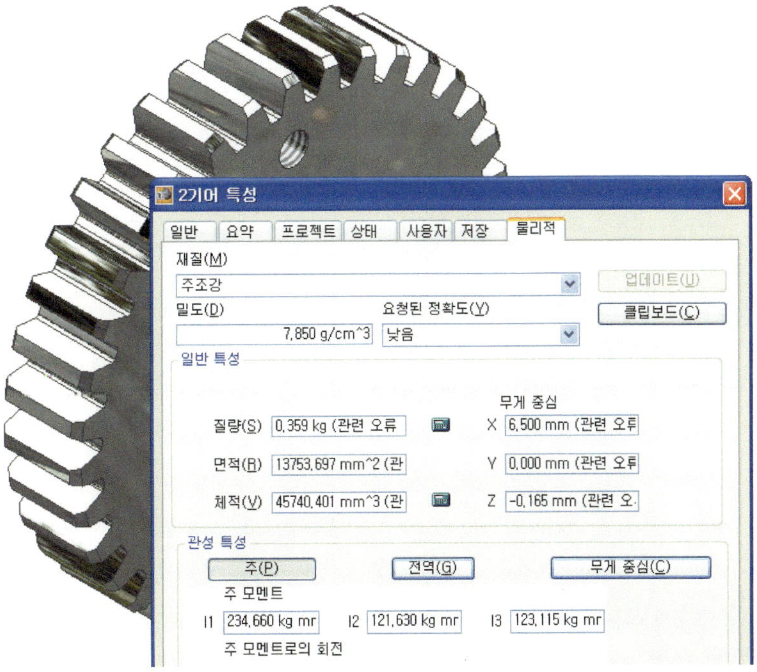

<table>
<tr><td rowspan="2">

(2기어 특성 대화상자)

</td><td>요구되는 옵션</td></tr>
<tr><td>

1. 재질 : 주조강
2. 밀도 : 7.85
3. 질량 : 359g

</td></tr>
</table>

3D 구현 조건

> **도움말** 수검 요구 조건의 비중값을 살펴보고 비슷한 재질을 선정한다. 문제지 요구사항의 비중이 7.85이므로 주조강을 선택하고 업데이트→적용을 클릭하여 질량을 산출한다.

[6] 축구멍부 단면(한쪽 단면도)

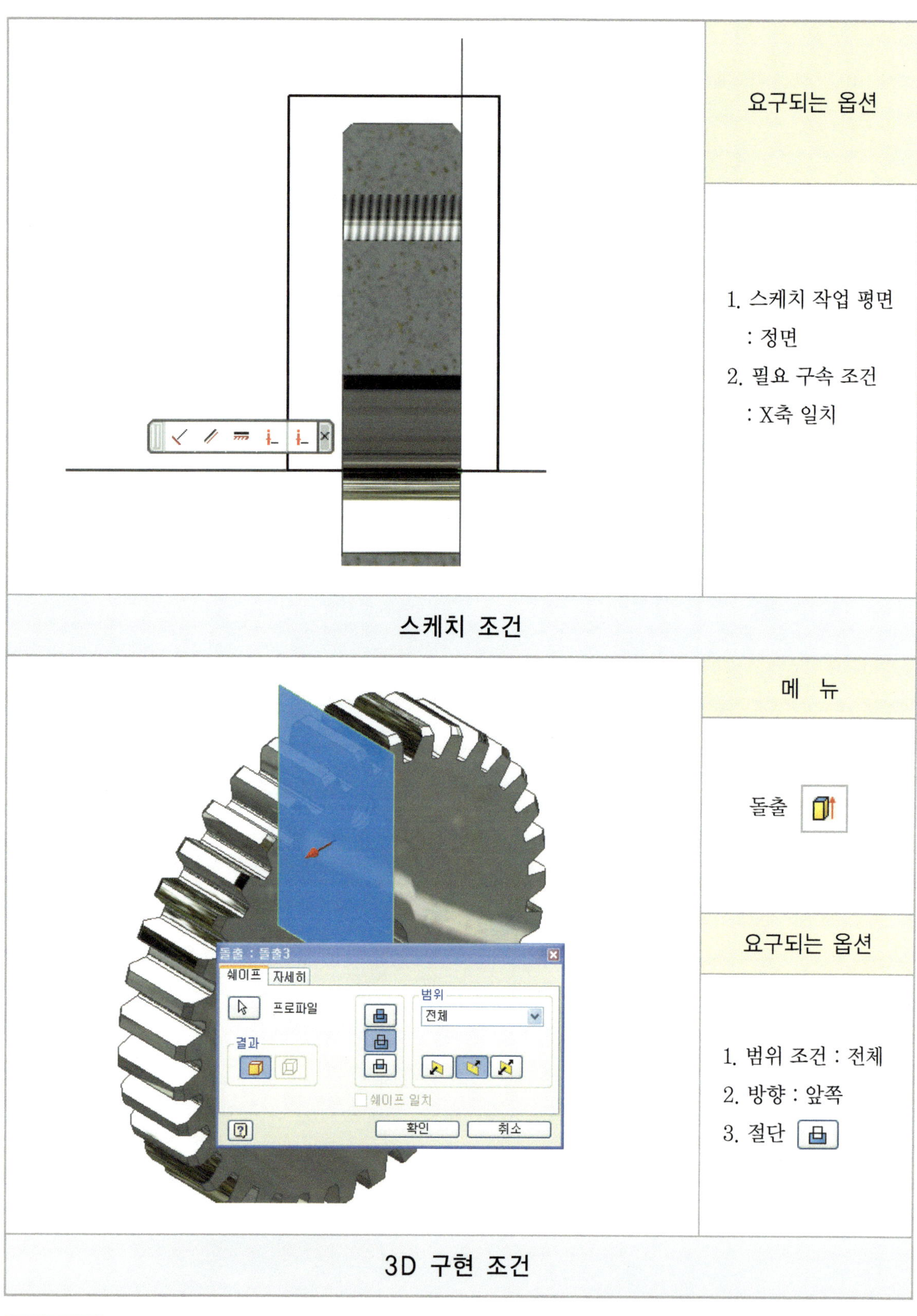

요구되는 옵션

1. 스케치 작업 평면
   : 정면
2. 필요 구속 조건
   : X축 일치

스케치 조건

메 뉴

돌출

요구되는 옵션

1. 범위 조건 : 전체
2. 방향 : 앞쪽
3. 절단

3D 구현 조건

도움말 3D 모델링도 추출 시 내부 형상을 볼 수 있도록 돌출 절단을 하고, 2D 부품도 추출 시에는 다시 피쳐 억제를 해 놓아 단면 전 상태로 놓는다.

[7] 저장하기

2번 스퍼기어 모델링이 완성되었다. 부여받은 비번호 폴더에 2기어.ipt로 저장한다.

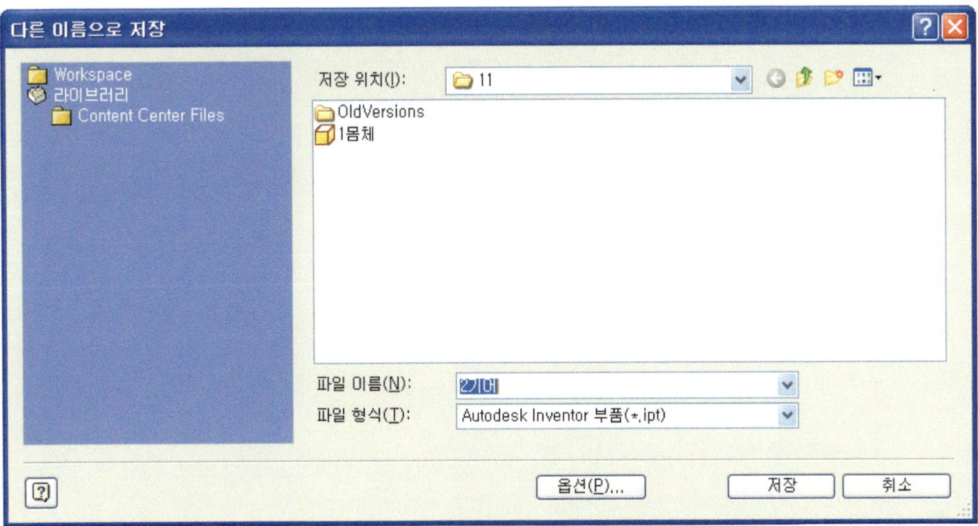

❷ 4번 V벨트 풀리 모델링

주어진 과제를 보면 M type으로 되어 있고 호칭지름인 피치원 지름을 측정하면 83mm임을 알 수 있다. 이것을 토대로 KS 데이터 북을 참조하여 필요한 치수를 추출한다.

V벨트 풀리 홈 부분의 모양 및 치수 (KS B 1400)

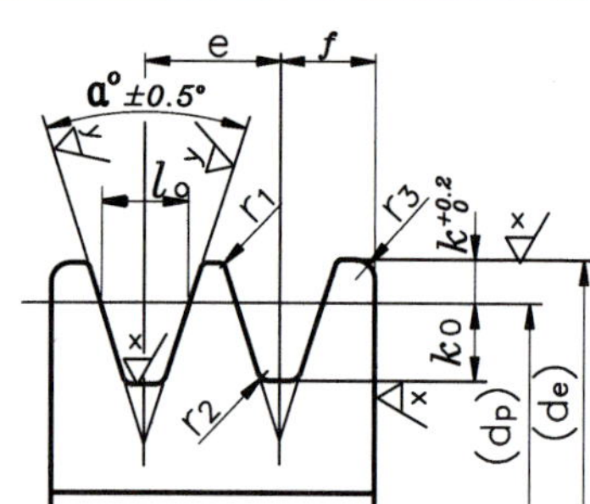

형별	호칭지름 (d_P)		$\alpha(°)$	l_0	k	k_0	e	f	r_1	r_2	r_3	(참고)V벨트의 두께
M	50 이상	71 이하	34									
	71 이상	90 이하	36	8.0	2.7	6.3	−	9.5	0.2~0.5	0.5~1.0	1~2	5.5
	90 이상인 것		38									
A	71 이상	100 이하	34									
	100 이상	125 이하	36	9.2	4.5	8.0	15.0	10.0	0.2~0.5	0.5~1.0	1~2	9
	125 이상인 것		38									

묻힘 키 홈부 역시 키높이 측정을 해 이것을 토대로 KS 데이터북을 참조하여 필요한 치수를 산출한다. 키의 높이가 5mm이므로 호칭치수 "5×5"를 선택하여 필요한 치수를 추출한다.

평행 키(묻힘 키) 및 키 홈의 모양 및 치수 (KS B 1311)

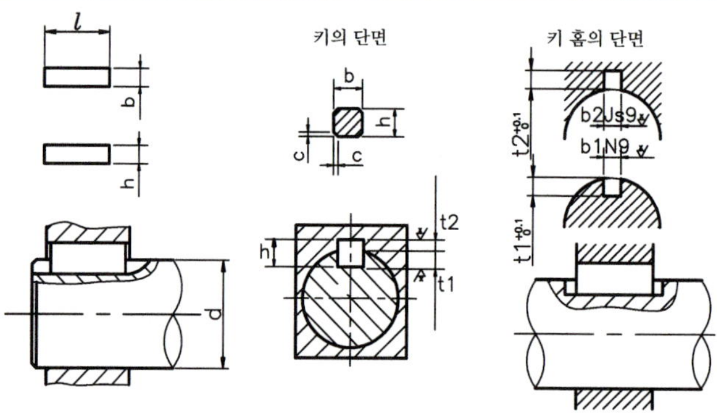

키의 호칭 치수 $b{\times}h$	키의 치수						키 홈의 치수							(참고)
	b		h		c	l	b_1 b_2 의 기준 치수	정밀급	보통급		r_1 및 r_2	t_1의 기준치수	t_2의 기준치수	t_1 t_2의 허용차	적용 하는 축지름 d
	기준 치수	허용차 (h9)	기준 치수	허용차				b_1 및 b_2 허용차 P9	b_1 허용차 N9	b_2 허용차 js9					
2×2	2	0	2	0	0.16 ~ 0.25	6~20	2	−0.006 −0.031	−0.004 −0.029	± 0.0125	0.08 ~ 0.016	1.2	1.0	+0.1 0	6~8
3×3	3	−0.025	3	−0.025		6~36	3					1.8	1.4		8~10
4×4	4		4	h9		8~45	4					2.5	1.8		10~12
5×5	5	0 −0.030	5	0 −0.030	0.25 ~ 0.40	10~56	5	−0.012 −0.042	0 −0.030	± 0.015	0.016 ~ 0.25	3.0	2.3		12~17
6×6	6		6			14~70	6					3.5	2.8		17~22

[1] V벨트 홈부 회전

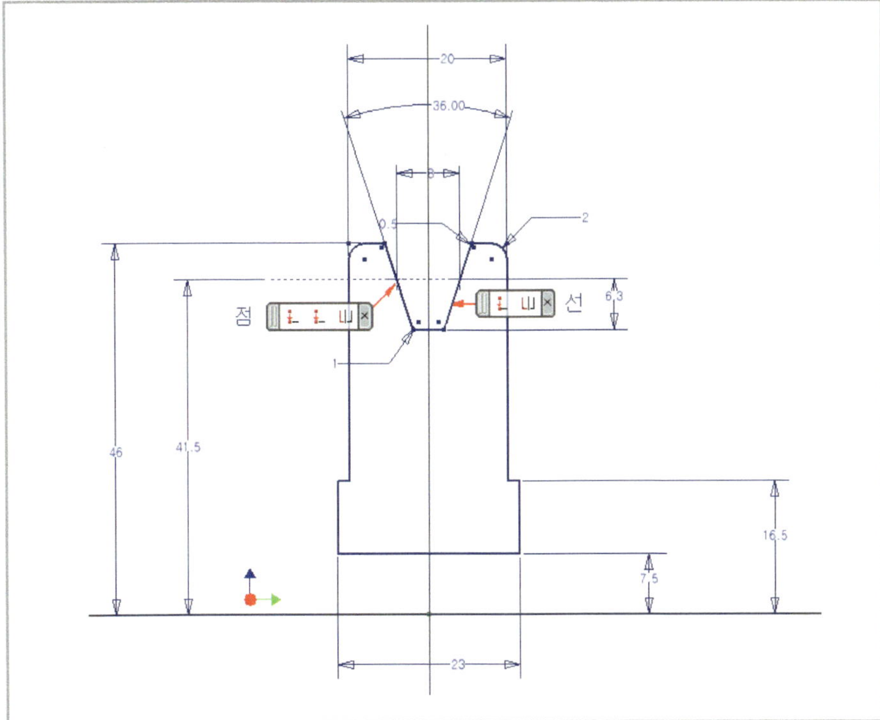

스케치 조건

요구되는 옵션

1. 스케치 작업 평면
   : 우측면
2. 필요 구속 조건
   : 대칭, 일치

01

동력변환장치 부품 모델링

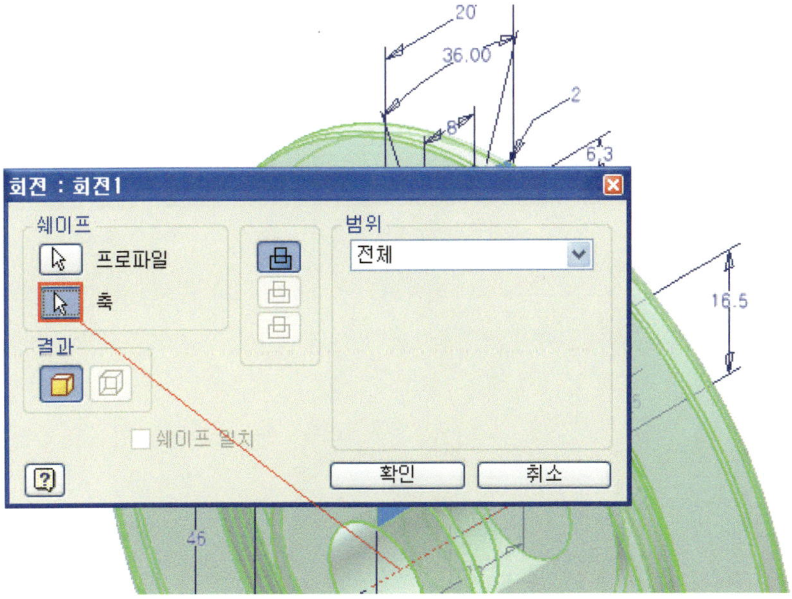

메 뉴

회전

요구되는 옵션

1. 범위 조건 : 전체
2. 축 : 수평중심선
3. 결합

3D 구현 조건

도움말　KS 데이터북에서 추출한 V벨트 홈부 치수를 토대로 단면 형상을 그린다. 특히 피치원과 경사면이 만나는 곳에 점을 삽입하고 일치 구속과 경사선 대칭 구속을 준다.

[2] 키홈부 절단

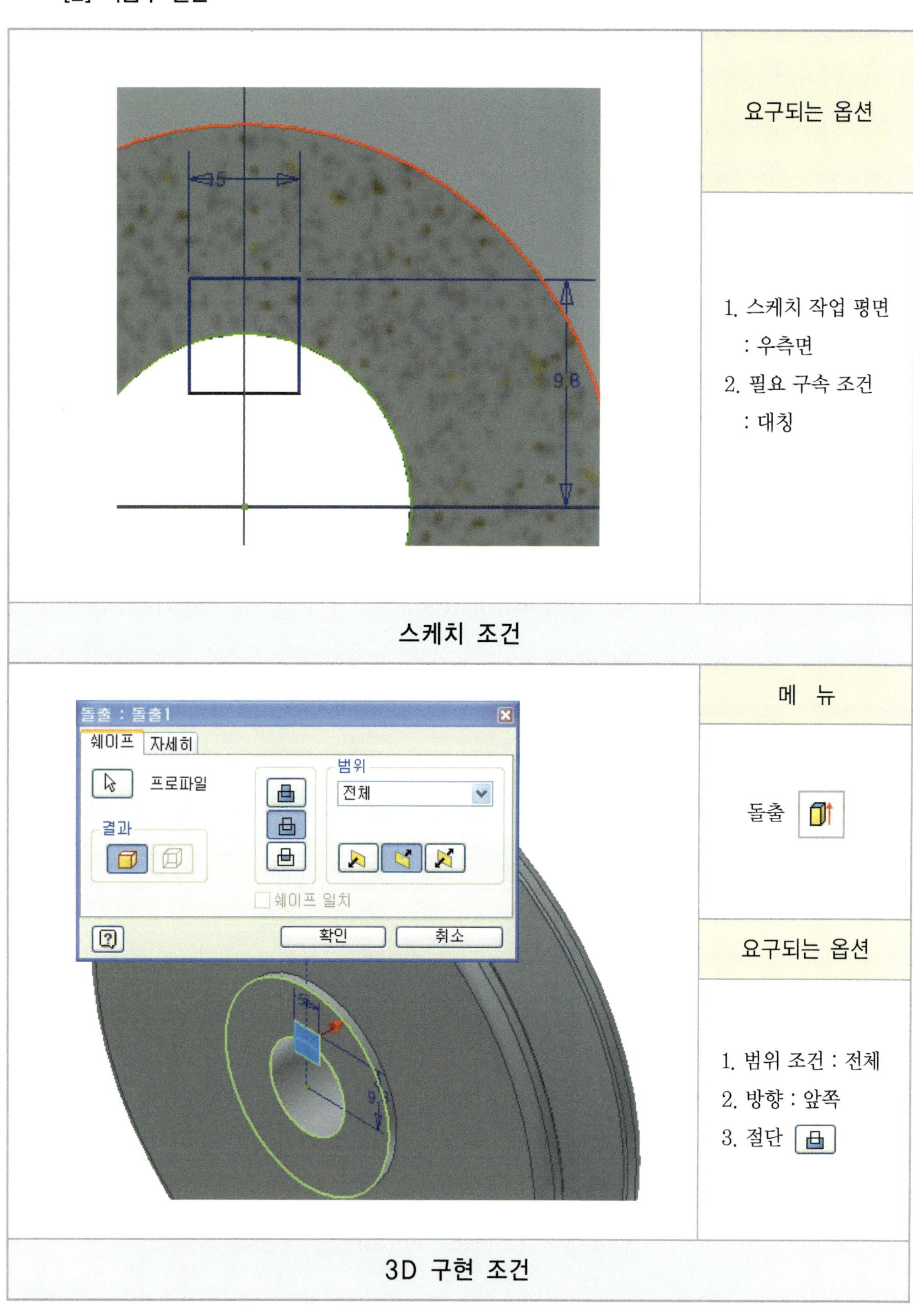

도움말   축 중심에서 키 상단까지 거리는 축반지름(7.5)+$t2$ 치수(2.3)＝9.8이다.

[3] 내경부 모따기

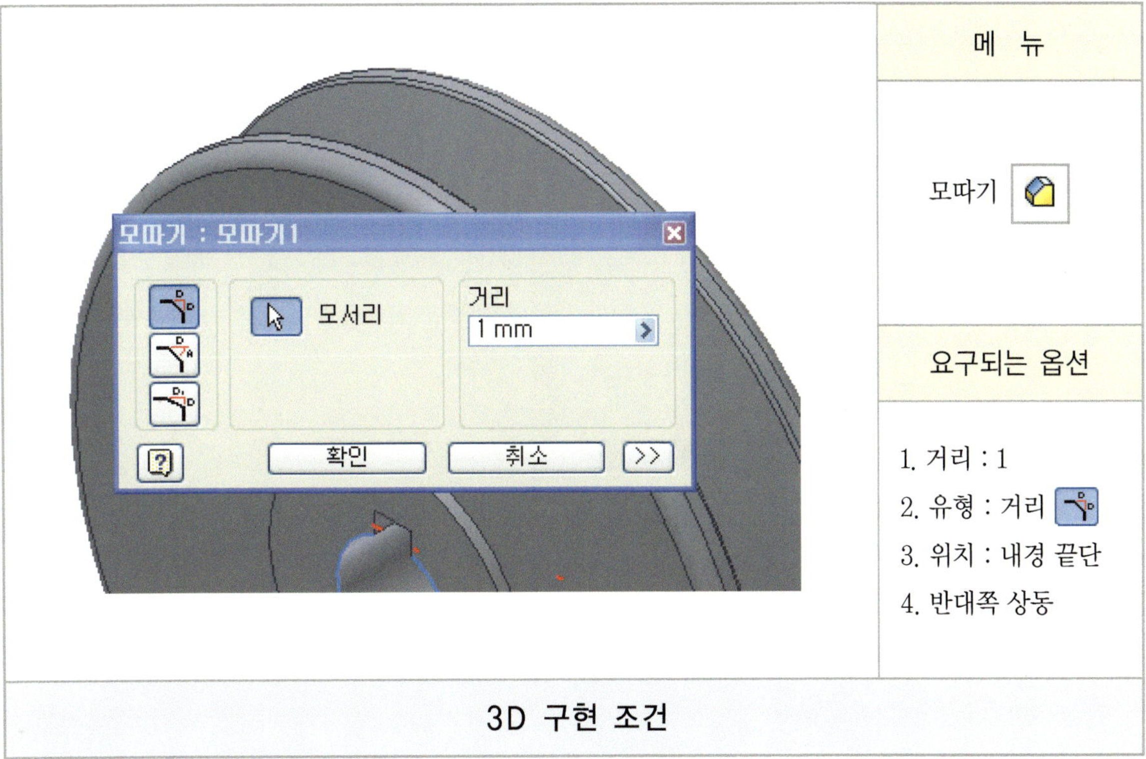

3D 구현 조건

[4] 측면 보스부 필렛

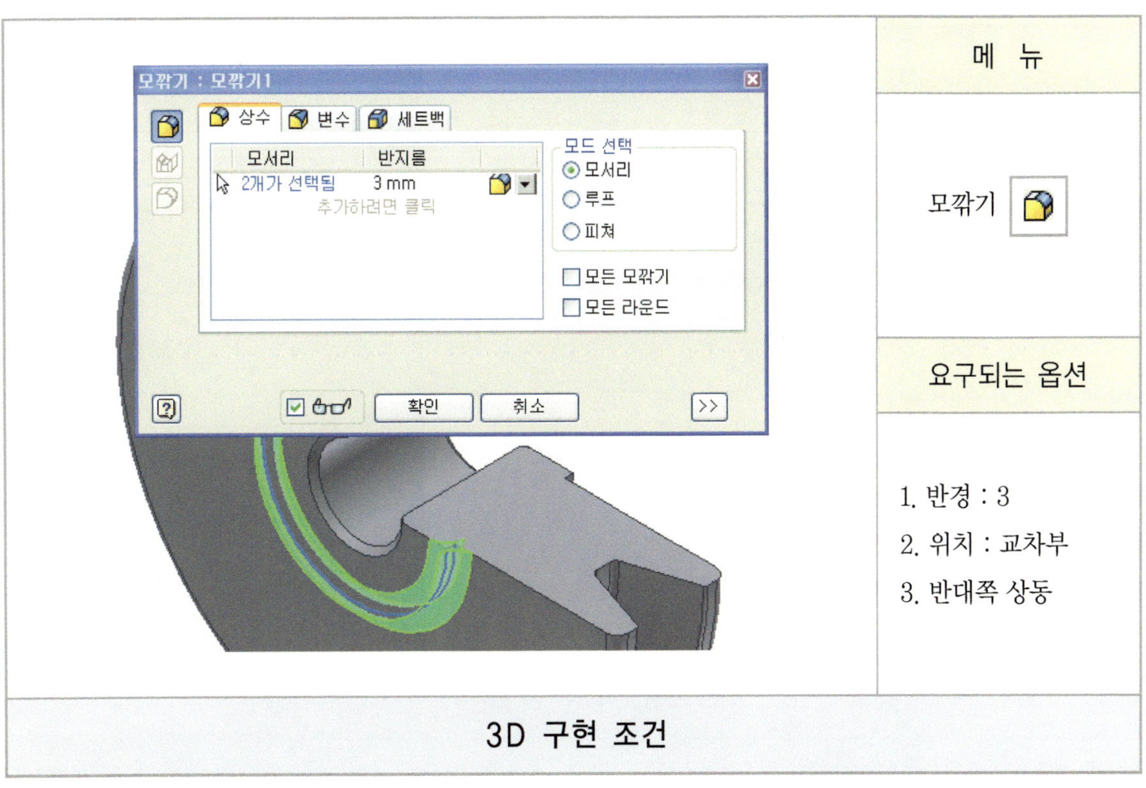

3D 구현 조건

도움말 앞면, 뒷면 동일 크기로 한다.

[5] 중량 계산

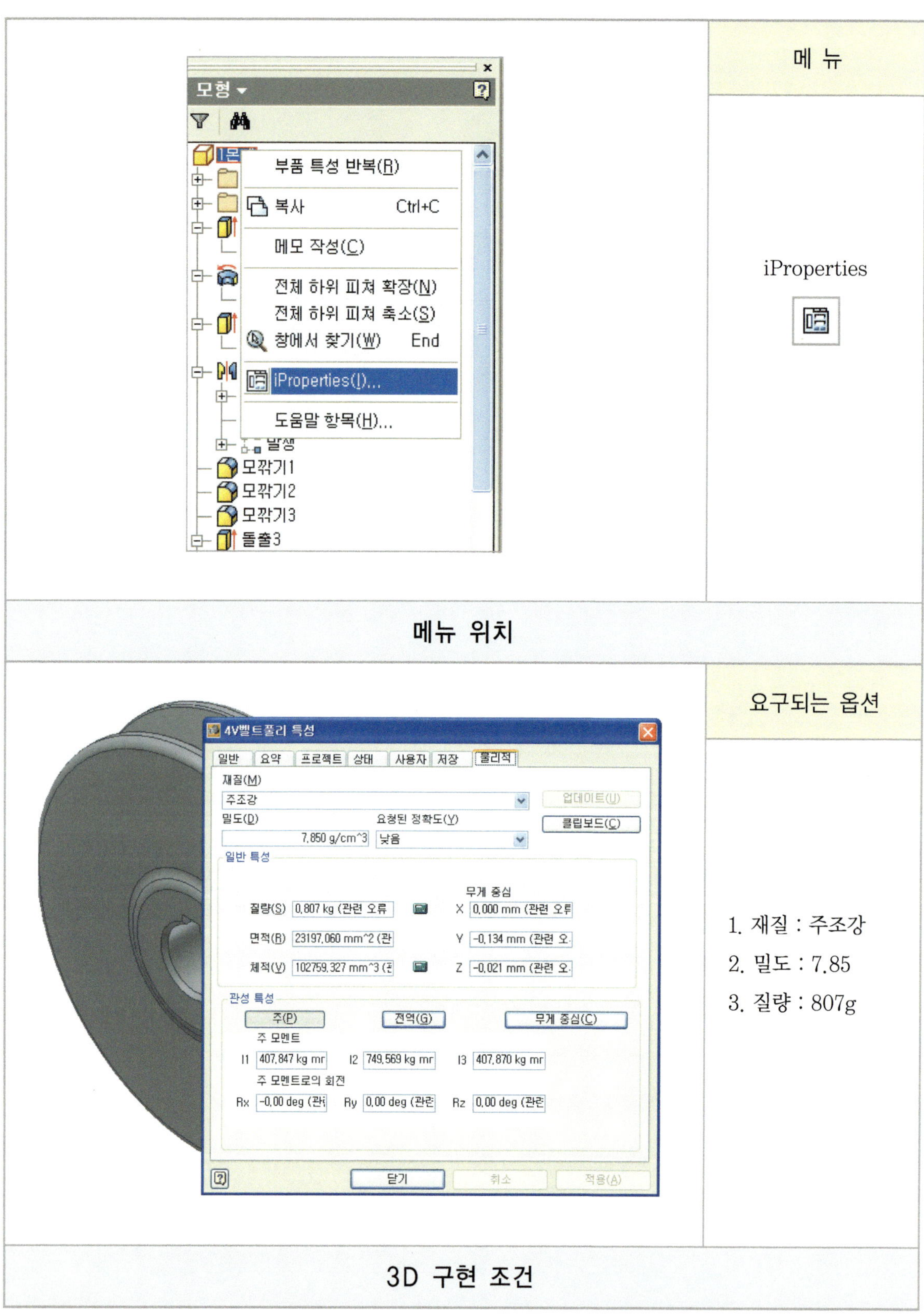

도움 말　단면을 하기 전 문제지 요구사항의 비중값을 확인하여 중량(질량) 산출 후 과제 도면 여백에 메모해 둔다.

[6] 원통부 단면(한쪽 단면도)

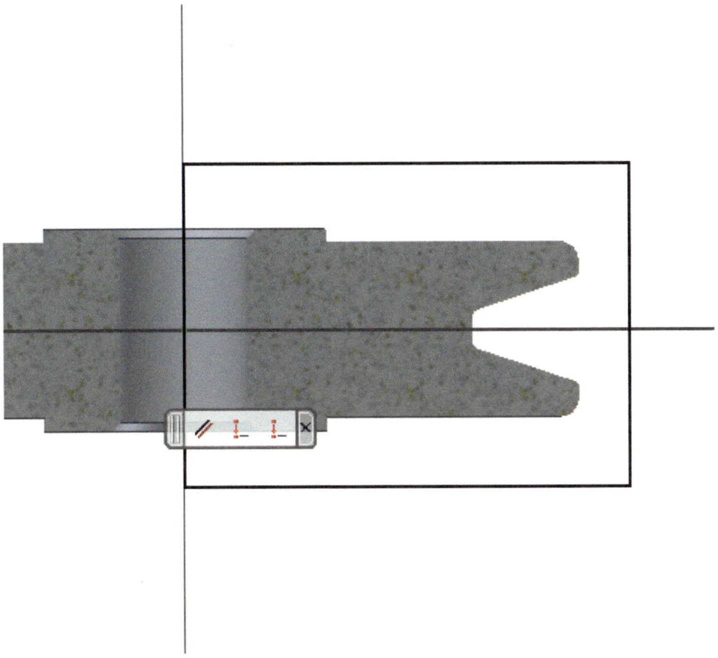

요구되는 옵션

1. 스케치 작업 평면
   : 평면
2. 필요 구속 조건
   : Y축 일치

스케치 조건

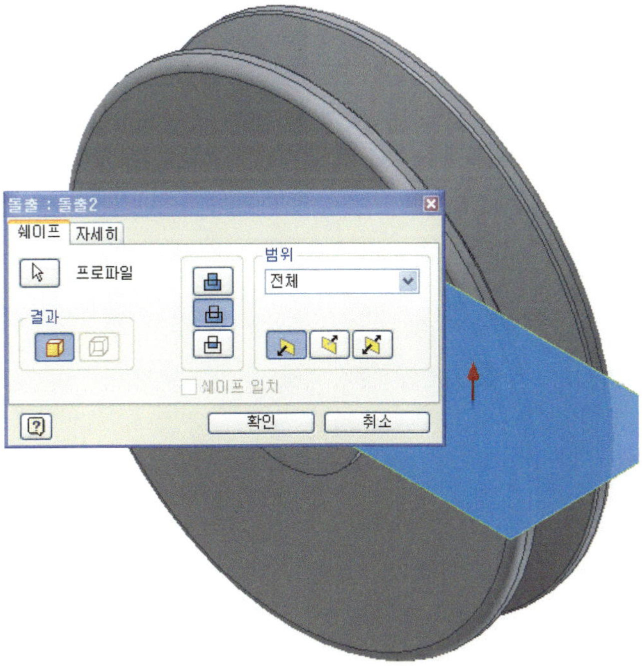

메 뉴

돌출

요구되는 옵션

1. 범위 조건 : 전체
2. 방향 : 앞쪽
3. 절단

3D 구현 조건

이렇게 해서 4번 V벨트 풀리 모델링을 완성하였다.

[7] 저장하기

부여받은 비번호 폴더에 4V벨트풀리.ipt로 저장한다.

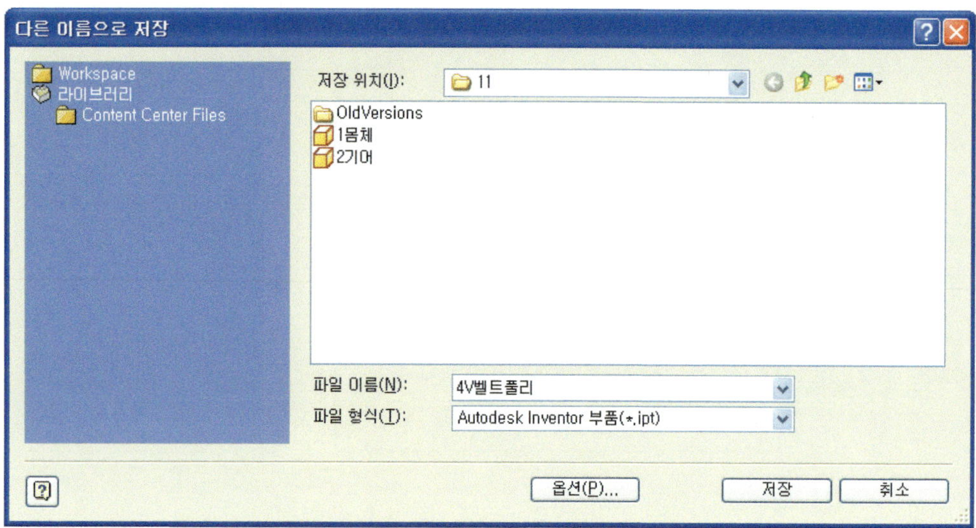

■ 3번 축 모델링

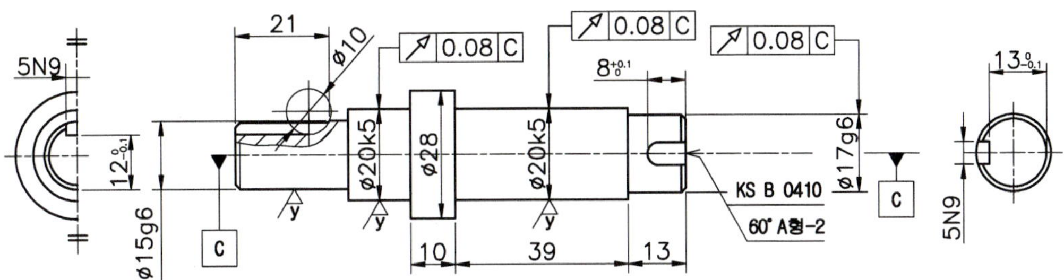

축은 중심축을 기준으로 한쪽 단면만을 스케치 완성하여 360도 회전 피쳐하여 완성한다. 베어링 끼워 맞춤부는 호칭번호를 찾아 축외경을 결정하는데 주어진 과제에서 베어링이 #6204이므로 내경이 20mm 됨을 확인할 수 있다.

문힘 키 홈 부분 역시 키높이를 측정해 이것을 토대로 KS 데이터북을 참조하여 필요한 치수를 산출한다.

평행 키(묻힘 키) 및 키 홈의 모양 및 치수 (KS B 1311)

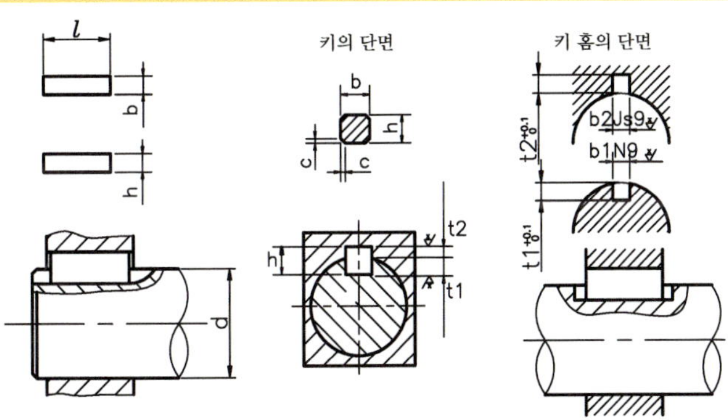

키의 호칭 치수 $b \times h$	키의 치수						키 홈의 치수							(참고)
	b		h		c	l	b_1 b_2 의 기준 치수	정밀급	보통급		r_1 및 r_2	t_1 의 기준 치수	t_2 의 기준 치수	t_1 t_2 의 허용차	적용 하는 축지름 d
	기준 치수	허용차 (h9)	기준 치수	허용차				b_1 및 b_2 허용차 P9	b_1 허용차 N9	b_2 허용차 js9					
2×2	2	0	2	0	0.16 ~ 0.25	6~20	2	−0.006 −0.031	−0.004 −0.029	± 0.0125	0.08 ~ 0.016	1.2	1.0		6~8
3×3	3	−0.025	3	−0.025		6~36	3					1.8	1.4	+0.1 0	8~10
4×4	4	0 −0.030	4	0 −0.030	h9	8~45	4	−0.012 −0.042	0 −0.030	± 0.015		2.5	1.8		10~12
5×5	5		5		0.25 ~ 0.40	10~56	5				0.016 ~ 0.25	3.0	2.3		12~17
6×6	6		6			14~70	6					3.5	2.8		17~22

KS 데이터북 묻힘 키 치수에서 "5×5" 축부의 치수를 보고 b_1과 t_1 치수를 확인한 후 크기에 맞게 돌출 절단해야 한다.

[1] 축단면부 회전

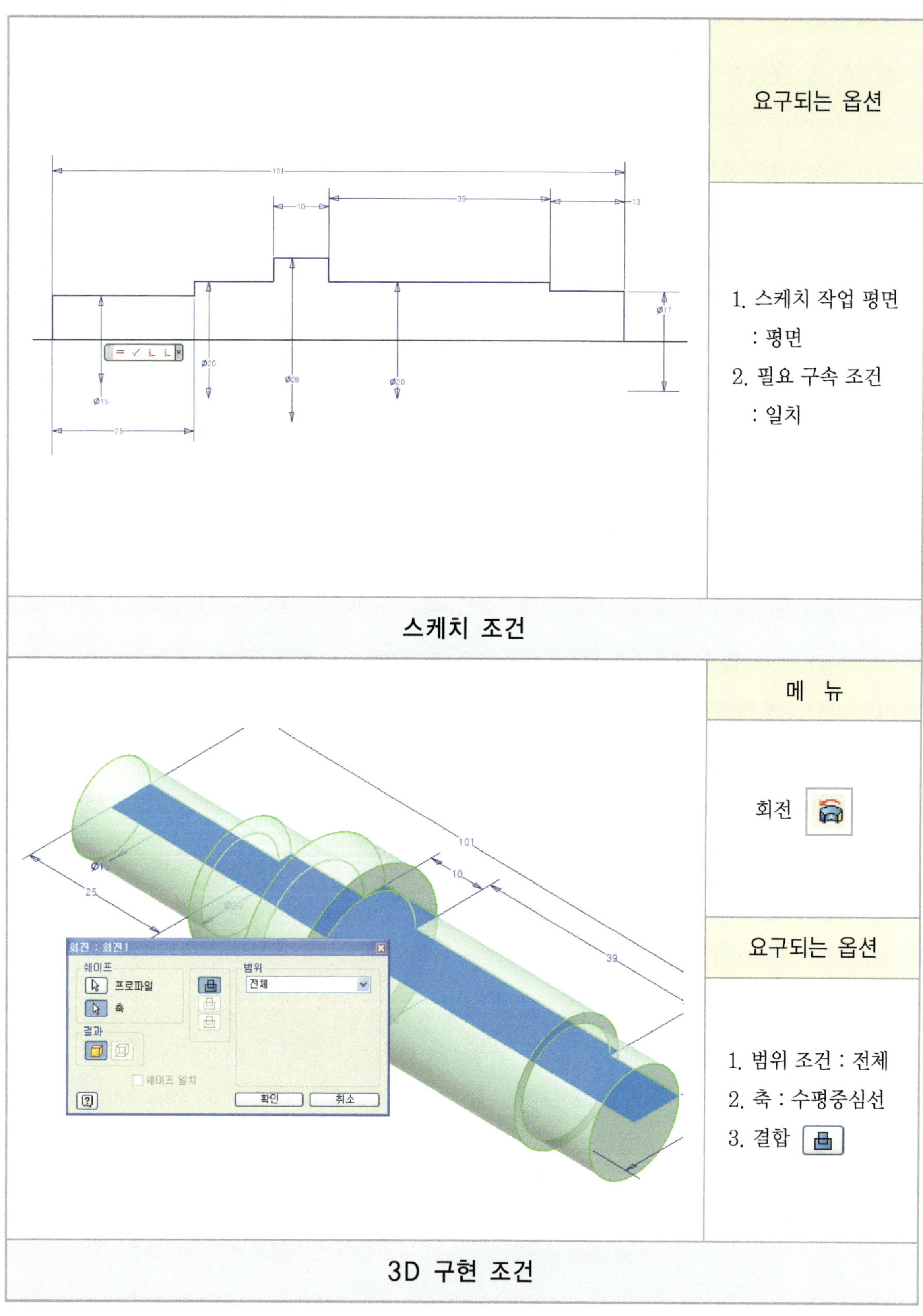

도 움 말 스케치에서 시작점은 원점에서 시작하여 일치 구속을 준다. 크기를 너무 다르게 그리면 치수 기입에 의해 형상이 깨질 수 있으니 근사 크기로 그리고, 좁은 곳부터 치수 기입을 한다.

[2] 오른쪽 키홈부 절단

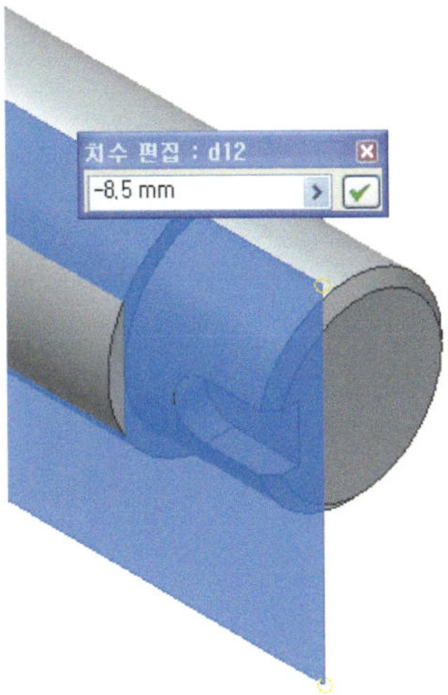

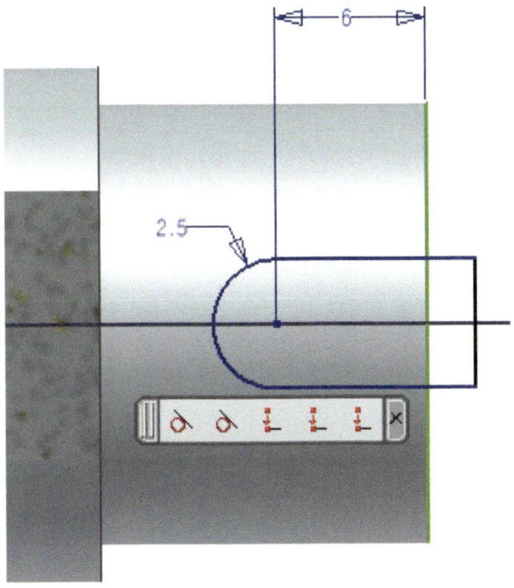

요구되는 옵션

1. 스케치 작업 평면
   : 정면부터
     -8.5mm
2. 필요 구속 조건
   : 원호부 접선,
     수평중심선과
     원호 중심 일치

스케치 조건

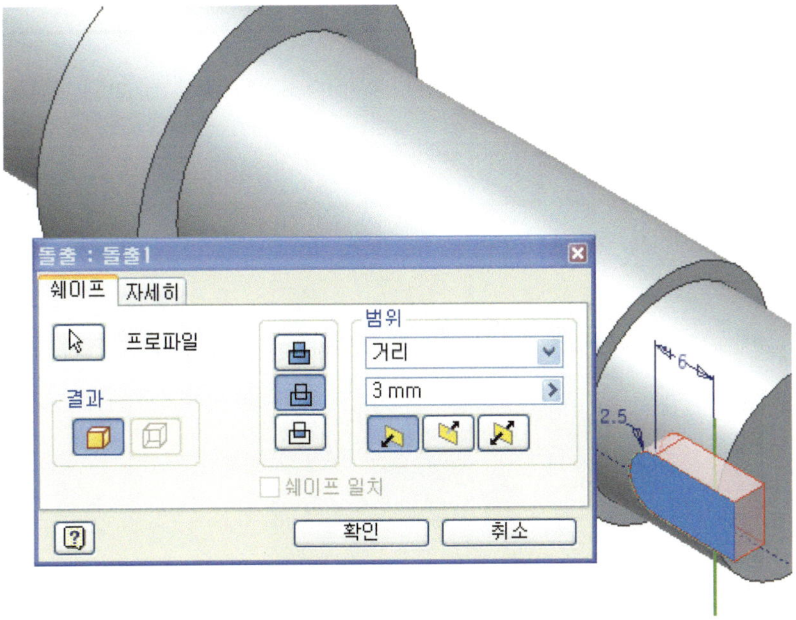

메 뉴

돌출

요구되는 옵션

1. 거리 : 3
2. 방향 : 앞쪽
3. 절단

3D 구현 조건

도 움 말 　키 홈 방향이 과제 도면과 상동한지 확인한다.

[3] 왼쪽 키홈부 절단

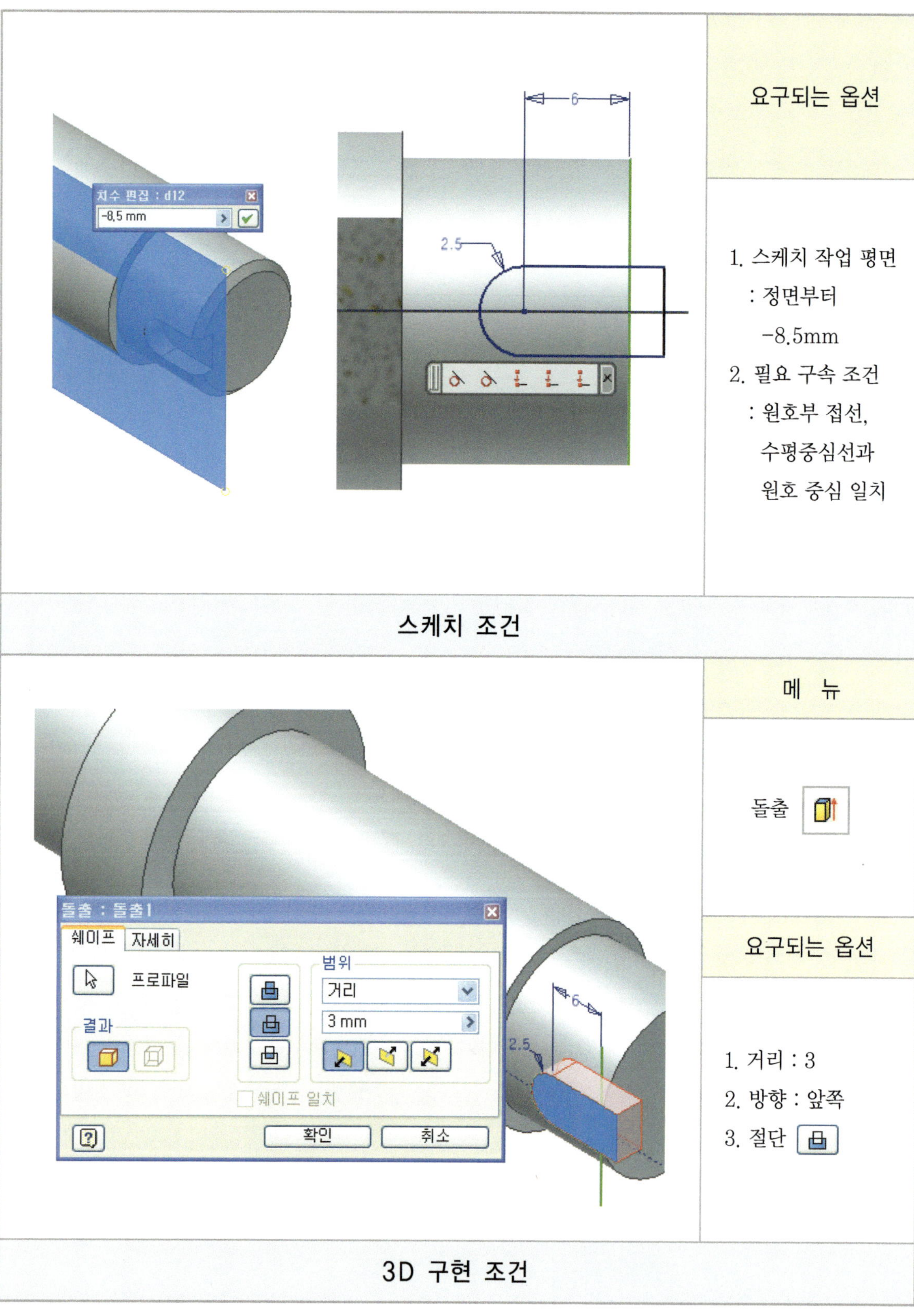

요구되는 옵션

1. 스케치 작업 평면
   : 정면부터
     -8.5mm
2. 필요 구속 조건
   : 원호부 접선,
     수평중심선과
     원호 중심 일치

스케치 조건

메 뉴

돌출

요구되는 옵션

1. 거리 : 3
2. 방향 : 앞쪽
3. 절단

3D 구현 조건

[4] 내경부 모따기

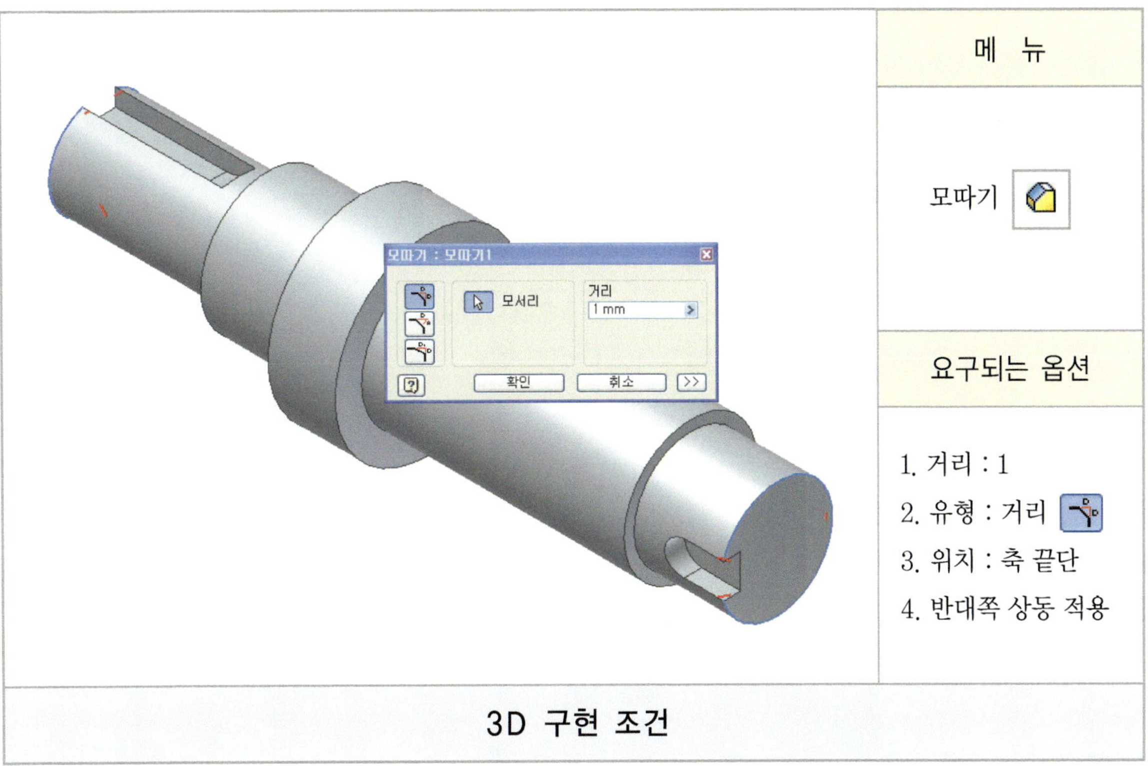

3D 구현 조건

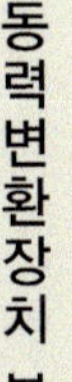
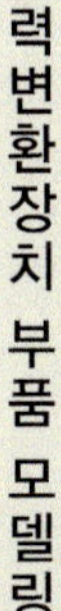

[5] 중량 계산

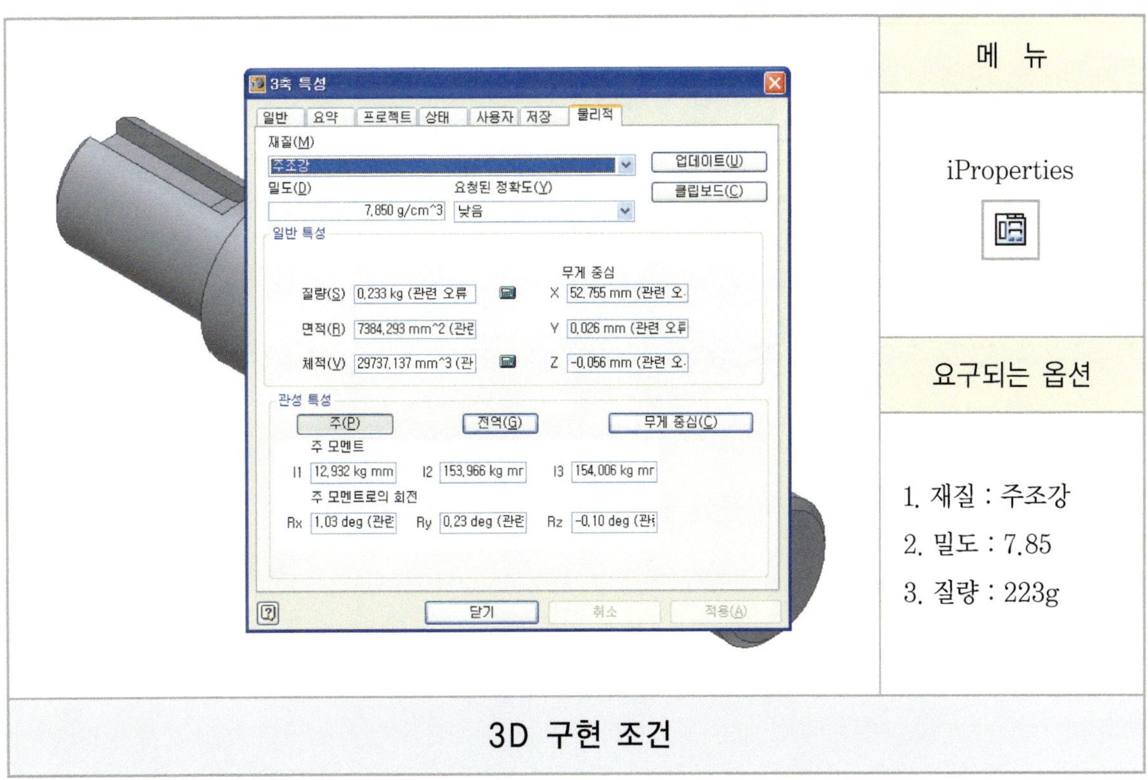

3D 구현 조건

이렇게 해서 3번 축 모델링을 완성하였다.

[6] 저장하기

부여받은 비번호 폴더에 3축.ipt로 저장한다.

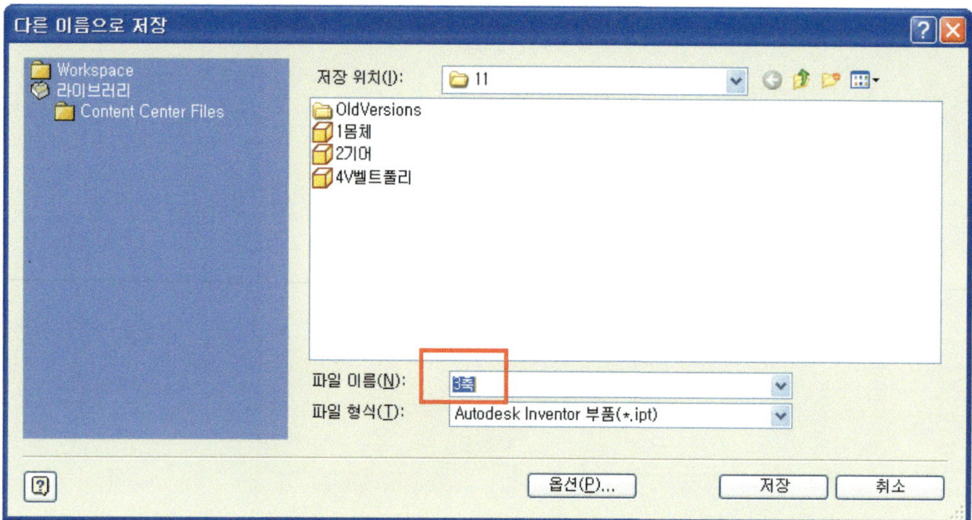

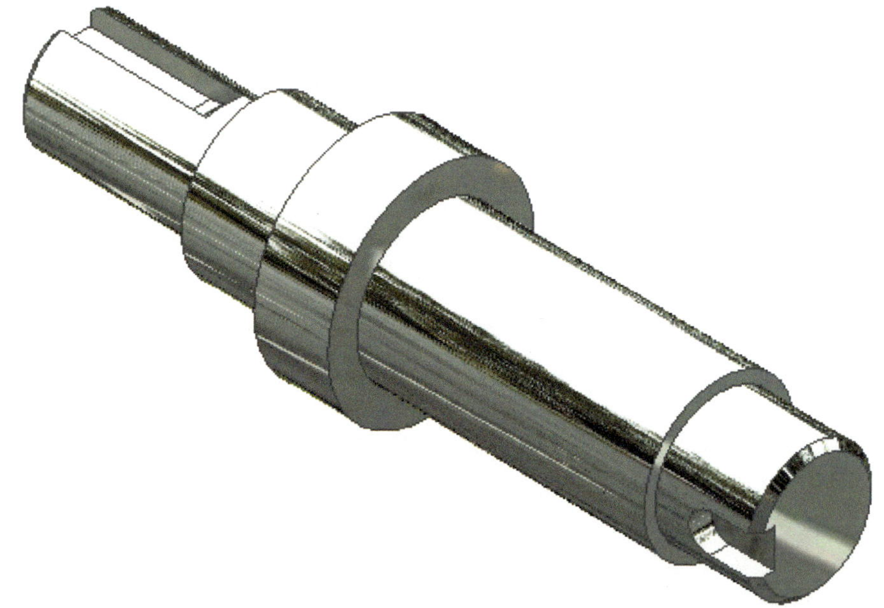

❷ 5번 커버(플러머 블록) 모델링

5번 커버는 지금 과제에서 요구하는 부품 모델링은 아니지만 플러머 블록부가 자주 나오는 과제 유형이므로 차후 대비 모델링을 해 본다.

플러머 블록은 회전운동을 하는 전동장치의 커버 부분에 이물질이 들어가는 것을 차단하기 위해 많이 적용되느 것으로, 오일실과 비슷한 용도를 갖는다.

여기서 축의 바깥지름이 20mm이므로 KS 데이터북을 통해 자료를 찾아보면 이것과 맞는 호칭번호는 "SN505"가 되고 필요한 추출 데이터는 각도, d_1, d_2, d_3, f_1, f_2(참고) 등이다.

플러머 블록 계열의 호칭번호 및 치수 (KS B 2052)

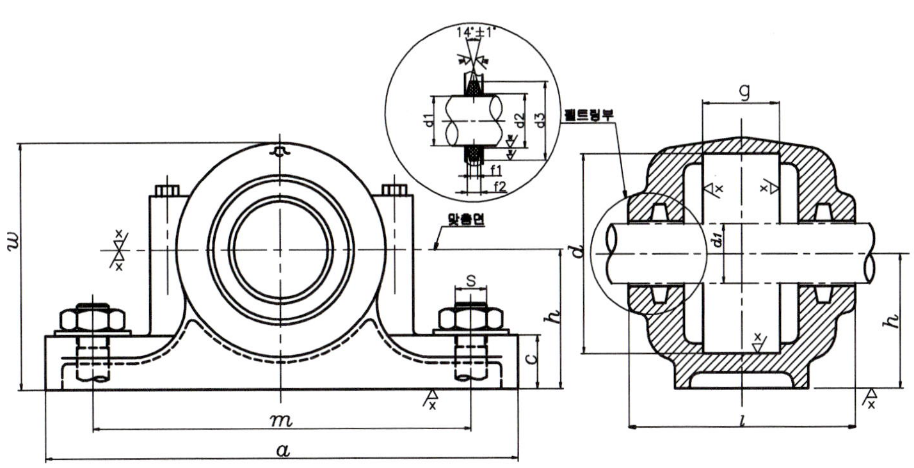

호칭번호	축지름(참고) d_1	D H8	a	b	c	g H13	h H13	l	w	m	u	v	d_2 H12	d_3 H12	f_1 H13	참고 f_2 H13	참고 고정볼트의 호칭 S	참고 중량 kg
S N 504	17	47	150	45	19	24	35	66	70	115	12	20	18.5	28	3	4.2	M10	0.88
S N 505	20	52	165	46	22	25	40	67	75	130	15	20	21.5	31	3	4.2	M12	1.1
S N 506	25	62	185	52	22	30	50	77	90	150	15	20	26.5	38	4	5.4	M12	1.6

이것을 참조로 단면 스케치를 완성하고 수평축을 기준으로 360도 회전하면 가볍게 부품 모델링을 완성할 수 있다.

이때 이 부품은 1번 몸체와 끼워맞춤이 되므로 몸체 안지름 치수 외 볼트 취부 위치 및 크기를 확인해야 한다.

[1] 커버 단면부 회전

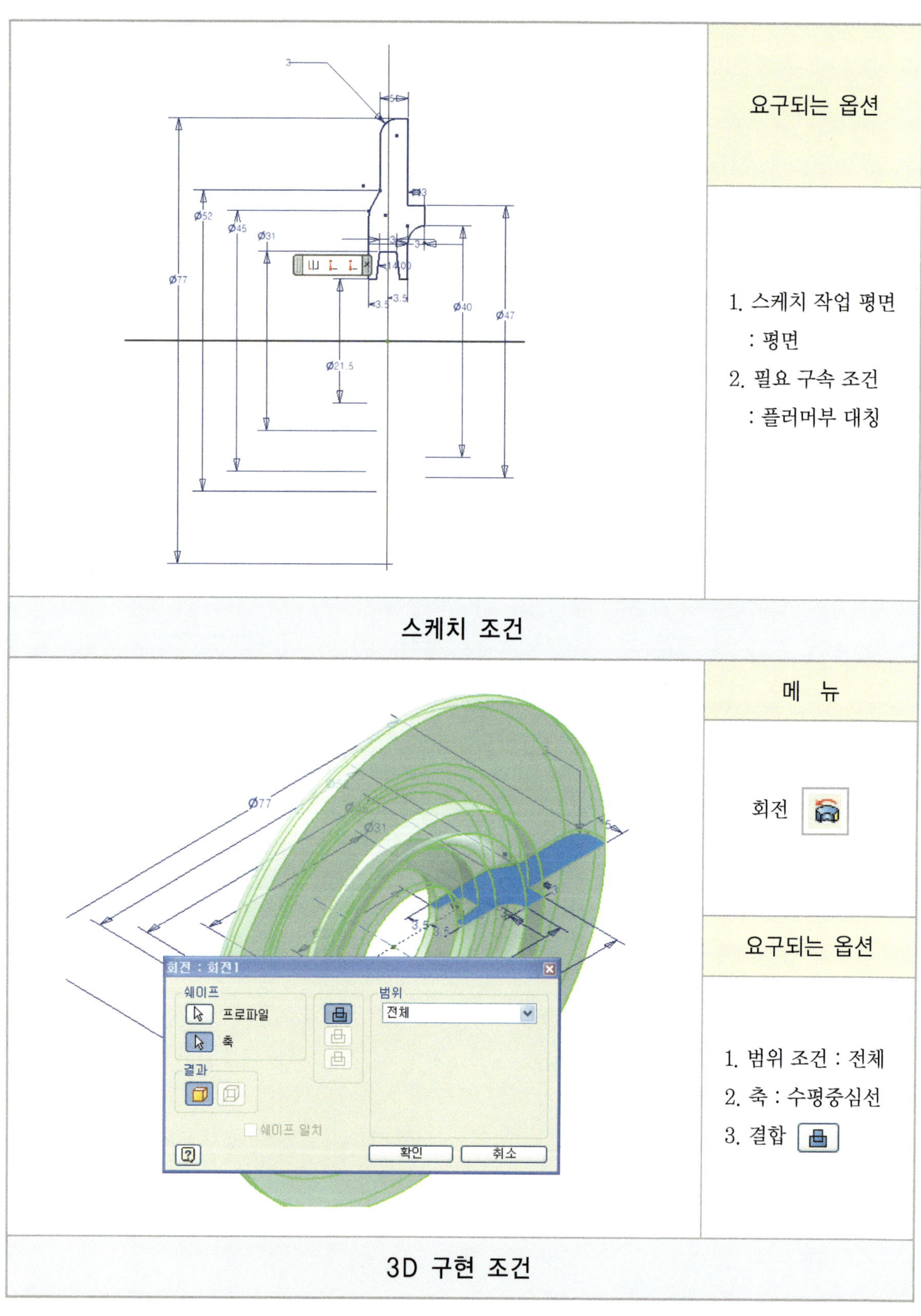

도움말　스케치 순서에서 원점을 지나는 수직한 중심선을 먼저 그린 후 플러머 홈부 선들을 대칭 구속을 준다.

[2] 몸체의 조립부 구멍내기

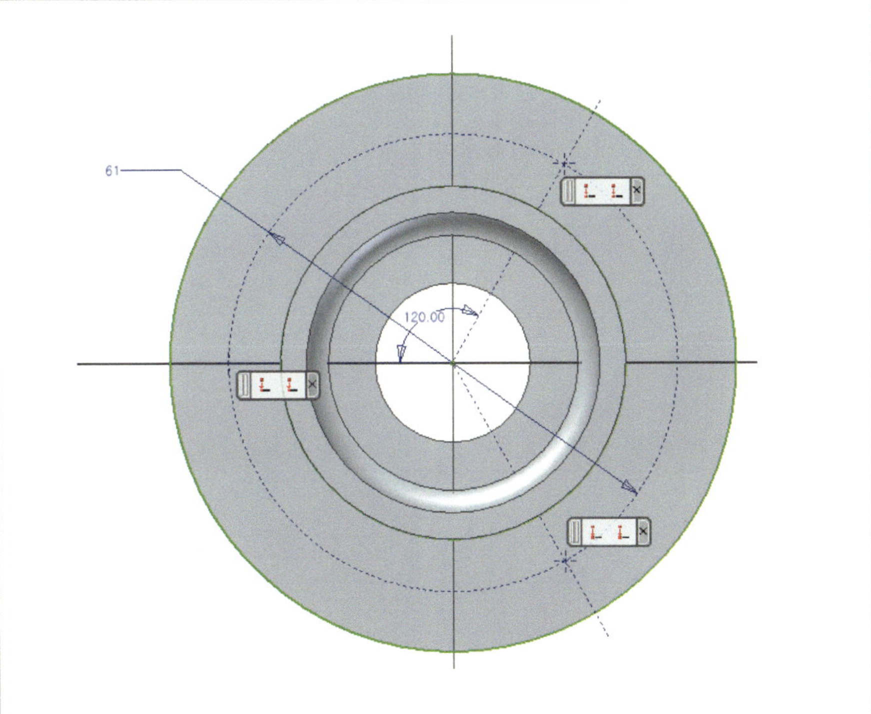

스케치 조건

요구되는 옵션

1. 스케치 작업 평면
   : 원통 단면
2. 필요 구속 조건
   : 일치

3D 구현 조건

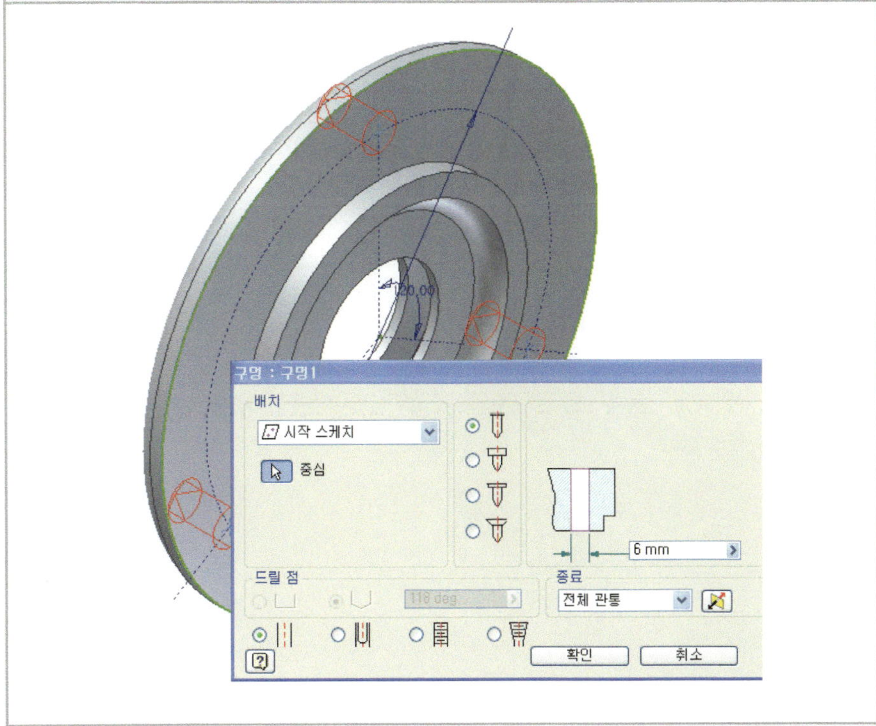

메 뉴

구멍

요구되는 옵션

1. 배치 : 시작 스케치
2. 크기 : 6
3. 종료 : 전체 관통

도 움 말　1번 몸체와 조립되는 구멍이므로 몸체 모델링과 동일 위치인지 확인한다.

[3] 저장하기

이렇게 해서 5번 커버 모델링을 완성하였다. 부여받은 비번호 폴더에 5커버.ipt로 저장한다.

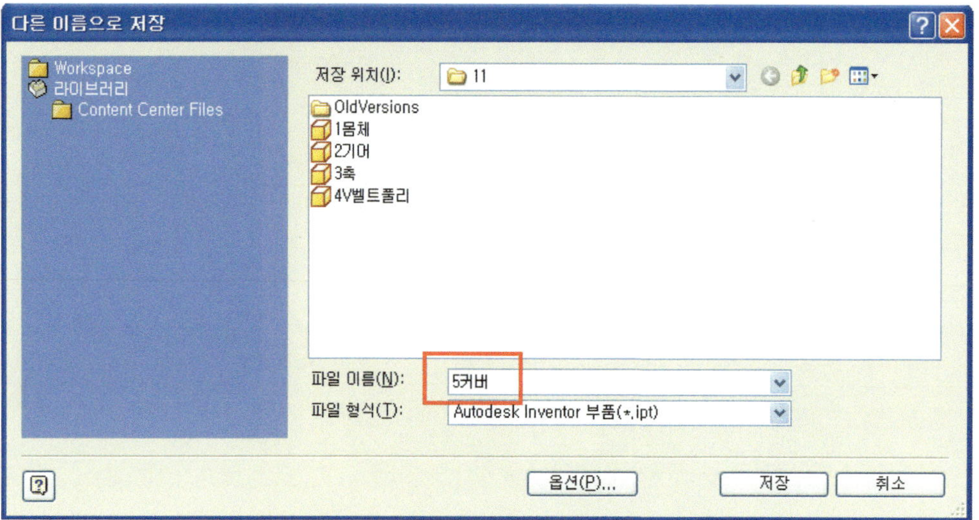

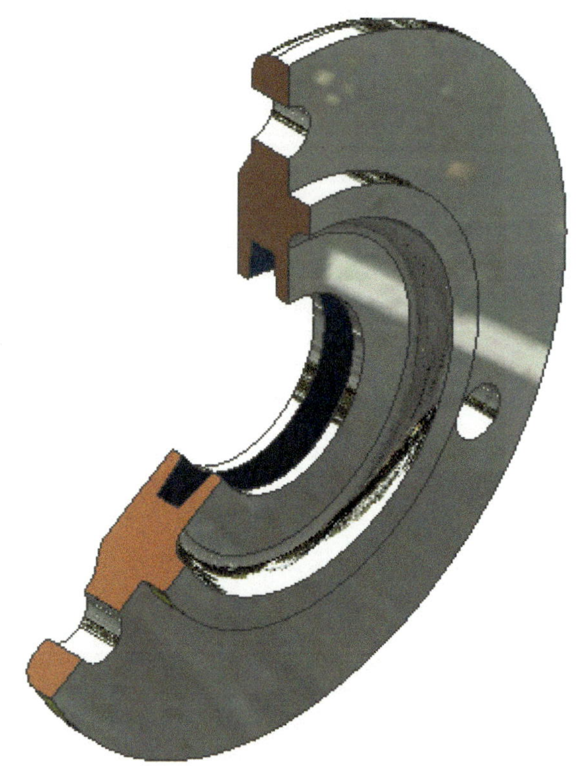

02 3차원 모델링도

1 등각 투상도 추출 & 완성

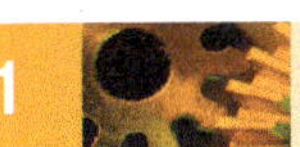

1 도면 환경 설정

풀다운 메뉴의 [새로만들기]를 선택하면 다음과 같은 기본 템플릿 선택 화면이 나온다. 이 단원에서는 완성된 부품 모델링으로부터 등각 투상도를 추출해야 하므로 그림의 [Standard.idw]를 더블 클릭하여 도면 환경으로 들어간다. 여기서도 수검용에 적합하게 몇 가지 환경을 설정해야 한다.

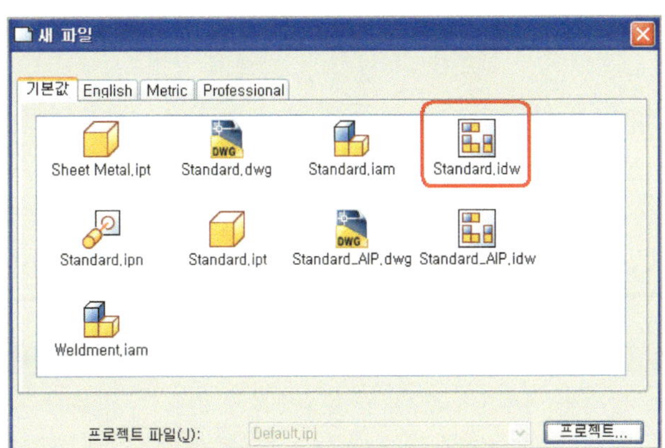

01 초기 화면에 Inventor에서 제공하는 임의의 시트가 바로 나오는데 수검용과 맞지 않으므로 검색기 창에 있는 [시트1]이라는 목록에 마우스를 갖다 놓고 오른쪽 버튼을 눌러 [시트 삭제]를 선택하여 윤곽선을 삭제한다.

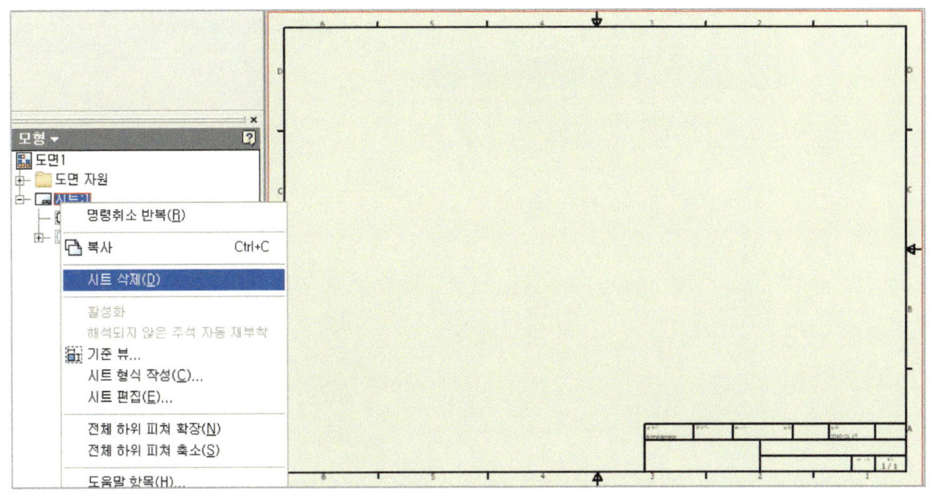

02 [풀다운 메뉴] ➡ [형식] ➡ [스타일 및 표준 편집기]에 들어간다. 투영 유형이 '일각법'으로 되어 있다면 '삼각법'으로 바꿔주고 [저장]을 클릭한다. 이것은 매우 중요하며 만일 모르고 일각법으로 투상하여 제출하게 되면 KS 제도법에 어긋나게 되어 실격 처리된다.

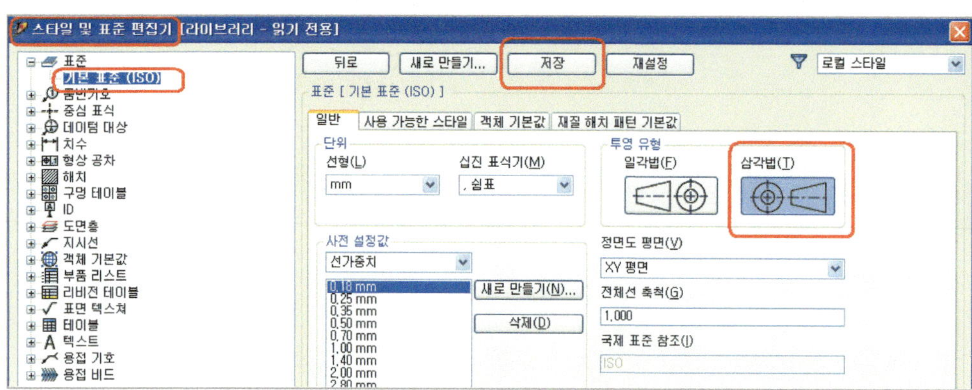

03 다음은 도면 크기를 A2(594×420)로 설정한다. 검색기 창의 [시트1] 부분에 마우스 오른쪽 버튼을 눌러 [시트 편집]에 들어간다. 시트 편집 창이 나오면 크기를 [A2]에 맞추고 [확인]을 클릭한다.

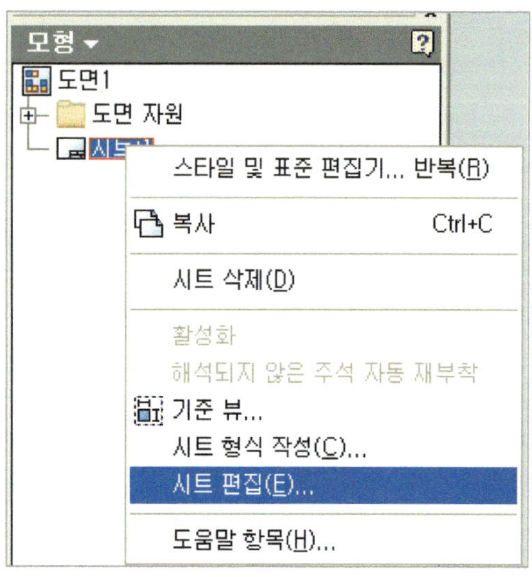

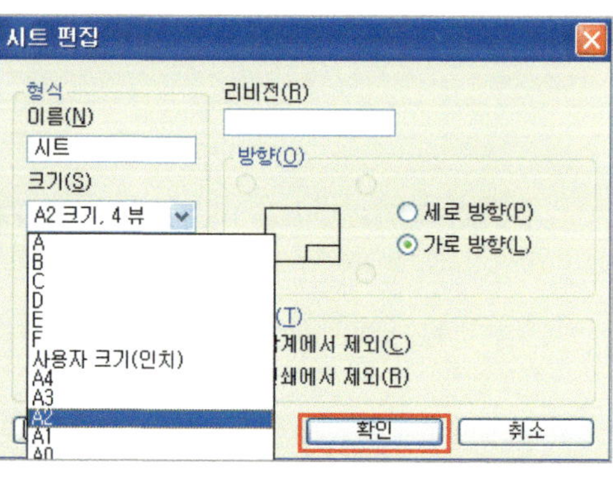

이렇게 해서 도면 환경 설정을 끝냈다. 이제 도면 뷰 패널의 도구들을 사용하여 각종 투상도를 추출하면 된다.

❷ 1번 몸체 등각 투상도

01 도면에 기준 뷰를 불러오려면 도면 뷰 패널 첫 번째에 있는 기준 뷰(⊞)를 클릭한다. 도면 뷰 창이 나오면 중앙 상단에 있는 디렉토리 탐색(🔍)을 눌러 1몸체를 선택하고 [열기]를 클릭한다.

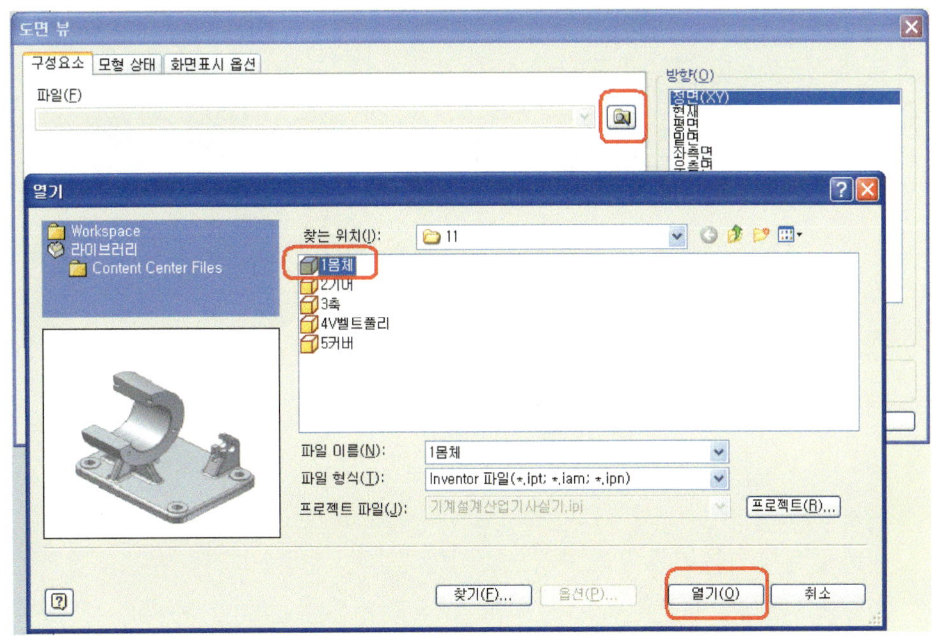

02 1번 몸체의 투상이 마우스 위치에 따라 화면상에 나타나게 되는데 원하는 뷰 등각 형태가 아니므로 은선 제거 스타일에 놓은 후 가운데에 있는 뷰 방향 버튼(🔍)을 클릭하여 뷰 방향 을 설정해야 한다.

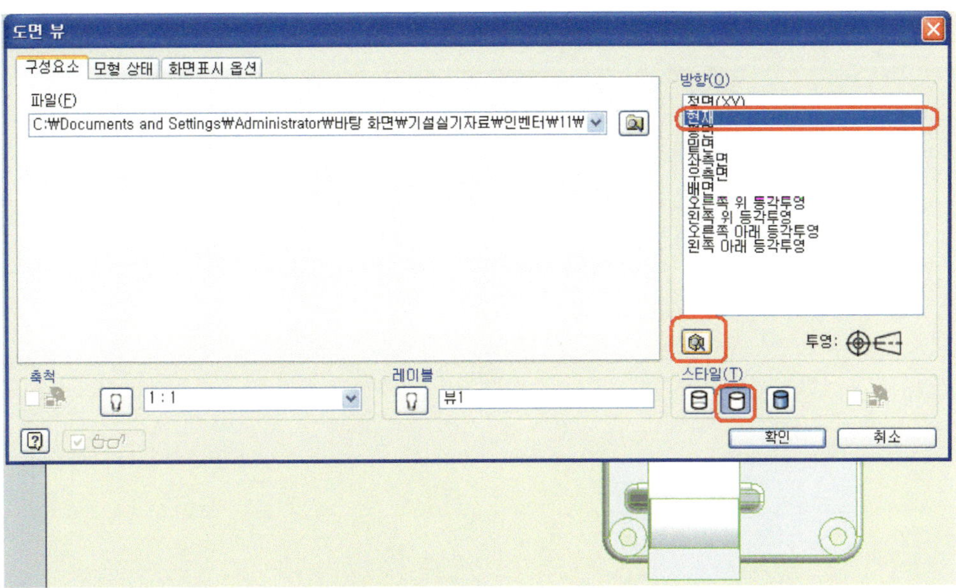

03 사용자 뷰 창이 나오면 [뷰 회전(　)]을 선택하고 다시 마우스 오른쪽 버튼을 눌러 [공통 뷰
(C)]로 놓고 그림과 같은 등각 뷰(남동 방향)로 자세를 전환시킨 후 [확인(　)]을 클릭한다.

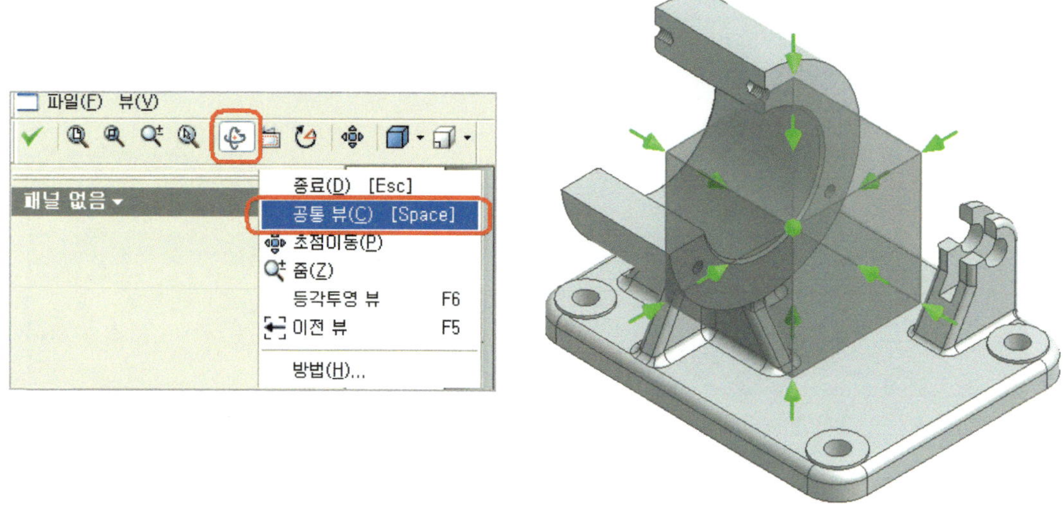

04 이렇게 해서 기본 뷰를 등각 투상으로 삽입하였다. 그러나 모서리 부분의 윤곽이 뚜렷하지
않으므로 불러온 뷰를 선택한 후 마우스 오른쪽 버튼을 눌러 [뷰 편집]을 실시한다.

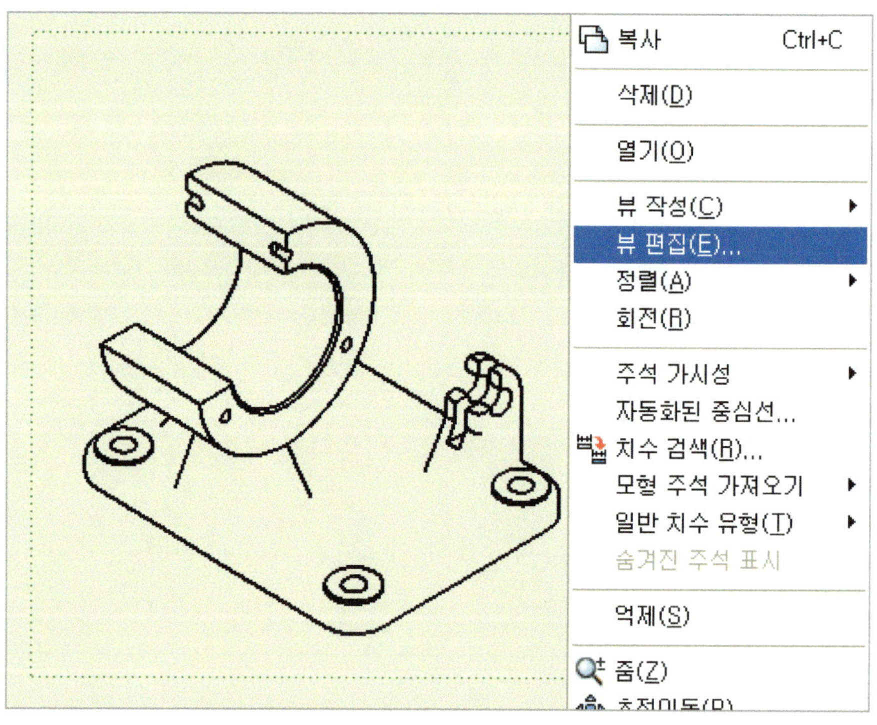

05 도면 뷰 창이 나오면 상단에 있는 [화면표시 옵션]을 클릭하고 [접하는 모서리]를 체크해야
한다.

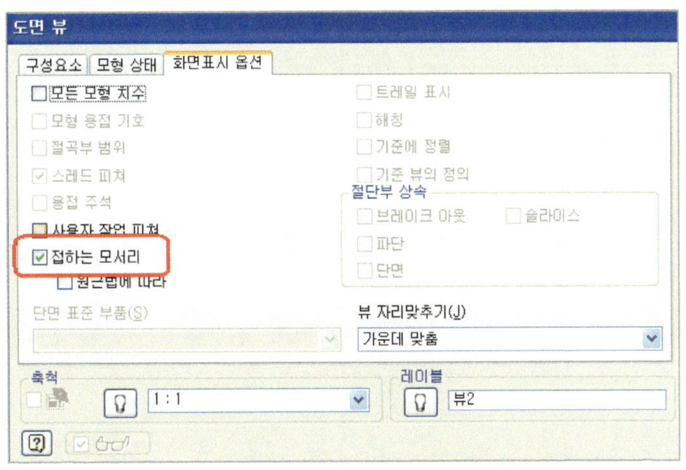

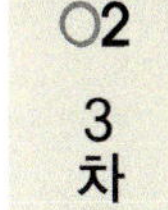

06 확인을 하고 빠져 나오면 모서리 윤곽은 굵게, 필렛부는 모서리가 가늘게 표현됨을 볼 수 있다.

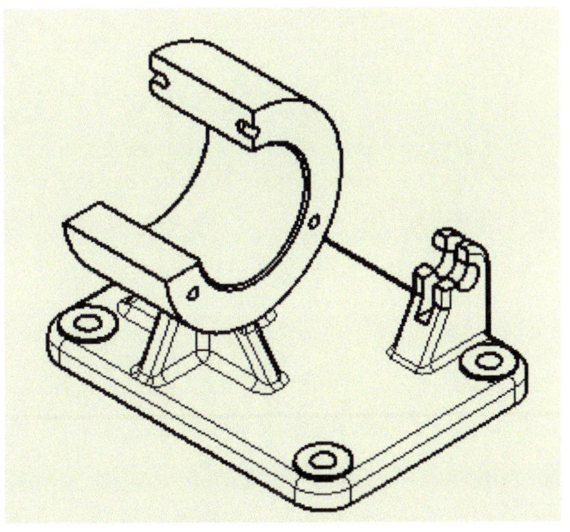

07 다음은 다른 각도에서 바라본 등각 뷰(남서 방향)를 위의 기준 뷰 옆에 삽입한다. 앞의 순서 **01**부터 **06**까지 동일한 요령으로 다음과 같은 뷰를 만들도록 한다.

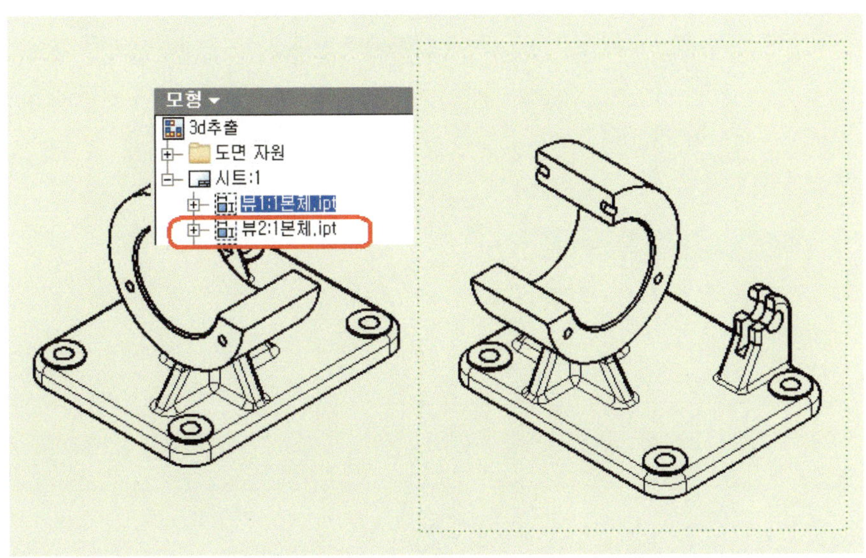

❸ 기타 부품 등각 투상도

앞에서 1번 부품에 대해 남동 방향 등각 투상도와 남서 방향 등각 투상도를 삽입한 동일한 방법으로 2번 기어, 3번 축, 4번 V벨트 풀리 부품을 삽입하도록 한다.

다음 그림은 각 부품의 등각 투상도가 삽입된 상태를 보여주고 있다.

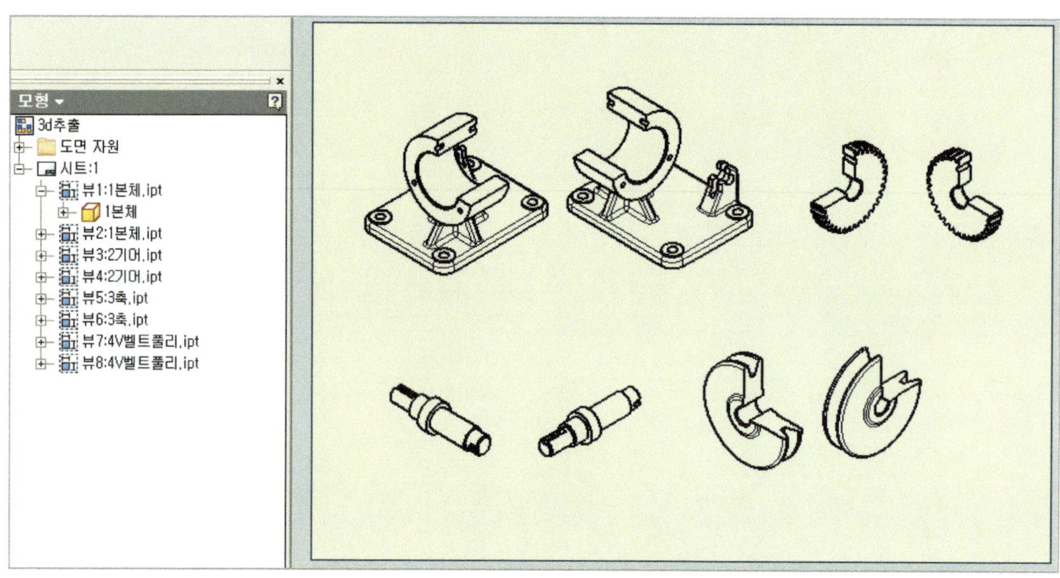

❹ 중심선 넣기

이제 도면주석 패널로 전환시켜 축 중심선을 그린다.

01 축 중심선 넣기

도면주석 패널의 중심선 도구를 중심선 2등분으로 선택하여 회전부를 지나는 곳에 중심선을 삽입한다. 대칭이 되는 원통 두 모서리를 클릭하면 자동으로 중심선이 생성된다.

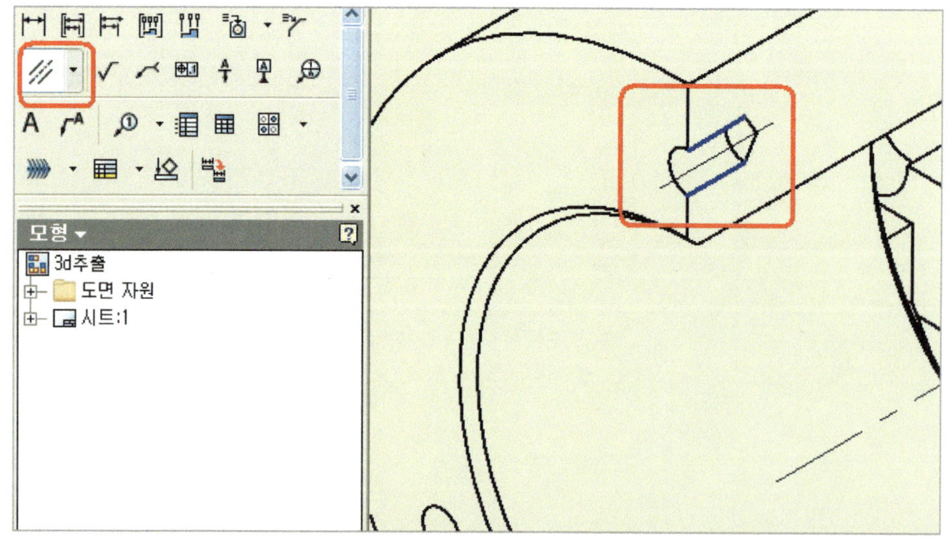

02 중심선 길이 조정

필요한 경우 중심선 패널을 종료한 후 중심선을 선택하여 끝점(녹색)을 잡아 당겨 늘릴 수 있다.

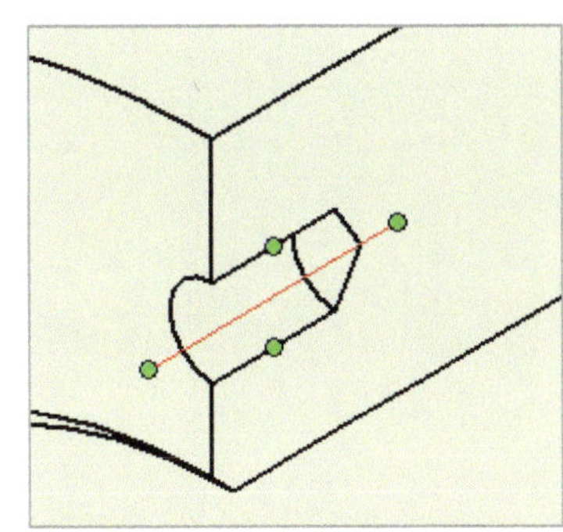

5 DWG 파일로 내보내기

01 각 부품마다 중심선 그리기가 완성되면 전체 보기를 하고 투상 상태를 검토한다.

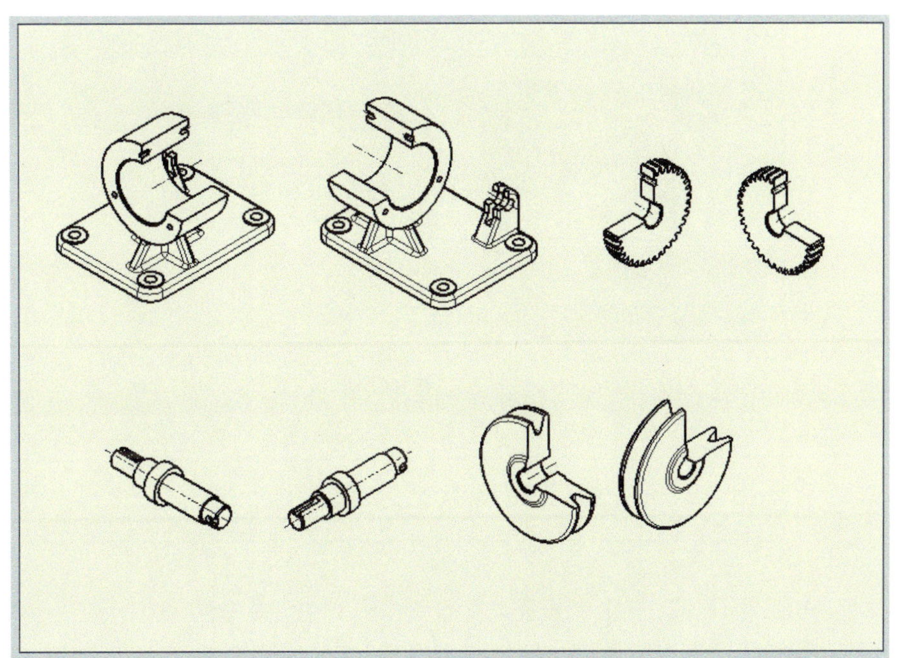

02 Inventor에서도 기타 명령을 활용하여 3D 모델링도를 완성할 수 있으나, 일부 투상도를 수정해야 하고 수검용 요구조건에 맞게 출력하기 위해 AutoCAD의 기본 확장자인 DWG 형태로 저장한다.

풀다운 메뉴의 [파일] ➡ [다른 이름으로 사본 저장(Y)]으로 들어간다. 이 파일은 [열기]한 후 클립보드로 복사(Ctrl+C)하여 앞 장에서 만든 수검용 도면에 붙여넣기(Ctrl+V)하는데 쓸 임시 파일이므로 찾기 쉽도록 이름을 3d추출.dwg로 저장한다.

> **주의하기** 풀다운 메뉴의 [파일] ➡ [다른 이름으로 저장(A)]에도 DWG 형태로 저장하는 것이 있으나 이것은 객체가 하나로 되어 분해할 수 없어 편집할 수가 없다. 그러므로 낭패를 볼 수 있으니 주의해야 한다.

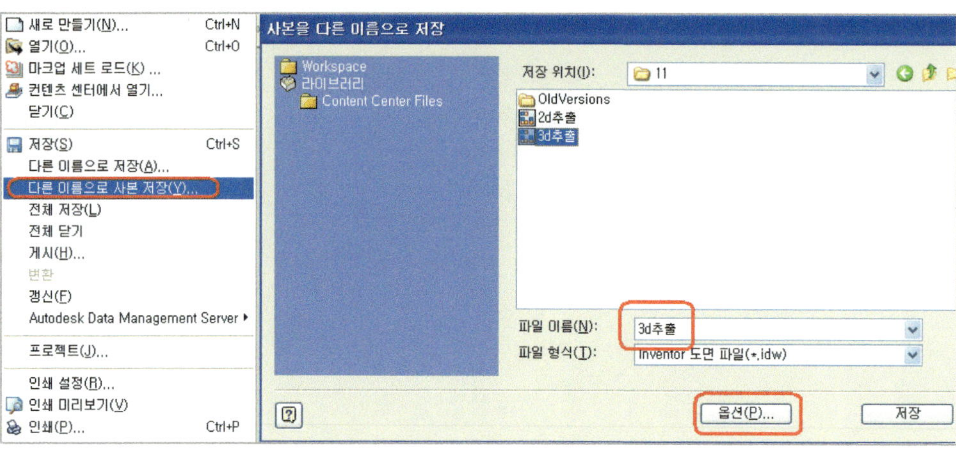

03 하단의 옵션을 선택하여 수검장에 설치되어 있는 AutoCAD 버전을 선택한다. 저장된 버전
보다 낮은 AutoCAD에서는 일부 객체가 깨지거나 열 수 없는 경우가 생길 수 있으니 주의
해야 한다.

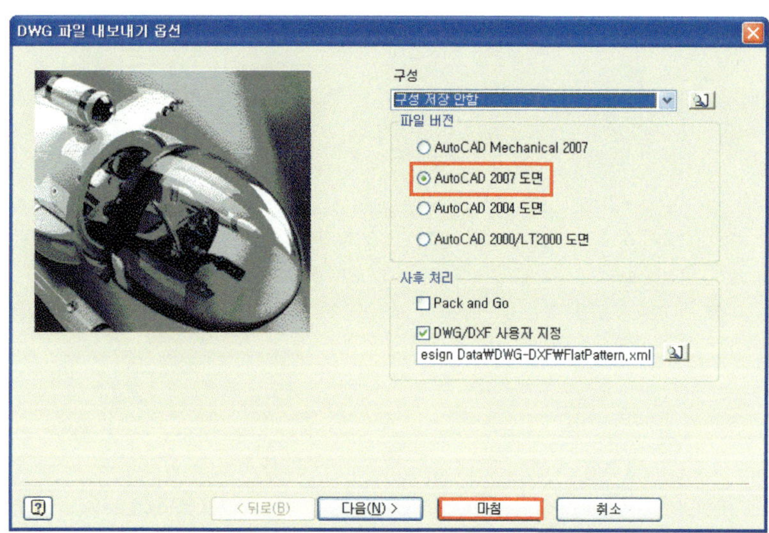

04 다시 이 도면 파일도 형상 변경 등의 수정 상황에 대비하여 3d추출.idw로 저장한다.

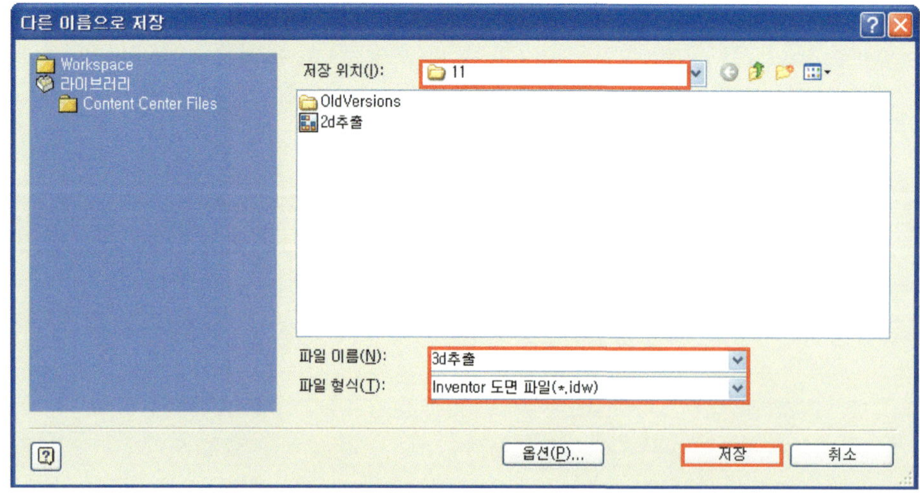

⑥ AutoCAD에서 추출한 DWG 파일 불러오기

Inventor에서 저장한 **3d11추출.dwg** 파일을 AutoCAD에서 열어 본다.

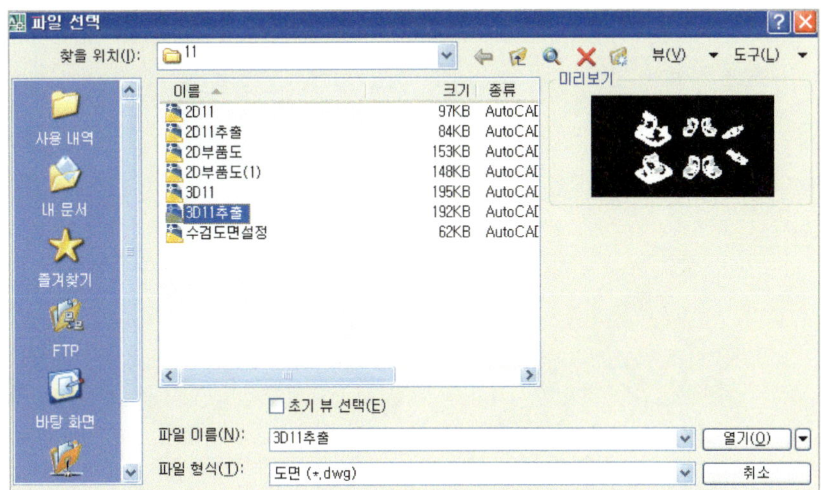

모든 객체는 단일 백색으로 Inventor의 생성된 도면층(layer)도 각 객체 속성별로 구분되어 있음을 알 수 있다.

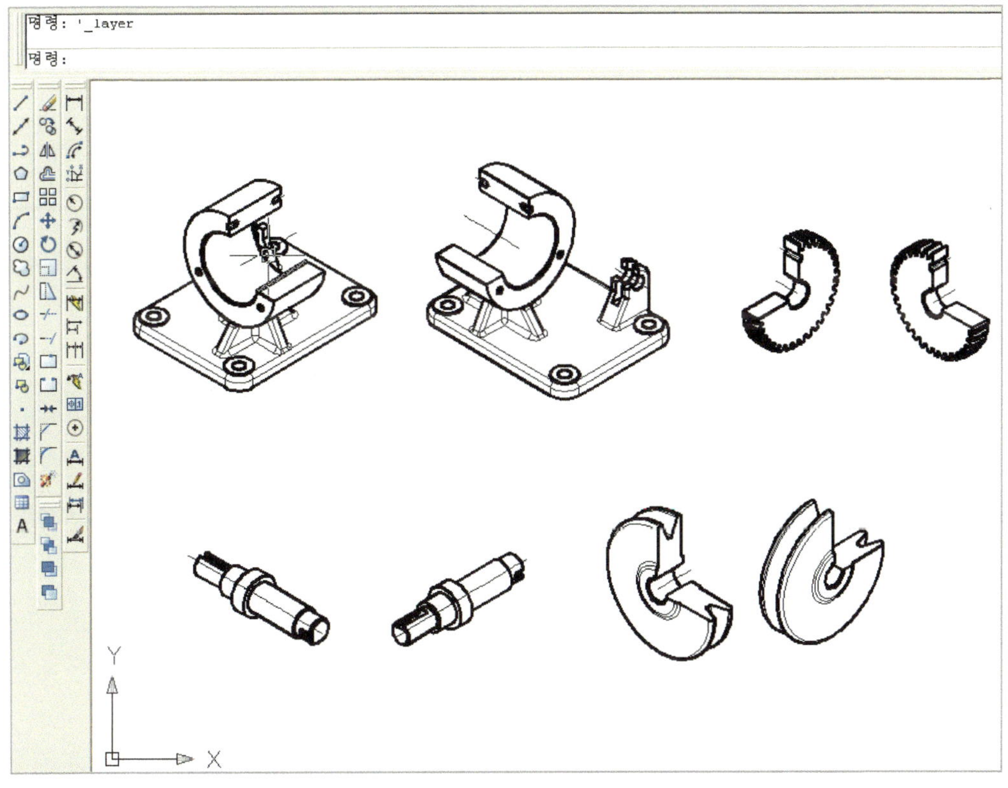

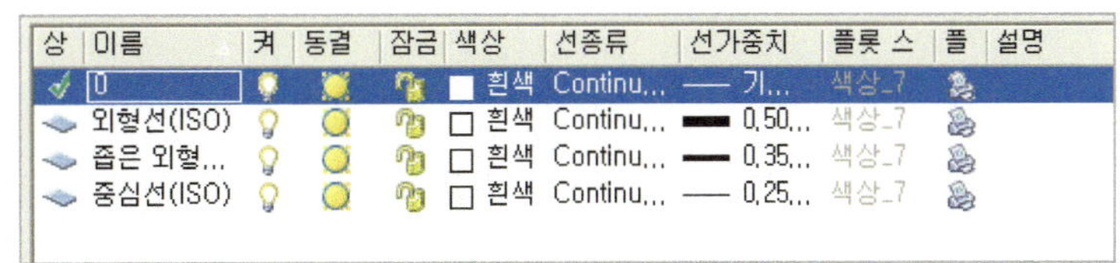

여기에 있는 모든 객체를 전부 선택하여 클립보드로 복사(Ctrl+C)해 둔다.

7 AutoCAD에서 만든 수검용 도면에 붙여넣기

01 이제 본 교재 1부에서 작성한 수검도면설정.dwg을 열고 앞의 도면 객체를 붙여넣기 (Ctrl+V)을 눌러 윤곽선 측면의 빈 공간에 붙여 넣는다.

02 도면의 배치 상태를 보면서 큰 부품부터 이동(MOVE) 명령어를 이용하여 도면 안으로 옮겨 놓는다.

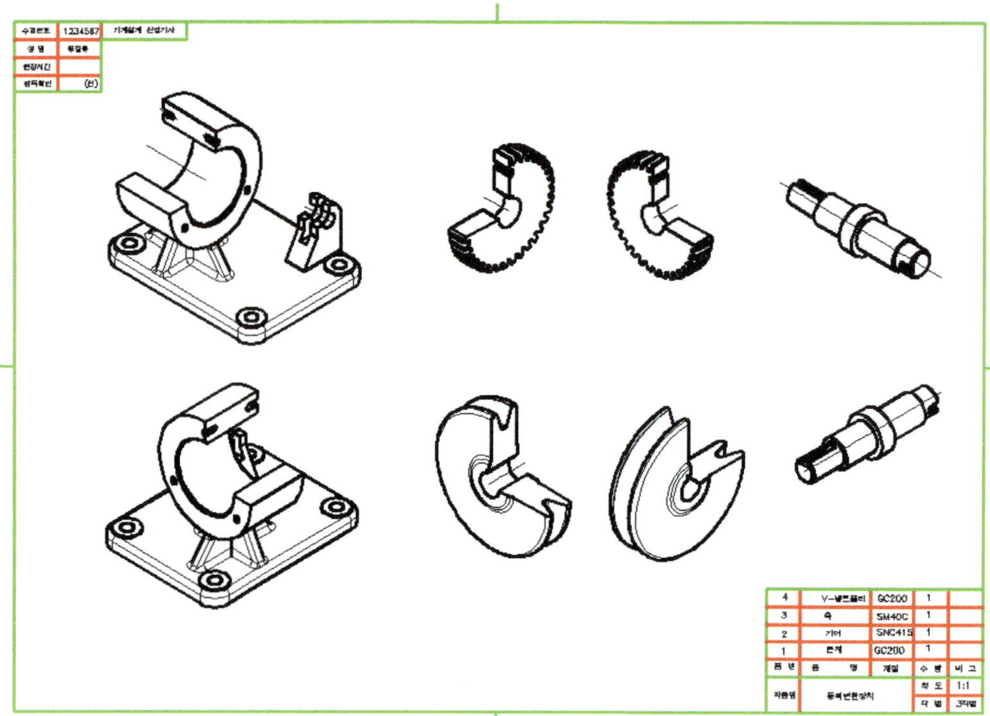

03 도면층의 색상을 다음과 같이 변경한다.

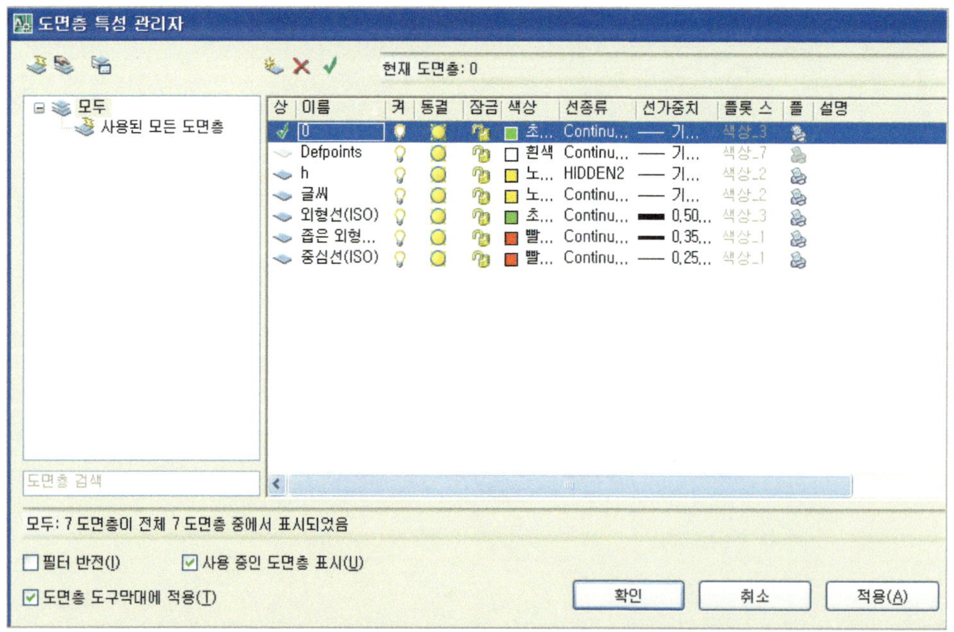

04 그림과 같이 도면층에 설정된 값대로 색상이 바뀐 것을 확인한다.

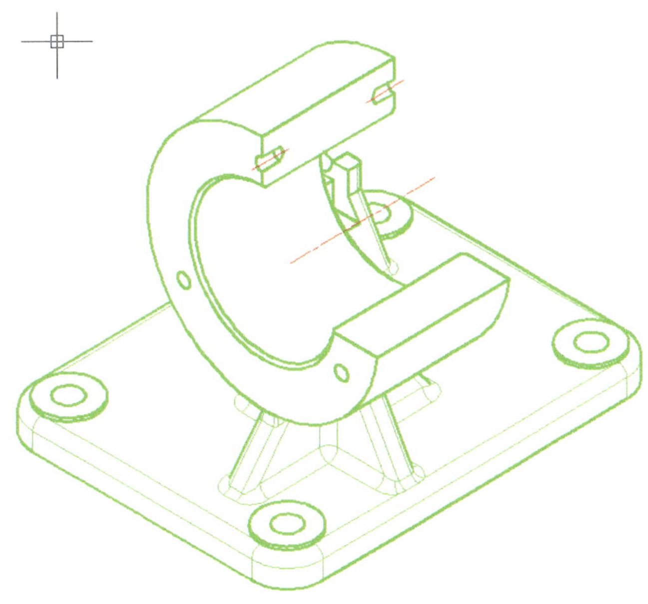

8 나사부 편집 및 단면부 해칭하기

01 나사의 탭 부분을 살펴보면 나사산 형태가 없음을 확인하게 되는데 삼각 형태로 산과 골의 윤곽을 그려줘야 함이 정석이지만 실제 출력 시 확인해 보면 까맣게 나와 형상을 구분할 수 없다. 시간이 촉박하고 크기가 작은 나사이므로 복사(COPY) 명령어를 이용하여 근사치로 바깥 원호 부분의 나사 형태만을 그려준다.

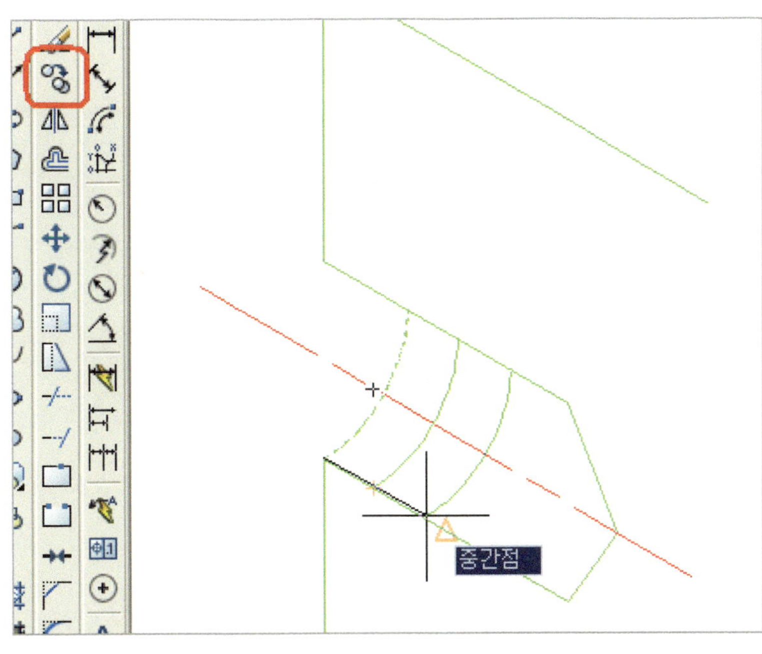

02 해칭 명령어를 이용하여 각 단면부는 해칭을 하는데, 단면이 다른 쪽은 해칭 각도를 서로 달리하여 대비시킨다. 이것은 미관상 입체감을 느끼게 하며 외형선과 구별하기 위해 색상을 백색이나 적색으로 한다.

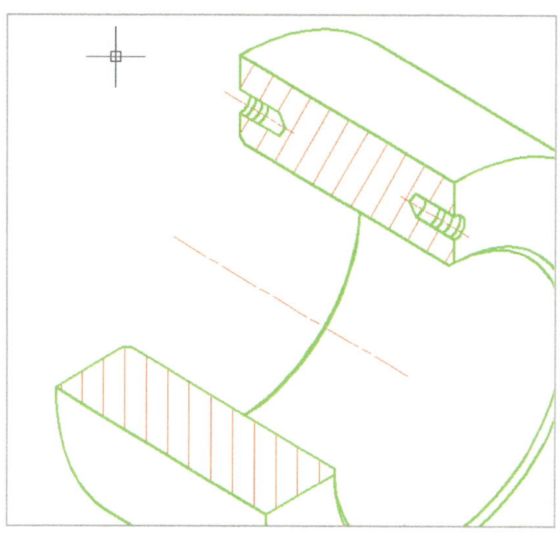

⑨ 부품 중량 기입하기

부품란을 확대하여 Inventor에서 부품 모델링 시 기록해 둔 중량값을 그램(g) 단위로 비고란에 삽입한다. 채점 비중이 높은 부분으로 중량값이 5% 이내 오차에 들어오도록 재질 선정에 주의해야 한다.

4	V-벨트풀리	GC200	1	555g
3	축	SM40C	1	216g
2	기어	SNC415	1	276g
1	본체	GC200	1	1615g
품 번	품 명	재질	수 량	비 고
작품명	동력변환장치		척 도	1:1
			각 법	3각법

⑩ 도면 완성

그 밖에 부품번호 기입 누락이 없도록 하고, 부품란과 품번이 일치한지 검사한다. 주서란은 2D 부품도에서 작성하는 것이므로 여기서는 기입하지 않는다.

다음 그림은 완성된 도면을 플로팅 출력했을 때의 한 예를 보여주고 있다.

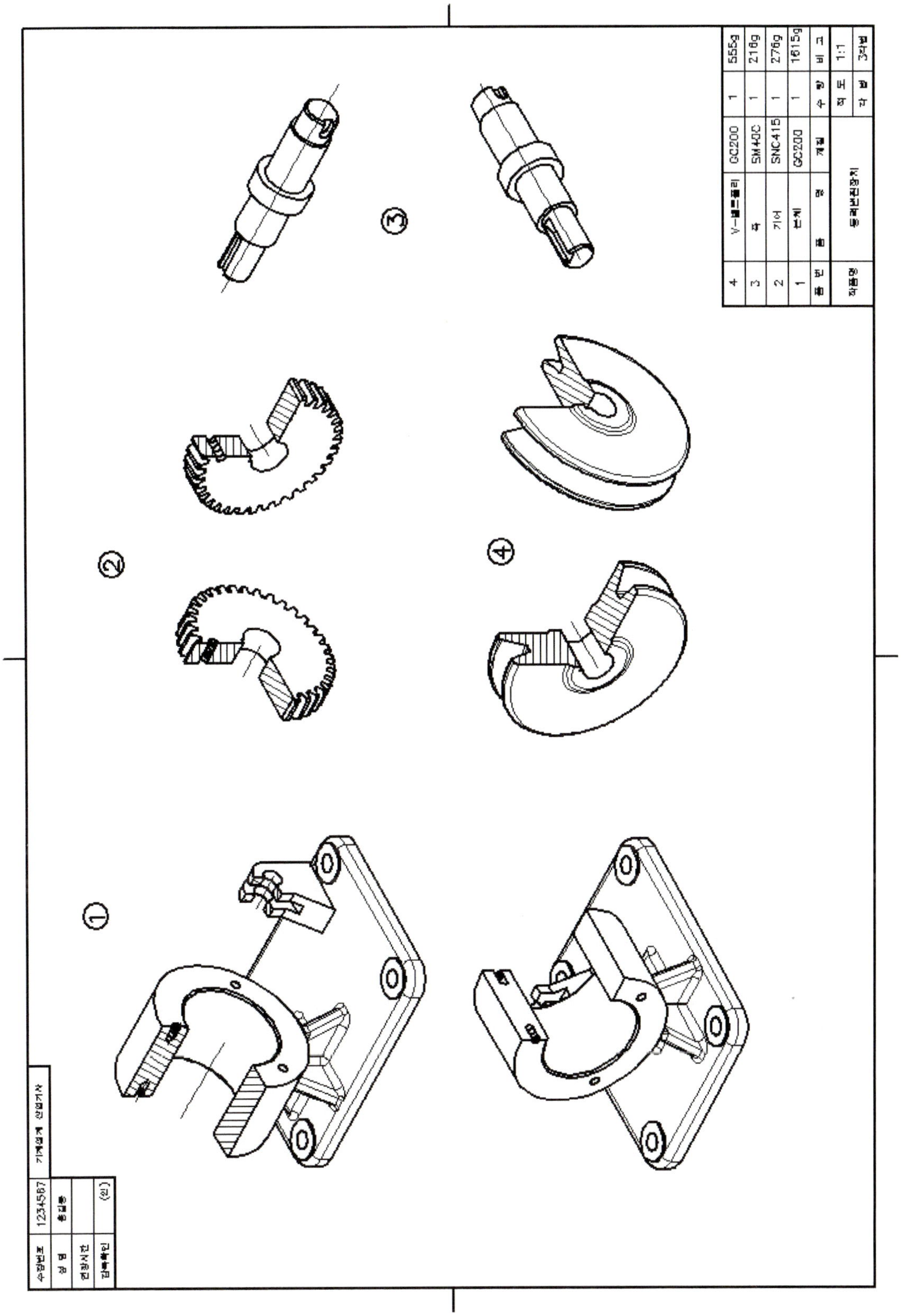

최종 완성된 도면을 부여받은 비번호 폴더에 3D11.dwg로 저장한다.

○3 2차원 부품도

1 2차원 투상도 추출하기

1 기본 설정

먼저 3D 모델링도 내부 단면도를 추출하기 위해 돌출 절단했던 피쳐 부분에 대해 피쳐 억제를 해 놓아야 한다. 검색기에서 절단에 사용했던 [돌출]에 버튼을 올려놓고 오른쪽 버튼을 누르면 [피쳐 억제]가 나오는데 이것을 실행하면 그 부분 검색기 색상이 회색으로 되고 화면의 모델링은 단면이 없어짐을 알 수 있다.

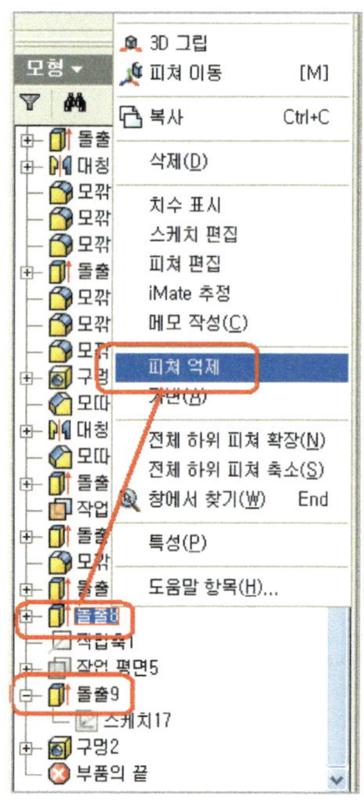

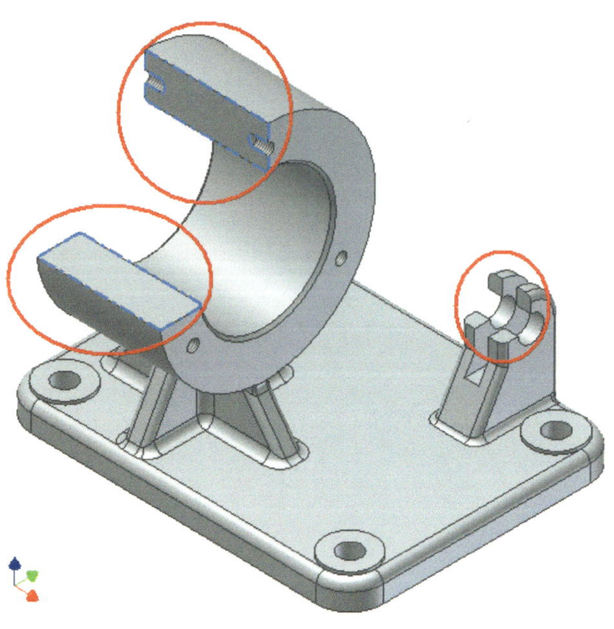

피쳐 억제 전 상태

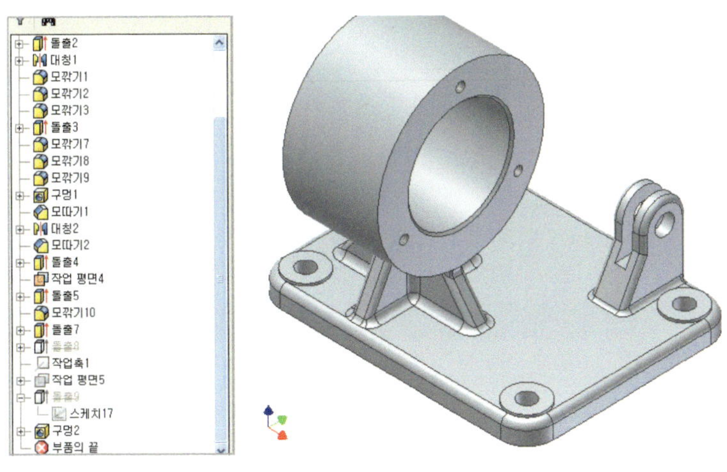

피처 억제 후 상태

동일한 방법으로 2번, 4번 부품을 피처 억제를 해 둔다.

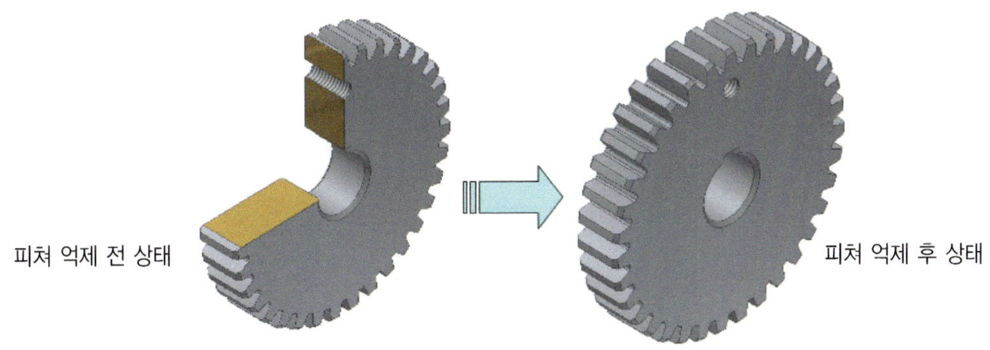

피처 억제 전 상태   피처 억제 후 상태

2번 기어 단면 돌출부

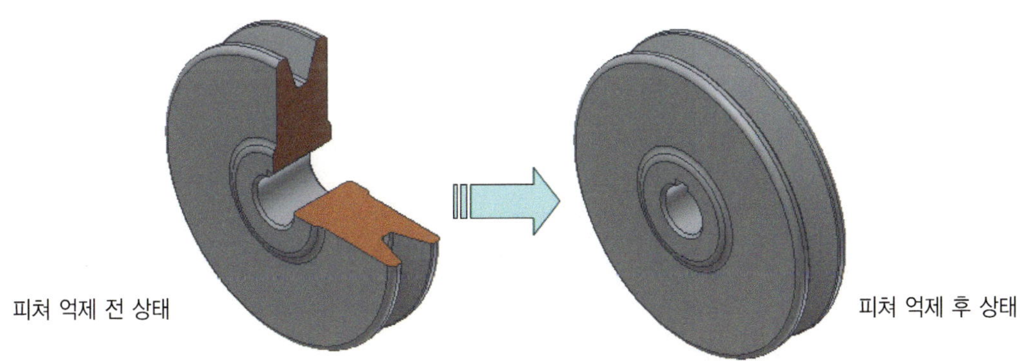

피처 억제 전 상태   피처 억제 후 상태

4번 V벨트 풀리 단면 돌출부

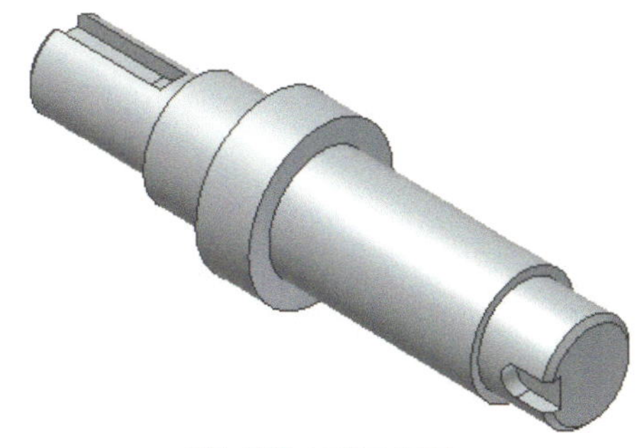

3번 축은 그대로 둔다.

❷ 도면 환경 설정

전 단원에서 도면 환경을 설정했던 것처럼 2D 추출 도면 환경에서도 동일한 작업 환경을 주어야 한다. 풀다운 메뉴의 [새로만들기]를 선택하면 다음과 같은 기본 템플릿 선택 화면이 나온다. 이 단원에서는 완성된 부품 모델링으로부터 3각법 투상도를 추출해야 하므로 그림의 'Standard.idw' 를 더블 클릭하여 도면 환경으로 들어간다.

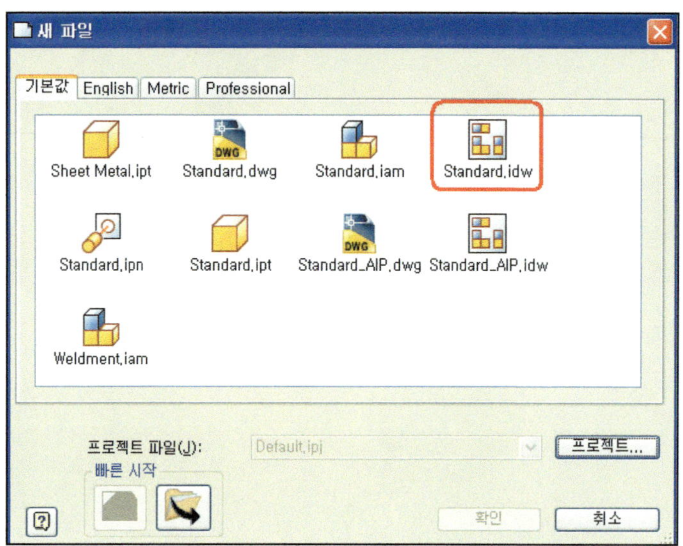

01 초기 화면에 Inventor에서 제공하는 임의의 시트가 바로 나오는데 수검용과 맞지 않으므로 검색기 창에 있는 [시트1]이라는 목록에 마우스를 갖다 놓고 오른쪽 버튼을 눌러 [시트 삭제]를 선택하여 윤곽선을 삭제한다.

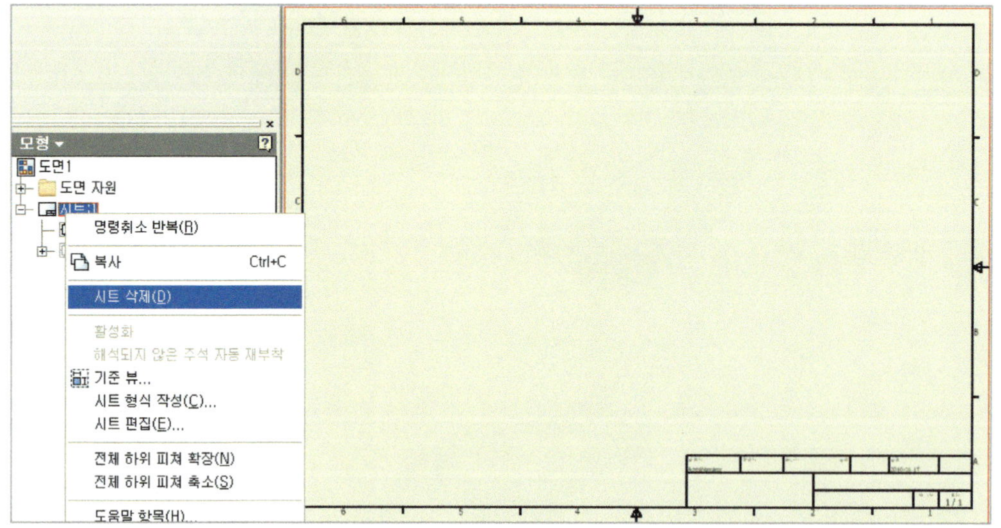

02 [풀다운 메뉴] ➡ [형식] ➡ [스타일 및 표준 편집기]에 들어간다. 투영 유형이 '일각법'으로 되어 있다면 '삼각법'으로 바꿔주고 [저장]을 누른다. 일각법으로 설정된 상태에서 투상 추출하면 투상도가 반대로 배치되어 KS 제도법에 어긋나게 되어 실격 처리되므로 유의해야 한다.

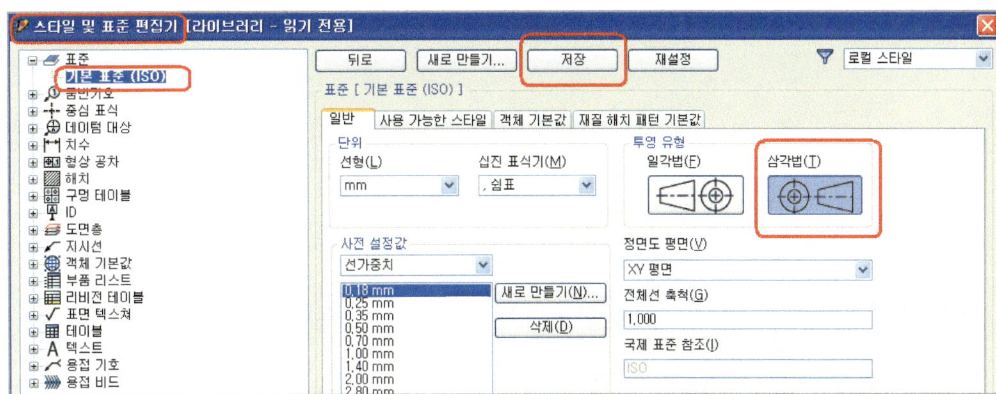

03 다음은 수검용에 맞게 도면 크기를 A2(594×420)로 설정한다. 검색기 창의 [시트1] 부분에 마우스 오른쪽 버튼을 눌러 [시트 편집]에 들어간다. 시트 편집 창이 나오면 크기를 목록창에서 [A2]를 선택하고 [가로 방향]을 체크한 후 [확인] 버튼을 누른다.

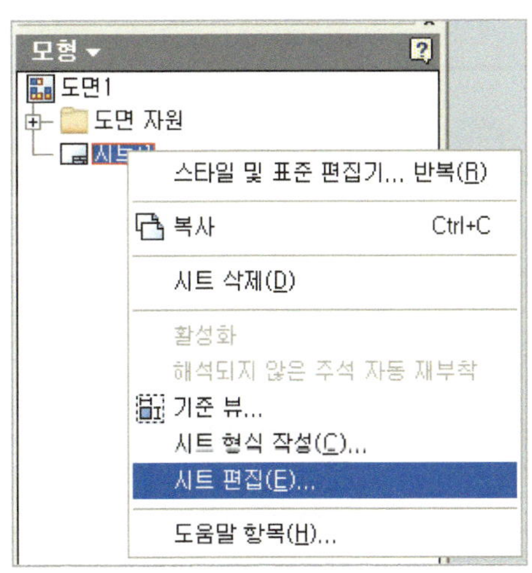

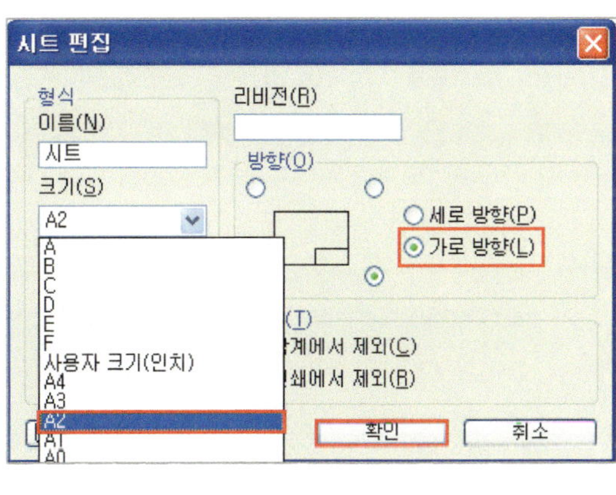

이렇게 해서 도면 환경 설정을 끝냈다. 이제 도면 뷰 패널의 도구들을 사용하여 각종 투상도를 추출하면 된다.

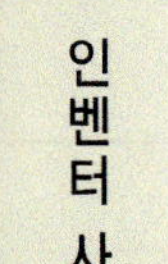

❸ 1번 몸체 2D 투상도

01 기준 뷰 불러오기

도면 뷰 패널의 첫 번째 있는 기준 뷰(🔲)를 클릭한다. 도면 뷰 창이 나오면 중앙 상단에 있는 디렉토리 탐색(🔍)을 눌러 1몸체를 선택하고 [열기]를 누른다.

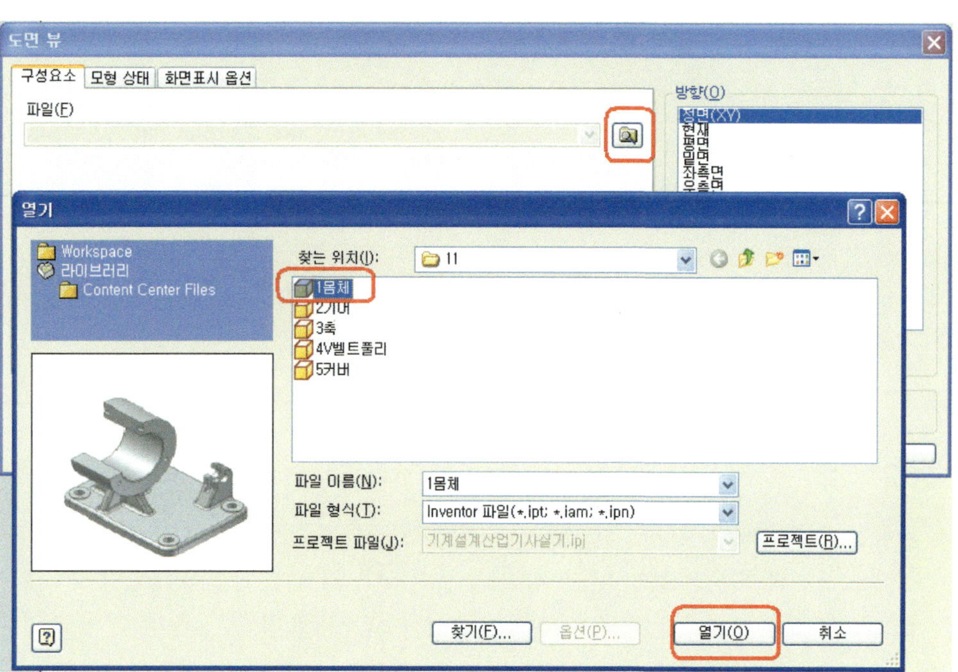

02

다시 도면 뷰 창으로 오면 상단의 [화면표시 옵션] 탭을 선택하고 [접하는 모서리]를 체크해야 각 투상 형태가 뚜렷하게 나온다. 이곳 역시 투상선 누락으로 감점 또는 오작 처리가 되니 반드시 확인해야 할 항목이다.

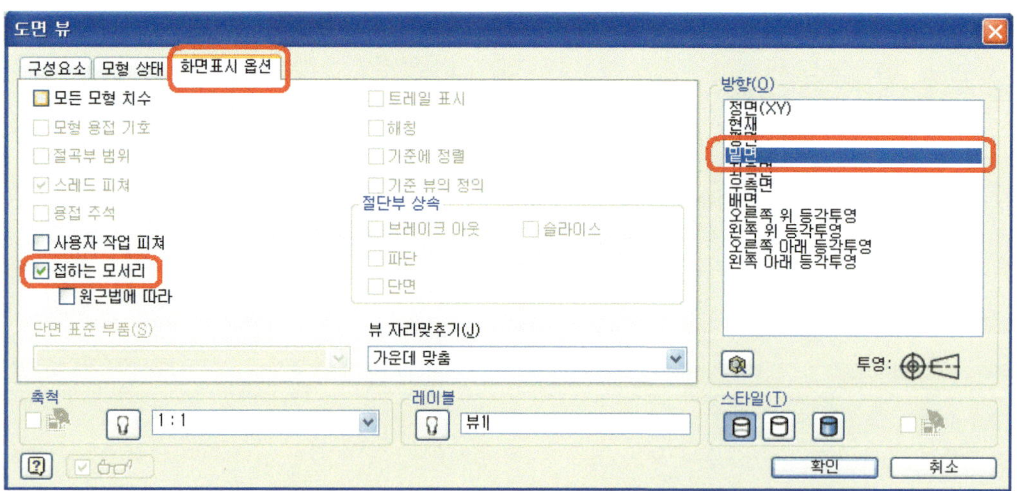

03 축척을 1:1로 하고, 방향을 밑면으로 선택하면 다음 그림과 같이 실제 정면도가 나오는데 도면의 균형 배치를 고려하여 위치를 잡는다. 만일 이런 자세가 안 나온다면 뷰 방향 버튼 ( )을 클릭하여 뷰 방향을 설정해야 한다. (이 부분의 상세 사항은 전 단원 내용을 참조하길 바란다.)

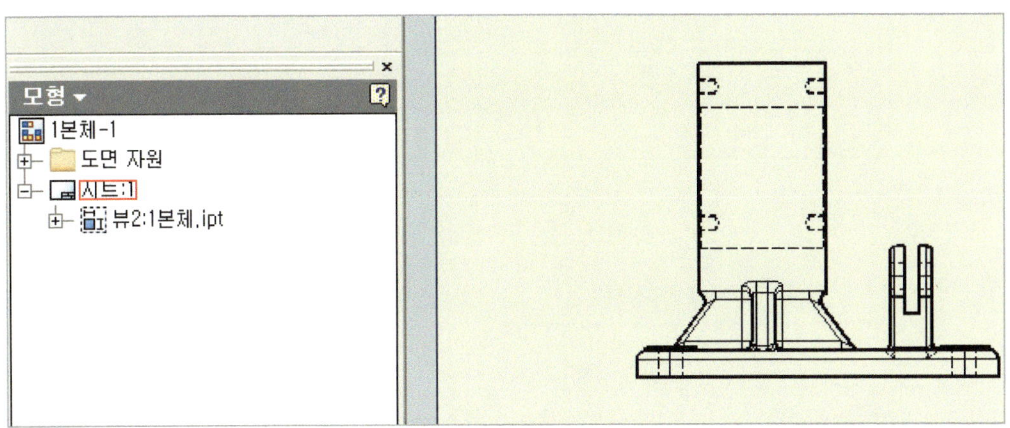

04 평면도를 단면도( )로 작성하기

평면도는 리브와 링크 결합부에 계단 단면을 주어 작성한다.

도면 뷰 패널 ➡ 단면도 ➡ 몸체 기준 뷰 선택 ➡ 단면할 위치 클릭 ➡ 구멍중심 지나는 단면선 작도 ➡ 마우스 오른쪽 클릭 ➡ 계속 ➡ 기준 뷰 상단에 배치

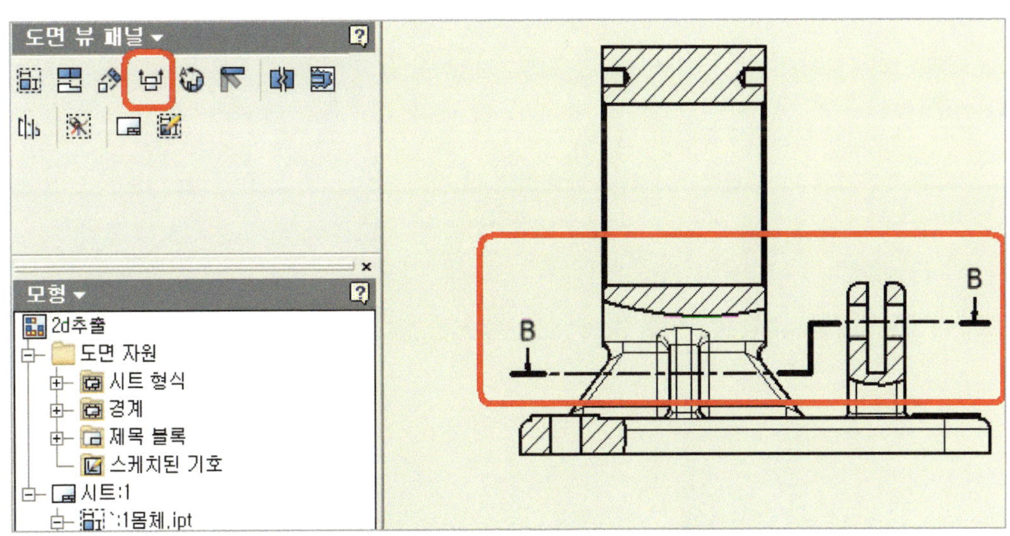

검색창에 단면도 뷰가 생성되었는지 확인한다.

뷰편집 ➡ 화면표시 옵션 ➡ "접하는 모서리" 체크 해제

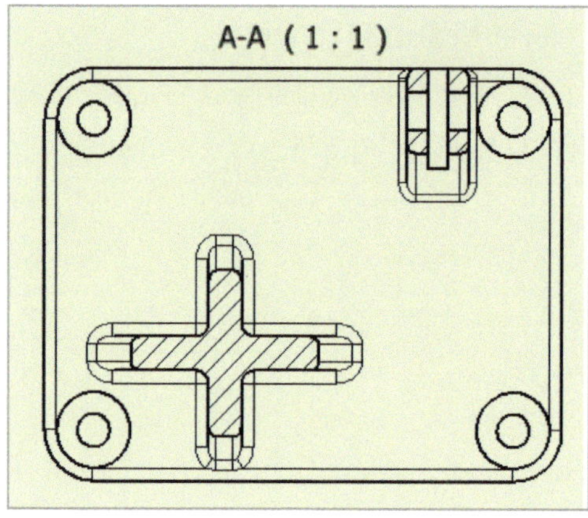
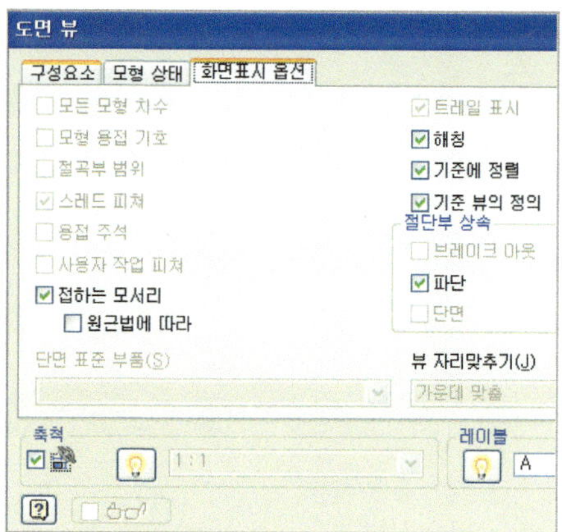

화면표시 옵션 ➡ "접하는 모서리" 체크 상태

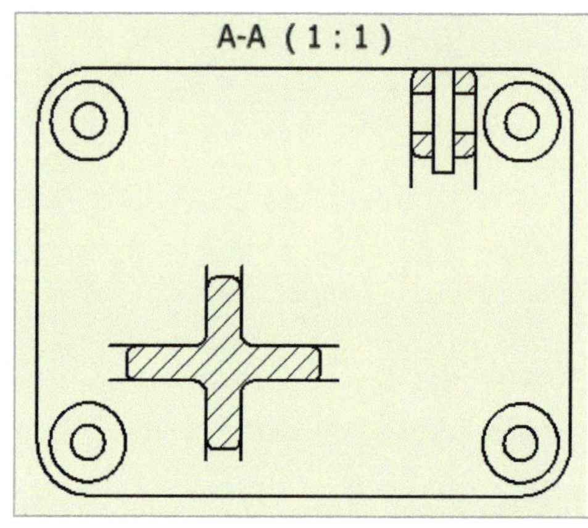
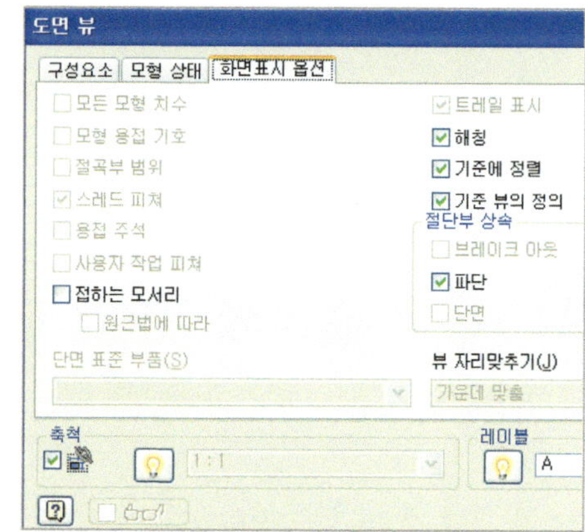

화면표시 옵션 ➡ "접하는 모서리" 체크 해제 상태

05 우측면도 투영된 뷰(🔲)로 불러오기

우측면도는 기준 뷰를 이용하여 배치한다.

도면 뷰 패널 ➡ 투영된 뷰 ➡ 몸체 기준 뷰 선택 ➡ 오른쪽 빈 공간 위치에 클릭

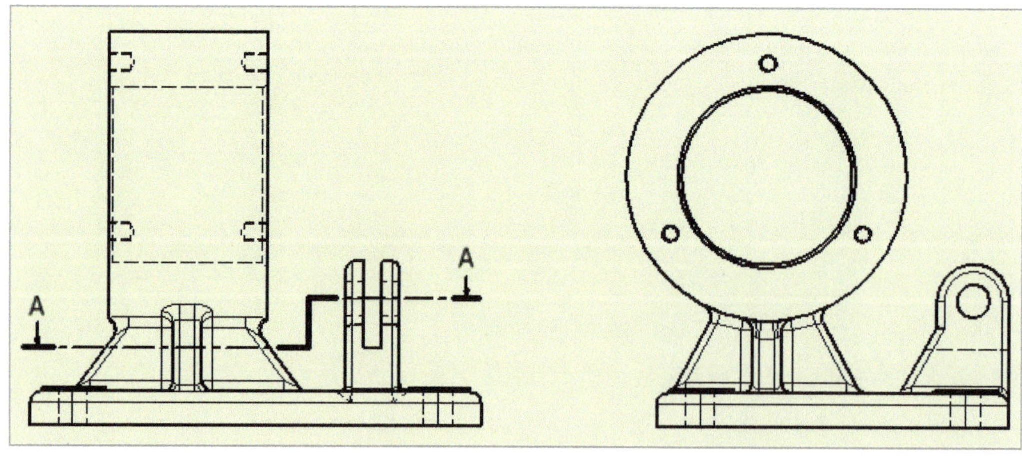

06 부분 단면도 브레이크 아웃으로 작성하기

정면도 내부가 보일 수 있도록 부분 단면을 해야 한다면 먼저 자를 부분을 스케치로 작성해야 한다. 먼저 기준 뷰(정면도)를 선택하고 스케치에 들어간다. 부분 단면을 칠 부분에 스플라인으로 단일 곡선을 그린다. 곡선 영역이 어긋났다면 그려진 곡선의 절곡점(검은 원 마크)을 마우스로 끌기 등을 하여 모양을 변형시킨다.

도형이 완성되었으면 스케치로 복귀한다.

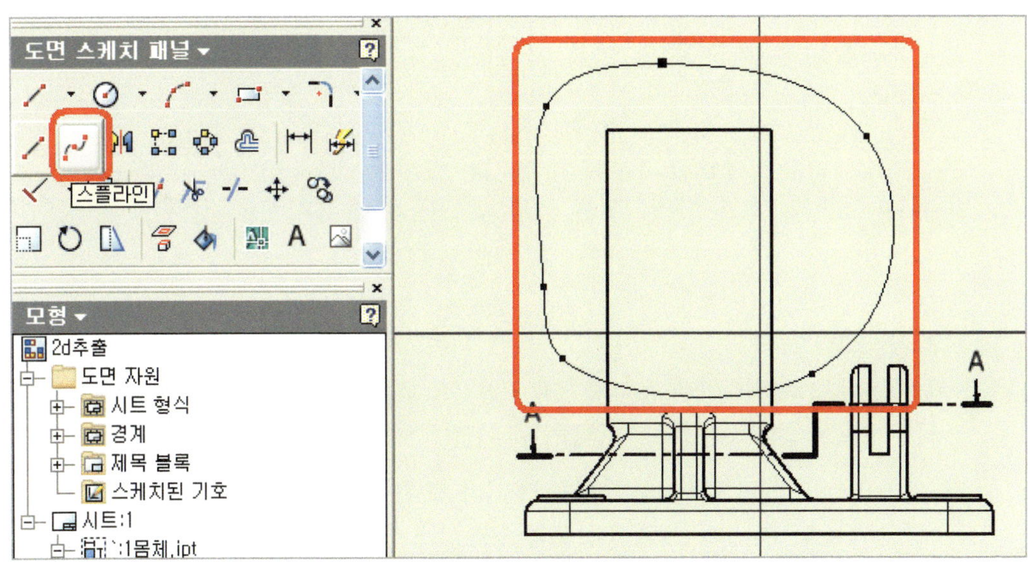

부분 단면할 스케치가 완성되었으므로 계속해서 다음과 같은 과정을 따른다.

도면 뷰 패널 ➡ 브레이크 아웃 ➡ 깊이를 "0"으로 설정, 몸체 상단 모서리 선택 ➡ 숨겨진 모서리 표시 해제 ➡ 확인

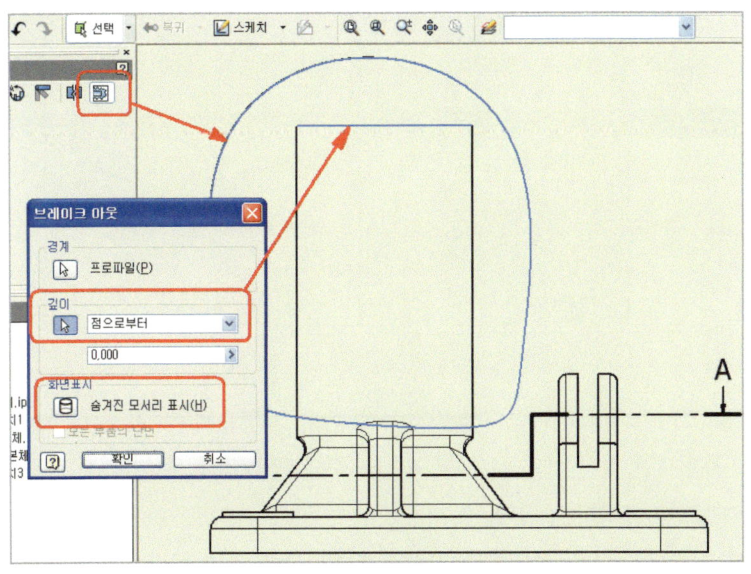

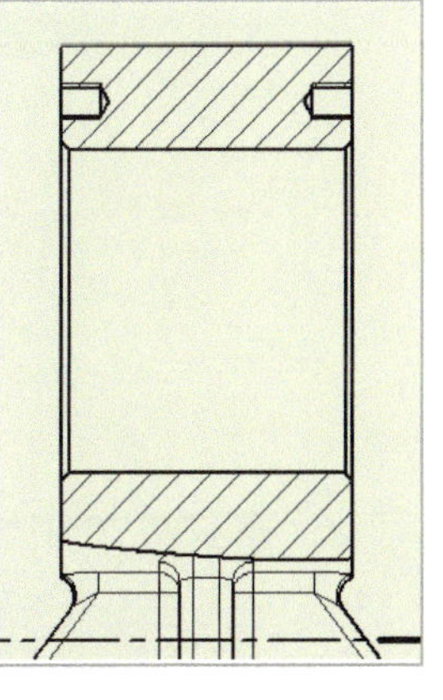

07 드릴 구멍부 부분 단면도 작성하기

위의 **04**와 동일한 방법으로 Y요크의 핀구멍부, 하단의 베이스판 구멍부도 단면도를 작성한다.

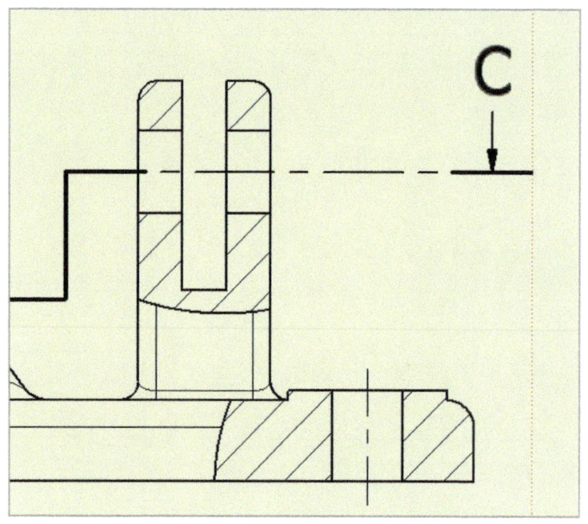

08 중심선 그리기

원의 중심부, 좌우 대칭부 등은 반드시 중심선을 표기해야 하는데, Inventor에서 쉽게 그려 낼 수 있는 도구를 이용하며, 도면층(Layer)도 분리해 준다. 다음과 같이 도면 주석 패널 ➡ 중심선 이등분 ➡ 대칭되는 두 모서리 1번, 2번을 선택한다.

중심선 길이를 늘릴 경우 명령어 종료 후 중심선을 선택해서 끝점을 끌기하면 된다.

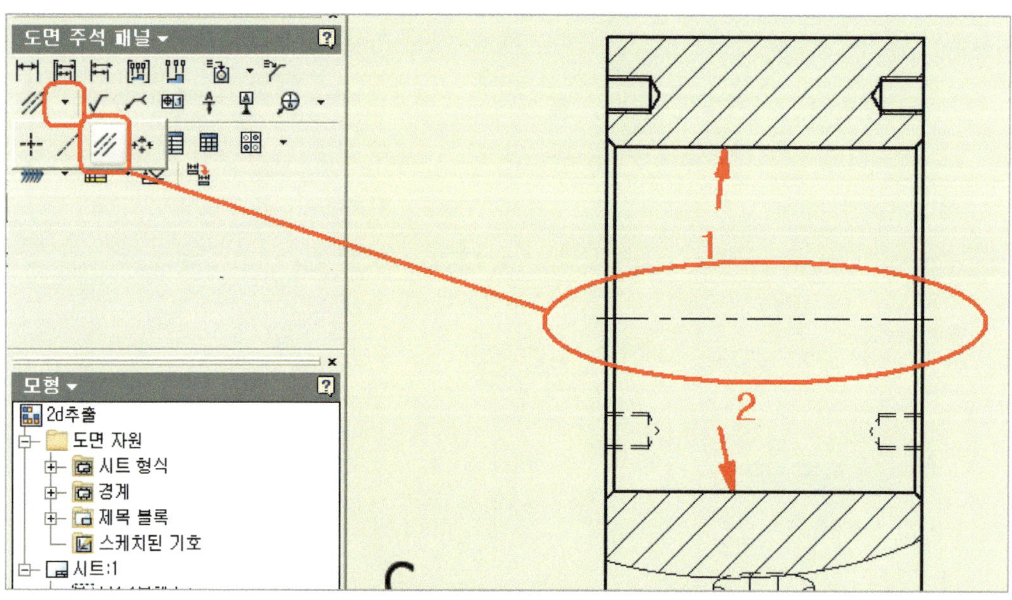

09 탭 구멍 위치 등 원을 그려야 할 경우 중심선 타입을 중심선 패턴으로 바꾼 후 그림의 번호 순서대로 클릭한다. 특히 1번 위치 선택 시는 마우스가 중심 근처에 왔을 때 녹색의 중심 위 치 표식자가 나오는데 그때 클릭하면 된다.

중심 패턴 클릭 후 다음 그림의 1번 ➡ 2번 ➡ 3번 ➡ 4번 ➡ 2번 순으로 누른다.

이후 명령어를 종료하고 열십자 중심선을 선택하여 중심선 길이를 원 바깥까지 늘려 놓는다.

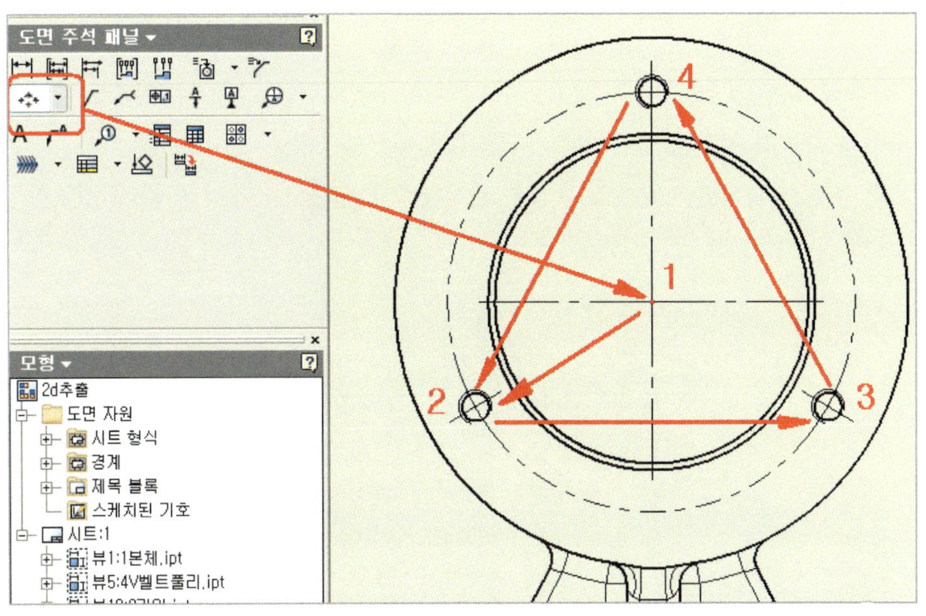

10 기준 뷰 은선 가리기

처음 기준 뷰 작성 시 모서리 선택을 쉽게 하기 위해 은선 보이기를 하였으나, 이제 모든 투상 작업을 마쳤으므로 불필요한 은선은 숨기도록 한다.

검색기 뷰1 선택 ➡ 뷰 편집(마우스 오른쪽 버튼) ➡ 은선 제거 선택 ➡ 확인

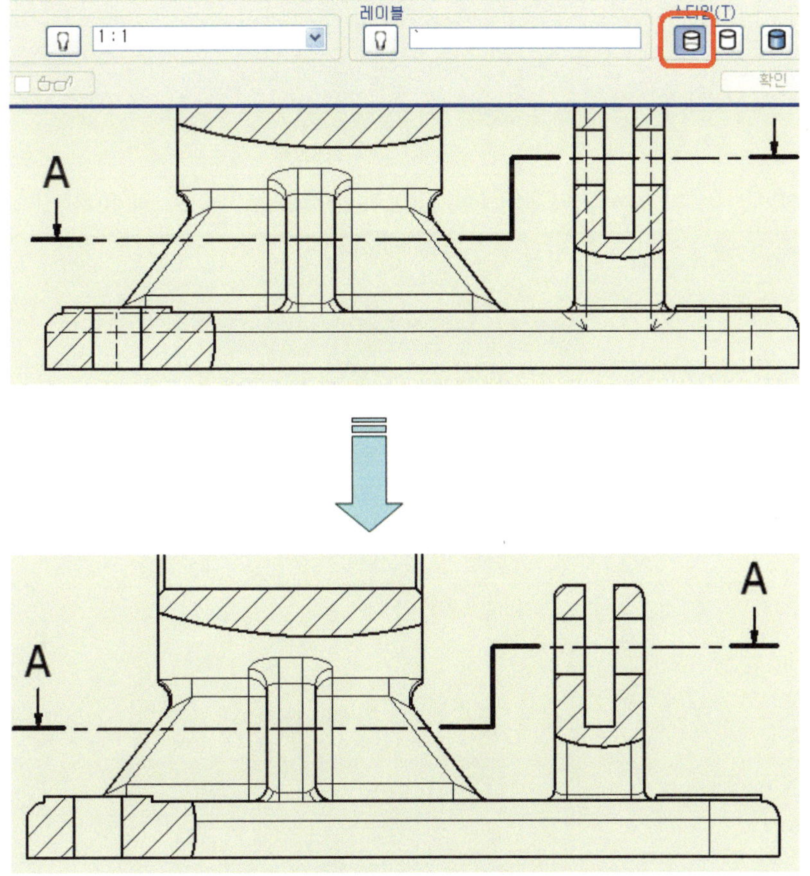

④ 2번 기어 2D 투상도

01 기준 뷰 불러오기

도면 뷰 패널의 첫 번째 있는 기준 뷰()를 클릭한다.

도면 뷰 창이 나오면 중앙 상단에 있는 디렉토리 탐색()을 눌러 2기어를 선택하고 [열기]를 누른다.

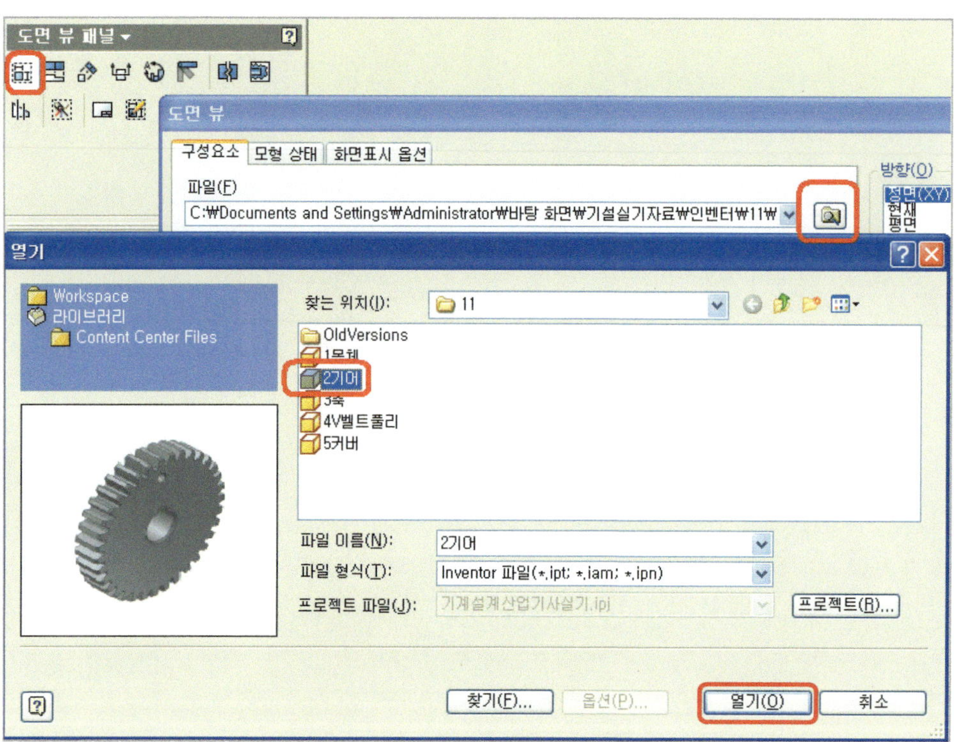

이때 키홈부 형상이 위로 가게 정면도를 잡아야 하므로 뷰 방향이 안 맞으면 가운데에 있는 뷰 방향 버튼()을 클릭하여 뷰 방향을 설정해야 한다.

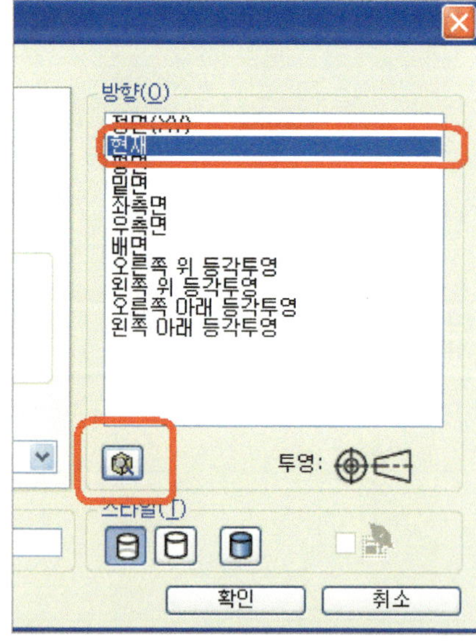

뷰 방향 설정 창이 나오면 공통 뷰(C)로 들어가 정면도 위치로 전환시킨 후 [확인]을 누른다.

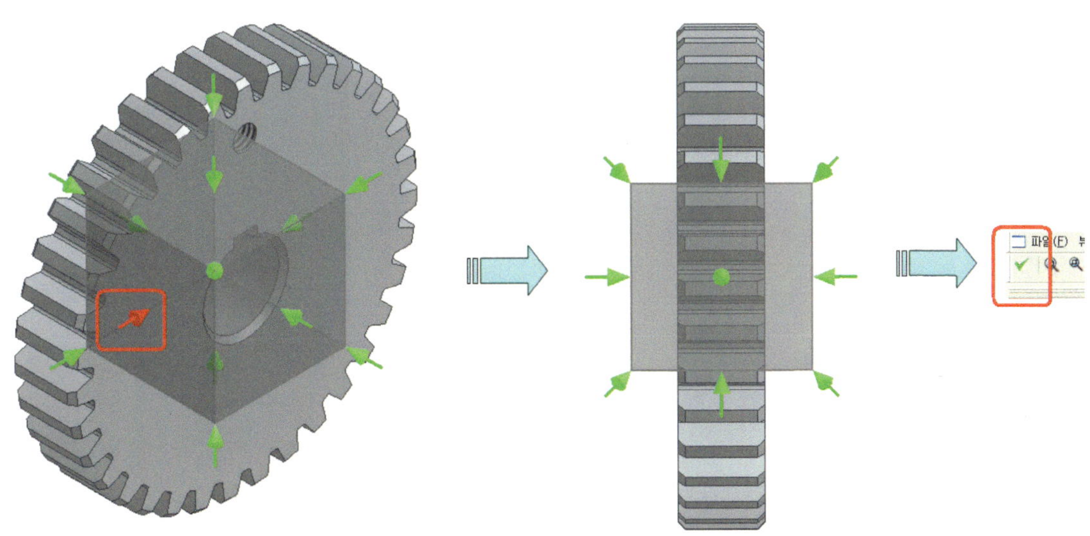

02 1/4의 한쪽 단면도 브레이크 아웃(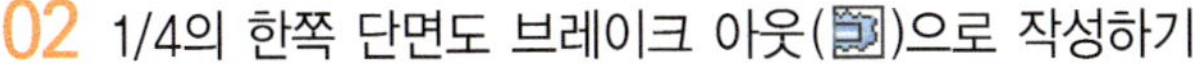)으로 작성하기

정면도의 상단부는 한쪽 단면도를 작성한다. 먼저 기준 뷰(정면도)를 선택하고 스케치에 들어간다. 부분 단면을 칠 부분을 직사각형 그리기로 중심을 통과하여 그린다.

도형이 완성되었으면 스케치로 복귀한다.

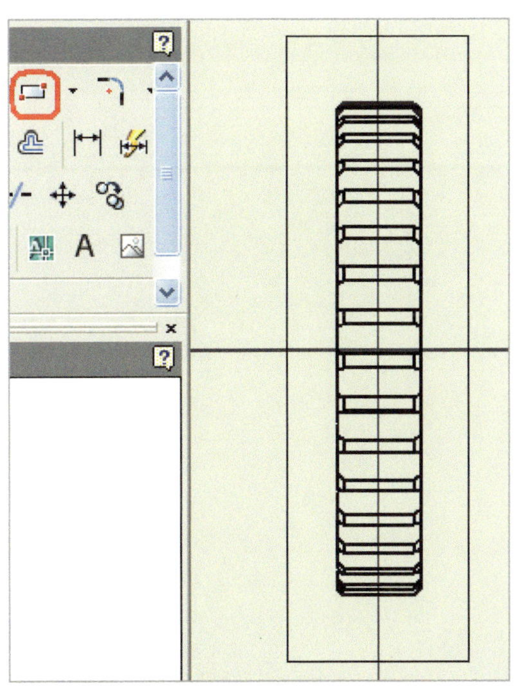

부분 단면할 스케치가 완성되었으므로 계속해서 다음과 같은 과정을 따른다.

도면 뷰 패널 ➡ 브레이크 아웃(🔲) ➡ 깊이를 "0"으로 설정, 기어 바깥지름 모서리 선택 ➡ 숨겨진 모서리 표시 해제 ➡ 확인

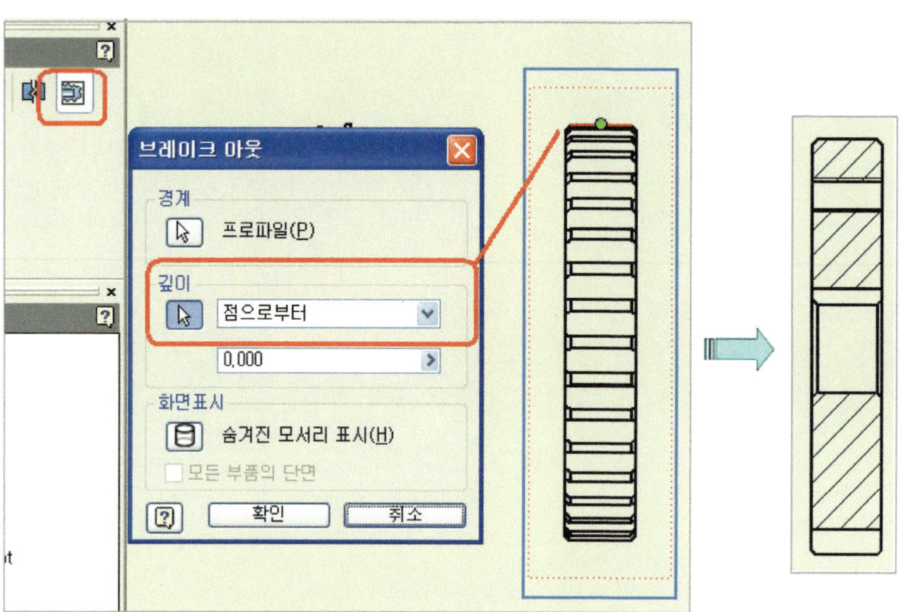

03 좌측면도 투영된 뷰(🔲)로 불러오기

좌측면도는 기어의 기준 뷰를 이용하여 배치한다.

도면 뷰 패널 ➡ 투영된 뷰 ➡ 기어 기준 뷰 선택 ➡ 왼쪽 빈 공간 위치에 클릭

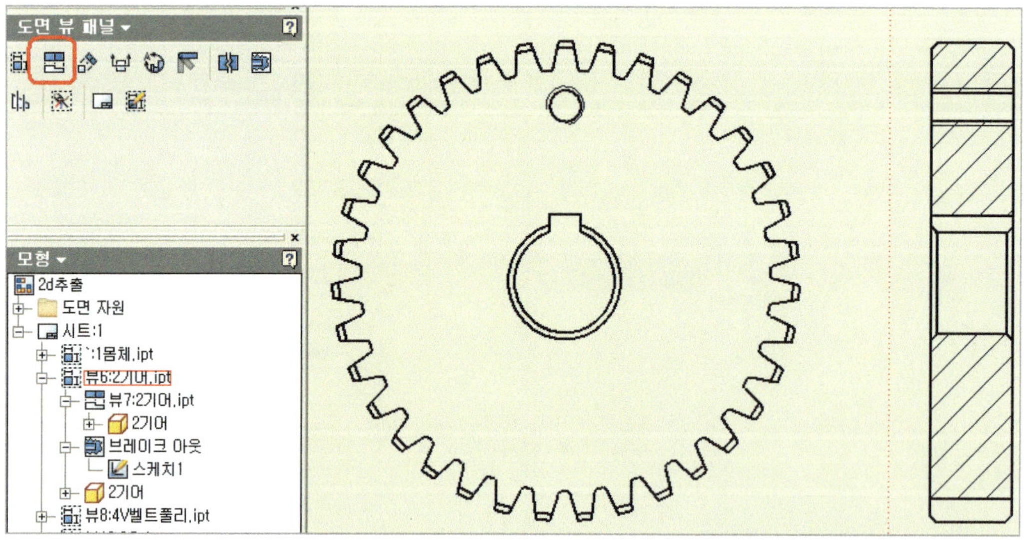

04 브레이크 아웃(⬚)으로 반쪽 제거하기

좌측면도가 대칭이므로 투상 절반을 제거하여 도면의 빈 공간을 절약할 수 있도록 한다.

먼저 기어 우측 뷰를 선택하고 스케치 모드에 들어간다. 사각형을 중심을 통과하게 그린 후 복귀한다.

도면 뷰 패널 ➡ 브레이크 아웃 ➡ 깊이를 관통 부품으로 선택 ➡ 우측 뷰 아무 모서리 클릭 ➡ 숨겨진 모서리 표시 해제 ➡ 확인

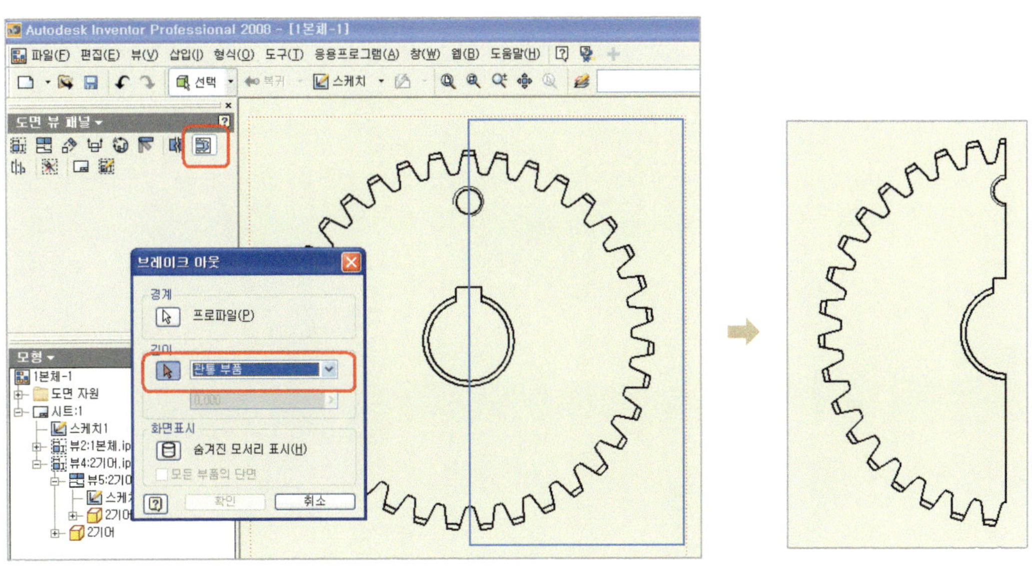

5 4번 V벨트 풀리 2D 투상도

01 기준 뷰 불러오기

도면 뷰 패널의 첫 번째 있는 기준 뷰(⬚)를 클릭한다.

도면 뷰 창이 나오면 중앙 상단에 있는 디렉토리 탐색(⬚)을 눌러 4번 V벨트 풀리를 선택하고 [열기]를 한다.

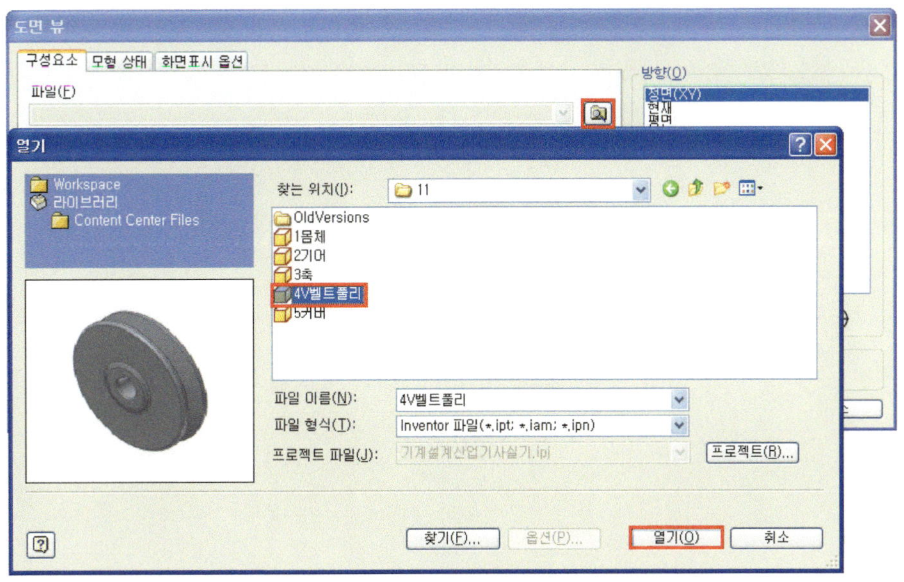

이때 키홈부 형상이 위로 가게 정면도를 잡아야 하므로 뷰 방향이 안 맞으면 가운데에 있는 뷰 방향 버튼(　)을 클릭하여 뷰 방향을 설정해야 한다.

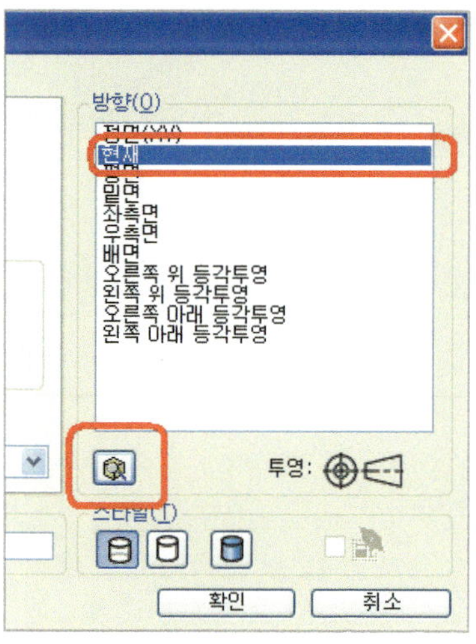

뷰 방향 설정 창이 나오면 공통 뷰(C)로 들어가 정면도 위치로 전환시킨 후 [확인]을 누른다.

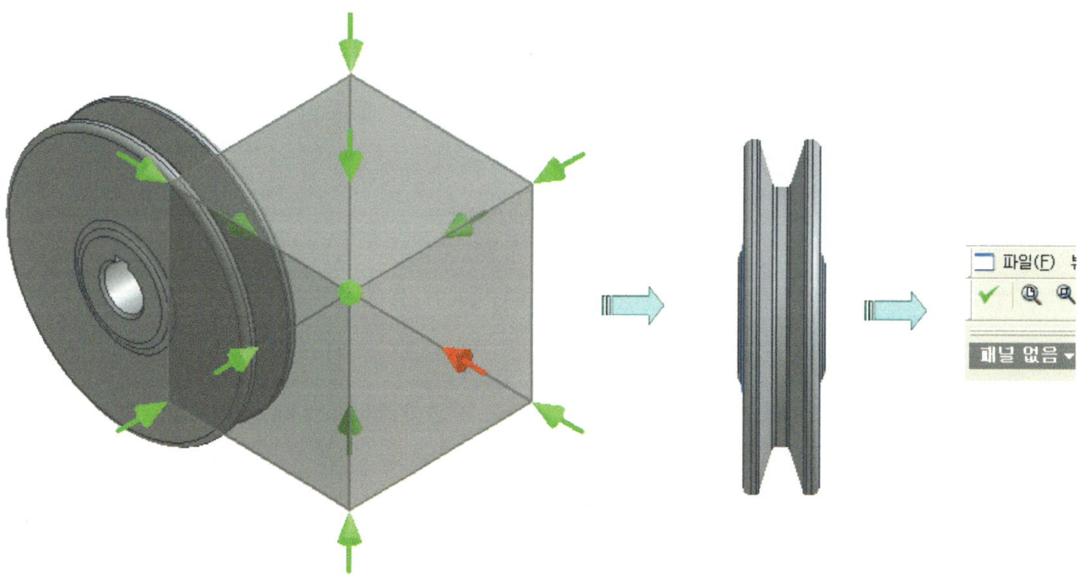

도면의 빈 공간에 클릭하여 배치시킨다.

02 좌측면도는 투영된 뷰(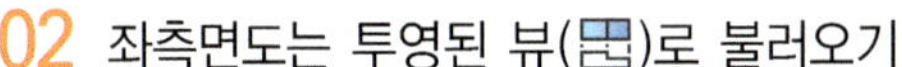)로 불러오기

좌측면도는 V벨트 풀리의 기준 뷰를 이용하여 배치한다.

도면 뷰 패널 ➡ 투영된 뷰 ➡ 기어 기준 뷰 선택 ➡ 왼쪽 빈 공간 위치에 클릭

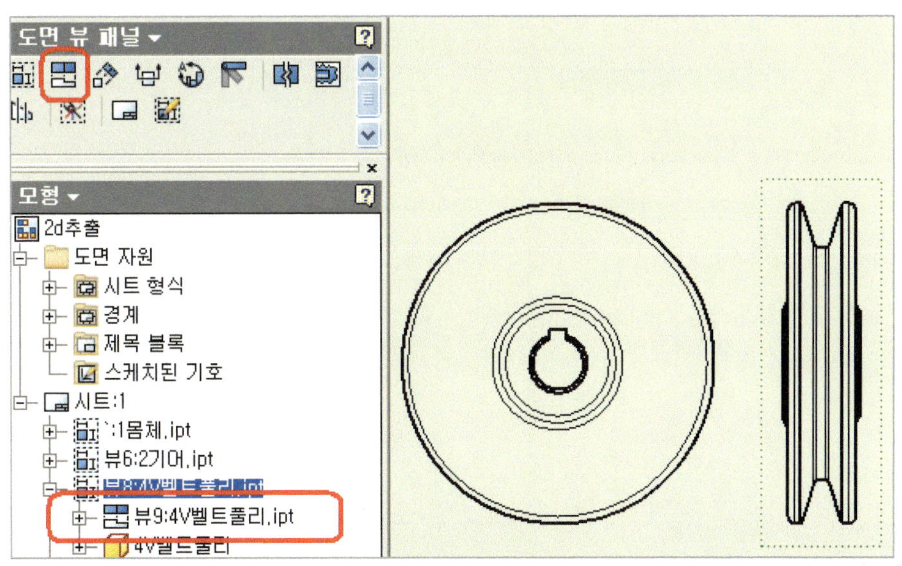

03 브레이크 아웃()으로 반쪽 제거하기

좌측면도가 대칭이므로 투상 절반을 제거하여 도면의 빈 공간을 절약할 수 있도록 한다.

먼저 V-벨트 풀리 우측 뷰를 선택하고 스케치 모드에 들어간다. 사각형을 중심과 일치되게

그린 후 복귀한다.

도면 뷰 패널 ➡ 브레이크 아웃 ➡ 깊이를 관통 부품으로 선택 ➡ 우측 뷰 아무 모서리 클릭

➡ 숨겨진 모서리 표시 해제 ➡ 확인

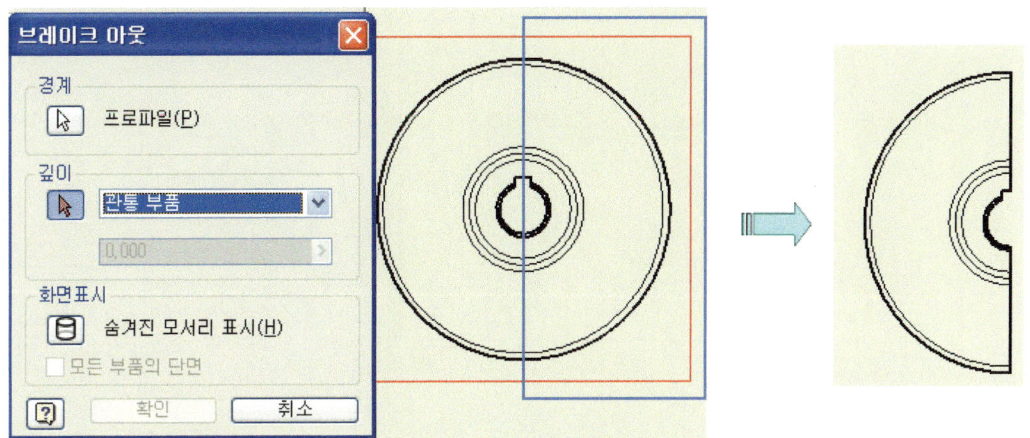

04 1/4의 한쪽 단면도 브레이크 아웃(📄)으로 작성하기

정면도의 상단부는 한쪽 단면도를 작성한다. 먼저 기준 뷰(정면도)를 선택하고 스케치에 들어간다. 부분 단면을 칠 부분을 직사각형 그리기로 중심을 통과하여 그린다.

도형이 완성되었으면 스케치로 복귀한다.

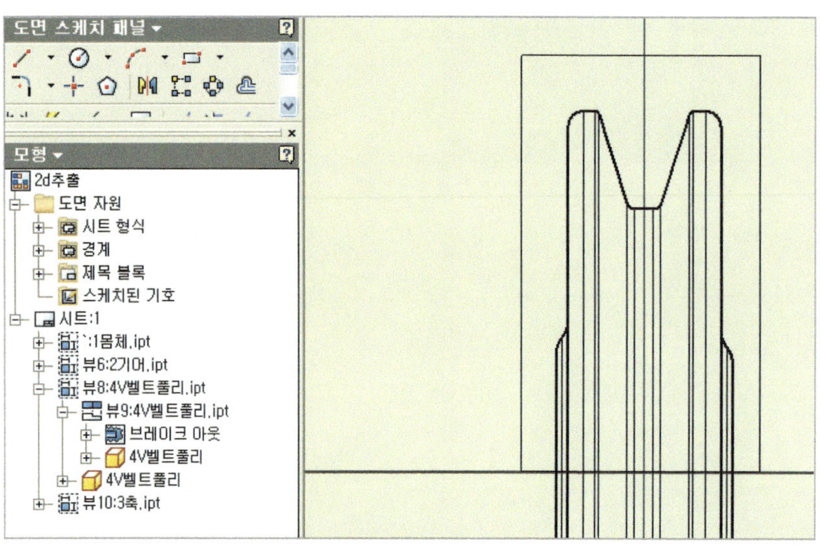

부분 단면할 스케치가 완성되었으므로 계속해서 다음과 같은 과정을 따른다.

도면 뷰 패널 ➡ 브레이크 아웃(📄) ➡ 깊이를 "0"으로 설정, 골경 상단 모서리 선택 ➡ 숨겨진 모서리 표시 해제 ➡ 확인

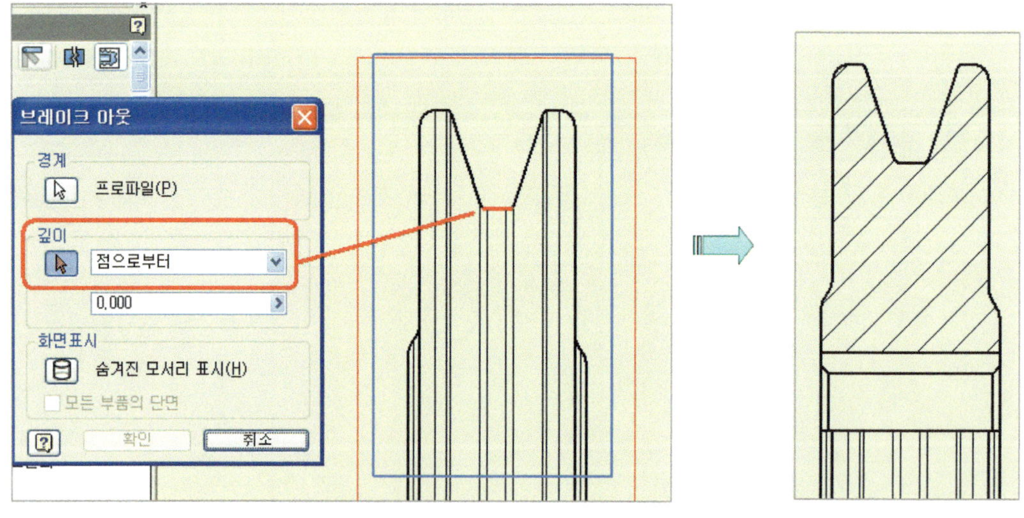

05 상세도 그리기

V벨트 풀리 홈 부분은 모서리 투상을 잘 보이게 하기 위해 상세도가 필요하다. 도면 뷰 패널의 상세 뷰(　)를 클릭한다. 먼저 기준 뷰를 선택 후 상세 부분 영역의 원을 그린다. 상세 부분이 커서를 따라다니는데 인근에 클릭하여 배치한다.

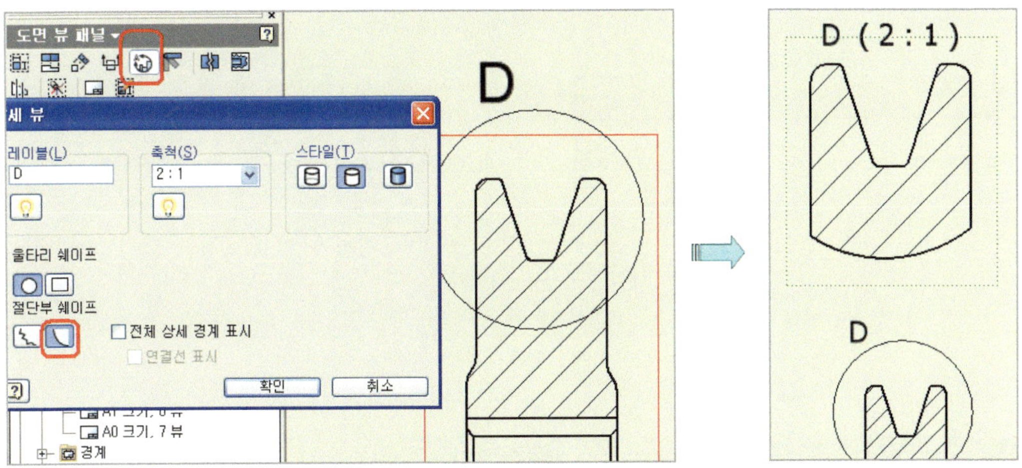

🄶 3번 축 2D 투상도

01 기준 뷰 불러오기

도면 뷰 패널의 첫 번째 있는 기준 뷰(　)를 클릭한다.

도면 뷰 창이 나오면 중앙 상단에 있는 디렉토리 탐색(　)을 눌러 3축을 선택하고 [열기]를 한다.

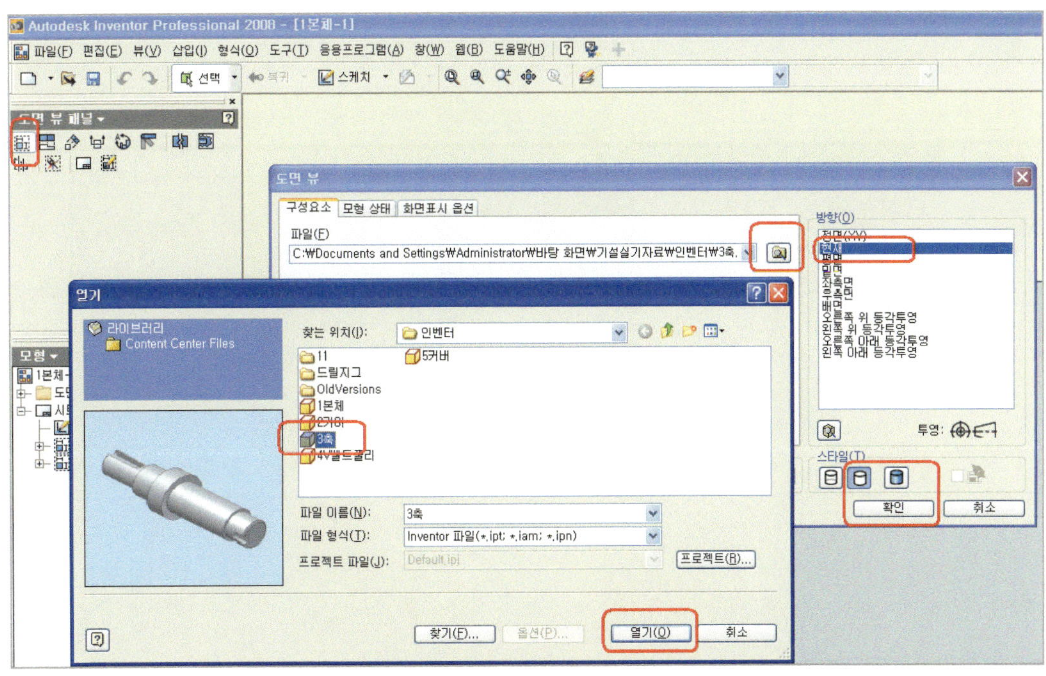

뷰 방향 설정은 앞의 기어와 V벨트 풀리에서 해온 것과 같이 좌측 끝단의 키홈부가 위로 올라가게 배치한다.

02 우측면도 투영된 뷰(▦)로 불러오기

투영된 뷰를 이용하여 우측면도를 배치한다.

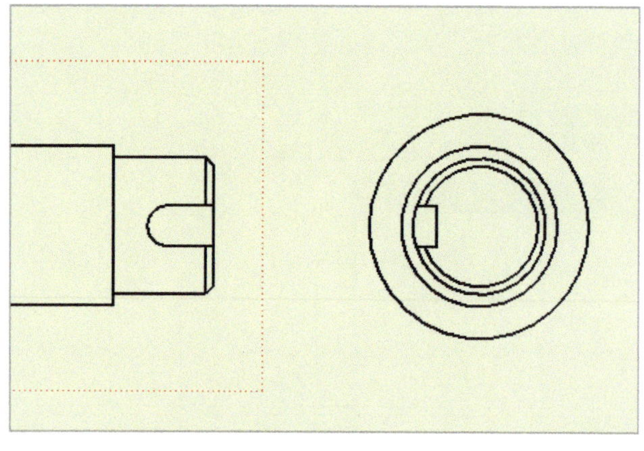

03 키홈부 부분 투상도 브레이크 아웃(▨)으로 작성하기

정면도 좌측 키홈부의 내부가 보일 수 있도록 부분 단면을 해야 한다. 먼저 자를 부분을 스케치로 작성해야 한다. 먼저 기준 뷰(정면도)를 선택하고 스케치에 들어간다. 부분 단면을 칠 부분에 스플라인으로 단일 곡선을 그린다. 곡선 영역이 어긋났다면 그려진 곡선의 절곡점(검은 원 마크)을 마우스로 끌기 등을 하여 모양을 변형시킨다.

도형이 완성되었으면 스케치로 복귀한다.

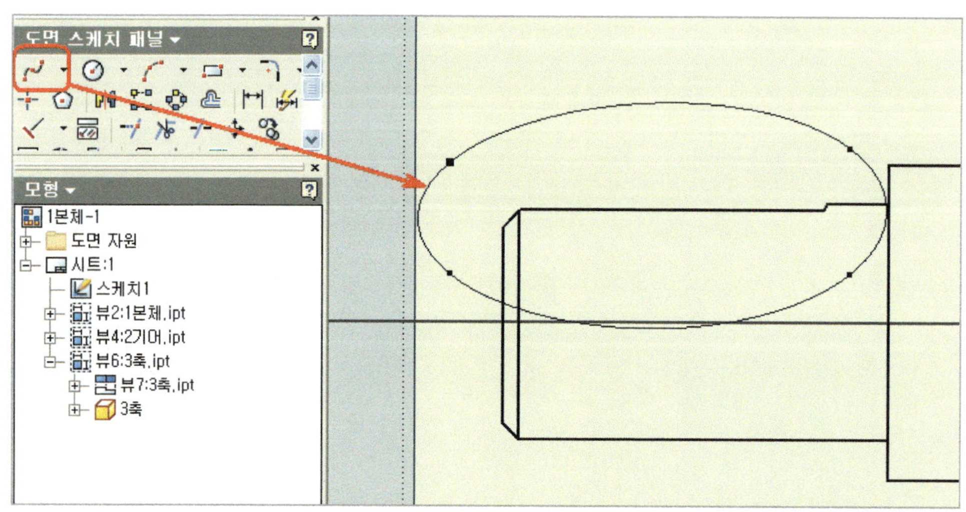

부분 단면할 스케치가 완성되었으므로 계속해서 다음과 같은 과정을 따른다.

도면 뷰 패널 ➡ 브레이크 아웃(📄) ➡ 깊이를 "0"으로 설정, 몸체 상단 모서리 선택 ➡ 숨겨진 모서리 표시 해제 ➡ 확인

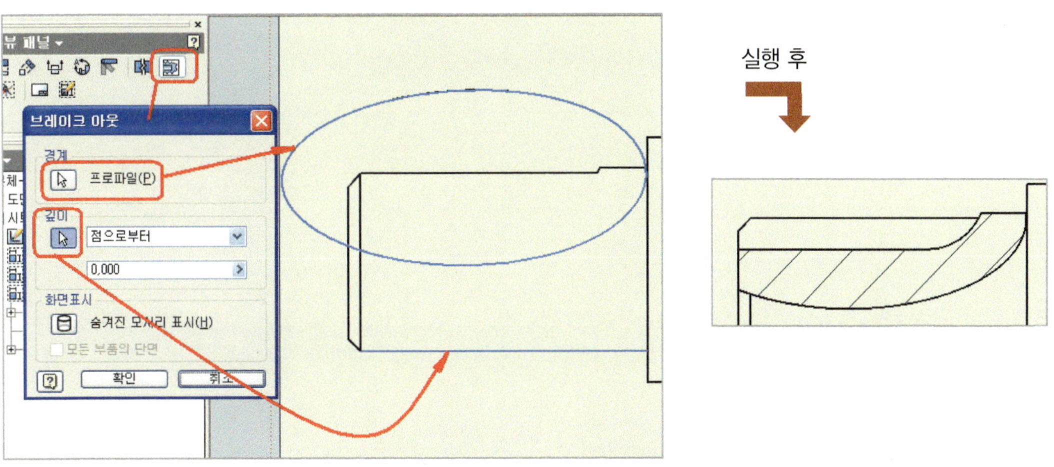

7 DWG 파일로 내보내기

01 각 부품마다 중심선 그리기가 완성되면 전체 보기를 하고 투상 상태를 검도한다.

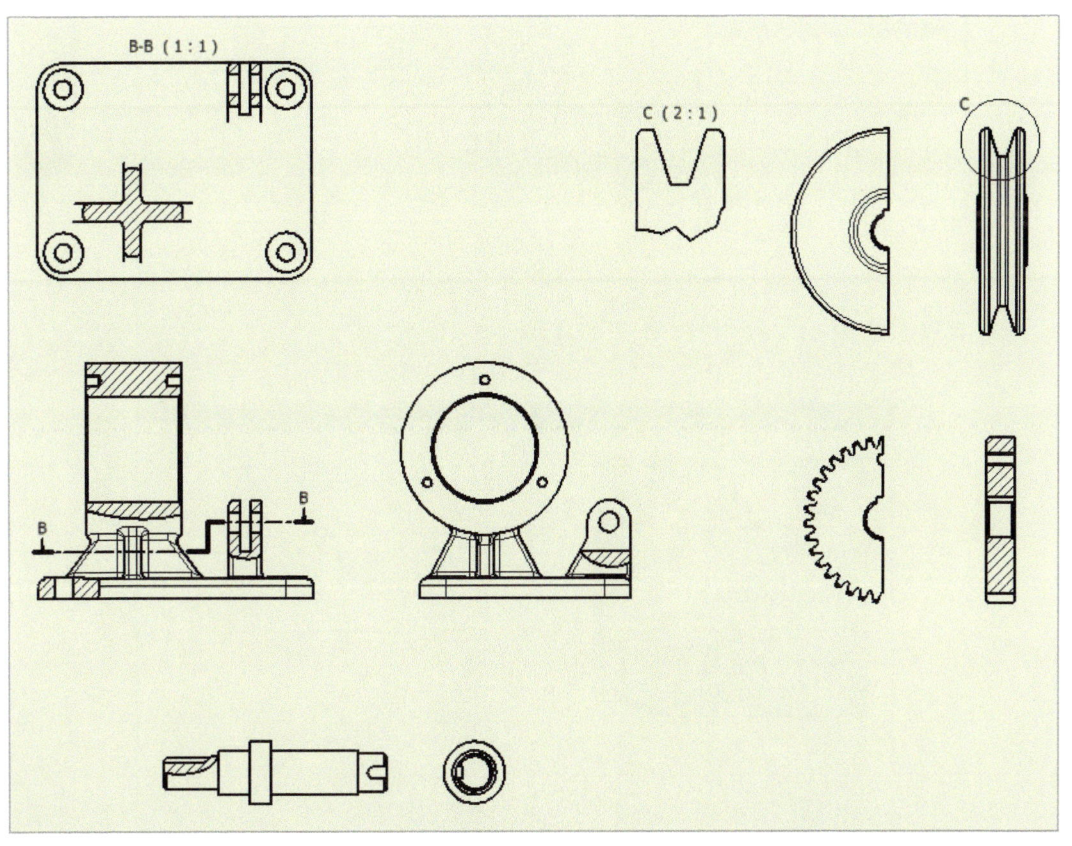

02 Inventor 도면 환경에서도 2D 부품도를 완성할 수 있으나 AutoCAD에서 일부 투상 수정해
  야 하고, 수검용에 맞게 출력하기 위해 AutoCAD의 기본 확장자인 DWG 형태로 저장한다.
  풀다운 메뉴의 [파일] ➡ [다른 이름으로 사본 저장(Y)]으로 들어간다. 이 파일은 [열기]한 후
  클립보드로 복사(Ctrl+C)하여 앞장에서 만든 수검용 도면에 붙여넣기(Ctrl+V)하는 데 사용
  할 임시 파일이므로 찾기 쉽도록 이름을 2d추출.dwg로 한다.

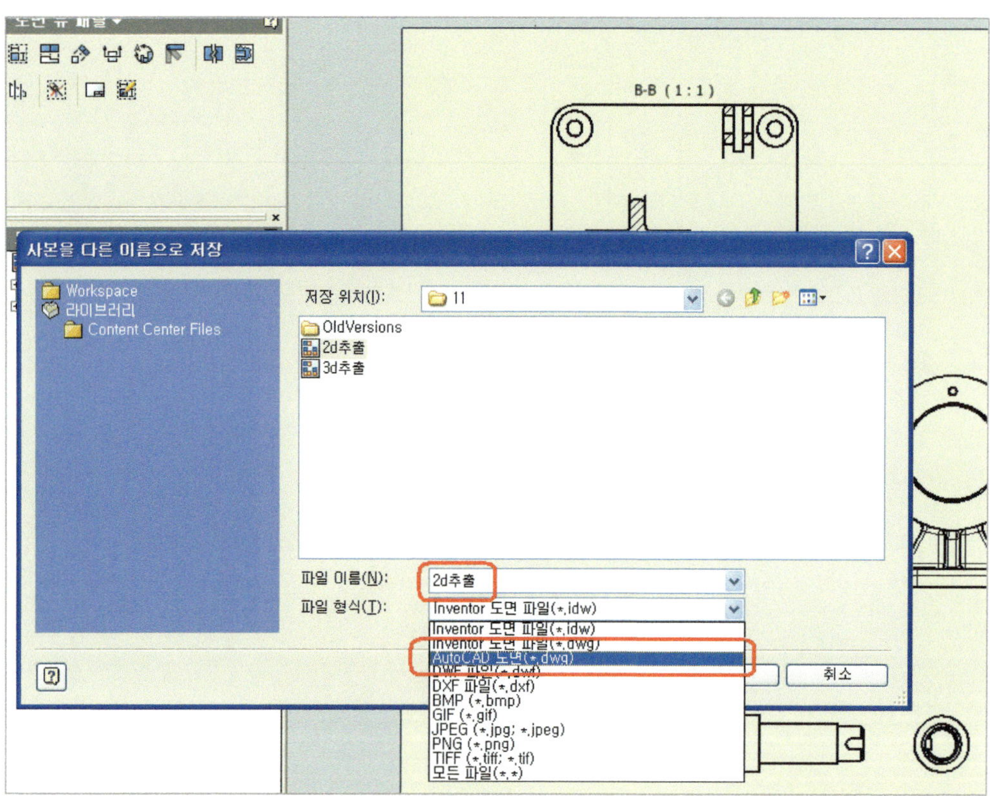

03 하단의 옵션을 선택하여 수검장에 설치되어 있는 AutoCAD 버전을 선택한다. 저장된 버전
  보다 낮은 AutoCAD에서는 열 수 없으므로 주의해야 한다.

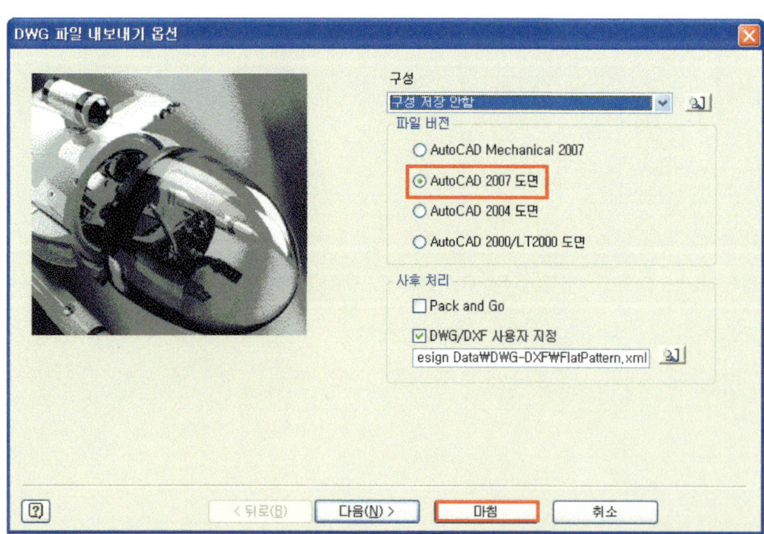

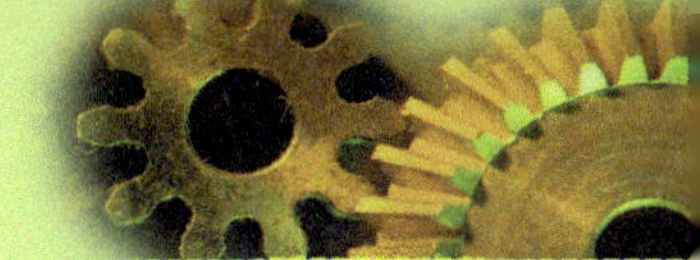

04 이 도면 파일도 형상 변경 등의 수정 상황에 대비하여 2d추출.idw로 저장한다.

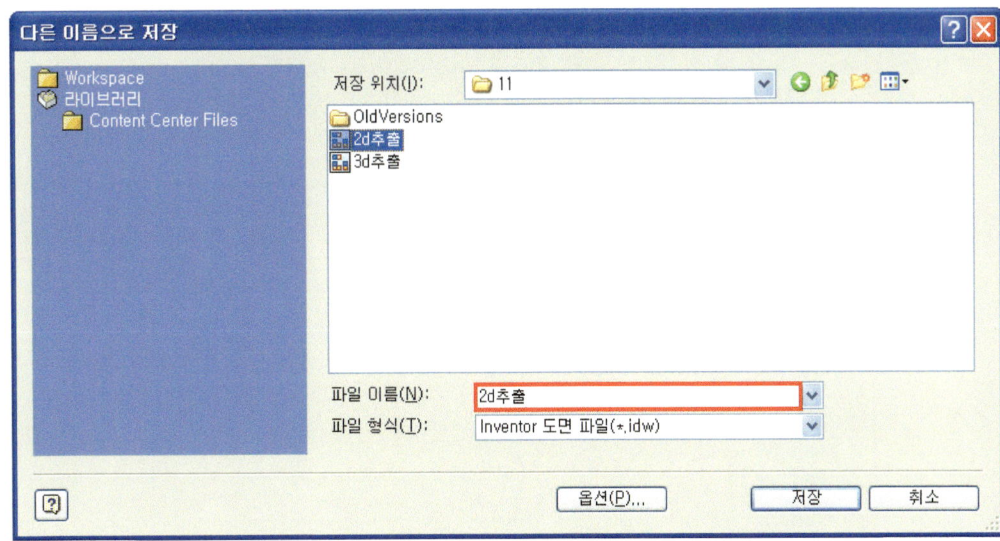

이렇게 해서 Inventor에서의 작업은 모두 끝났다. 검도 중 변경 상황이 발생할 수 있으니 프로그램은 대기 상태로 해 둔다.

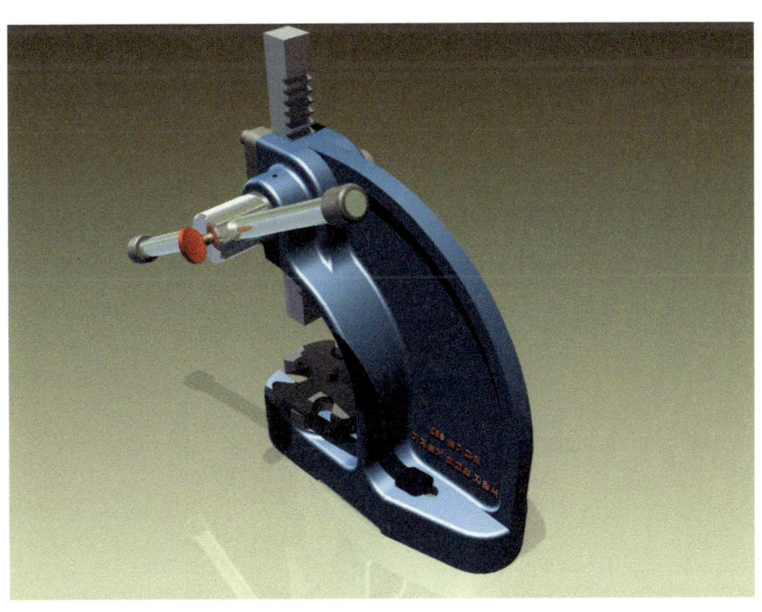

Inventor로 만든 작품 갤러리

2 1번 몸체 부품도

1 AutoCAD에서 추출한 DWG 파일 불러오기

01 Inventor에서 저장한 2d추출.dwg 파일을 AutoCAD에서 열어 본다.

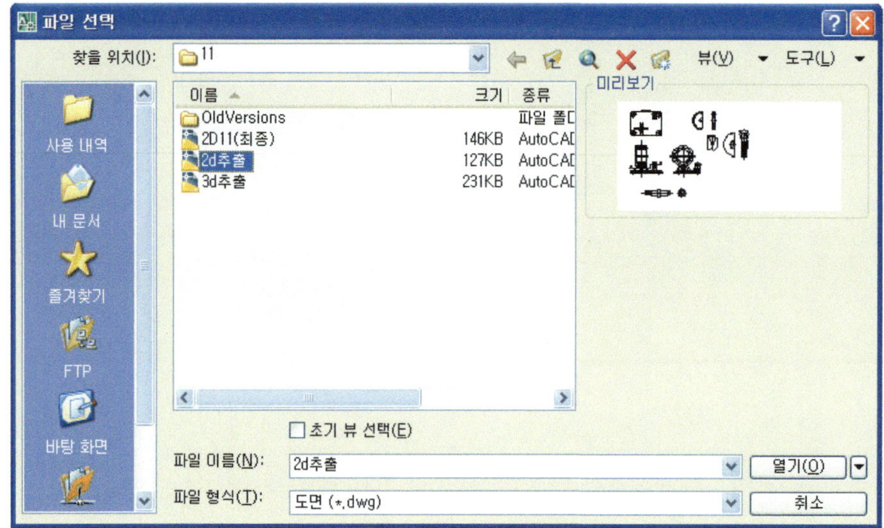

02 모든 객체는 백색 단일색으로 Inventor의 생성된 도면층(layer)도 각 객체 속성별로 구분되어 있음을 알 수 있다.

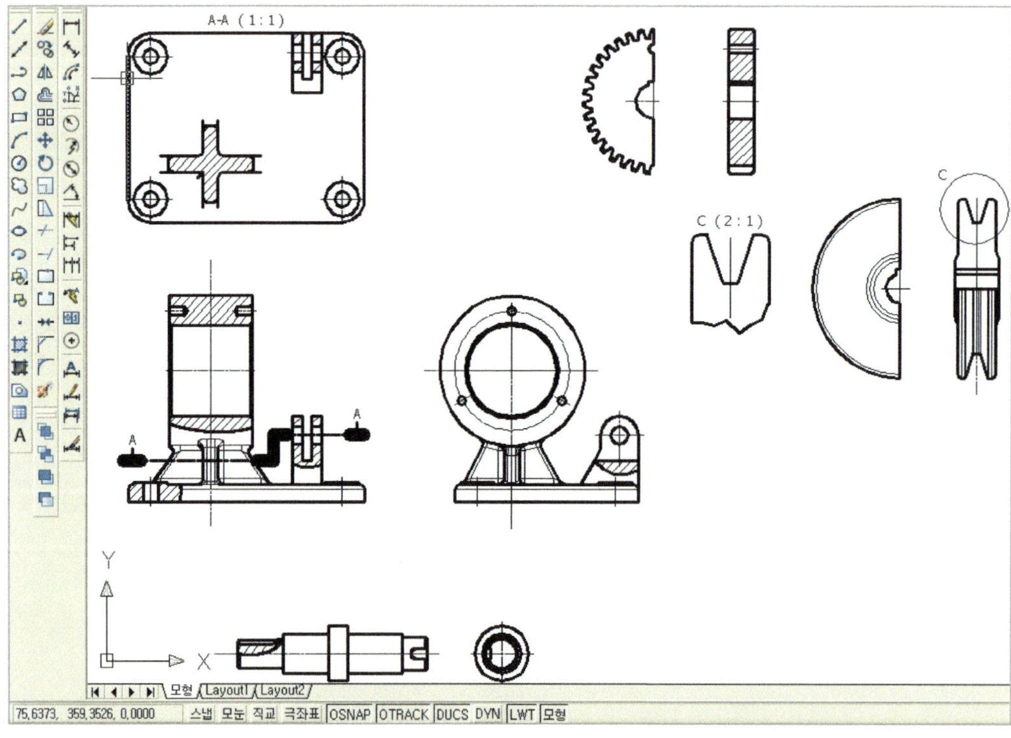

03 아직 도면층(layer)의 속성을 변경하지 말고 우선 그대로 사용한다.

여기에 있는 모든 객체를 전부 선택하여 클립보드로 복사(Ctrl+C)를 해 둔다.

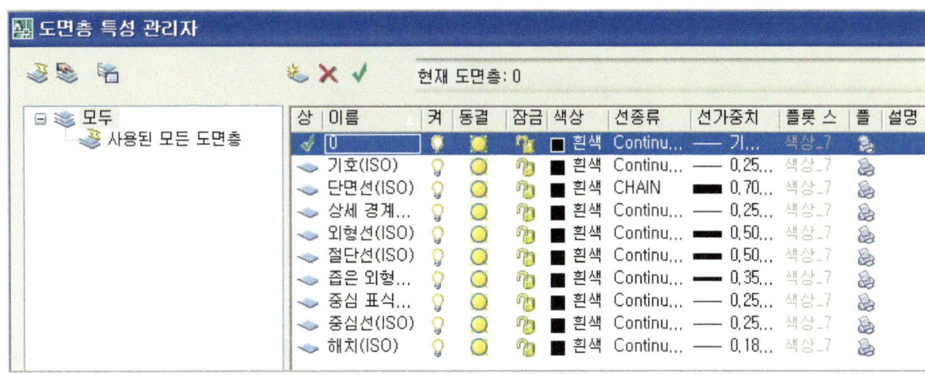

❷ AutoCAD에서 만든 수검용 도면에 붙여넣기

01 다시 본 교재 1부에서 작성한 수검도면설정.dwg를 열고 붙여넣기(Ctrl+V)를 하여 투상도를 합친다. 이때 바로 윤곽선 안으로 삽입시키지 말고 측면 빈 공간에 붙여 넣는다.

02 도면의 배치 상태를 보면서 큰 부품부터 이동(MOVE) 명령어를 이용하여 도면 안으로 옮겨 놓는다.

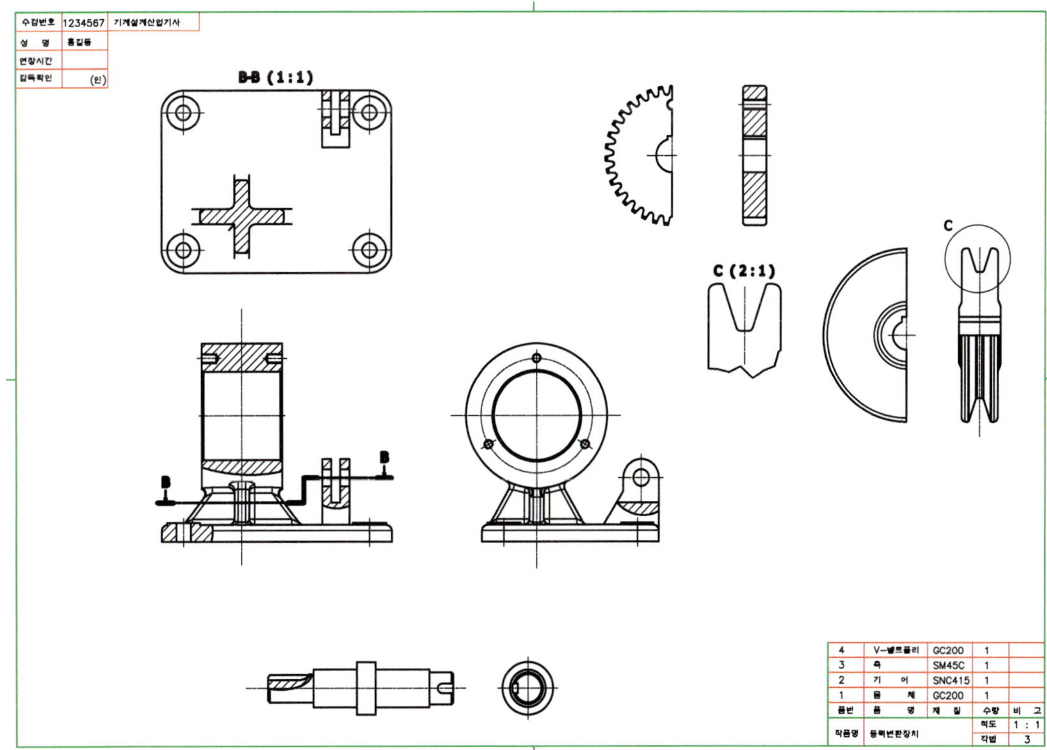

품번	품 명	재 질	수량	비 고
4	V-벨트풀리	GC200	1	
3	축	SM45C	1	
2	기 어	SNC415	1	
1	몸 체	GC200	1	

작품명	동력변환장치	척도	1 : 1
		각법	3

03 도면층의 색상을 다음과 같이 변경한다.

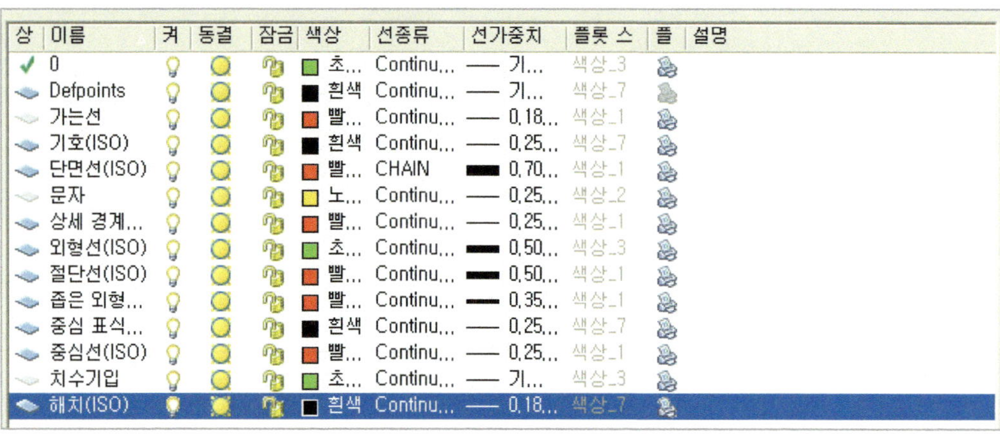

색상 선택의 어려움이 있다면 수검자 유의사항 아래 표를 참조하여 4가지 색만 사용한다.

출력 시 선 굵기	색상(color)	용 도
0.35 mm	초록색(Green)	윤곽선, 부품번호, 외형선, 개별주서 등
0.25 mm	노란색(Yellow)	숨은선, 치수문자, 일반주서 등
0.18 mm	흰색(White), 빨강(Red)	해칭, 치수선, 치수보조선, 중심선 등

04 그림과 같이 도면층에 설정된 값대로 색상이 바뀐 것을 확인한다. (※교재의 그림에서 도면 상의 문자는 노란색이나 선명도 관계상 흑색으로 표현했음.)

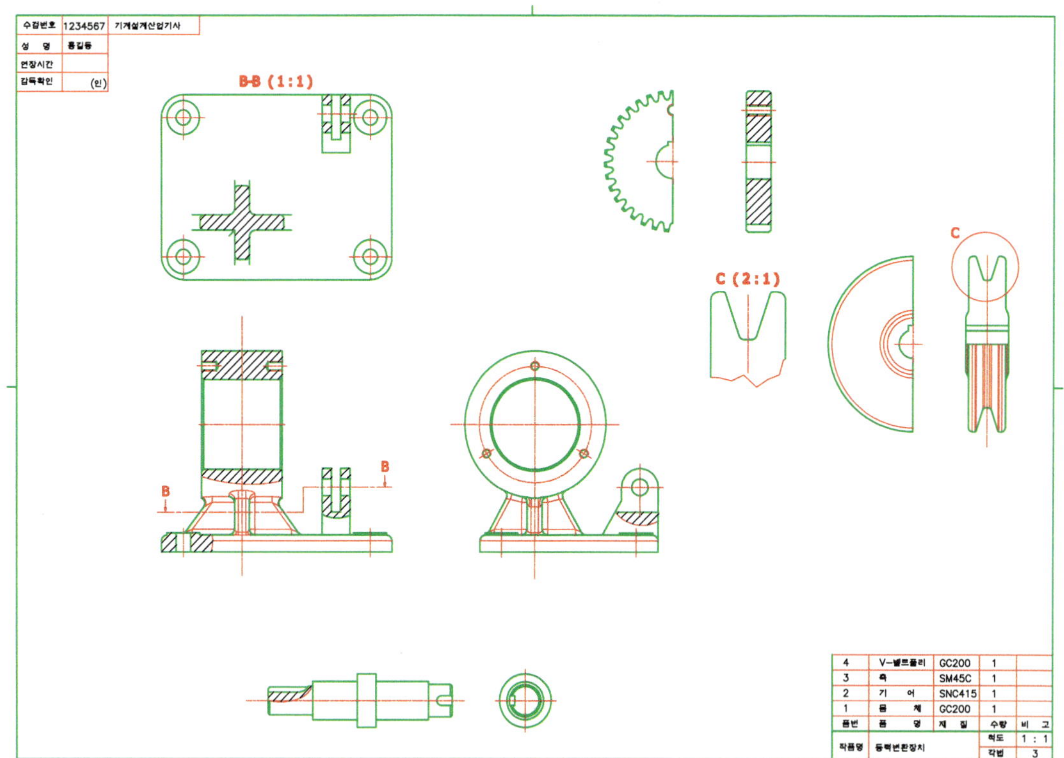

❸ 1번 몸체 부품도 완성하기

다음 그림은 Inventor에서 추출된 투상도에 투상선 편집, 치수기입, 기하공차, 표면거칠기, 일반 주서 등을 삽입하여 부품 제작도를 완성한 상태이다. 실제 모델링으로부터 추출한 투상은 일부는 KS 제도 통칙과 맞지 않아 100% 써먹지 못한다.

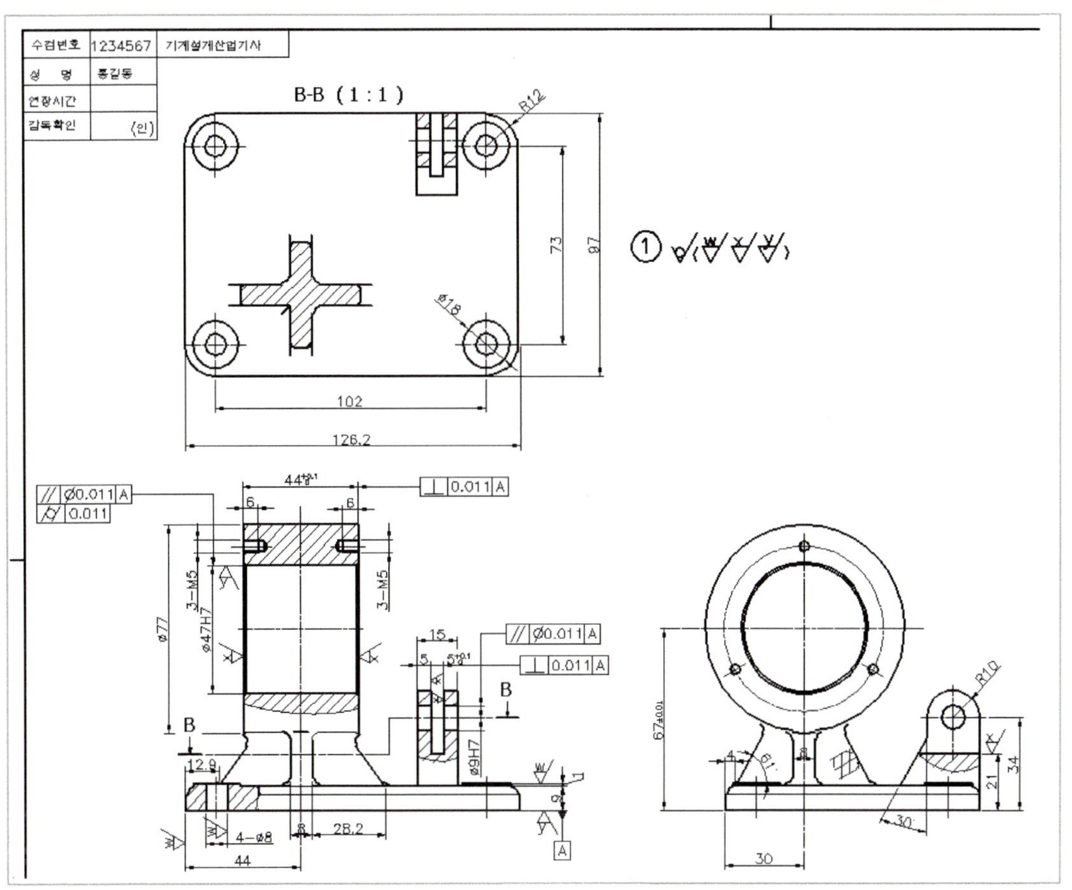

01 투상선 편집하기

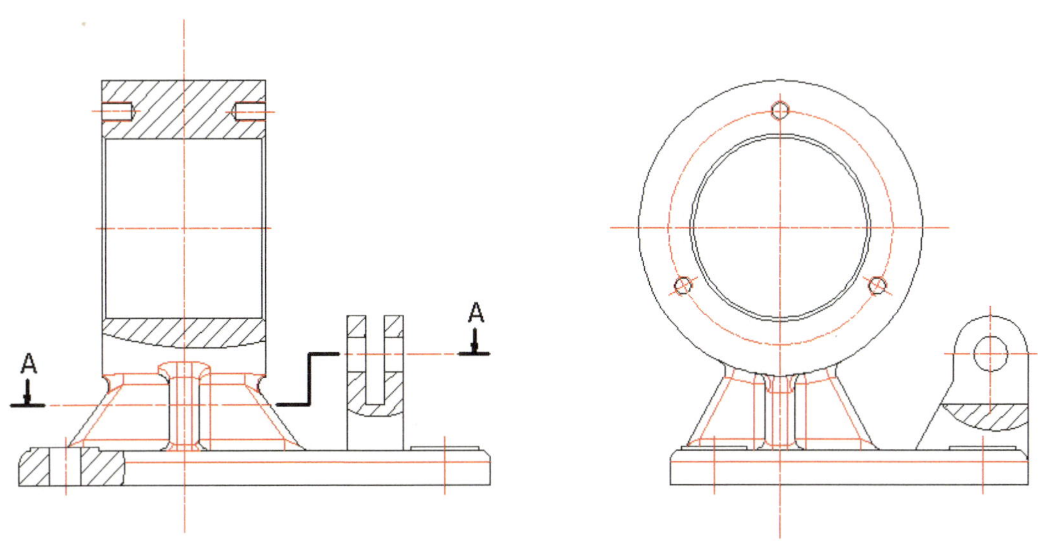

추출 변환된 투상도 중 특히 필렛(모깎기) 부분에 너무 많은 투상선이 나와 있어 오히려 물체를 이해하는 데 방해가 된다. 이런 부분은 과감히 두께가 되는 외형선 부분만 남기고 삭제해야 한다.

다음으로 암나사 투상 부분을 보면 불완전나사부 경계 처리가 잘못되어 있다. 이런 부분을 섬세히 다듬는 데 시간이 많이 소요되므로 평소 학습자는 숙련될 필요가 있다.

다음은 리브 부위와 암나사부를 수정한 상태이다.

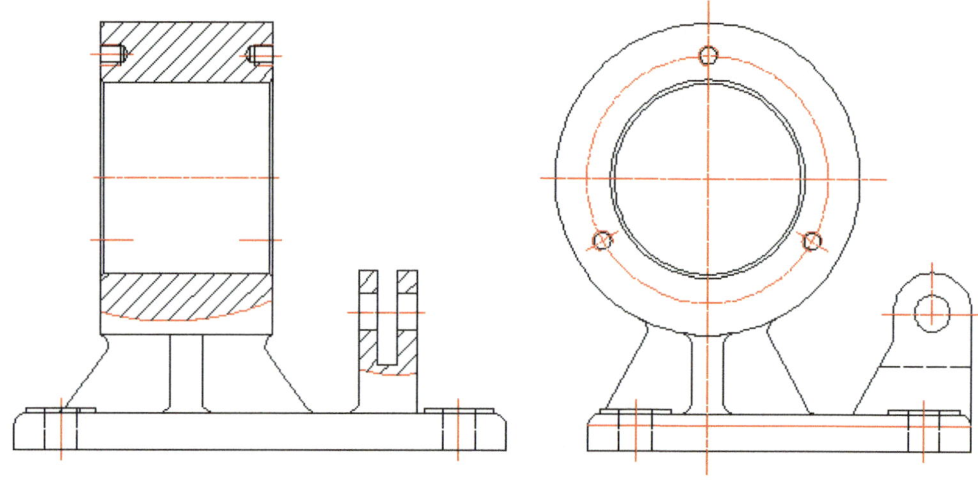

정면도와 우측면도 투상 수정된 그림 모습

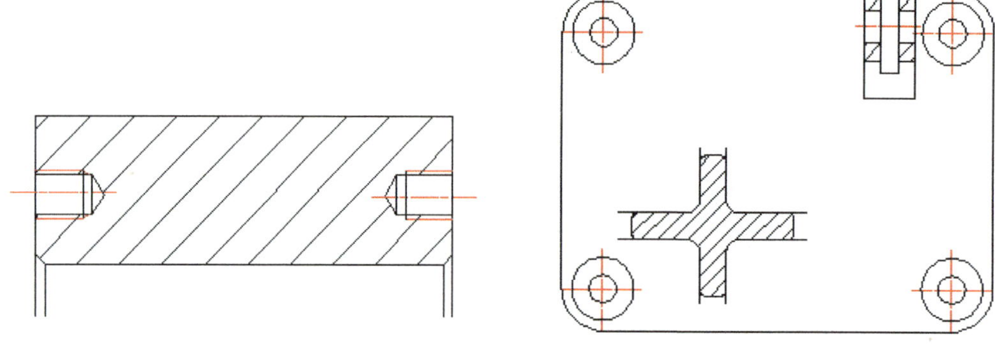

암나사부와 평면도 투상 수정된 그림 모습

02 치수 기입하기

치수 기입은 순서상 안쪽 작은 곳부터 해야 모양새가 좋게 나오나 자격증 실기시험이니만큼 중요 치수부터 기입하도록 하겠다.

① 먼저 KS 표준 부품의 조립부부터 하는데 베어링 조립부 치수는 다음과 같다.

베어링 호칭이 6204이므로 바깥지름이 47mm임을 알았고, 끼워맞춤 공차는 다음 표를 보면 알 수 있듯이 H7이 적당하다. 대체로 실기 과제물은 크기가 작아 보통 하중이므로 평소 축은 k6 또는 h6 정도, 구멍은 H7 정도를 넣으면 무난하다.

레이디얼 베어링과 하우징구멍의 끼워맞춤

조 건			구멍의 종류와 등급	적 용 보 기
분할 하우징	내륜 회전 하중	모든 종류의 하중	H_7	일반 베어링의 장치, 철도차량 베어링 상자
		보통 및 작은 하중	H_7	전동 장치
		축을 통해 열전도가 있을 때	G_7	건조 실린더

(중간 "외륜은 쉽게 이동된다." 는 구멍 종류 열에 걸쳐 표기됨)

② 투상도의 중요 부분을 확인하고 정밀공차 넣어야 할 곳을 찾는다. 여기서는 링크핀 구멍과 몸통 중심거리, 원통부 폭, 링크 조립부 폭과 구멍 등인데 끼움 조립부가 움직이는 부분에서는 구멍 H_7, 축 g6가 무난하다.

③ 부품 전체 치수와 암나사, 기타 일반 치수부를 기입한 후 마지막으로 빠진 곳을 살펴 본다. 특히 몸체에서 리브 부분은 회전 단면을 추가하고 리브 두께 치수를 줘야 한다.

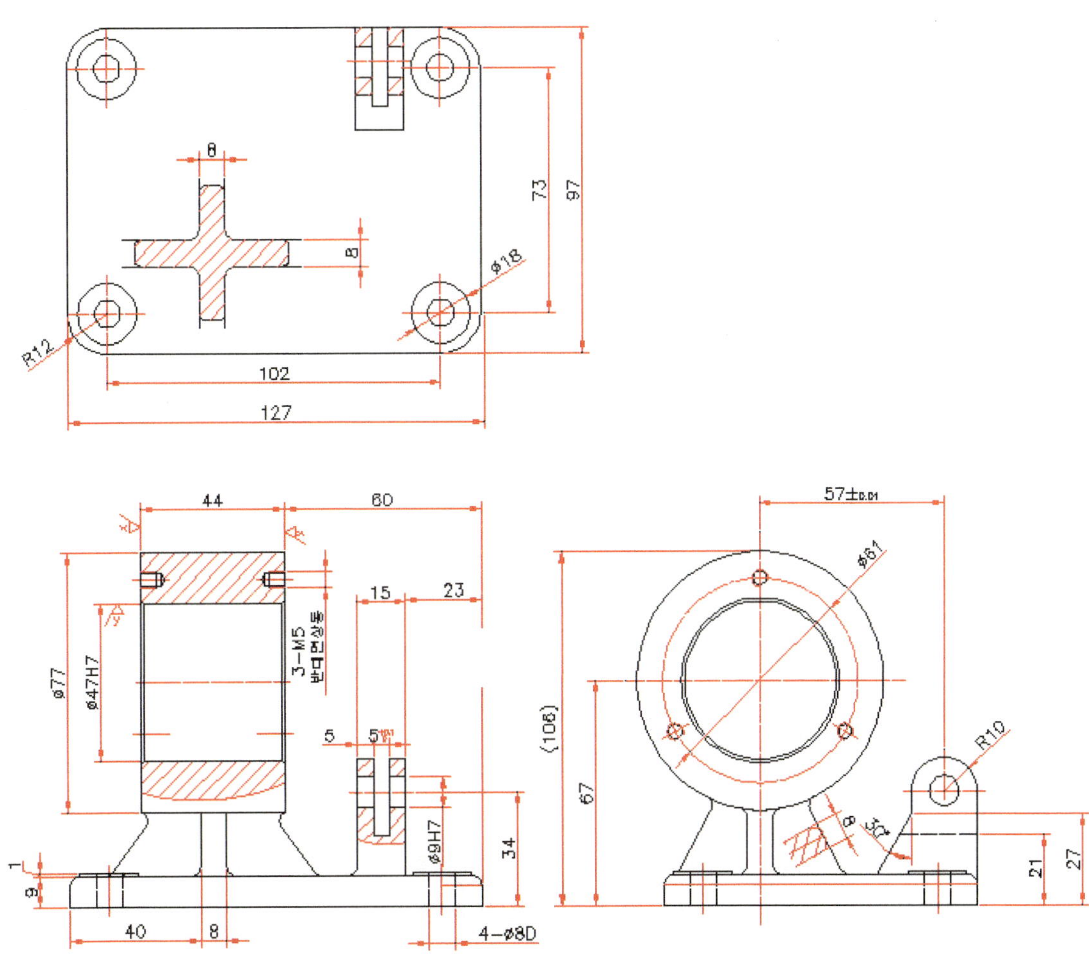

03 기하공차 넣기

기하공차는 데이텀의 위치부터 정하는데, 이는 대체로 현 부품의 모체와 조립 부분이 어딘지 찾으면 된다. 기하공차를 넣을 때는 기능에 대한 논리성을 갖고 조립 후 기능과 위치에 영향을 미치는 곳을 찾으면 기하공차 넣어야 할 곳을 쉽게 발견할 수 있다. 불필요하게 주지 않아도 될 곳에 넣어도 감점이 될 수 있다.

여기서는 장치가 조립되는 밑면을 데이텀으로 하여, 베어링 조립면의 원통도와 평행도, 원통의 양쪽 끝단면 직각도가 반드시 들어가야 한다.

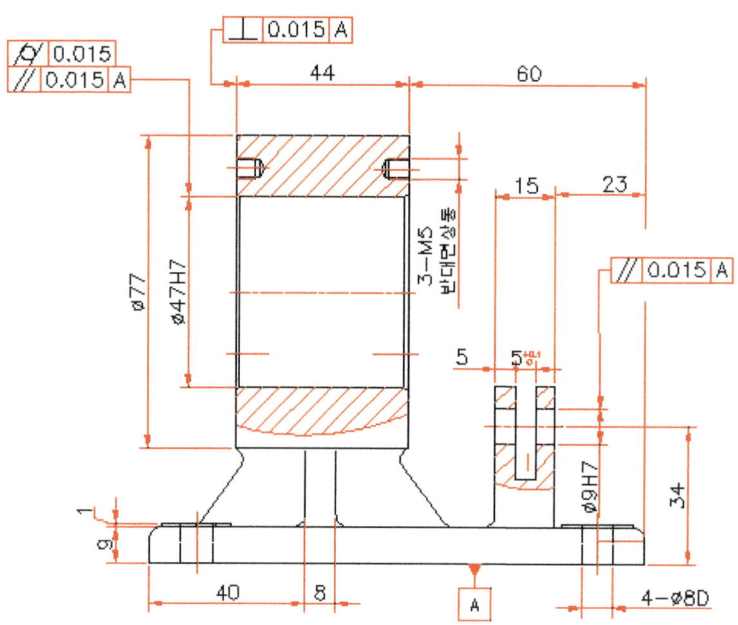

04 표면거칠기 넣기

표면거칠기도 어디에 무슨 값을 주어야 할지 망설이다 시간만 보낼 수 있다. 이것 또한 기능을 생각하면 쉽게 답이 나오며 만일 판단이 안 섰다면 필자의 경험을 근거로 작성된 자료 표를 참조하여 착안점을 찾아 기입하면 된다.

y／▽ = 1.6／▽	기준면, 끼워맞춤 부분, 습동면
x／▽ = 6.3／▽	면과 면의 단순 조립되는 고정면
w／▽ = 25／▽	기능과 무관하지만 미관상 가공을 한 면
▽	필렛(모깎기)되어 있고 소재 상태로 에나멜 도장 처리하는 면

05 일반 주서

품번과 부품에 쓰인 거칠기 값 또는 특수 가공 내용 등을 표기하는 곳으로서, 문자 크기는 4.5mm이며, 외형선과 같은 색으로 한다. 거칠기 기호는 부품 속에 표기 안된 무가공 기호를 대표로 하고 거칠기면 정도가 낮은 순으로 괄호 안에 넣어, 도면 내의 기호보다 1.5배 정도 크게 작성한다.

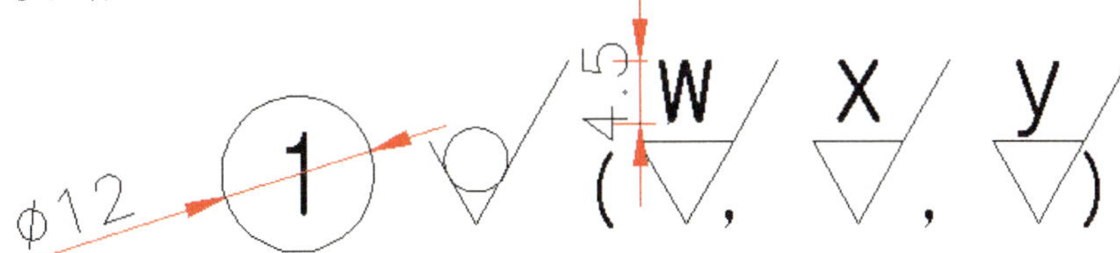

3 2번 기어, 3번 축, 4번 V벨트 풀리 부품도

2번 기어, 3번 축, 4번 V벨트 풀리 부품도는 앞에서 작성된 1번 부품의 작도 순서를 토대로 동일한 순서로 작도해 가면 된다. 여기에 필요한 KS 데이터 표와 완성된 도면은 다음과 같다.

 필요한 KS 데이터 치수

평행 키(묻힘 키) 및 키 홈의 모양 및 치수 (KS B 1311)

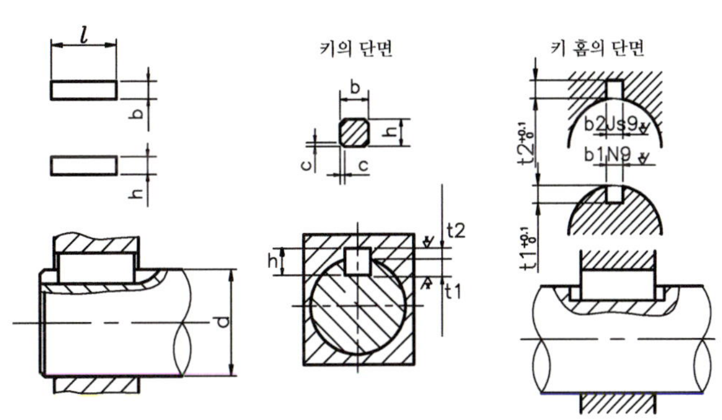

키의 호칭 치수 $b \times h$	키의 치수							키 홈의 치수								(참고)
	b		h		c	l	b_1 b_2 의 기준 치수	정밀급	보통급		r_1 및 r_2	t_1 의 기준 치수	t_2 의 기준 치수	t_1 t_2 의 허용차	적용 하는 축지름 d
	기준 치수	허용차 (h9)	기준 치수	허용차				b_1 및 b_2 허용차 P9	b_1 허용차 N9	b_2 허용차 js9					
2×2	2	0	2	0	0.16 ~ 0.25	6~20	2	−0.006 −0.031	−0.004 −0.029	± 0.0125	0.08 ~ 0.016	1.2	1.0		6~8
3×3	3	−0.025	3	−0.025		6~36	3					1.8	1.4	+0.1 0	8~10
4×4	4	0 −0.030	4	0 −0.030	h9	8~45	4	−0.012 −0.042	0 −0.030	± 0.015		2.5	1.8		10~12
5×5	5		5		0.25 ~ 0.40	10~56	5				0.016 ~ 0.25	3.0	2.3		12~17
6×6	6		6			14~70	6					3.5	2.8		17~22

키 홈부는 5×5이므로 축에서는 b_1과 t_1 치수를, 보스 구멍 쪽에서는 b_2과 t_2 치수를 추출한다.

② 2번 기어 부품도

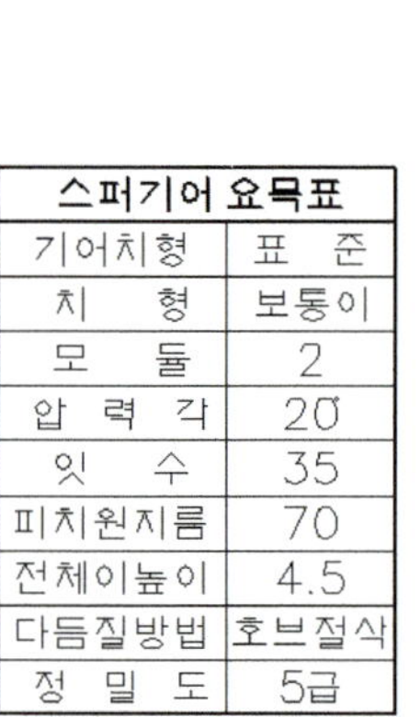

스퍼기어 요목표	
기어치형	표 준
치 형	보통이
모 듈	2
압 력 각	20°
잇 수	35
피치원지름	70
전체이높이	4.5
다듬질방법	호브절삭
정 밀 도	5급

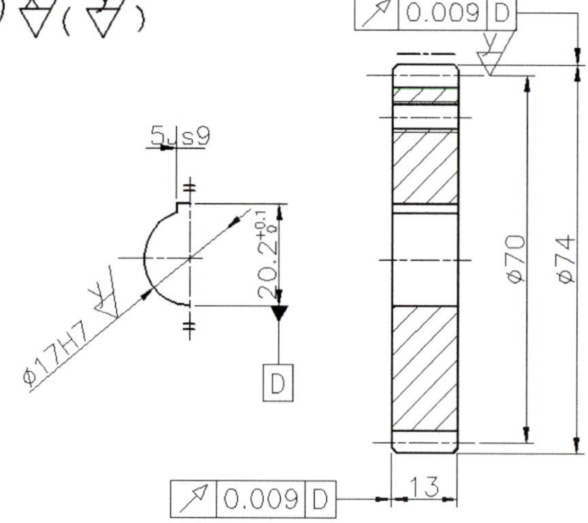

③ 3번 축 부품도

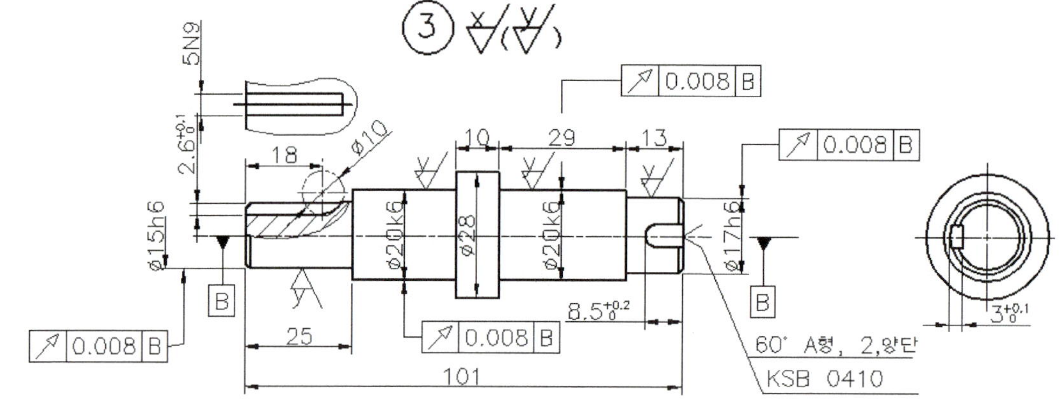

④ 4번 V벨트 풀리 부품도

V벨트 풀리 홈 부분의 모양 및 치수 (KS B 1400)

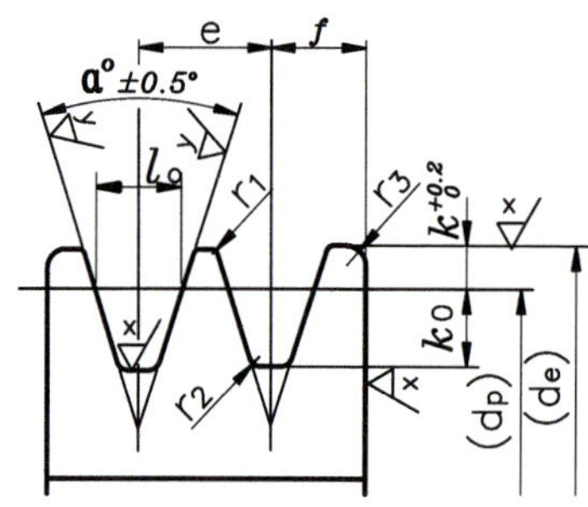

형별	호칭지름 (d_P)		$\alpha(°)$	l_0	k	k_0	e	f	r_1	r_2	r_3	(참고)V벨트의 두께
	50 이상	71 이하	34									
M	71 이상	90 이하	36	8.0	2.7	6.3	–	9.5	0.2~0.5	0.5~1.0	1~2	5.5
	90 이상인 것		38									

V벨트 풀리 바깥지름 d_e의 허용차

호칭지름	바깥지름 d_e의 허용차
75 이상 118 이하	±0.6
125 이상 300 이하	±0.8
315 이상 630 이하	±1.2
710 이상 900 이하	±1.6

홈 부의 각 부분 치수 허용차

V벨트의 종류	a의 허용차	k의 허용차	e의 허용차	f의 허용차
M			−	
A		±0.2 0	±0.4	±1
B				
C	±0.5	±0.3 0		
D		±0.4 0	±0.5	+2 −1
E		±0.5 0		+3 −1

주 : k의 허용차는 바깥지름 d_e를 기준으로 하여 홈 폭의 l_o가 되는 d_p의 위치의 허용차를 표시한다.

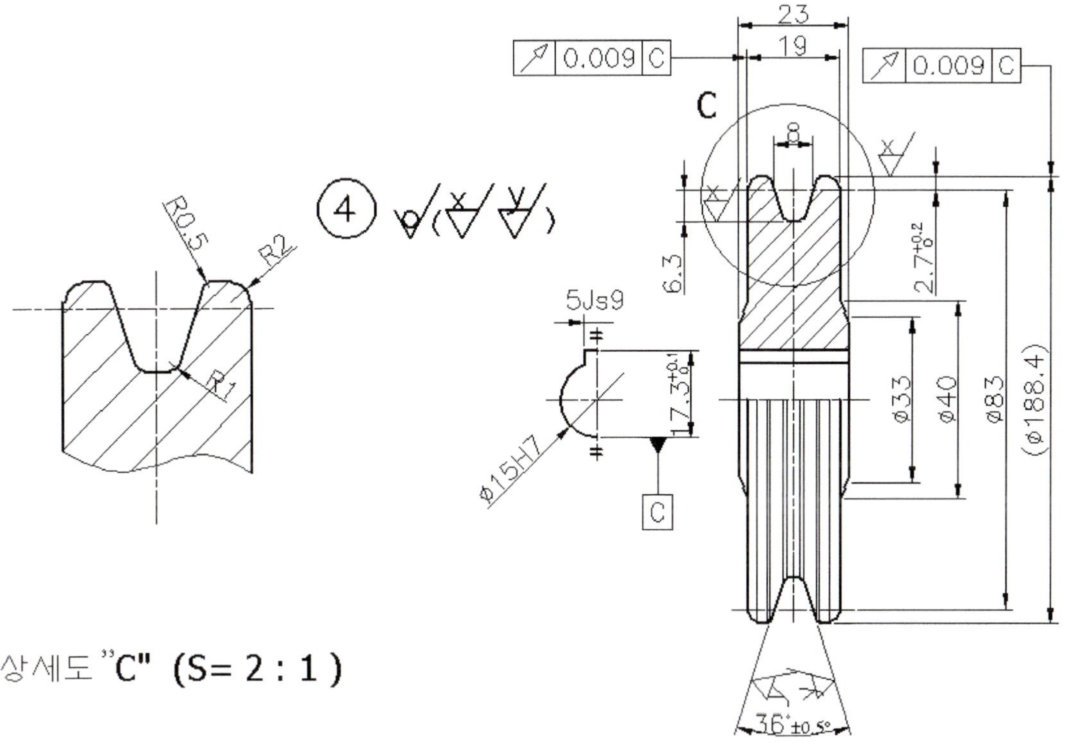

5 주서란 기입 주의사항

① 주서란 형식은 보통 다음과 같은 순서에 맞게 작성을 하되 필요 없는 내용은 삭제한다. 예를 들면, 1항 (나)처럼 부품란에 주강재질이 없는 경우 이 내용도 삭제되어야 한다.

② 주서 내용 중 반드시 기입해야 할 사항은 특수 가공 처리 내용이다. 일반적으로 열처리에 대한 것이 많은데 반드시 해당 품번을 확인하고 기입하며, 부품란에 열처리가 가능한 재질을 부여해야 한다. 참고적으로 주철 계통은 담금질 처리가 불가능하다.

③ 표면거칠기 비교표는 자세히 구술하면 좋지만 시간이 부족할 때는 간단히 문자와 중심선, 평균거칠기 비교값만 적는다.(예)

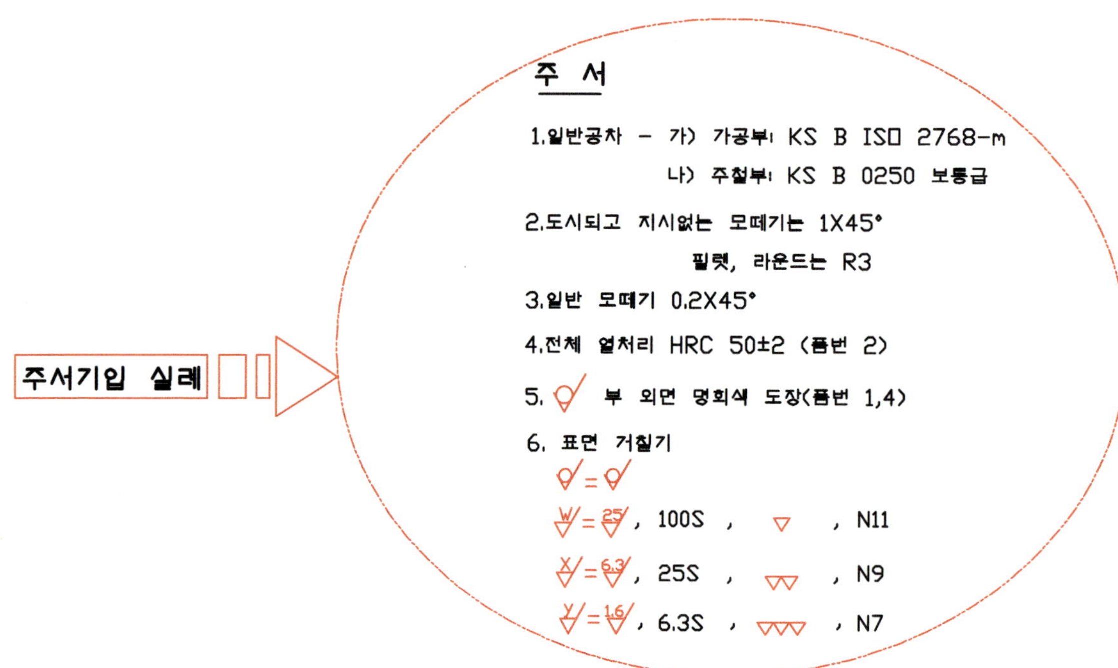

주서기입 실례

6 2D 부품도 완성

마지막으로 수검란, 부품란을 작성한다. 누락되지 않고 도면 내의 부품번호와 틀리지 않도록 살펴본 후 Zoom All을 실행하여 전체보기한 다음 한쪽 쏠림이 없이 균등 배치가 되어 있고 작업 과정에 사용한 불필요한 객체가 남아 있는지, 미려한지 검도한다.

최종 완성된 도면을 부여받은 비번호 폴더에 2D11.dwg로 저장한다.

다음 그림은 완성된 도면의 한 예를 보여주고 있다.

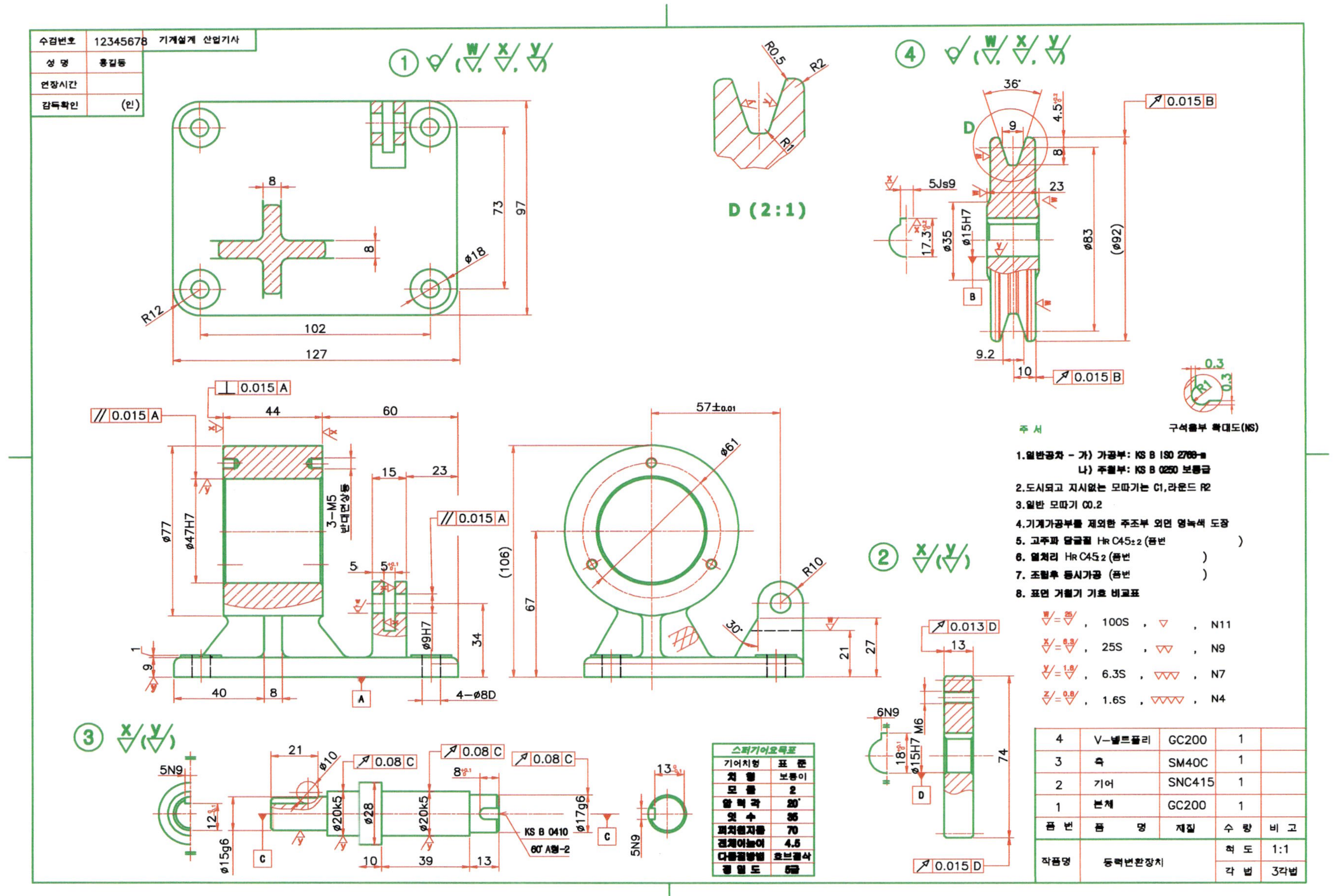

스퍼기어요목표

기어치형	표준
치형	보통이
모듈	2
압력각	20°
잇수	35
피치원지름	70
전체이높이	4.5
다듬질방법	호브절삭
정밀도	5급

품번	품명	재질	수량	비고
4	V-벨트풀리	GC200	1	
3	축	SM40C	1	
2	기어	SNC415	1	
1	본체	GC200	1	

작품명	동력변환장치	척도	1:1
		각법	3각법

완성된 2D 부품도

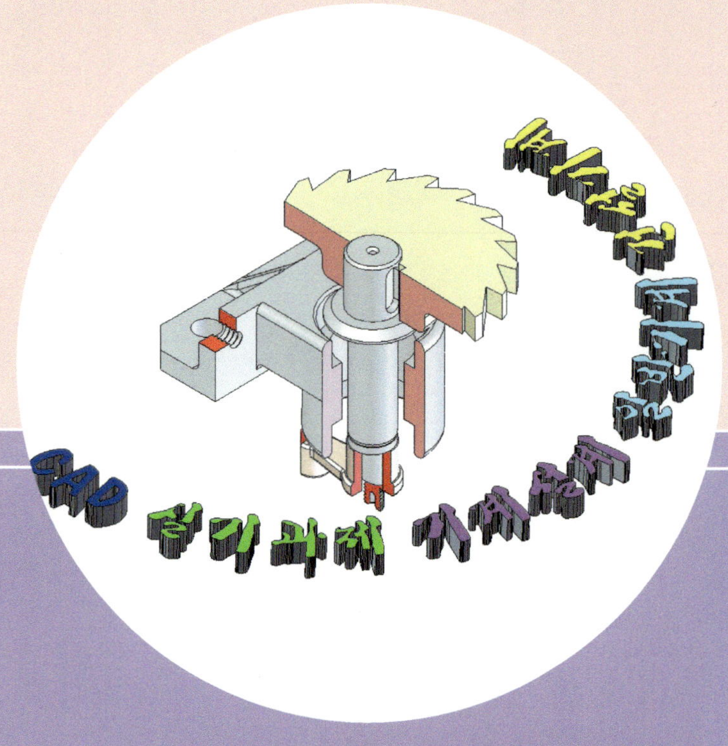

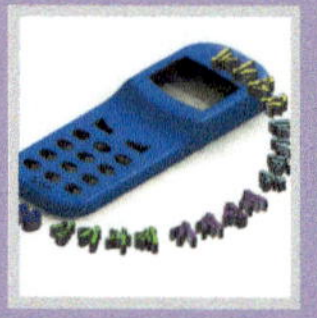

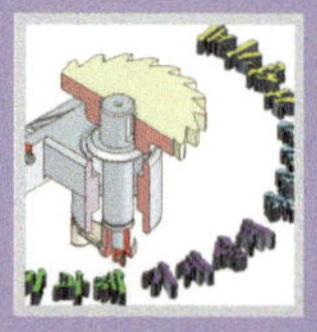

CAD

01 래치기어장치 부품 모델링

1 SolidWorks(래치기어장치) 기본 환경 설정하기

1 수검 환경 설정

SolidWorks를 실행하고 좌측 상단의 [새 문서]를 누른다.

새 문서 시작 기본 선택 화면이 나온다. 크게 3가지의 모드가 있는데 간단하게 살펴보면 다음과
같다.

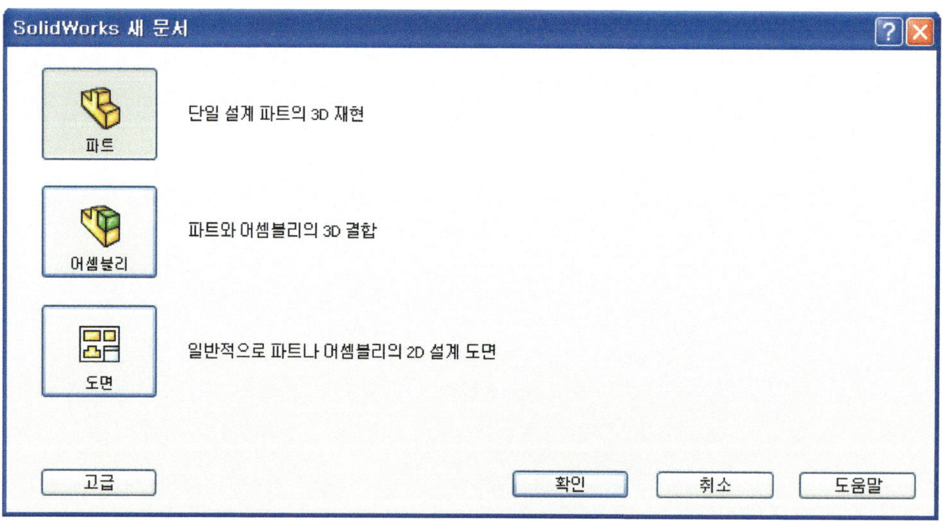

① 파트 : 단품(part) 모델링, 응력 해석 등을 하기 위한 환경을 제공한다.

② 어셈블리 : 부품 모델링을 조립, 분해, 시뮬레이션 등을 하기 위한 환경을 제공한다.

③ 도면 : 2D 또는 3D 투상 도면을 추출 작성하기 위한 환경을 제공한다.

이 단원에서는 부품 모델링을 해야 하므로 첫 번째 파트(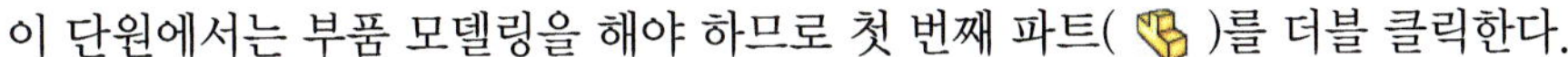)를 더블 클릭한다.

초기 부품 모델링 창이 나오면 과제 수행 중에 발생되는 모든 파일은 한곳에 관리를 해야 하므로 수검자는 시험장에서 부여받은 비번호와 동일한 폴더를 다음과 같이 만들어 주어야 한다.

① 풀다운 메뉴의 [파일] ➡ [다른 이름으로 저장]을 선택한다.

② 우측 상단의 새 폴더 만들기( ) 를 누르고 본인의 비번호(예) 11)를 폴더 이름으로 한다.

③ 앞으로 작업에 필요한 모든 파일은 이 폴더에 저장하도록 한다.

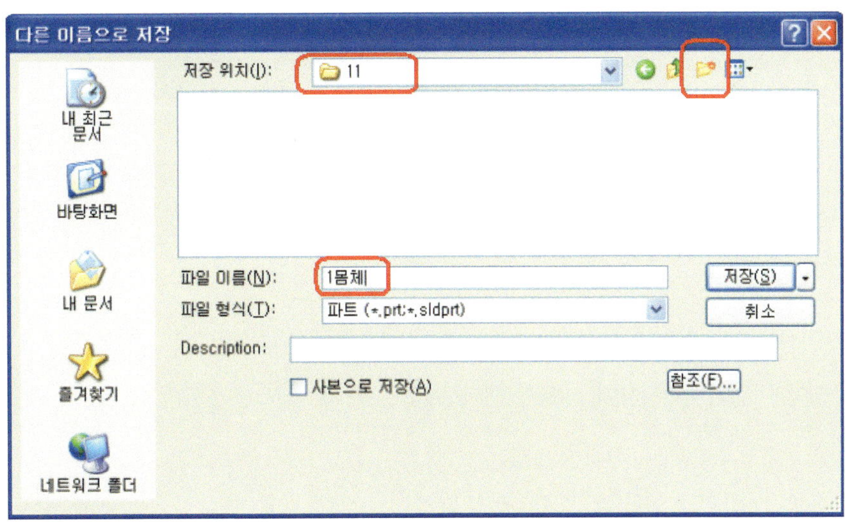

2 SolidWorks의 옵션 수정하기

01 풀다운 메뉴의 도구 ➡ 옵션을 누르면 [문서 속성] 탭에 [이미지 품질] 조정하는 곳이 있는데 스크롤 바를 1/3 지점 정도에 놓는다.

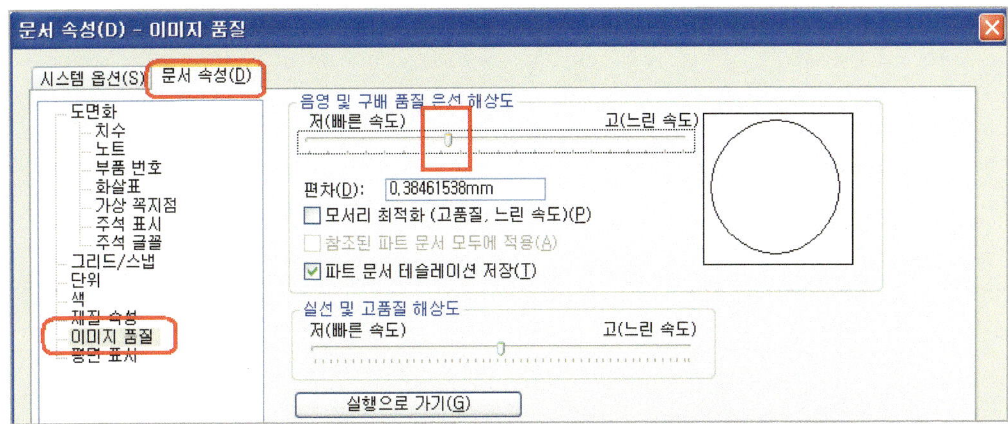

너무 값을 올리면 모서리 윤곽 곡선 처리가 부드러워지지만 계산 시간이 증가하여 처리 속도가 느려진다.

02 좌측 상단의 [시스템 옵션]을 선택하면 [색] 설정 항목이 있는데 [치수, 불러오지 않음(구속됨)]과 [스케치, 비활성] 항목의 색상을 회색에서 흑색으로 바꾼다. 이것은 차후 도면 작성 시 비활성화된 객체도 흑색으로 선명하게 나온다.

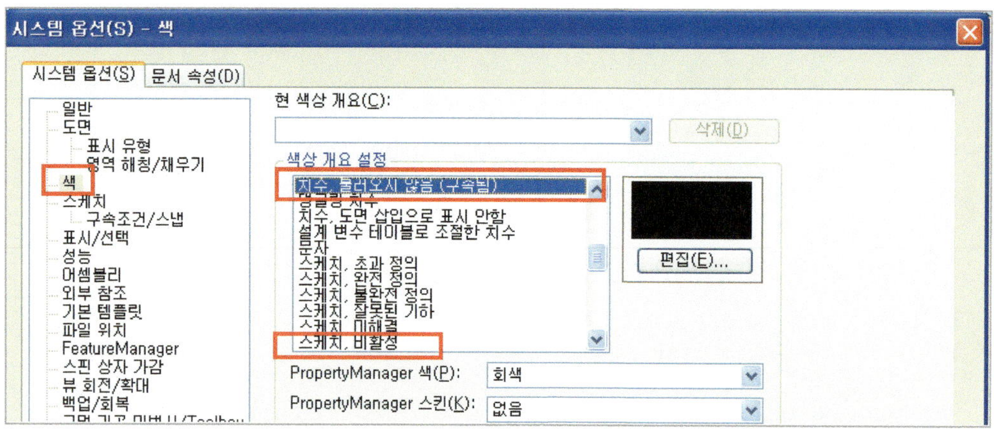

다음 그림은 위의 두 항목이 회색일 때와 흑색일 때를 비교한 것이다.

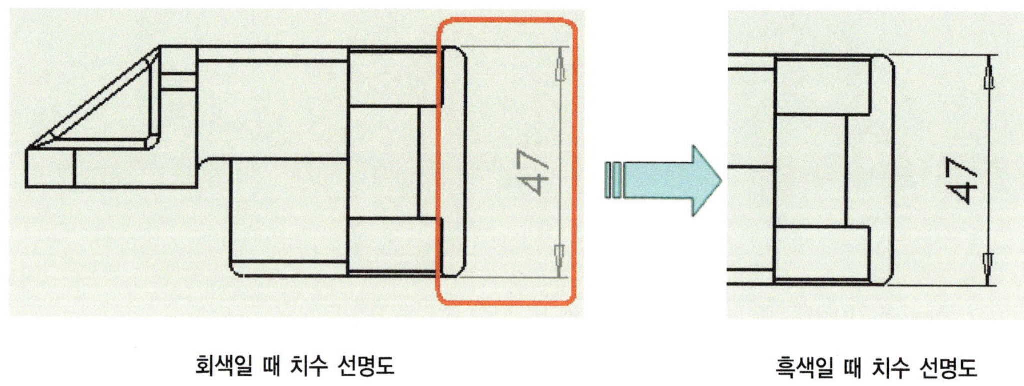

회색일 때 치수 선명도　　　　　흑색일 때 치수 선명도

03 정확한 모델링과 수검 시간 절약이 우선이므로 뷰 도구 등 필요한 도구 모음은 화면에 띄워 놓는다.

자! 이렇게 해서 모델링을 하기 위한 사전 준비는 끝냈다.

지금부터 솔리드웍스(SolidWorks) 프로그램을 활용하여 래치기어장치의 부품 모델링을 해 보자. 첫 번째로 가장 형상이 복잡하고 사물의 크기가 큰 1번 몸체를 해 봄으로써 이와 유사한 동력전달장치의 몸체 모델링도를 그릴 수 있는 능력을 배양한다. 대체로 동력전달장치는 부착 형태에 따라 모양이 다르지만 기본적 구조는 비슷해서 투상도 능력을 쌓는다면 그리 어렵지 않게 해결해 낼 수 있다.

물론 모델링을 시작하기 전에 투상에 대한 치수를 측정하거나 표준 기계 요소품은 KS 데이터북에서 필요 치수를 추출해야 하며 여기서는 학습자의 편의를 위해 아래와 같이 작성된 부품도를 참조하여 모델링을 해 보도록 하겠다.

여기서 중요한 것은 모델링 순서를 익히고 작업 평면 설정, 스케치에 적절한 구속조건과 치수 기입을 통해 도형 정의를 할 수 있는 응용력을 기르는 것이다.

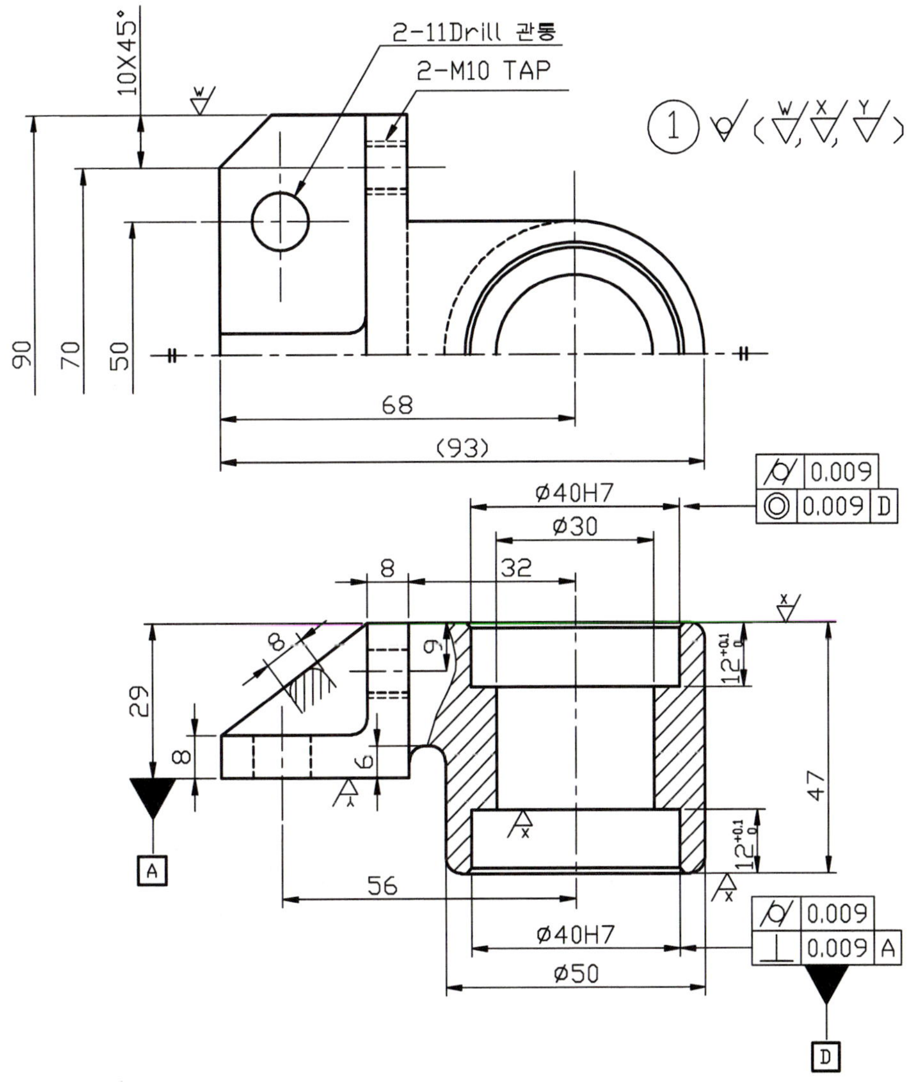

1번 몸체 투상 참고도

[1] 기본 베이스 돌출 보스

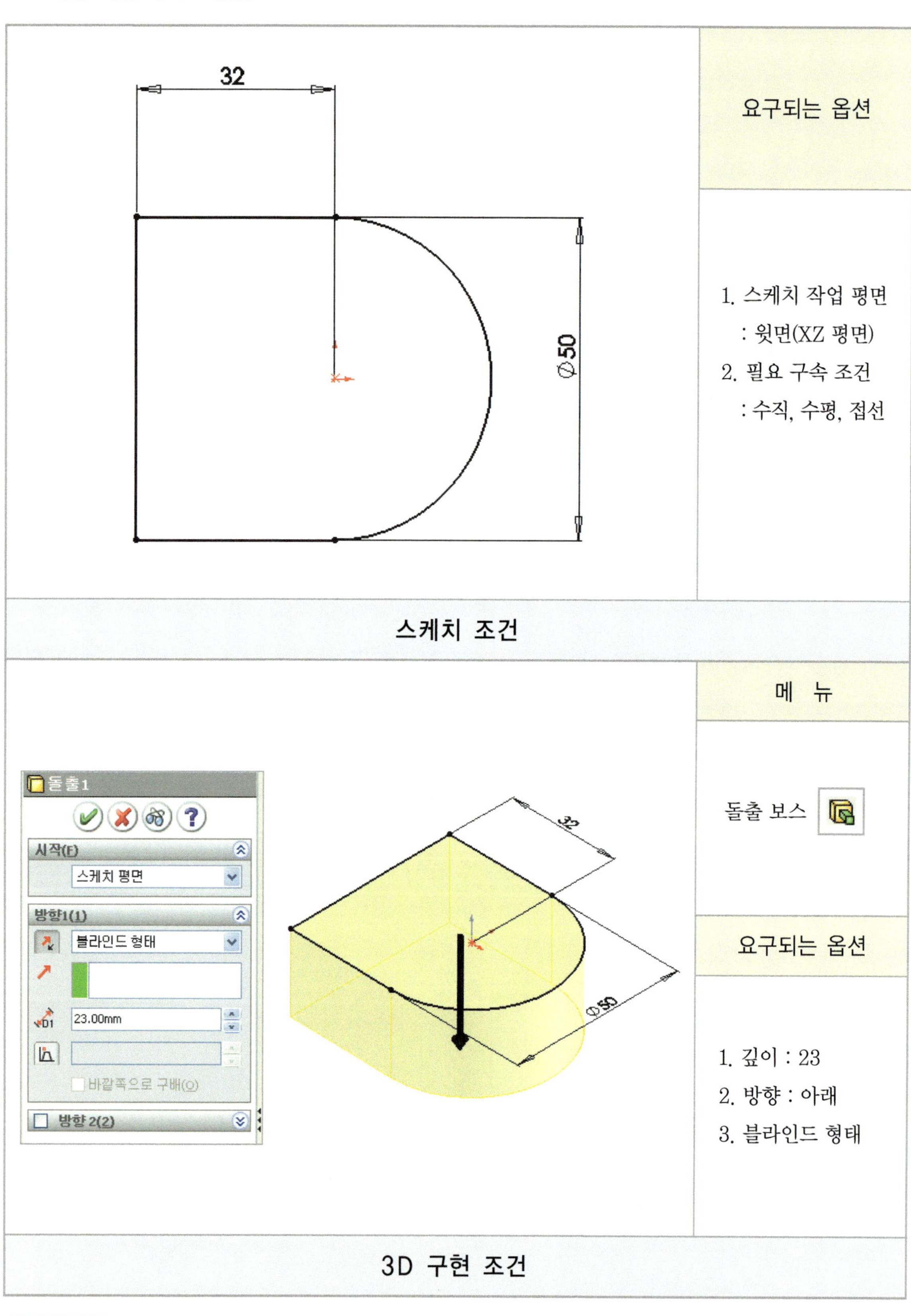

도 움 말 스케치에서 원점과 원호 중심을 일치시키고 선과 원호는 접선 구속을 준다.

[2] 원통부 돌출 보스

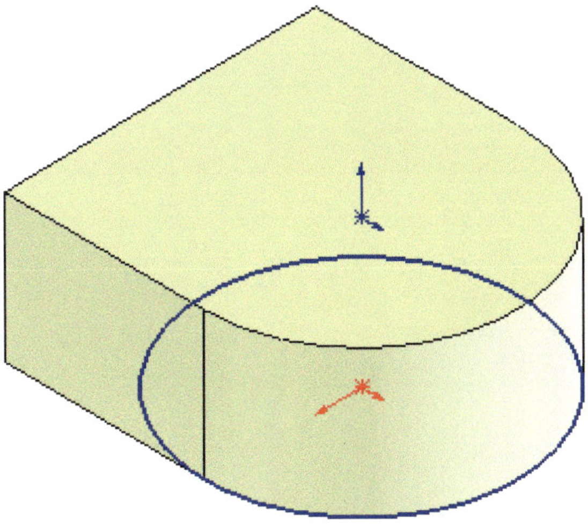

스케치 조건

3D 구현 조건

도 움 말　구속 조건을 줄 때는 Ctrl 키를 누른 상태에서 원호 모서리와 스케치 원을 클릭한 후 대화
창에서 동등원 구속을 선택하면 된다.

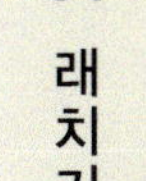

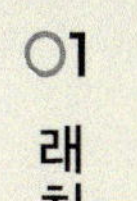
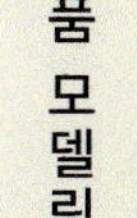

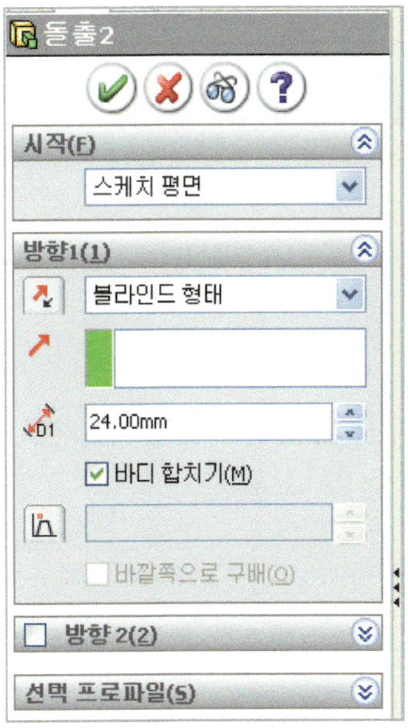

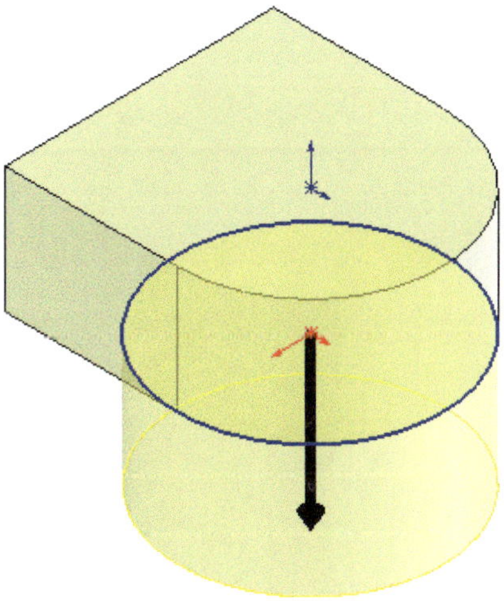

[3] 브라켓부 돌출

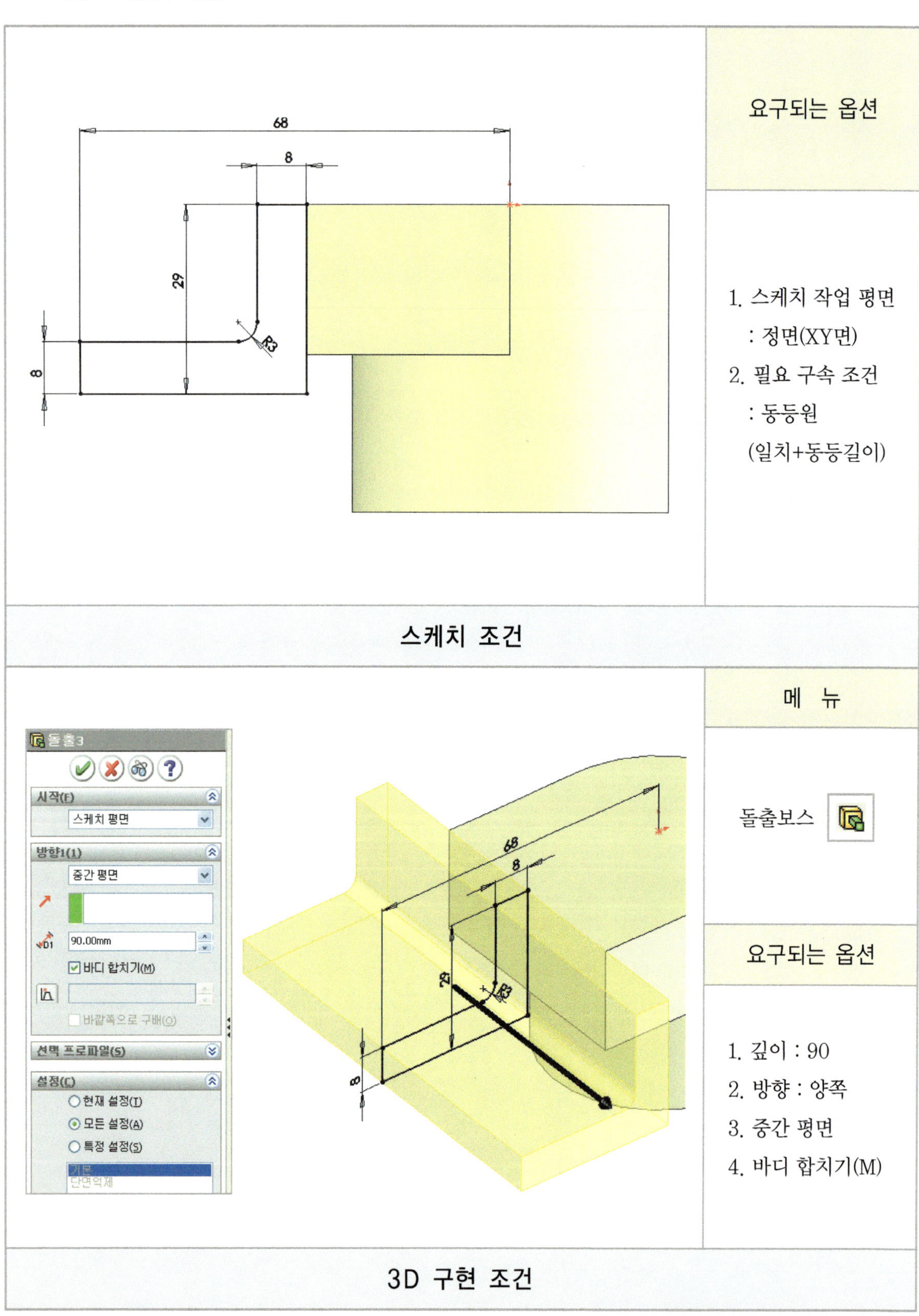

요구되는 옵션

1. 스케치 작업 평면
   : 정면(XY면)
2. 필요 구속 조건
   : 동등원
   (일치+동등길이)

요구되는 옵션

1. 깊이 : 90
2. 방향 : 양쪽
3. 중간 평면
4. 바디 합치기(M)

도움말 돌출 시 중간 평면으로 놓아 크기가 변경되는 경우 대칭을 유지할 수 있게 한다.

[4] 브라켓 끝단부 모서리 모따기

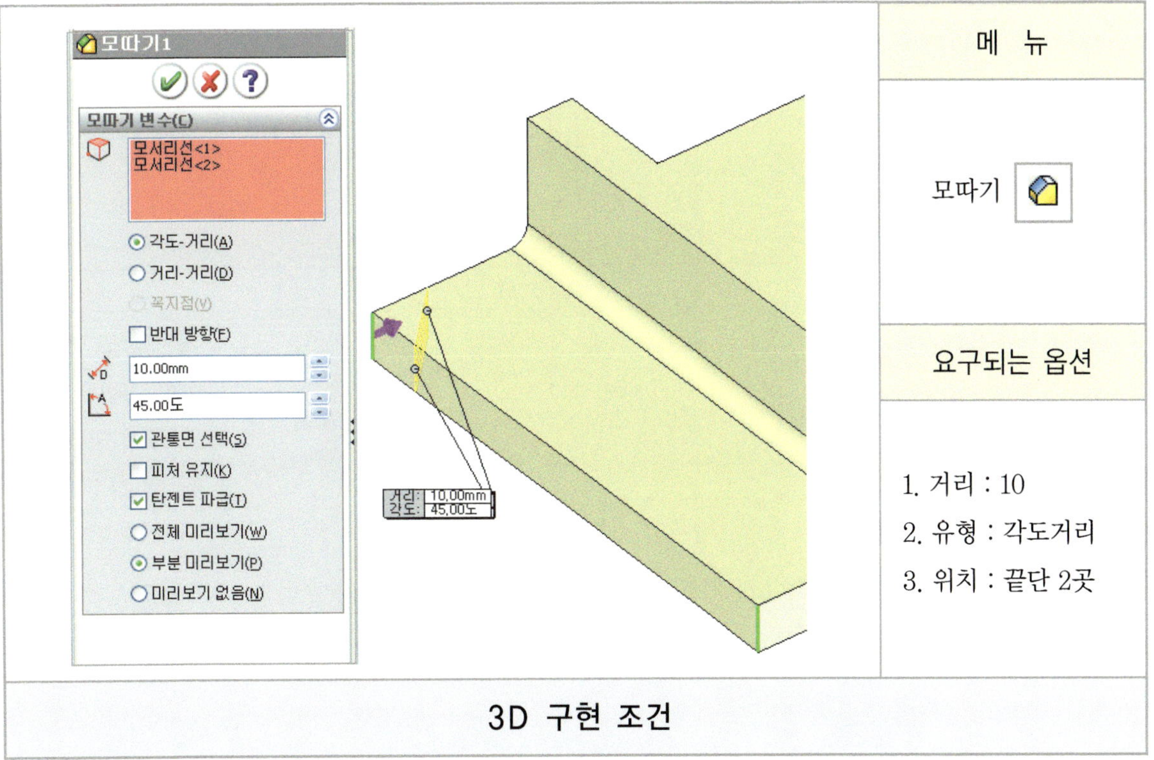

3D 구현 조건

[5] 베이스 모서리 필렛(모깎기)

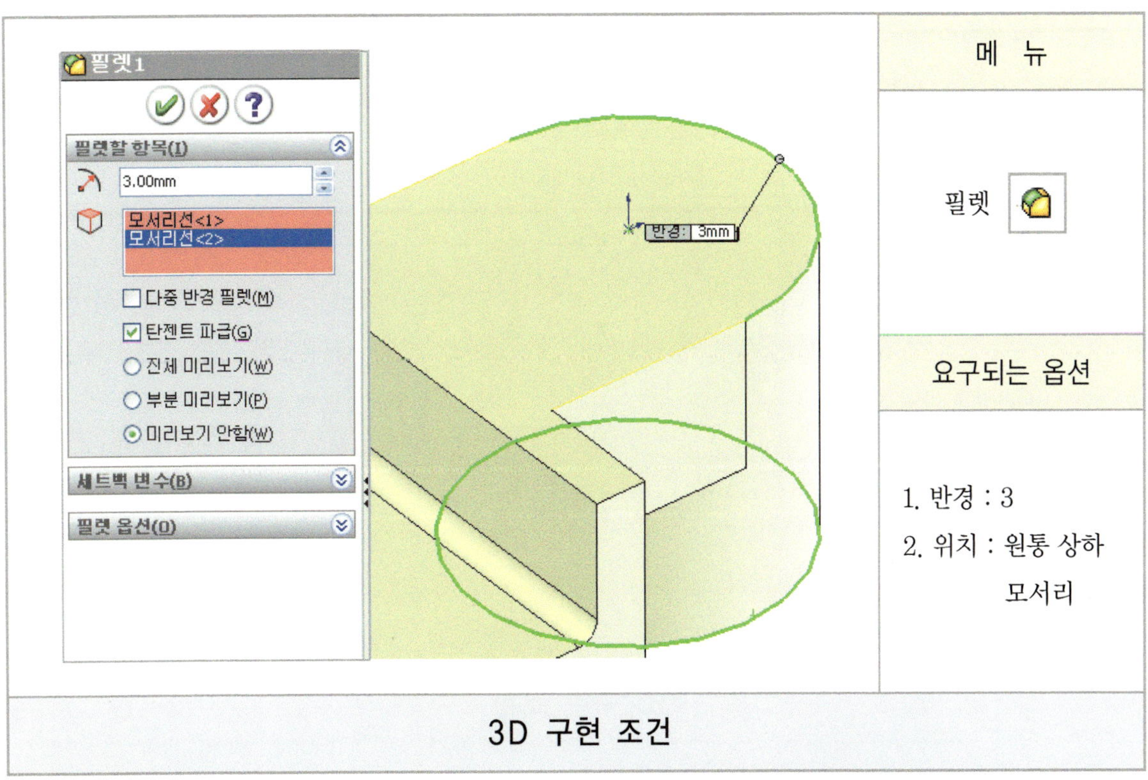

3D 구현 조건

도움말 필렛에서 모서리 선택 시 탄젠트 파급을 체크하면 접선인 모서리는 연속해서 필렛 처리된다.

[6] 리브 돌출

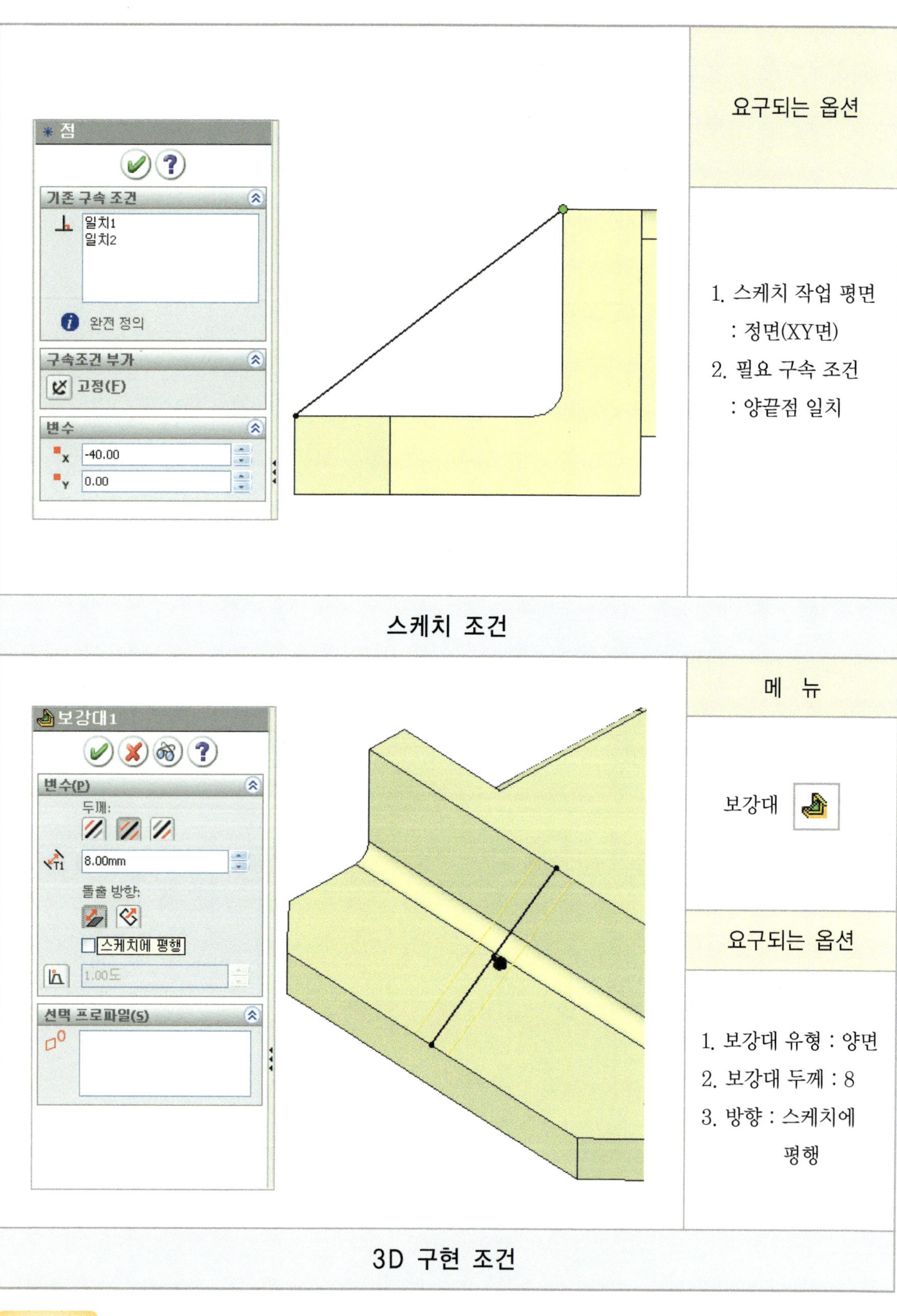

도움말 보강대 피처에서 화살표 방향이 아래로 향했는지 주의한다.

[7] 리브 교차 모서리 필렛

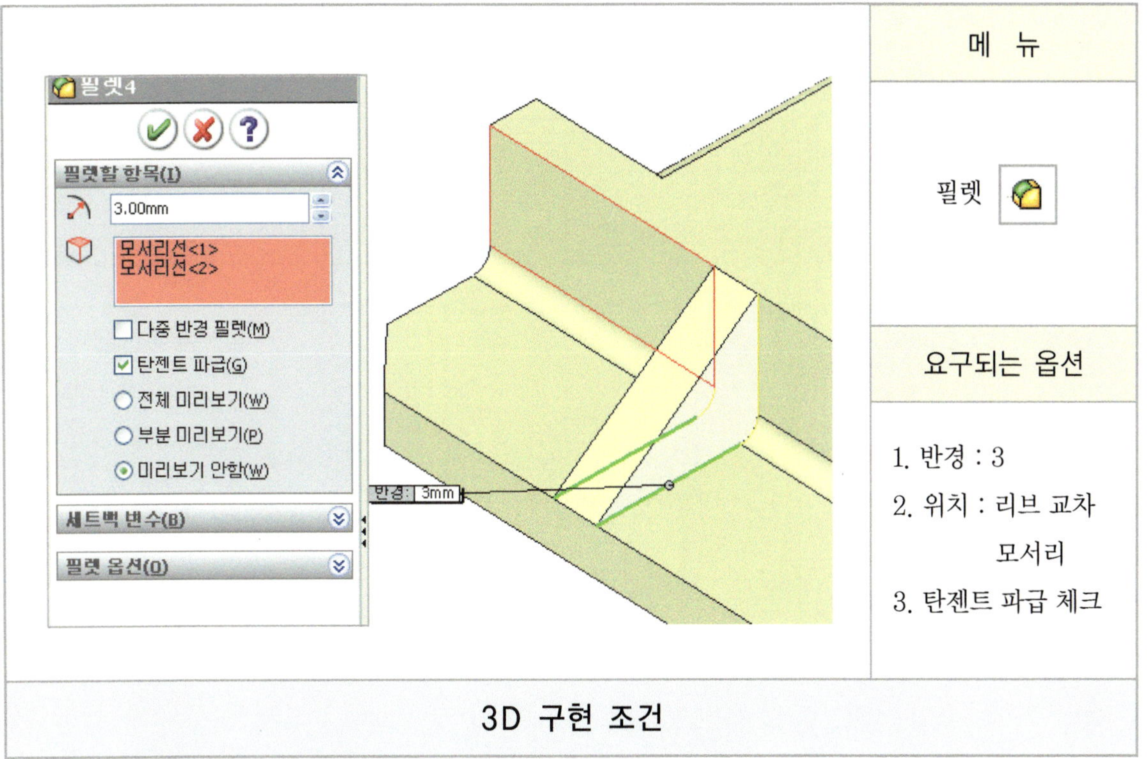

3D 구현 조건

[8] 리브 경사 모서리 필렛

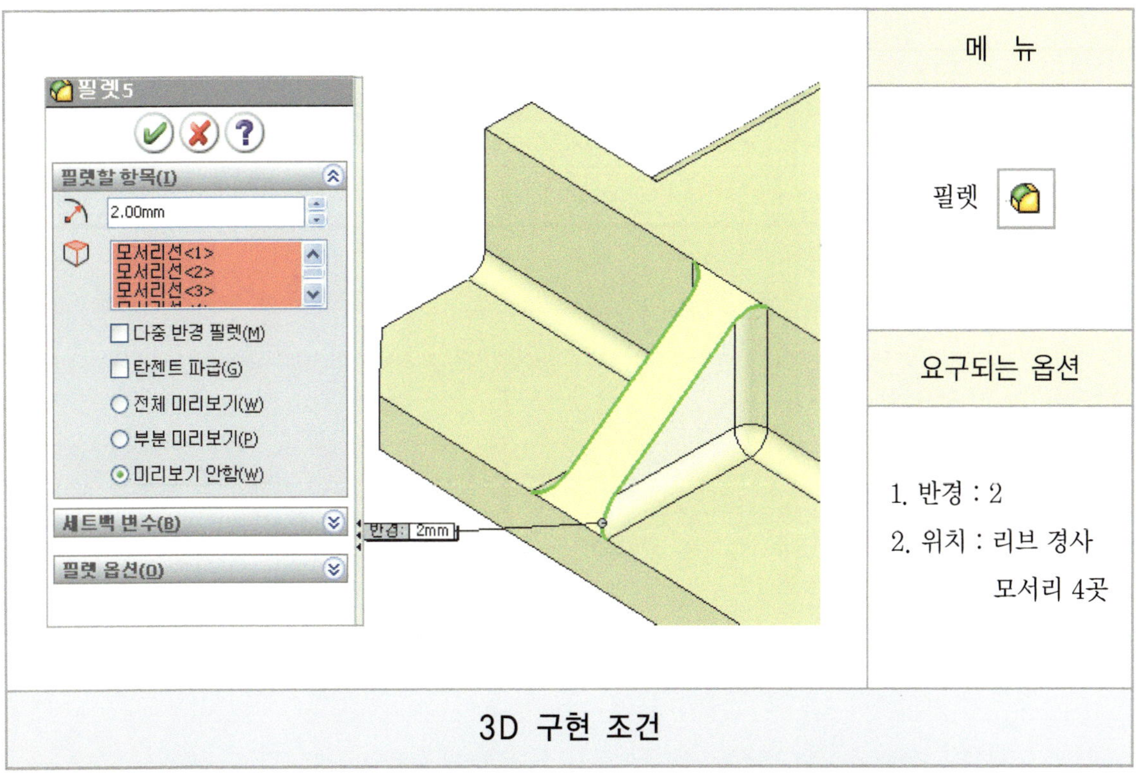

3D 구현 조건

도 움 말 탄젠트 파급 체크를 해제해야 한다. 체크가 되면 브라켓 모서리가 접선 관계가 되어 일그러지는 형상을 초래한다.

[9] 원통 내부 컷 회전

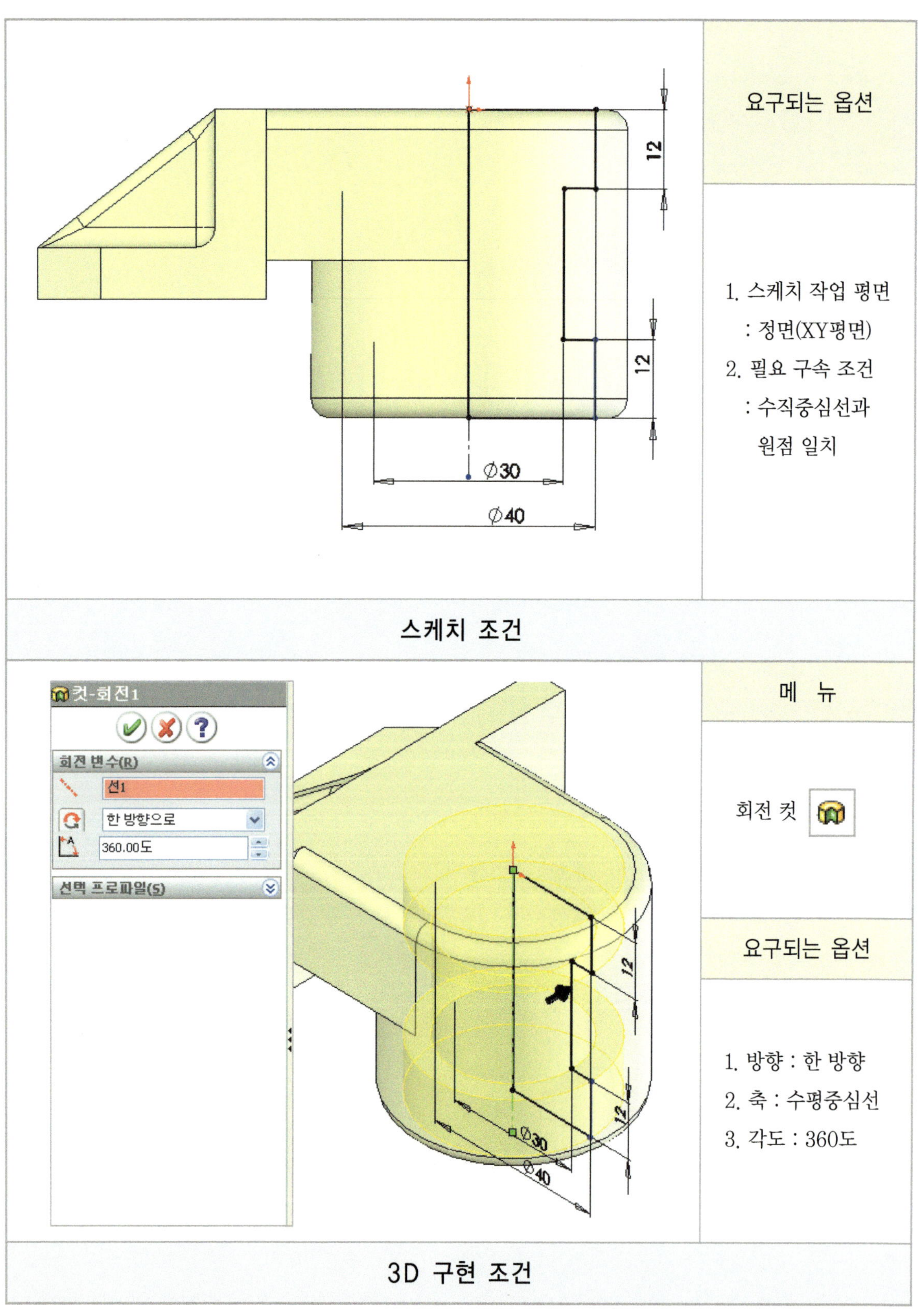

도움말　　지름부 치수 기입 시 선의 끝점과 중심선을 클릭한 후 커서를 중심선 너머 배치하면 치수가 지름 값으로 나온다.

[10] 볼트 구멍 돌출 컷

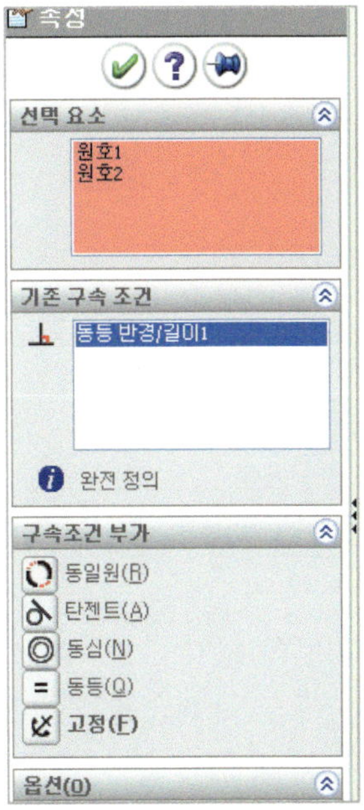

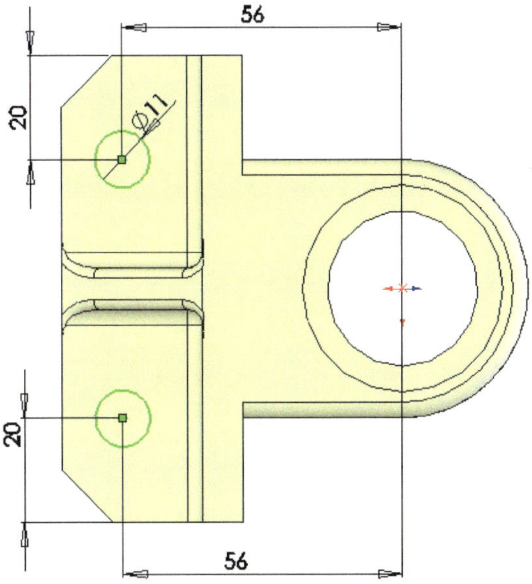

스케치 조건

요구되는 옵션

1. 스케치 작업 평면
   : 브라켓 아랫면
2. 필요 구속 조건
   : 동등원

3D 구현 조건

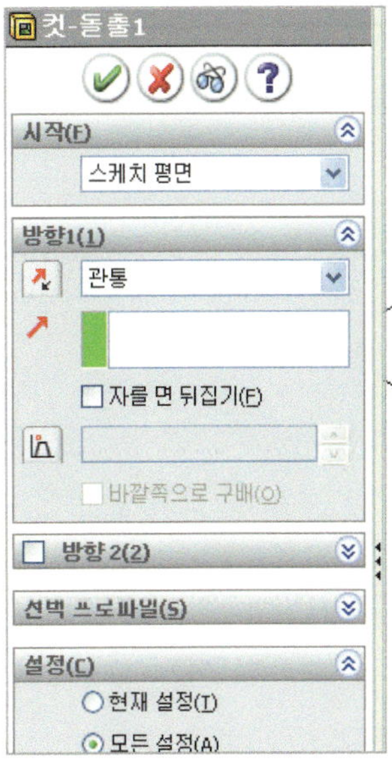

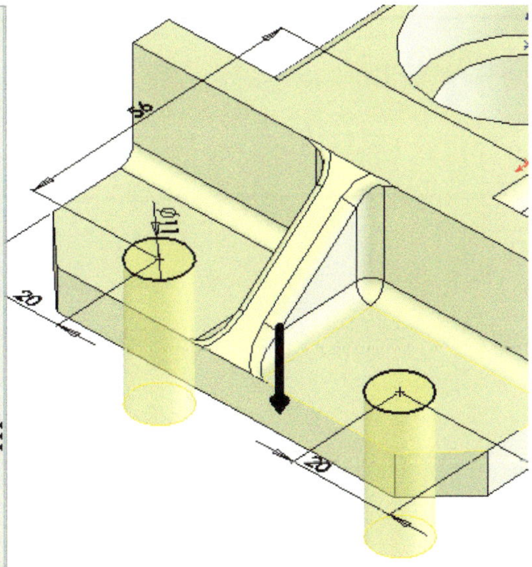

메 뉴

돌출 컷

요구되는 옵션

1. 마침 조건 : 관통
2. 방향 : 아래

도 움 말 다른 방법으로 구멍가공 마법사( ) 메뉴를 이용하여도 무방하다.

[11] 베이스와 브라켓 교차부 필렛

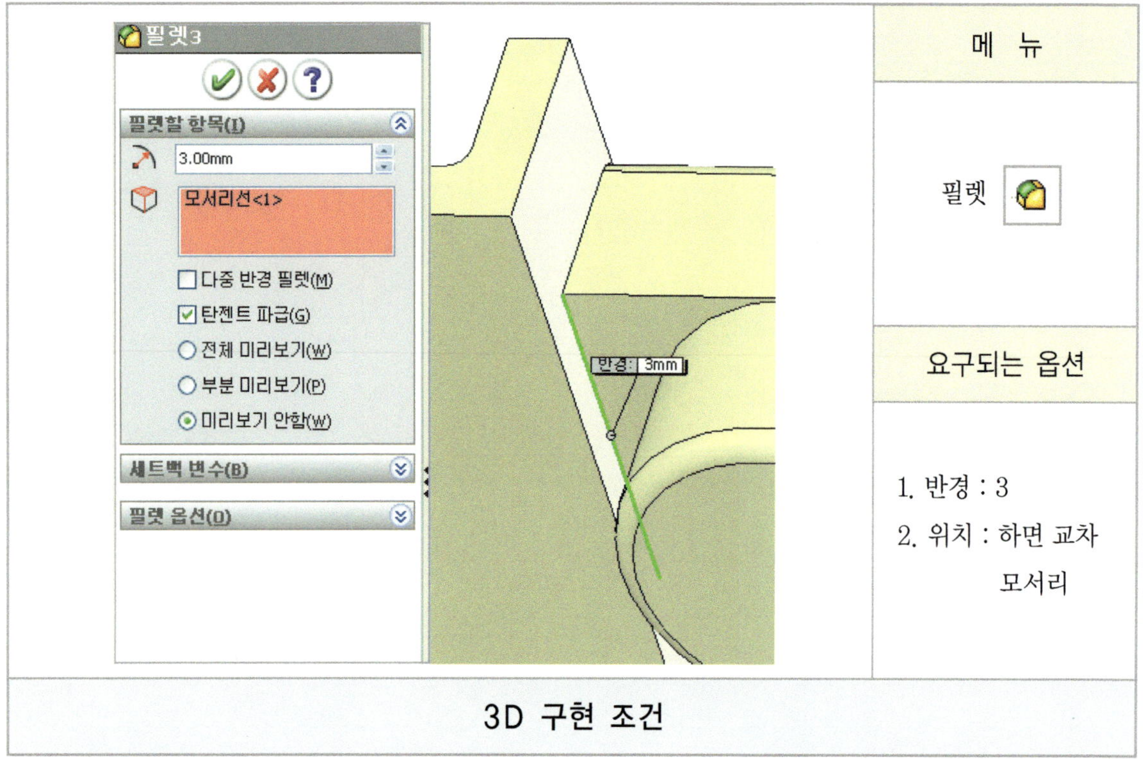

[12] 베어링 조립 원통부 모따기

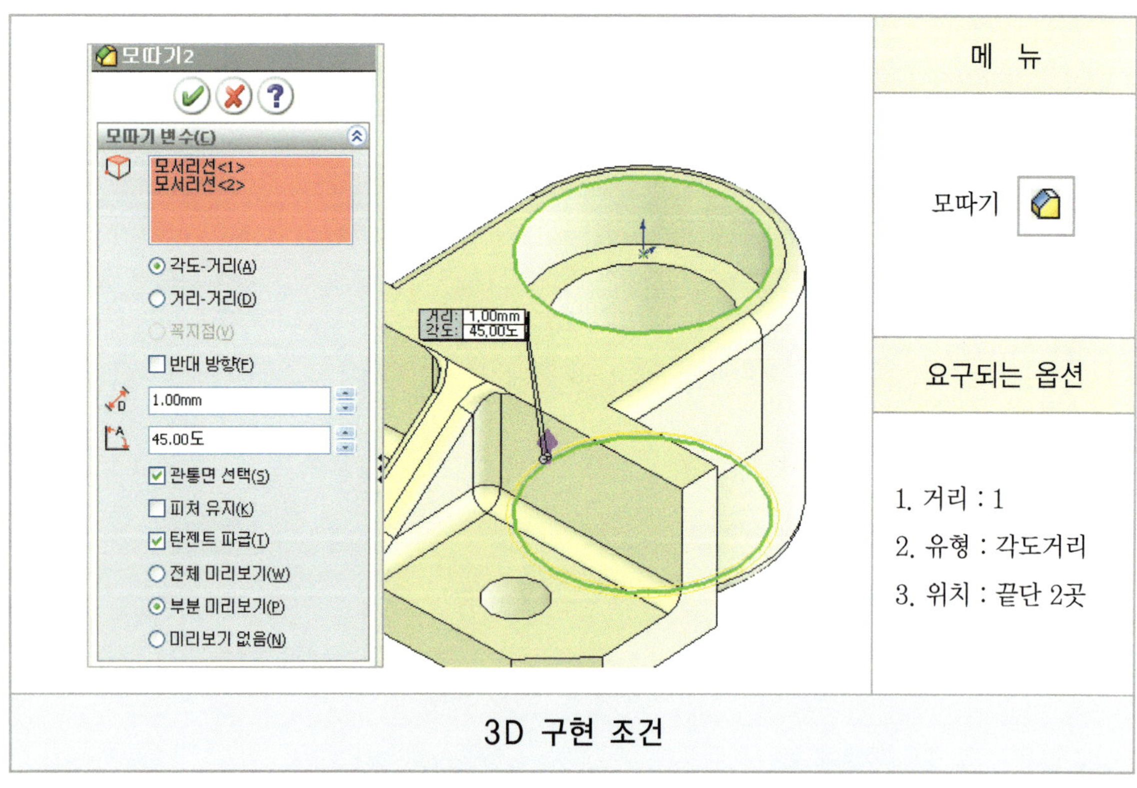

[13] 암나사부 구멍

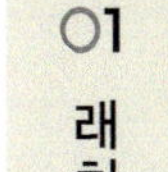

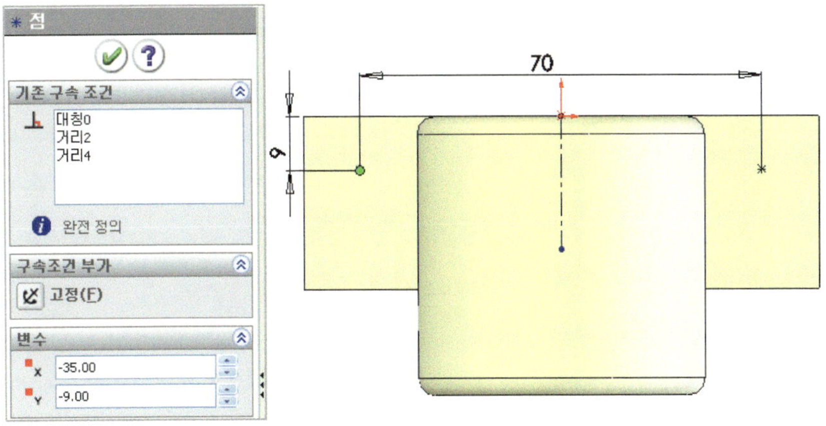

요구되는 옵션

1. 스케치 작업 평면
   : 브라켓 우측면
2. 필요 구속 조건
   : 점 대칭

스케치 조건

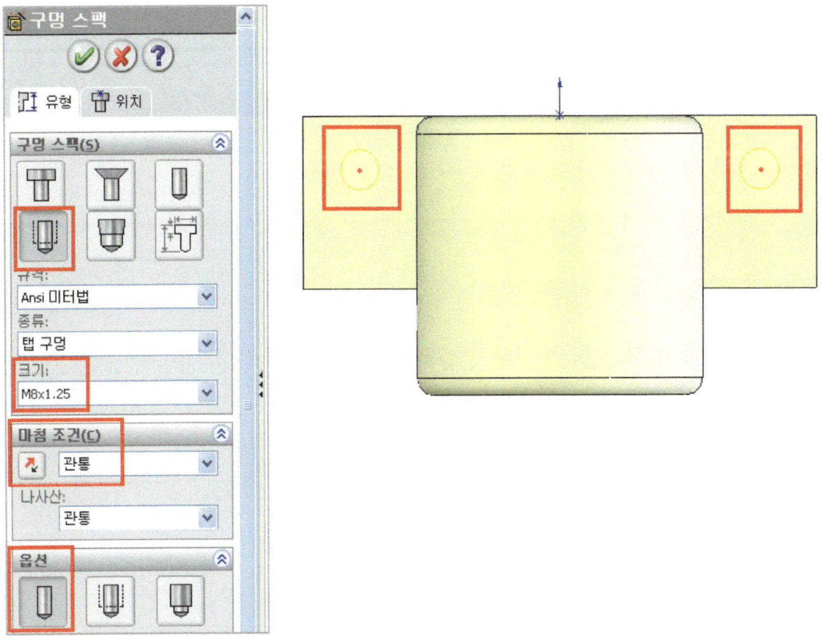

메 뉴

구멍마법사

요구되는 옵션

1. 크기 : M8×1.25
2. 마침 조건 : 관통
3. 위치 : 두 점

3D 구현 조건

도움말   SolidWorks 버전마다 대화창 모양의 차이는 있으나 상기 기본 설정 내용은 동일하다. 특히 하단의 옵션 유형을 첫 번째 탭 드릴로 놓는 것이 차후 도면에서 등각 추출 시 처리가 용이하다.

[14] 중량 계산

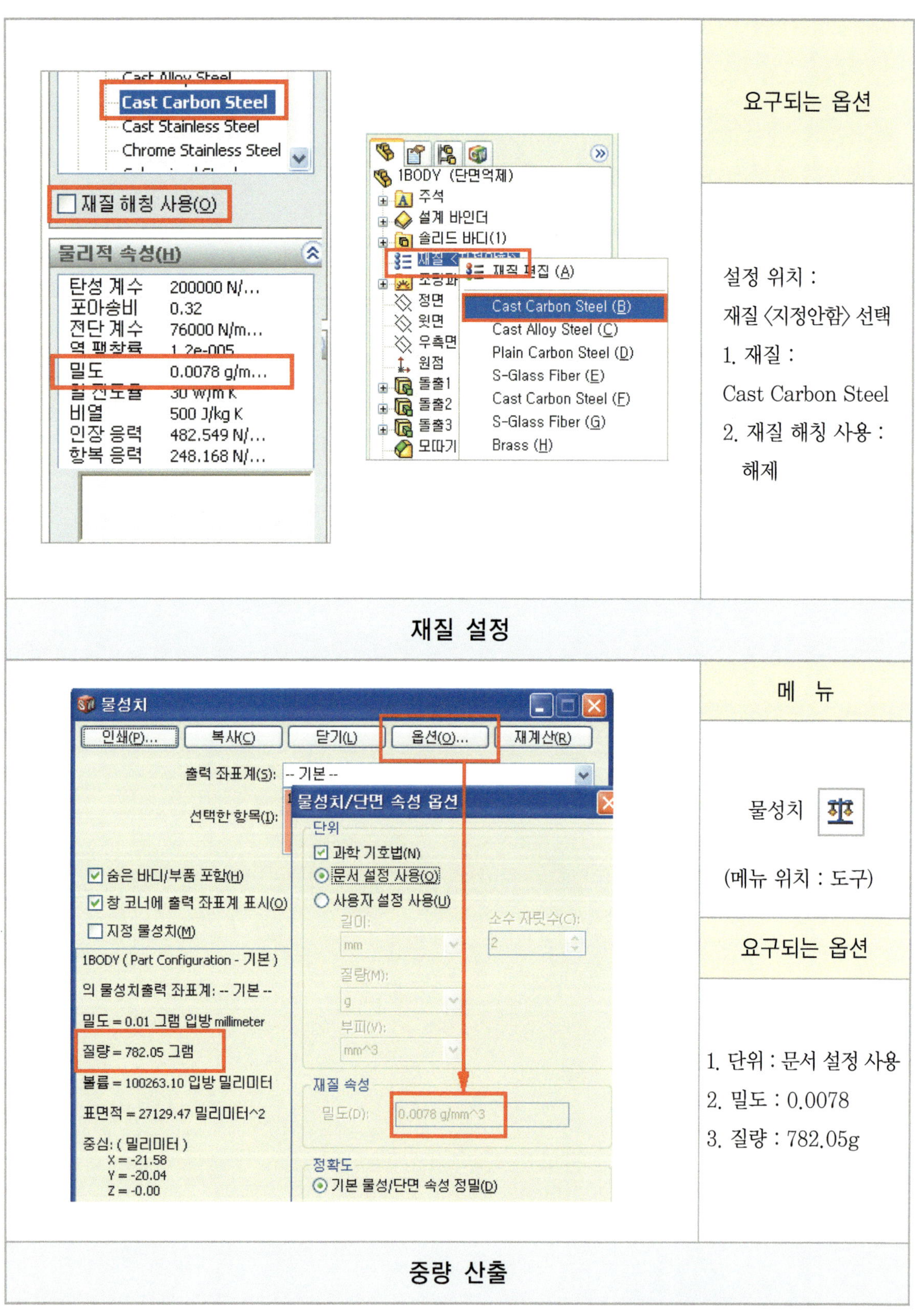

재질 설정	요구되는 옵션 설정 위치 : 재질 〈지정안함〉 선택 1. 재질 : Cast Carbon Steel 2. 재질 해칭 사용 : 해제
중량 산출	메 뉴 물성치 (메뉴 위치 : 도구) 요구되는 옵션 1. 단위 : 문서 설정 사용 2. 밀도 : 0.0078 3. 질량 : 782.05g

도 움 말   과제 요구조건과 비슷한 비중(밀도)을 가진 재료가 Cast Carbon Steel이며 실제 오차가 5% 이내이면 감점이 없다. 재질 옵션에서 해칭 사용을 해제해야 도면 추출 시 해칭 모양의 수정이 자유롭다.

[15] 원통부 단면 (한쪽 단면도)

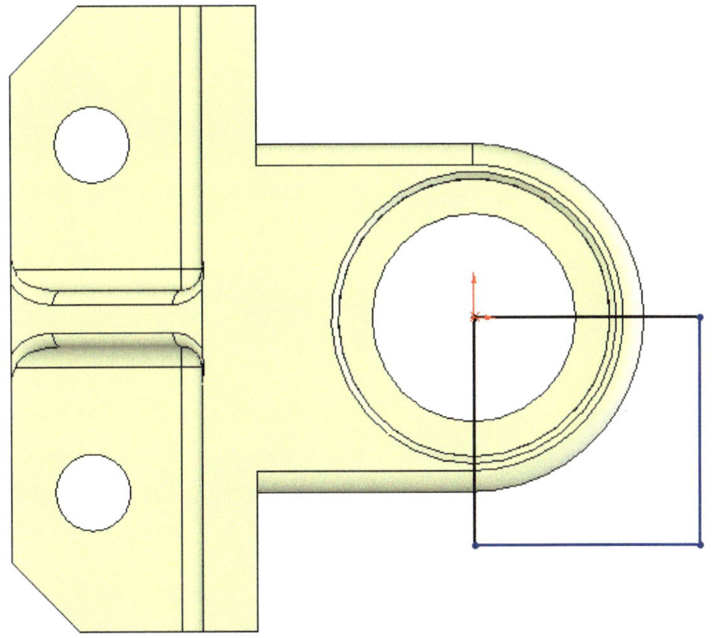

<table>
<tr><td colspan="2">

요구되는 옵션

1. 스케치 작업 평면
   : 원통 상부면
2. 필요 구속 조건
   : 원점 일치
     치수 불일치

</td></tr>
<tr><td colspan="2" align="center">

스케치 조건

</td></tr>
</table>

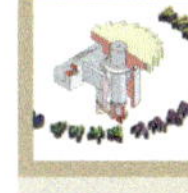

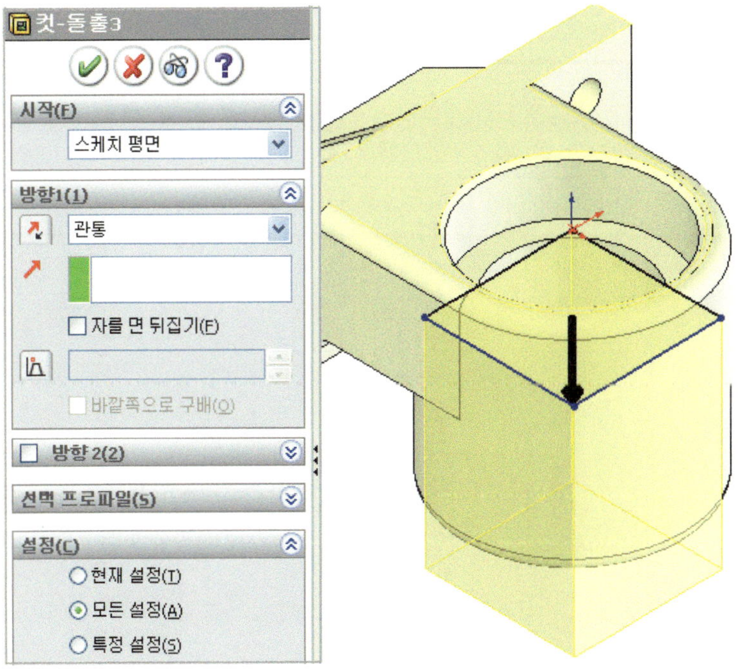

메 뉴

돌출 컷

요구되는 옵션

1. 마침 조건 : 관통
2. 방향 : 아래

3D 구현 조건

도 움 말   사각형 스케치는 시작점을 원점에서 드래그하면 일치 구속을 줄 필요 없고 원통 형상보다 조금 크게 그리면 된다.

[16] 암나사 구멍부 단면(한쪽 단면도)

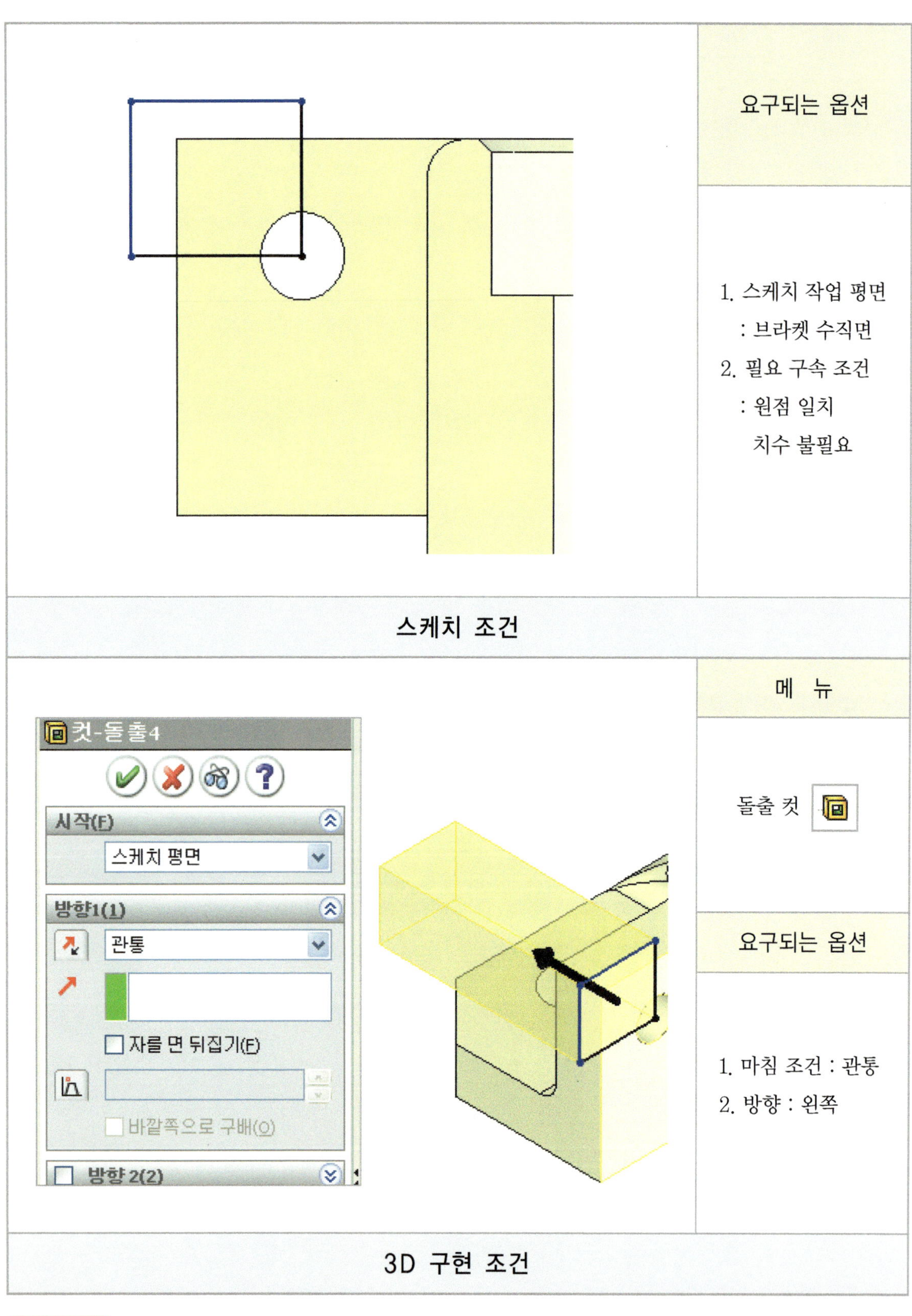

도 움 말 좌우 대칭인 물체는 내부 표현이 잘 나타나도록 앞쪽 부분을 단면으로 취하는 것이 좋다.

[17] 나사산 이미지 효과주기

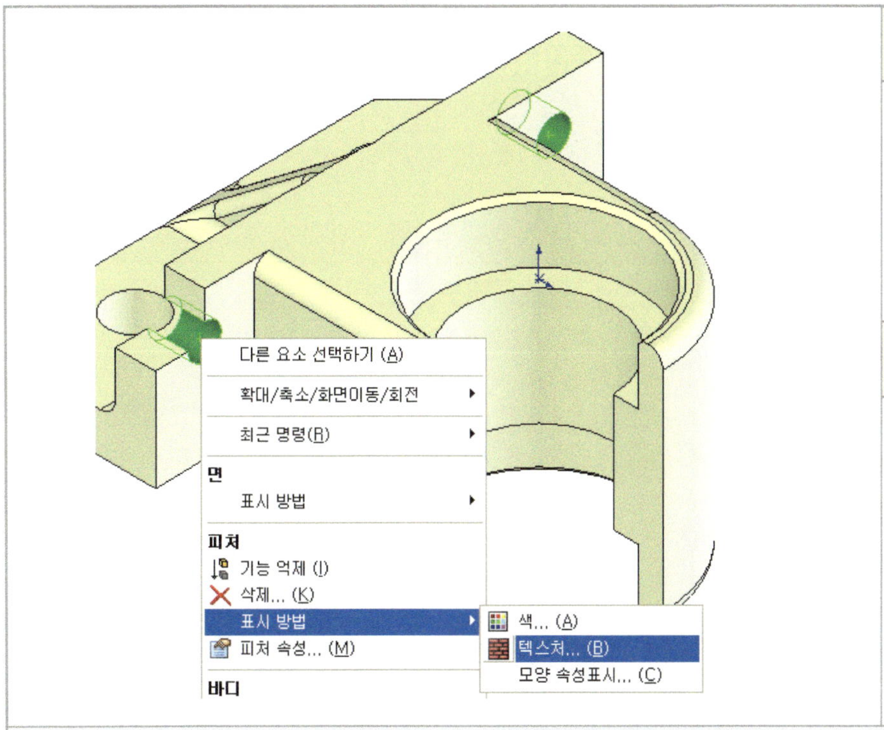

메 뉴

텍스처

방 법

1. 나사부 내부면을 선택한 후 마우스 오른쪽 버튼 클릭
2. 표시 방법 중 텍스처(B)를 선택

작업 1

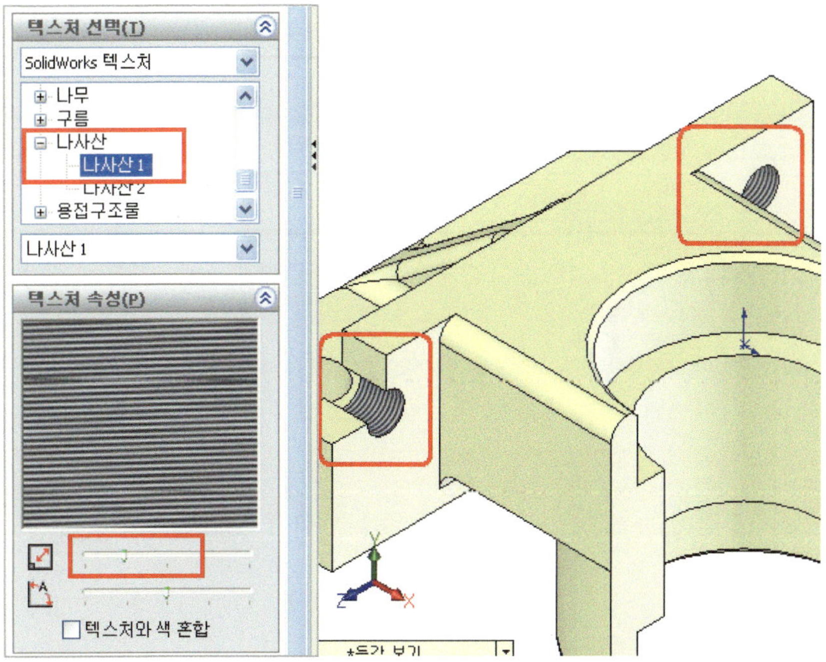

요구되는 옵션

1. 종류 : 나사산 1
2. 피치 : 스크롤바 조정으로 정한다.

작업 2

도 움 말 실제 나사산 내는 작업은 실기시험에서 시간 손실이 크므로 크기가 작은 나사에는 이렇게 처리하거나 또는 이 과정은 생략해도 무방하다.

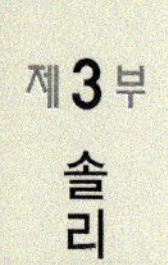

[18] 설정 추가

피처 창 상단에 있는 세 번째 탭 Configuration Manager(🗂)를 누른 후 피처 창 최고 상단부에 마우스를 위치하고 오른쪽 버튼을 눌러 다음과 같이 [설정 추가]한다.

설정명은 단면억제라고 하고 [확인]을 누른다. 이것은 도면 모드에서 등각 투상 추출 시는 단면 형태로, 2D 부품도 추출 시는 단면이 없는 상태로 불러올 수가 있다.

다시 첫 번째 탭 Feature Manager(🗂)를 눌러 복귀한 후, 피처 창 마지막에 했던 컷 돌출 두 개를 [기능 억제]해야 한다.

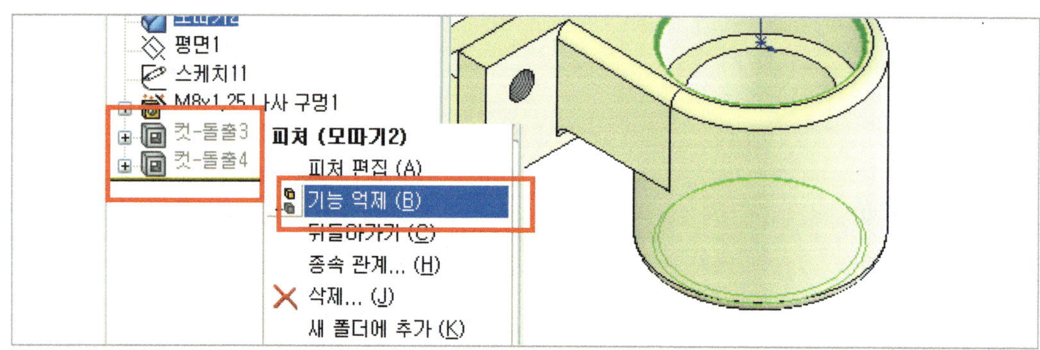

컷 돌출부에 커서를 두고 마우스 오른쪽 버튼을 눌러 [기능 억제(B)]를 누른다. 이렇게 하면 피처 창의 두 개의 컷 돌출부는 회색으로 변하고 부품은 단면이 억제되어 절단 전의 상태로 나타나게 된다.

자! 이렇게 해서 1번 부품 모델링이 완성되었다.

[19] 모델링 저장하기

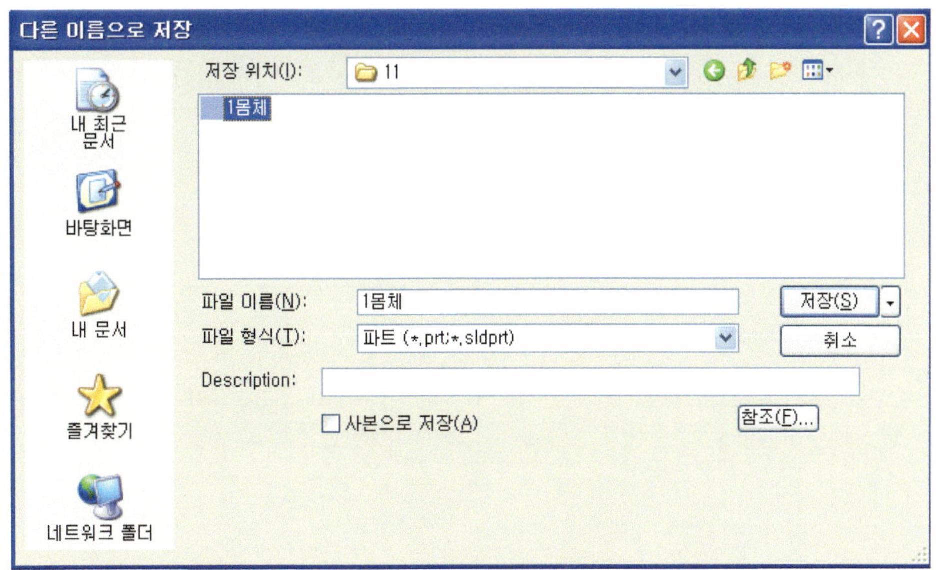

다른 이름으로 저장을 할 때 부여받은 비번호 폴더(예 비번호 11일 때)를 만들고 1몸체.prt로 저
장하여 찾기 쉽게 한다.

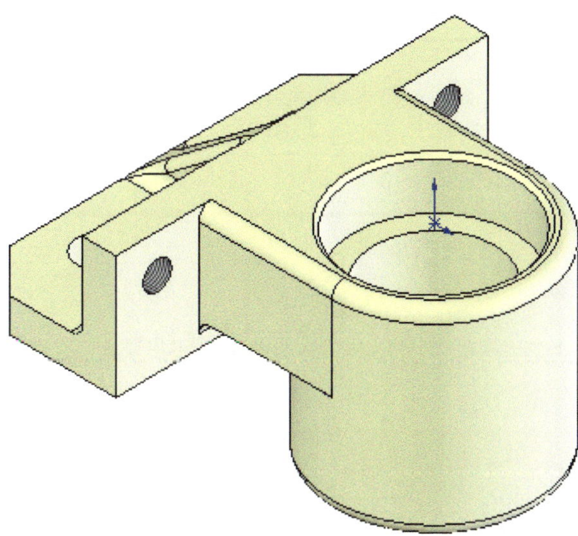

3   2번 축

다음 그림은 2번 축 도면이다. 회전체로 한쪽 단면 향상만 스케치하여 완성하는 형태이나 나사부 모델링을 실제 구사하므로 이곳의 숙련이 필요하다.

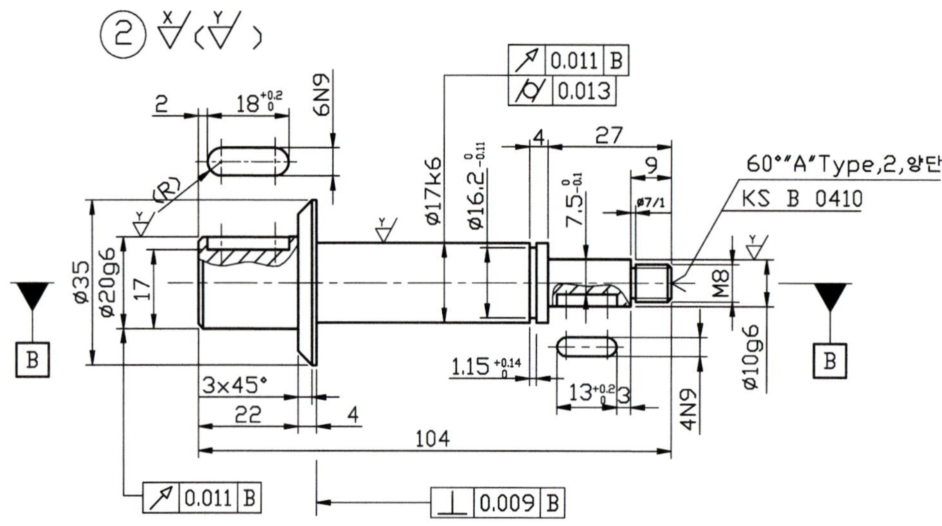

베어링 끼워 맞춤부는 호칭번호를 찾아 축바깥지름을 결정하는데 주어진 과제에서 베어링이 #6203이므로 안지름이 17mm 됨을 확인할 수 있다.

평행 키(묻힘 키) 및 키 홈의 모양 및 치수 (KS B 1311)

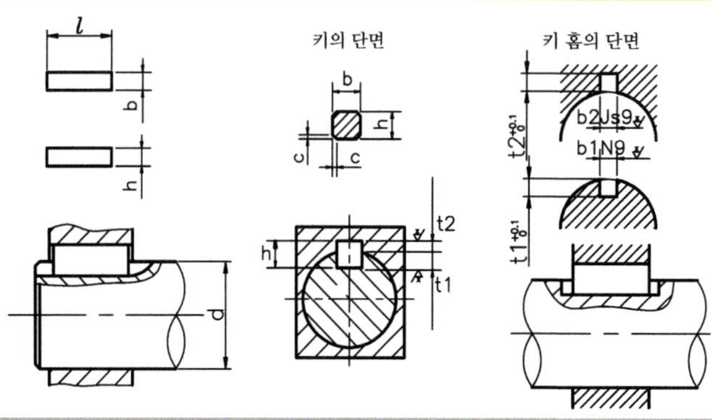

키의 호칭 치수 $b \times h$	키의 치수						키 홈의 치수							(참고)
	b		h		c	l	b_1 b_2 의 기준치수	정밀급 b_1 및 b_2	보통급 b_1	보통급 b_2	r_1 및 r_2	t_1 의 기준치수	t_2 의 기준치수	t_1 t_2 의 허용차	적용하는 축지름 d
	기준치수	허용차 (h9)	기준치수	허용차				허용차 P9	허용차 N9	허용차 js9					
2×2	2	0	2	0	0.16 ~ 0.25	6~20	2	−0.006 −0.031	−0.004 −0.029	± 0.0125	0.08 ~ 0.016	1.2	1.0		6~8
3×3	3	−0.025	3	−0.025		6~36	3					1.8	1.4		8~10
4×4	4		4		h9	8~45	4				0.016	2.5	1.8	+0.1 0	10~12
5×5	5	0 −0.030	5	0 −0.030	0.25 ~ 0.40	10~56	5	−0.012 −0.042	0 −0.030	± 0.015	0.016 ~ 0.25	3.0	2.3		12~17
6×6	6		6			14~70	6					3.5	2.8		17~22

KS 데이터북 묻힘 키 치수에서 "5×5" 축부의 치수를 보고 b_1과 t_1 치수를 추출해야 함을 확인한 후 돌출 절단해야 한다.

[1] 축단면부 회전

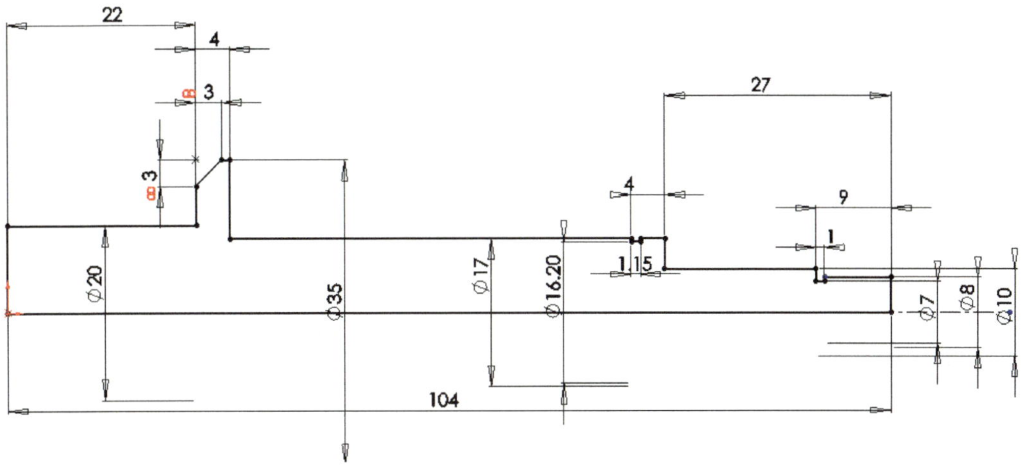

요구되는 옵션	1. 스케치 작업 평면 : 정면(XY 평면) 2. 필요 구속 조건 : 원점과 좌측 끝단 일치

스케치 조건

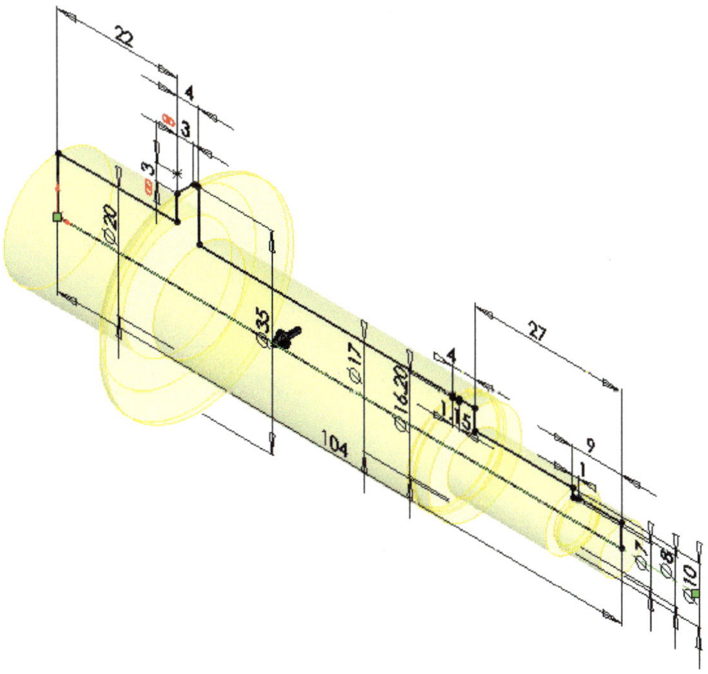

메 뉴
회전 보스

요구되는 옵션
1. 방향 : 한 방향 2. 축 : 수평중심선 3. 각도 : 360도

3D 구현 조건

제3부
솔리드웍스 사용자 (래치기어장치)

[2] 키홈부 작업 평면 만들기

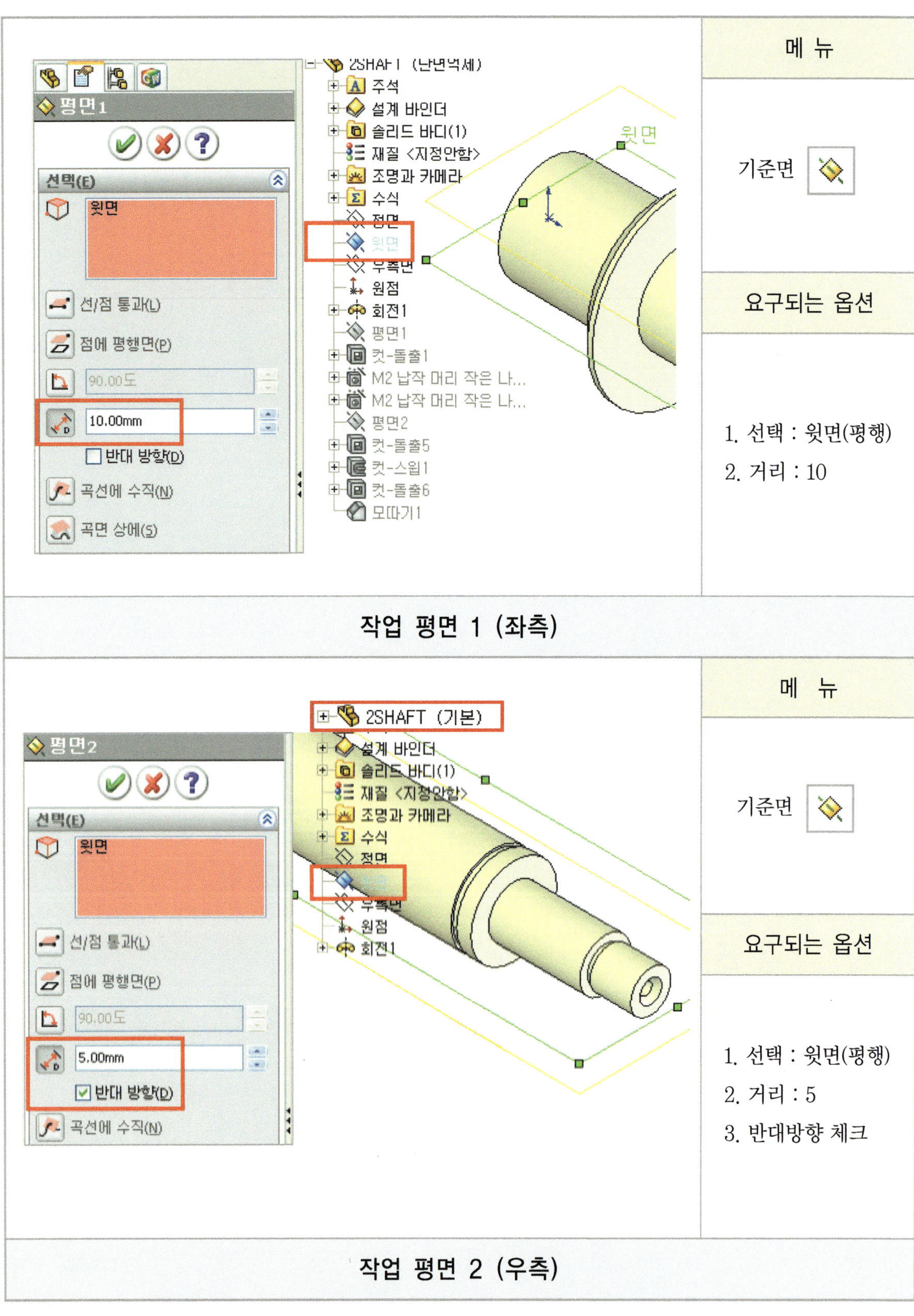

작업 평면 1 (좌측)

작업 평면 2 (우측)

도움말   생성할 작업 평면은 윗면과 평행하므로 화면 좌상단의 피처 목록 2SHAFT (기본) 의 +
를 눌러 펼친 후 중간의 윗면을 클릭하면 쉽게 만들 수 있다.

[3] 왼쪽 키홈부 절단

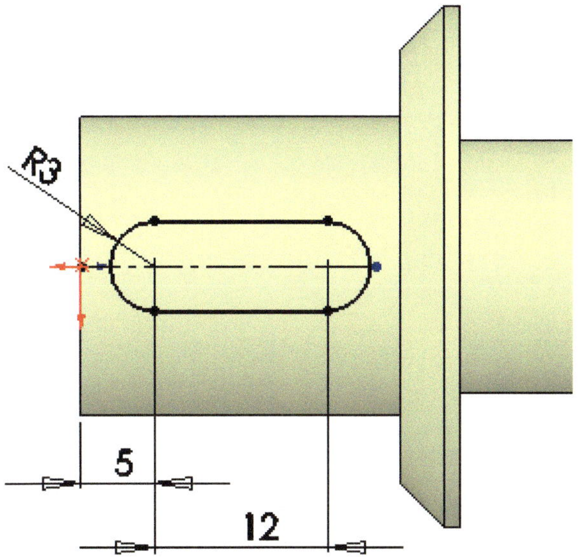	요구되는 옵션
	1. 스케치 작업 평면 　: 작업 평면 1 2. 필요 구속 조건 　: 중심선과 원점 　일치, 접선

스케치 조건

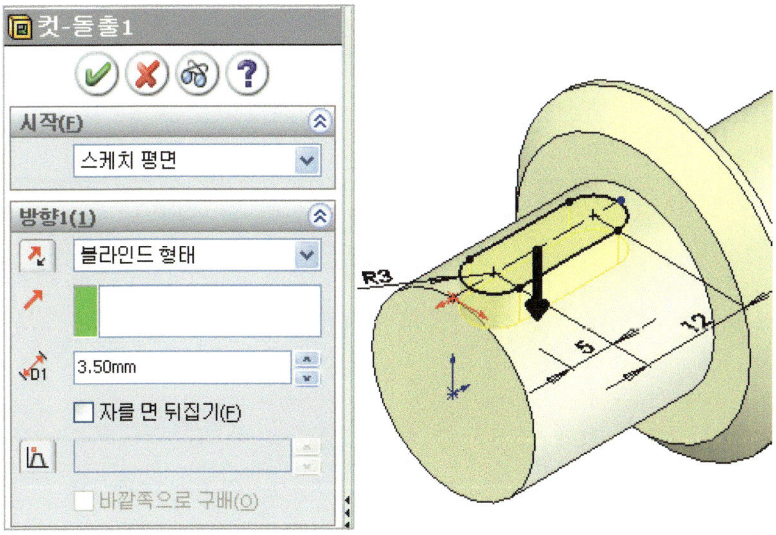	메 뉴
	돌출 컷　
	요구되는 옵션
	1. 깊이 : 3.5 2. 방향 : 아래

3D 구현 조건

제3부 솔리드웍스 사용자 (래치기어장치)

[4] 오른쪽 키홈부 절단

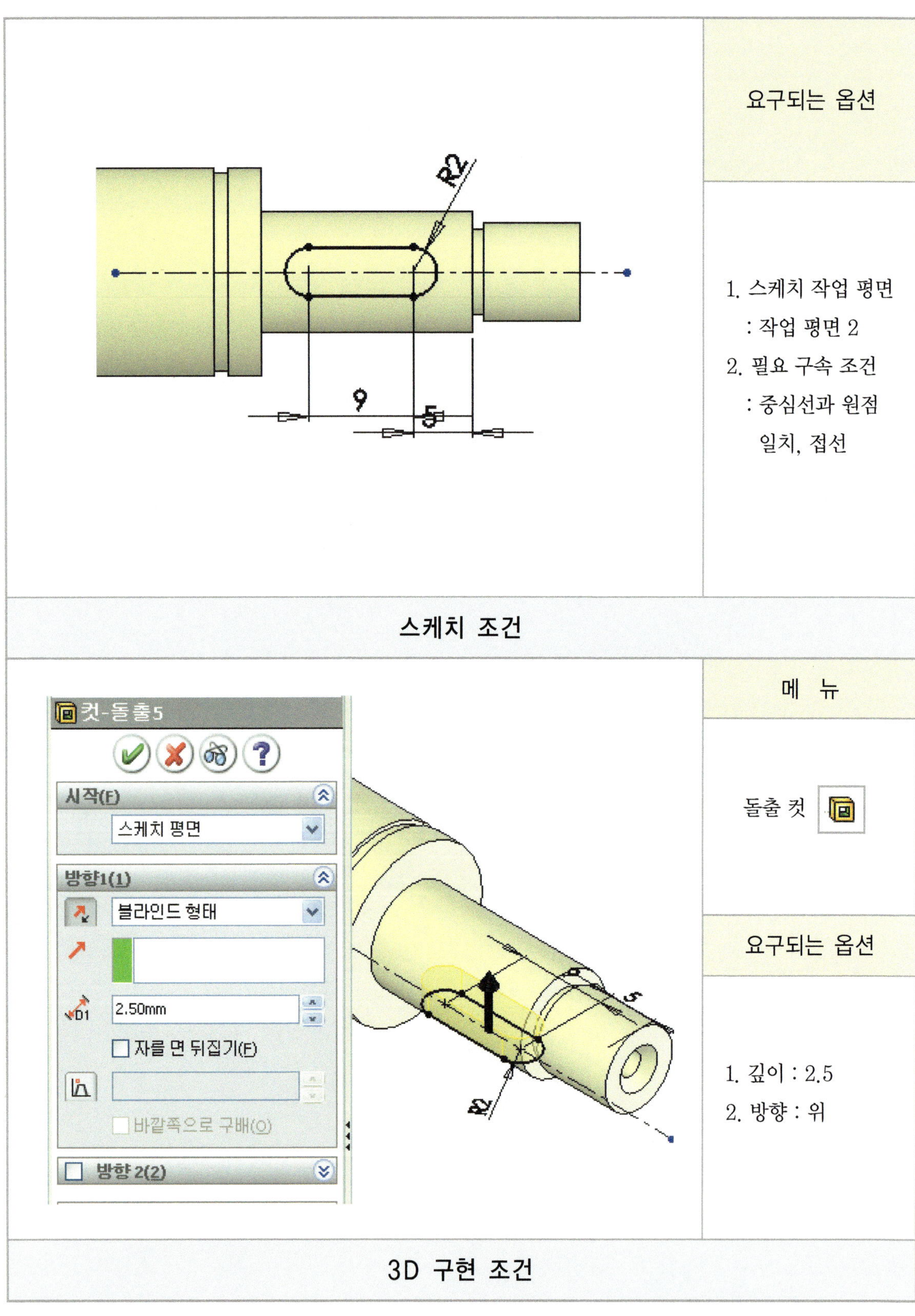

[5] 축 끝단 센터드릴 가공

과제 조립도 도면에는 형상이 나와 있지 않지만 이 축을 가공할 때 선반의 심압대를 사용해야
하므로 축 양 끝단은 센터드릴 가공을 해야 한다. 보통 A형을 많이 쓰므로 여기서는 호칭지름
2mm, 테이퍼 60°를 적용하겠다. 이것에 관한 크기는 KS B 0618을 참조하여 필요한 데이터를
추출한다.

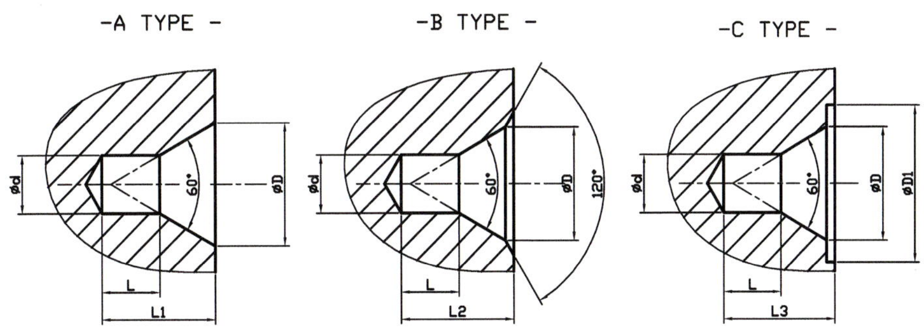

d 호칭지름	D	D_1	D_2 (최소)	$L*$ (최대)	b (약)	참 고				
						$L1$	$L2$	$L3$	t	a
1.6	3.35	5	5	2.8	0.6	1.52	1.99	2.12	1.4	0.47
2	4.25	6.3	6.3	3.3	0.8	1.95	2.54	2.75	1.8	0.59
2.5	5.3	8	8	4.1	0.9	2.42	3.2	3.32	2.2	0.78

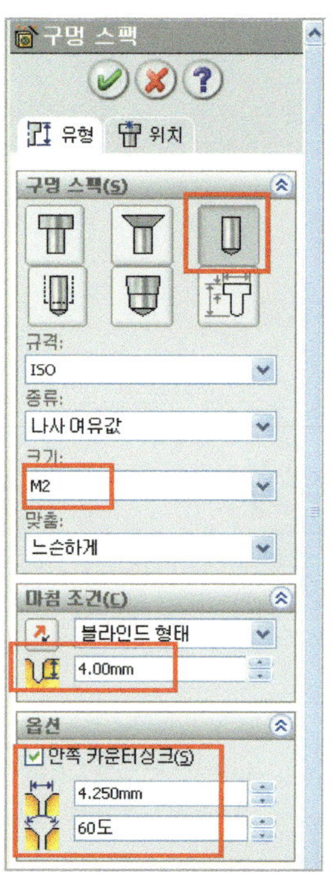

메 뉴
구멍가공 마법사 

요구되는 옵션

1. 구멍 스팩 : 드릴
2. 크기 : M2
3. 깊이 : 4
4. 안쪽 카운터싱크 : 체크
5. 바깥지름 : 4.25
6. 각도 : 60도

구멍 조건

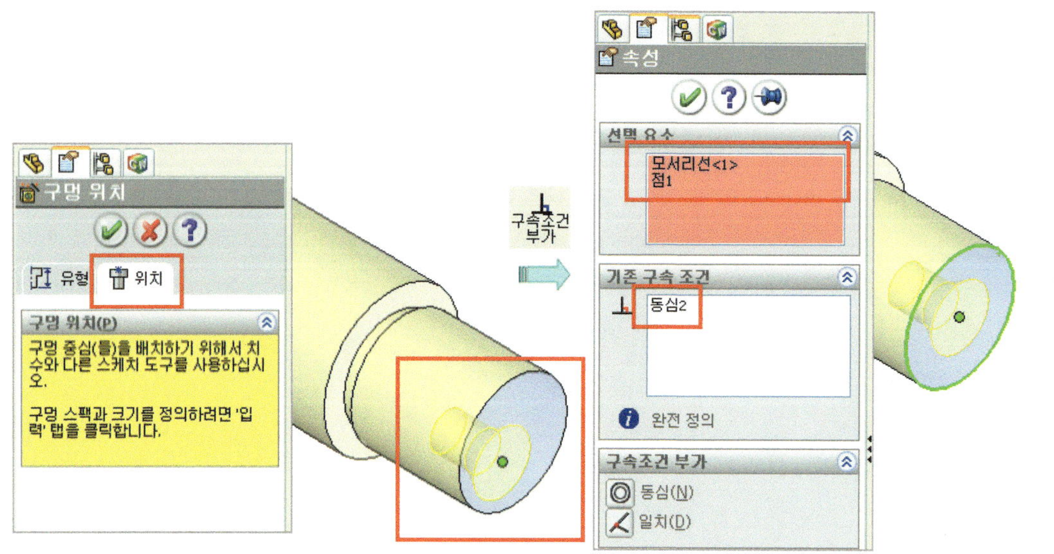

위치 탭으로 바꾸고 축의 중심을 피해 우측 끝단을 클릭한다. 구속 조건 부가 메뉴를 눌러 원통 모서리와 구멍 위치점에 동심 구속을 준다.

구멍 위치

도 움 말 2차원 부품도 투상에서는 불필요하나 3D 모델링에서는 정확한 중량 계산을 위해 반드시 해야 하는 작업 사항이다.

[6] 나선형 곡선

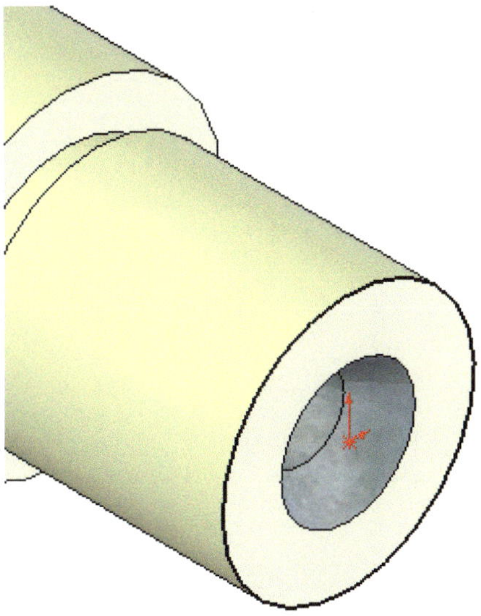

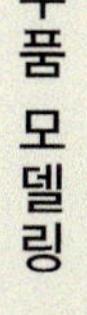

요구되는 옵션

1. 스케치 작업 평면
   : 축 끝 단면
2. 필요 구속 조건
   : 모서리와 동일원

스케치 조건

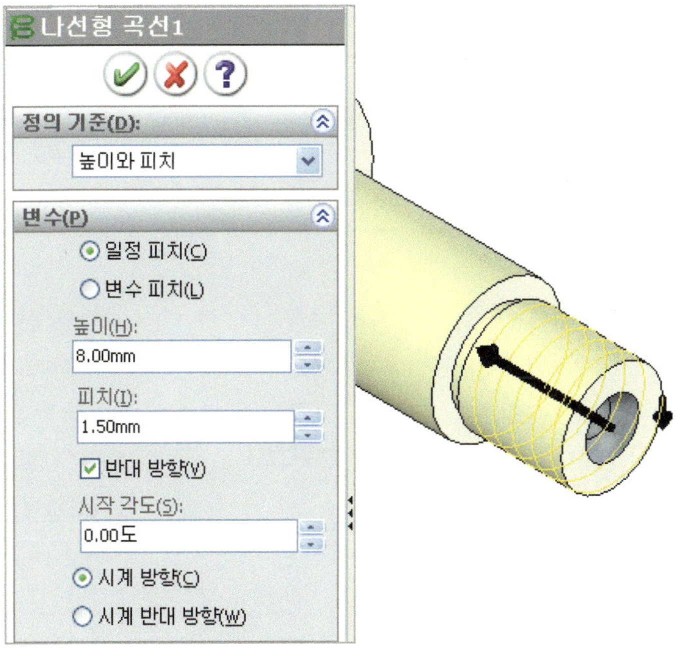

메 뉴

나선 곡선

요구되는 옵션

1. 정의 기준 :
   높이와 피치
2. 높이 : 8
3. 피치 : 1.5
4. 방향 : 반대 방향
5. 시작 각도 : 0도
6. 회전 방향 : 시계

3D 구현 조건

도움말 스케치 작성 시 원통 끝 모서리를 선택한 후 도구의 요소 변환을 이용하면 구속 조건을 줄 필요가 없다.

[7] 나사부 컷 스윕

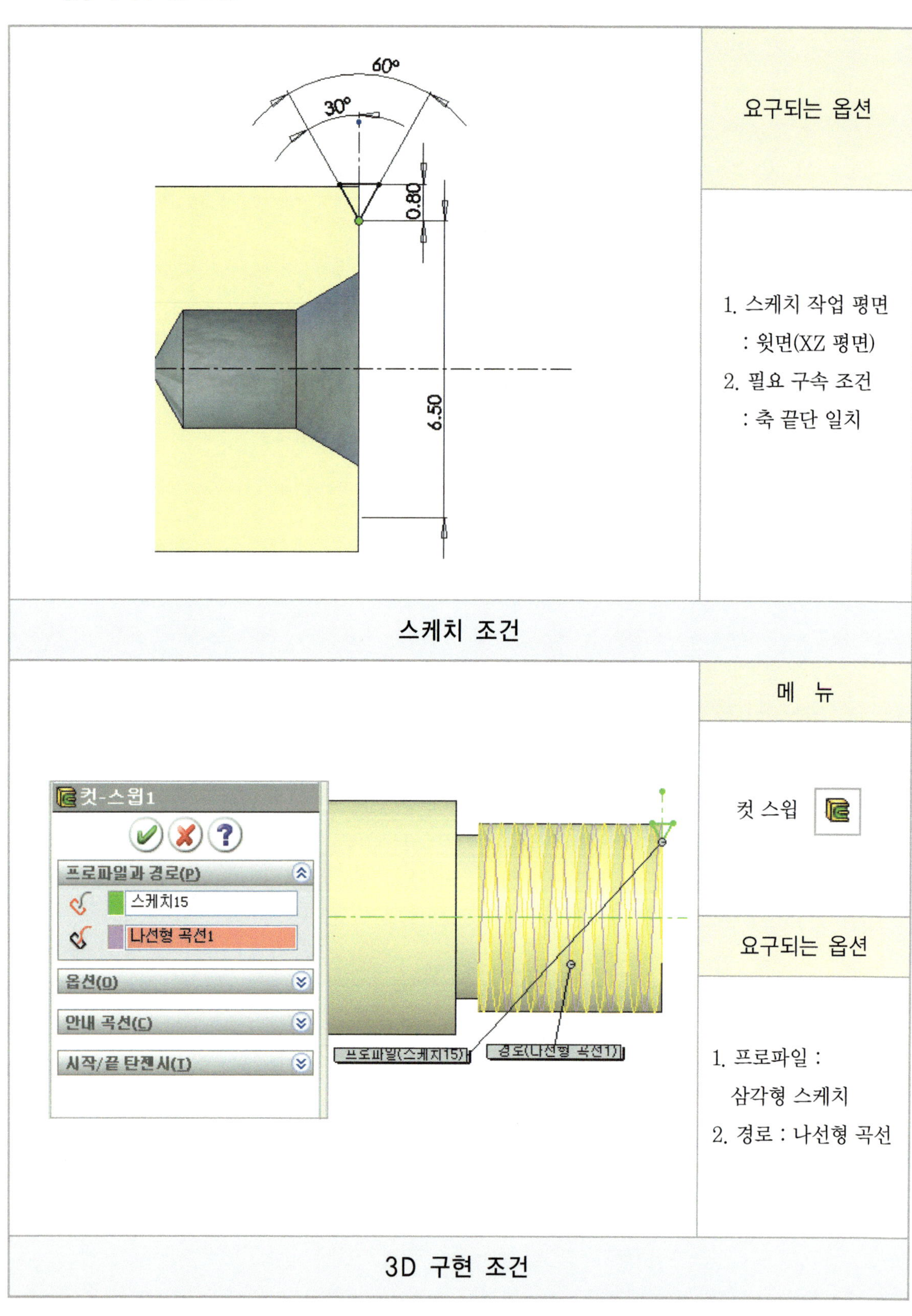

도움말 삼각형 스케치의 한쪽 변 길이가 나사 피치 간격보다 크면 컷 스윕 시 간섭 교차되어 에러 메시지가 뜬다.

[8] 축 끝단 모따기

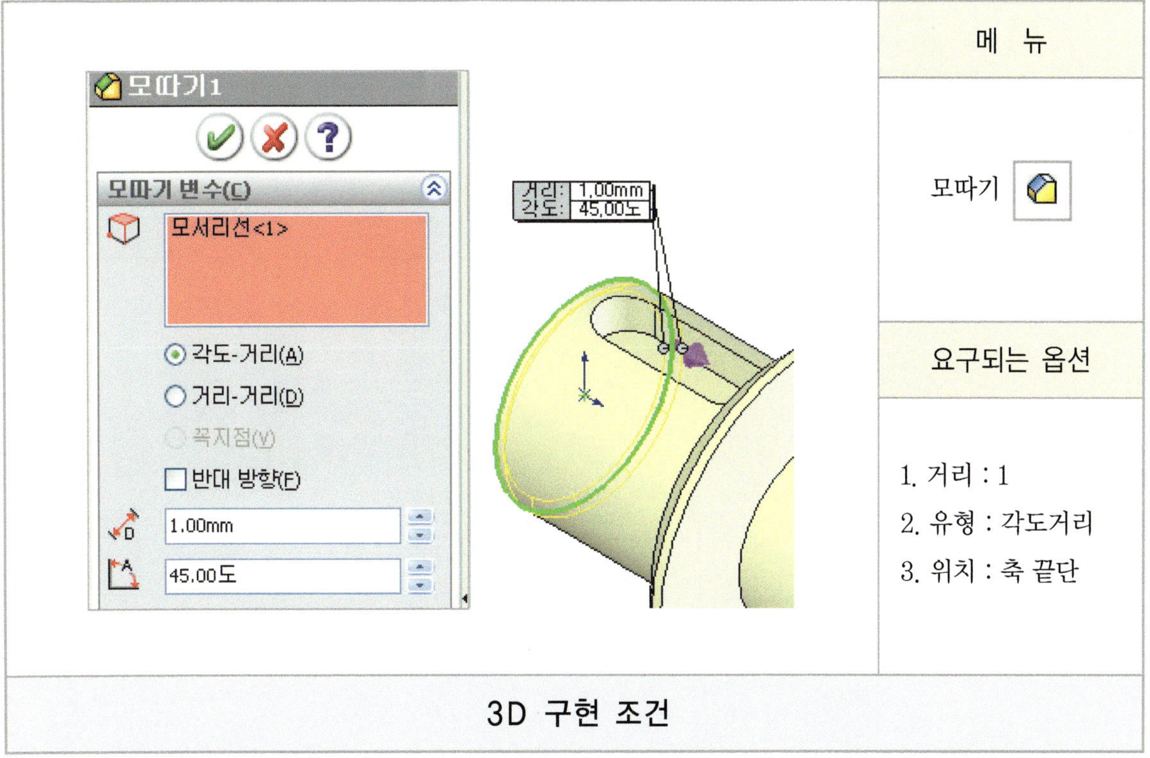

메 뉴
모따기

요구되는 옵션
1. 거리 : 1 2. 유형 : 각도거리 3. 위치 : 축 끝단

3D 구현 조건

[9] 중량 계산

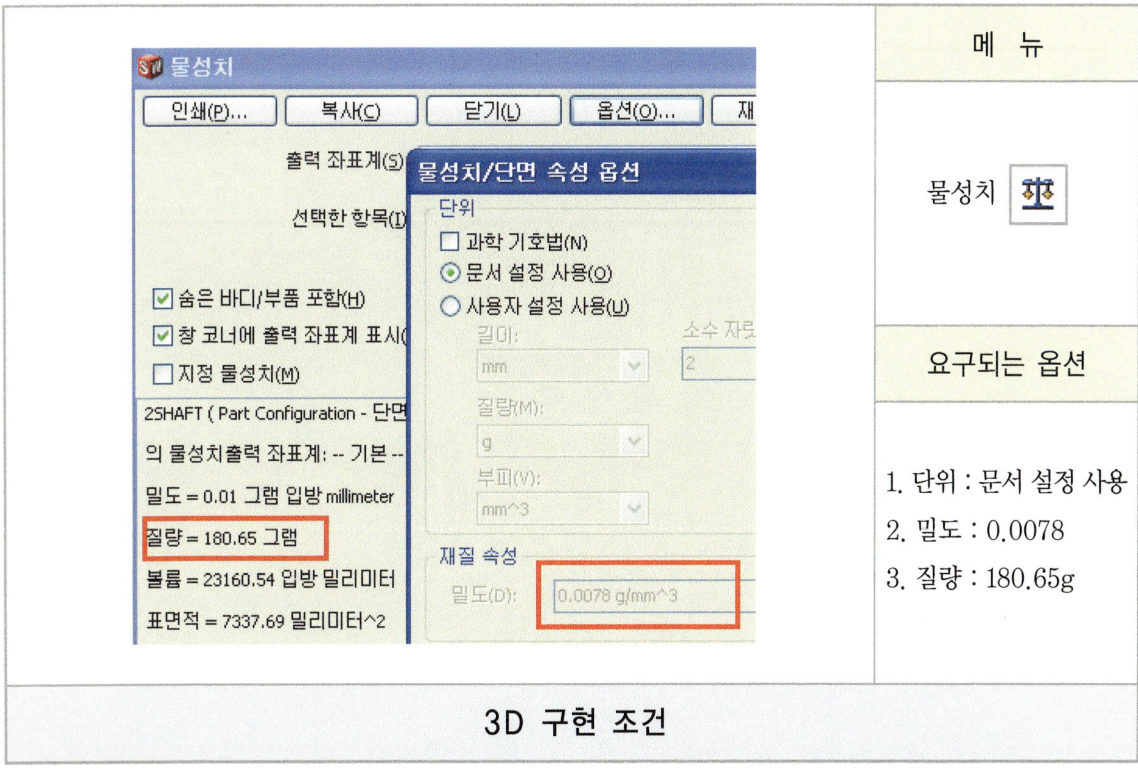

메 뉴
물성치

요구되는 옵션
1. 단위 : 문서 설정 사용 2. 밀도 : 0.0078 3. 질량 : 180.65g

3D 구현 조건

도움말 과제 요구 조건과 비슷한 밀도(비중)를 가진 재료가 Cast Carbon Steel이며 실제 오차가 5% 이내이면 감점이 없다.

[10] 키홈부 부분 단면

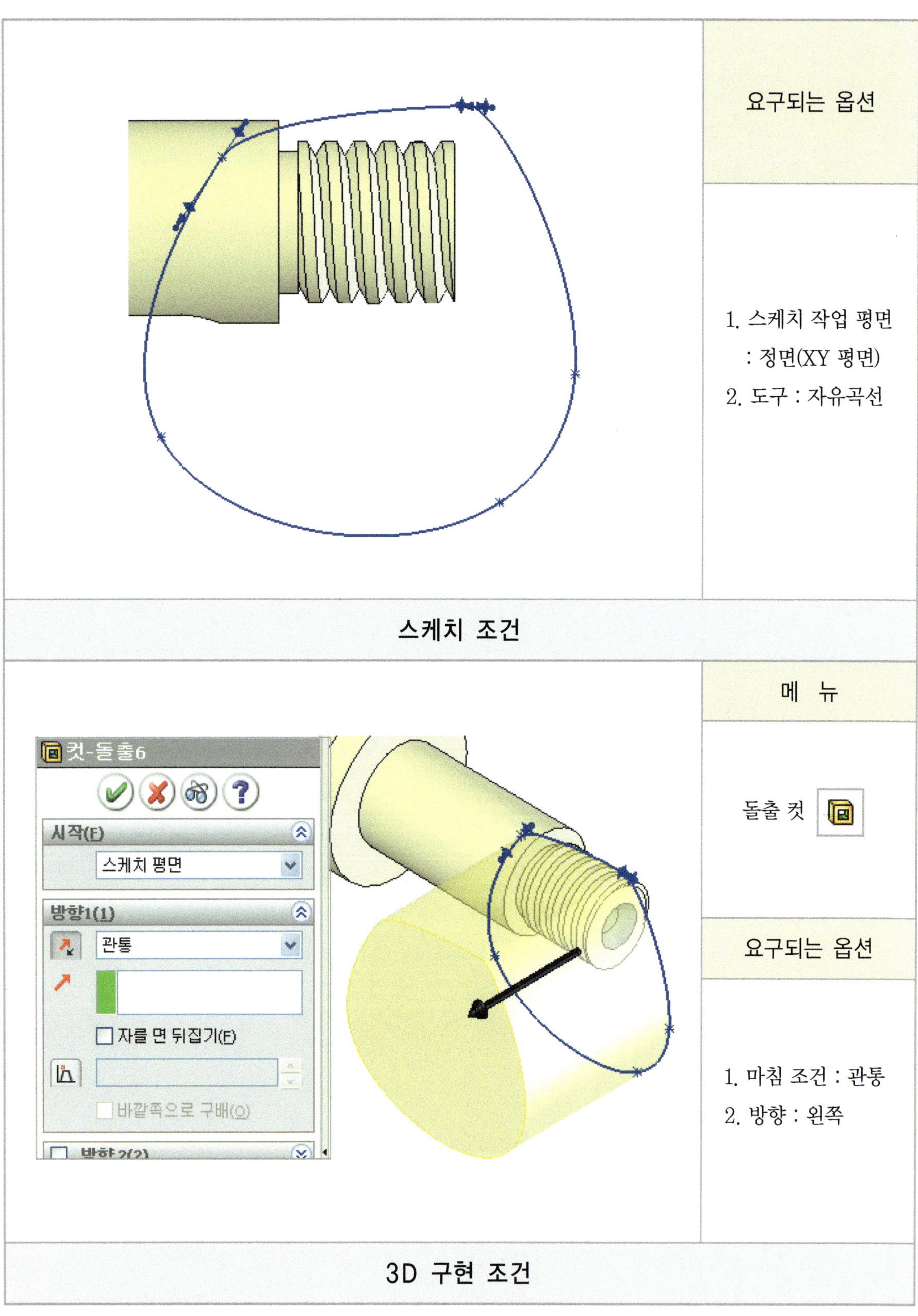

도 움 말　자유곡선으로 단일 윤곽을 그려주되, 곡선 모양이 너무 벗어나지 않도록 절곡점을 마우스로 끌기하여 크기를 조절한다.

[11] 설정 추가

피처 창 상단에 있는 세 번째 탭 Configuration Manager()를 누른 후 피처 창 최고 상단부에 마우스를 위치하고 오른쪽 버튼을 눌러 다음과 같이 [설정 추가]한다.

설정명은 단면억제라고 하고 [확인]을 누른다. 이것은 도면 모드에서 등각 투상 추출 시는 단면 형태로, 2D 부품도 추출 시는 나사산과 단면이 없는 상태로 불러올 수가 있다.

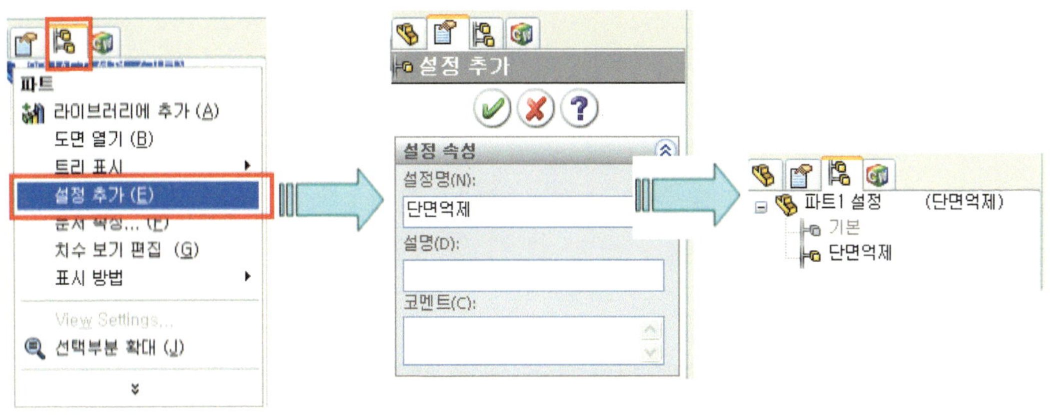

다시 첫 번째 탭 Feature Manager( )를 눌러 복귀한 후, 피처 창에서 마지막에 했던 컷 스윕과 컷 돌출 두 개를 [기능 억제]해야 한다.

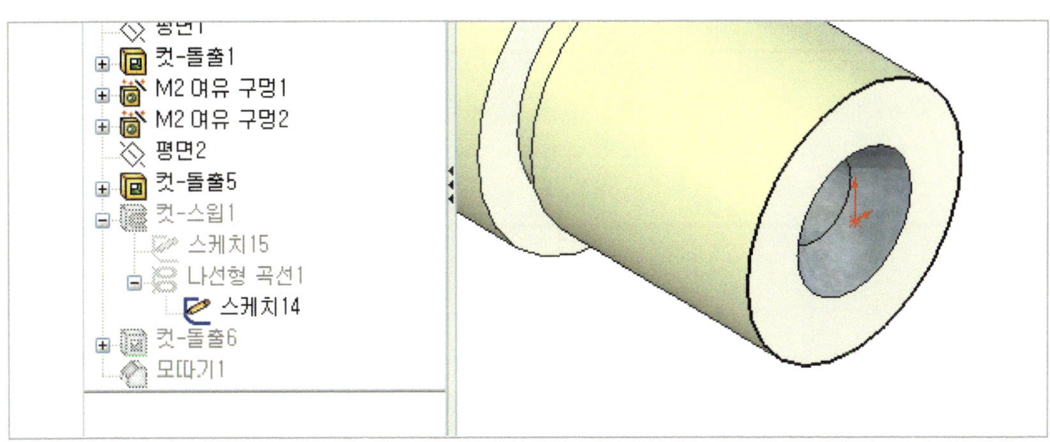

컷-스윕1과 컷-돌출6에 커서를 두고 마우스 오른쪽 버튼을 눌러 [기능 억제(B)]를 누른다. 이렇게 하면 피처 창의 컷 스윕과 컷 돌출부는 회색으로 변하고 부품은 단면이 억제되어 절단 전의 상태로 나타나게 된다.

자! 이렇게 해서 2번 부품 모델링이 완성되었다.

[12] 모델링 저장하기

다른 이름으로 저장할 때 부여받은 비번호 폴더에 2SHAFT.prt로 저장하여 찾기 쉽게 한다.

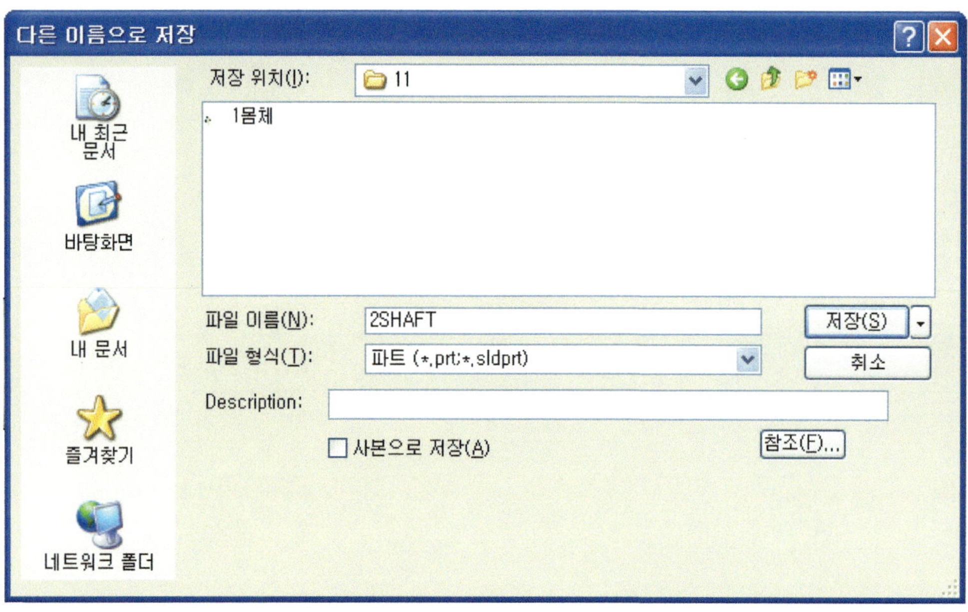

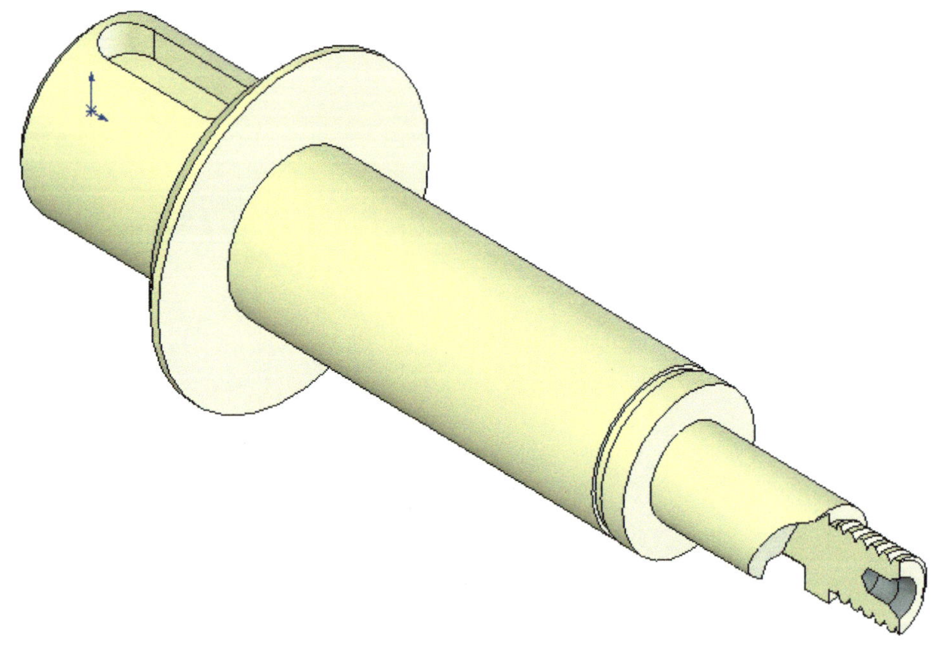

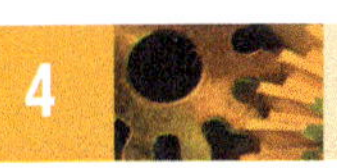

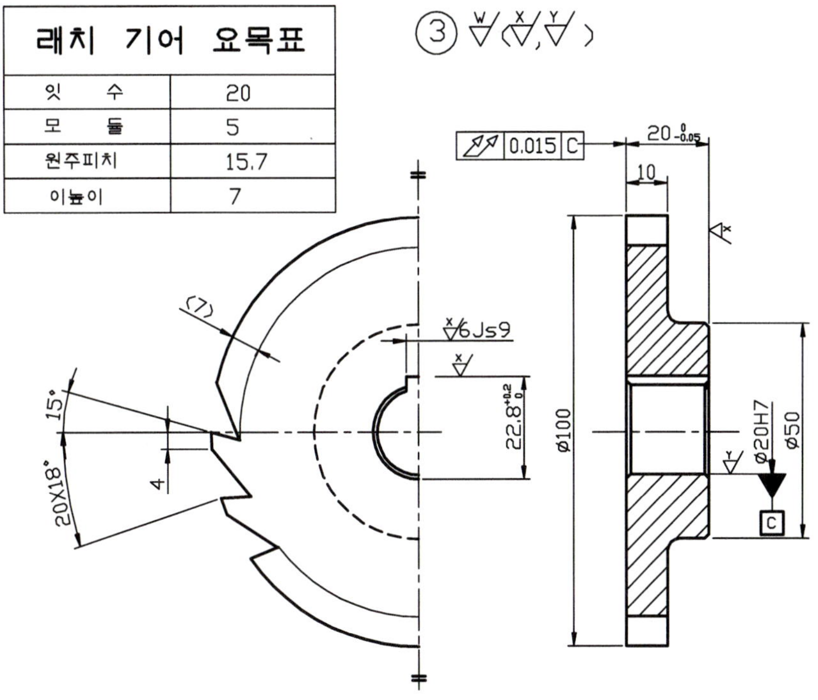

래치 기어는 한쪽 방향으로만 돌릴 수 있다. 반대 방향으로는 잠겨져 있어 역회전이 안되어 케이블 등에 연결하여 장력을 줄 때 많이 사용되는 부품이다.

래치 기어의 치형은 모듈(M), 잇수(Z)가 기준 데이터이며 세부 치수는 다음 계산식에 의해 구하고 제작 부품도에는 기어 요목표를 넣어 주어야 한다.

구 분	계 산 식
바깥지름(D)	D = 모듈(M) × 잇수(Z)
피치각(A)	A = 360 ÷ 잇수(Z)
이높이(H)	도면에서 측정하여 결정
이뿌리 지름($D1$)	$D1$ = 바깥지름(D) − $2H$
이나비(B)	도면에서 측정하여 결정
원주피치(P)	P = 모듈(M) × π
톱니각(α)	α = (15 ~ 20)°

이것을 토대로 이 과제에서는 바깥지름(D)=100, 피치각(A)=18°, 이높이(H)=7, 이나비(B)=4, 톱니각(α)=15°로 결정한다.

[1] 바깥지름 돌출 보스

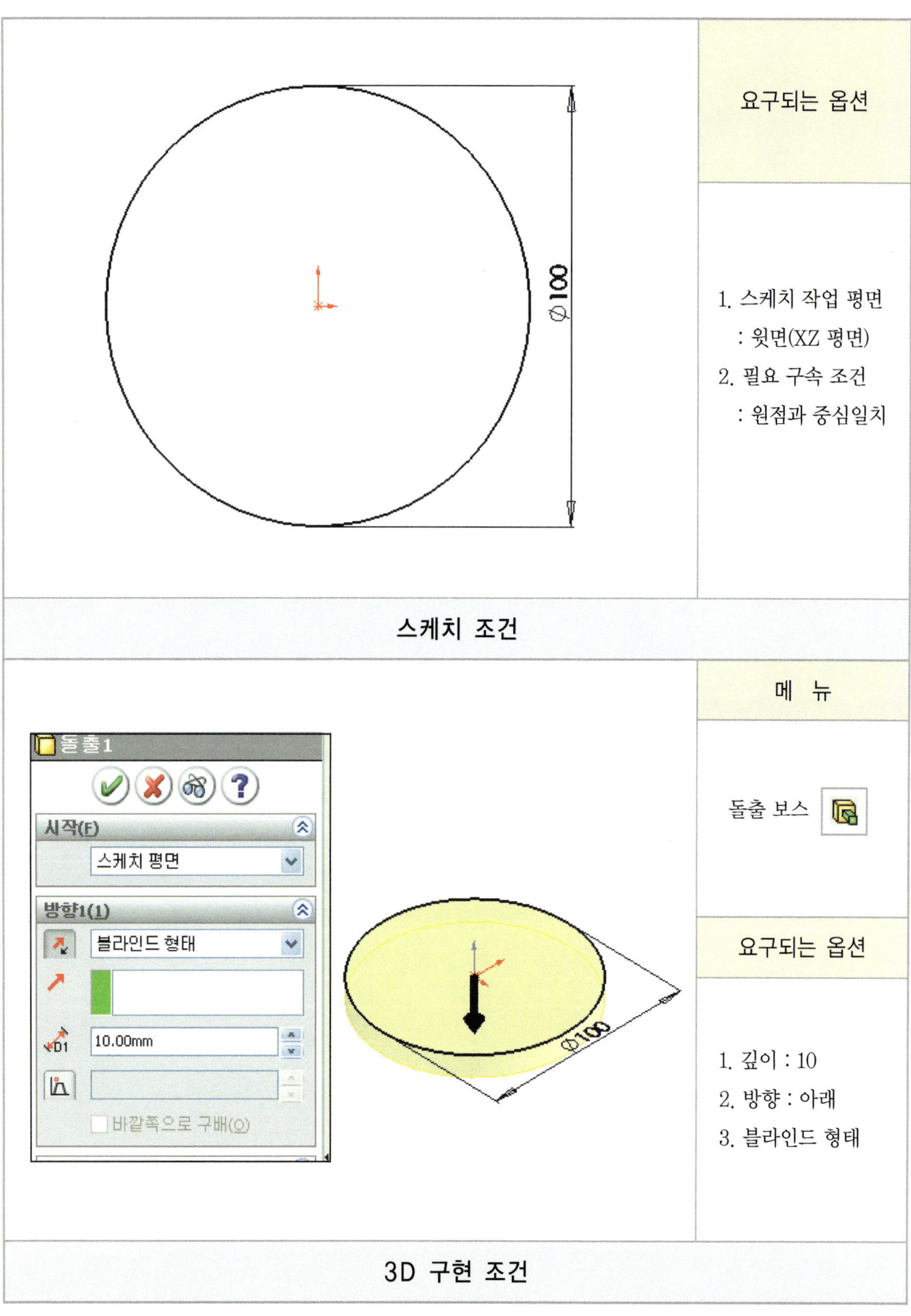

[2] 밑면 돌출 보스

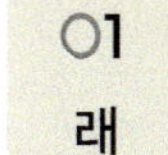

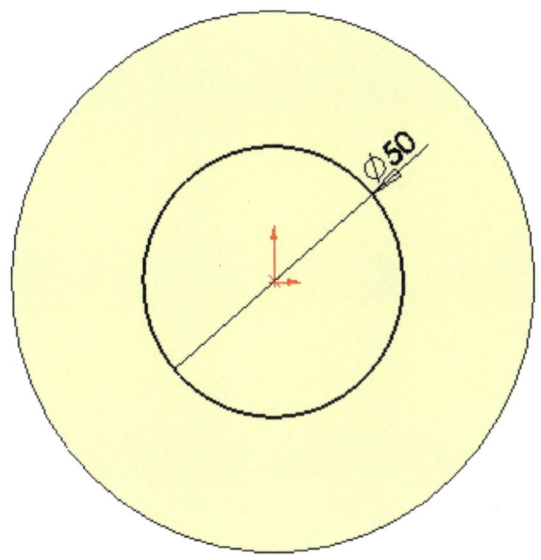

요구되는 옵션

1. 스케치 작업 평면
   : 밑면
2. 필요 구속 조건
   : 동심

스케치 조건

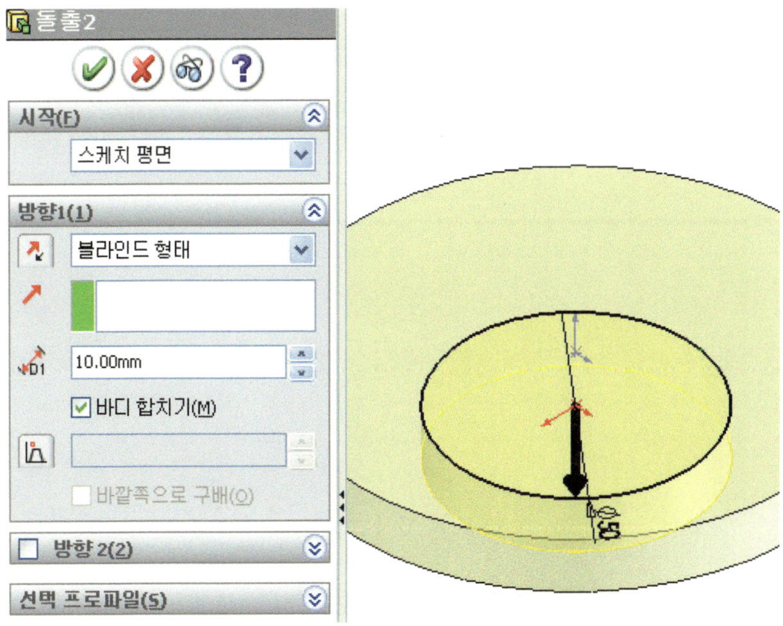

메 뉴

돌출 보스

요구되는 옵션

1. 깊이 : 10
2. 방향 : 아래
3. 블라인드 형태

3D 구현 조건

[3] 축과 키홈부 돌출 컷

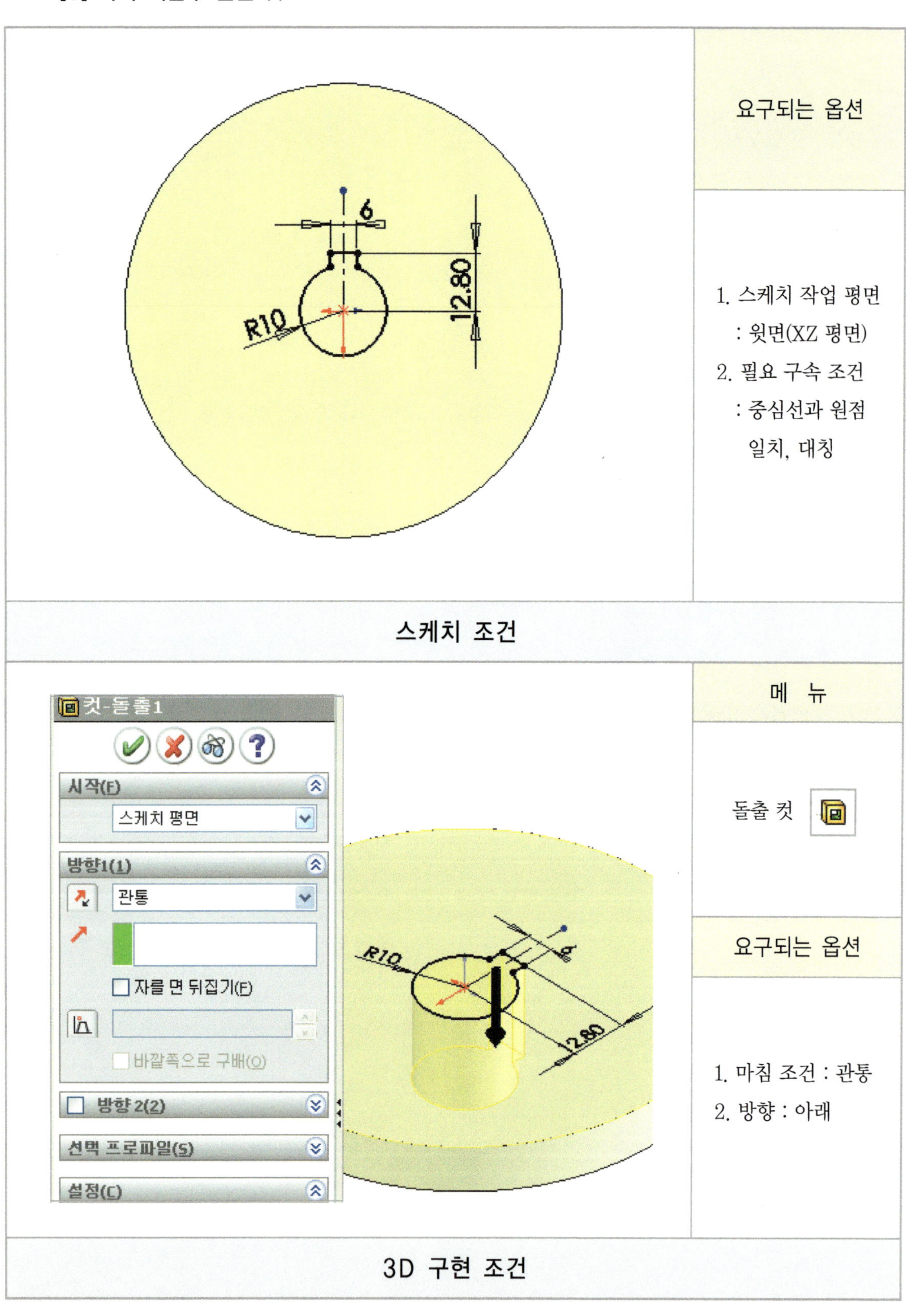

도움말 키홈부 치수=축반지름(10)+$t2$ 치수(2.8)=12.8이다.

[4] 치형 돌출 컷

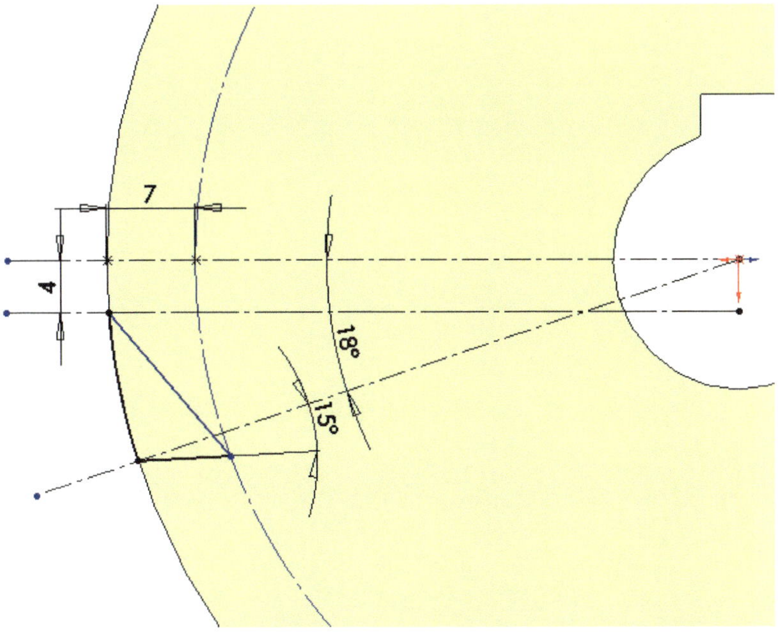

요구되는 옵션

1. 스케치 작업 평면
   : 윗면(XZ 평면)
2. 필요 구속 조건
   : 중심선과 원점 일치, 대칭

스케치 조건

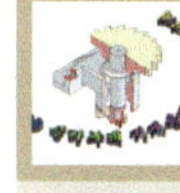

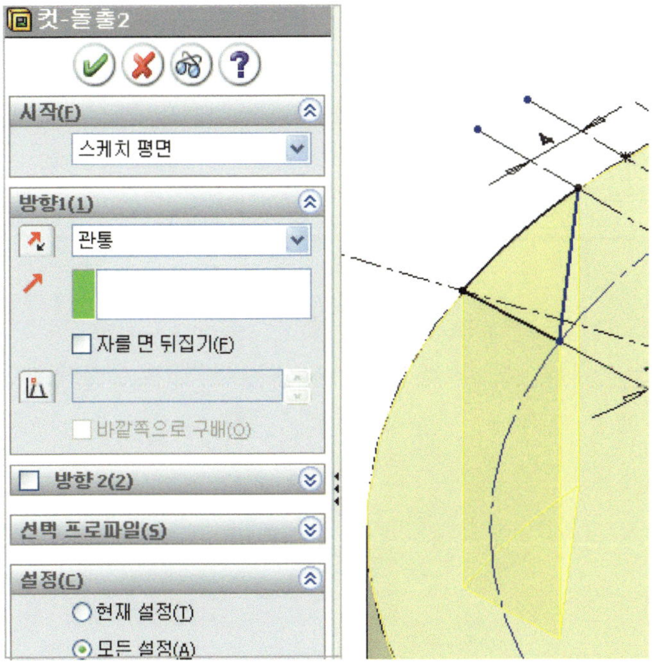

메 뉴

돌출 컷

요구되는 옵션

1. 마침 조건 : 관통
2. 방향 : 아래

3D 구현 조건

도 움 말 스케치 도형 크기는 앞에서 정한 피치각(A)=18°, 이높이(H)=7, 이나비(B)=4, 톱니각(α)=15°로 한다.

[5] 치형 회전 복사

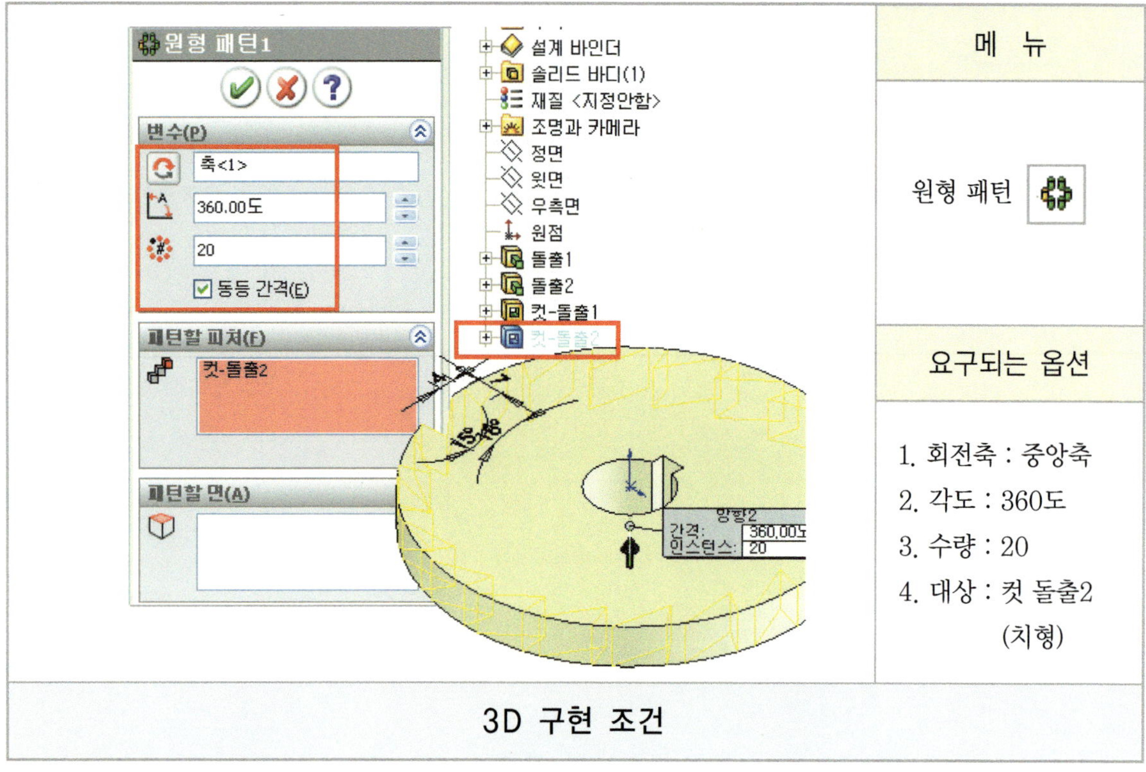

메 뉴	
원형 패턴	
요구되는 옵션	
1. 회전축 : 중앙축	
2. 각도 : 360도	
3. 수량 : 20	
4. 대상 : 컷 돌출2 (치형)	

3D 구현 조건

도움말　회전축 선택 : 메뉴 ➡ 보기 ➡ 임시축을 눌러 잠시 화면에 나타나게 한다.

[6] 보스 모서리 필렛

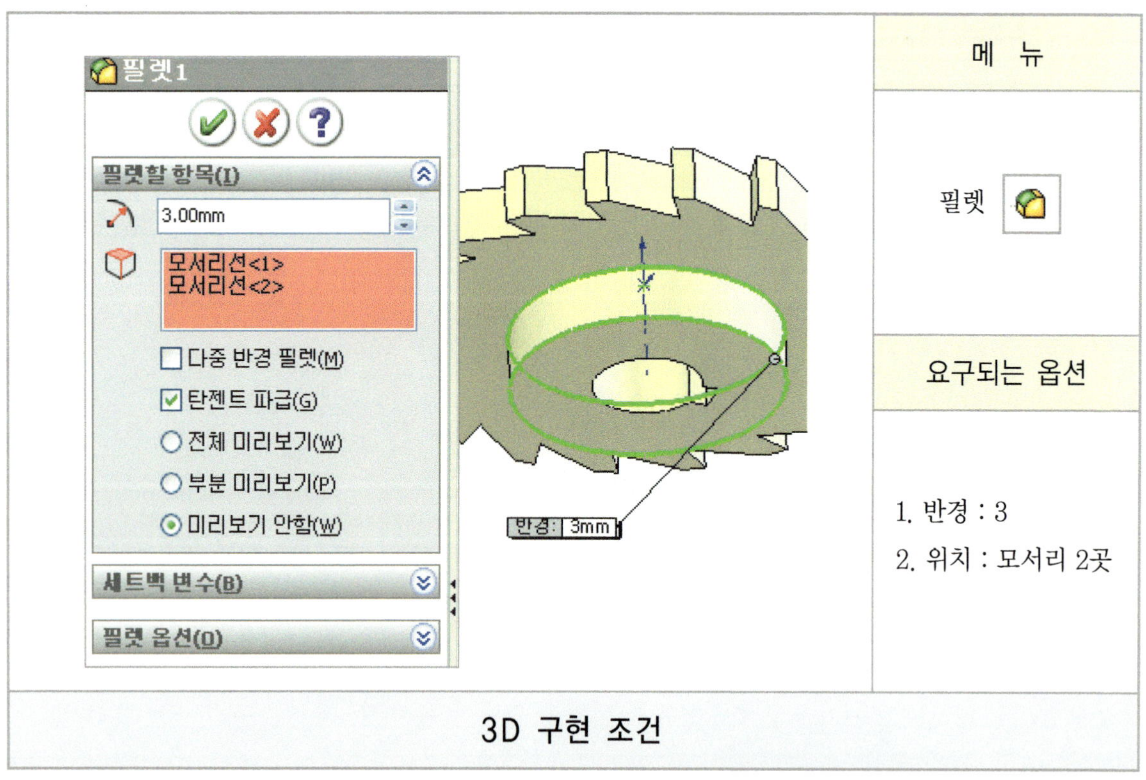

메 뉴	
필렛	
요구되는 옵션	
1. 반경 : 3	
2. 위치 : 모서리 2곳	

3D 구현 조건

[7] 중량 계산

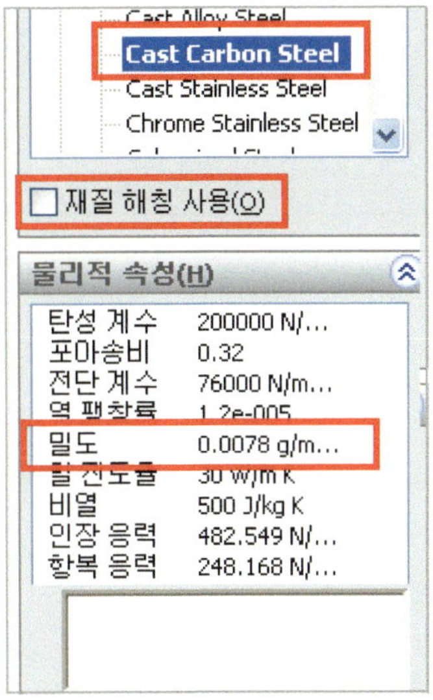

<table>
<tr><td>

재질 설정

</td><td>

요구되는 옵션

설정 위치 :

재질 〈지정안함〉 선택

1. 재질 :

Cast Carbon Steel

2. 재질 해칭 사용 :

해제

01 래치기어장치 부품 모델링

</td></tr>
</table>

재질 설정

<table>
<tr><td>

중량 산출

</td><td>

메 뉴

물성치

요구되는 옵션

1. 단위 : 문서 설정 사용

2. 밀도 : 0.0078

3. 질량 : 644.26g

</td></tr>
</table>

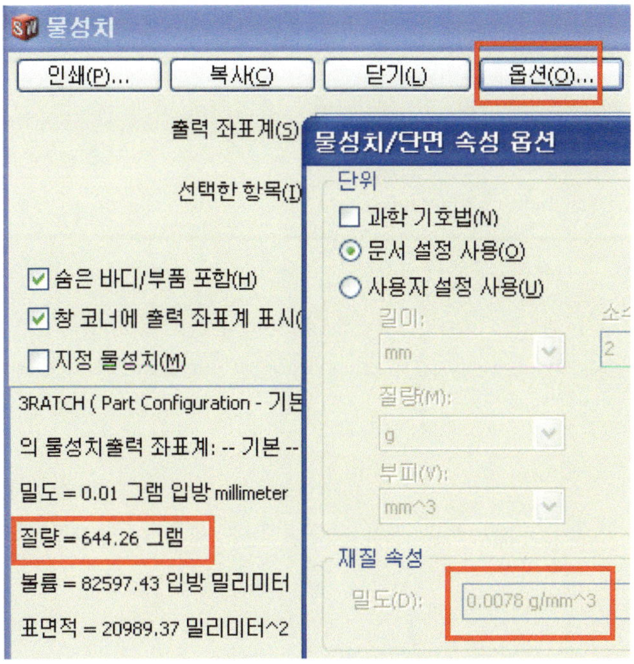

중량 산출

도 움 말　과제 요구조건과 비슷한 밀도(비중)를 가진 재료가 Cast Carbon Steel이며 실제 오차가 5% 이내이면 감점이 없다. 재질 옵션에서 해칭 사용을 해제해야 도면 추출 시 해칭 모양 수정이 자유롭다.

[8] 전체 한쪽 단면

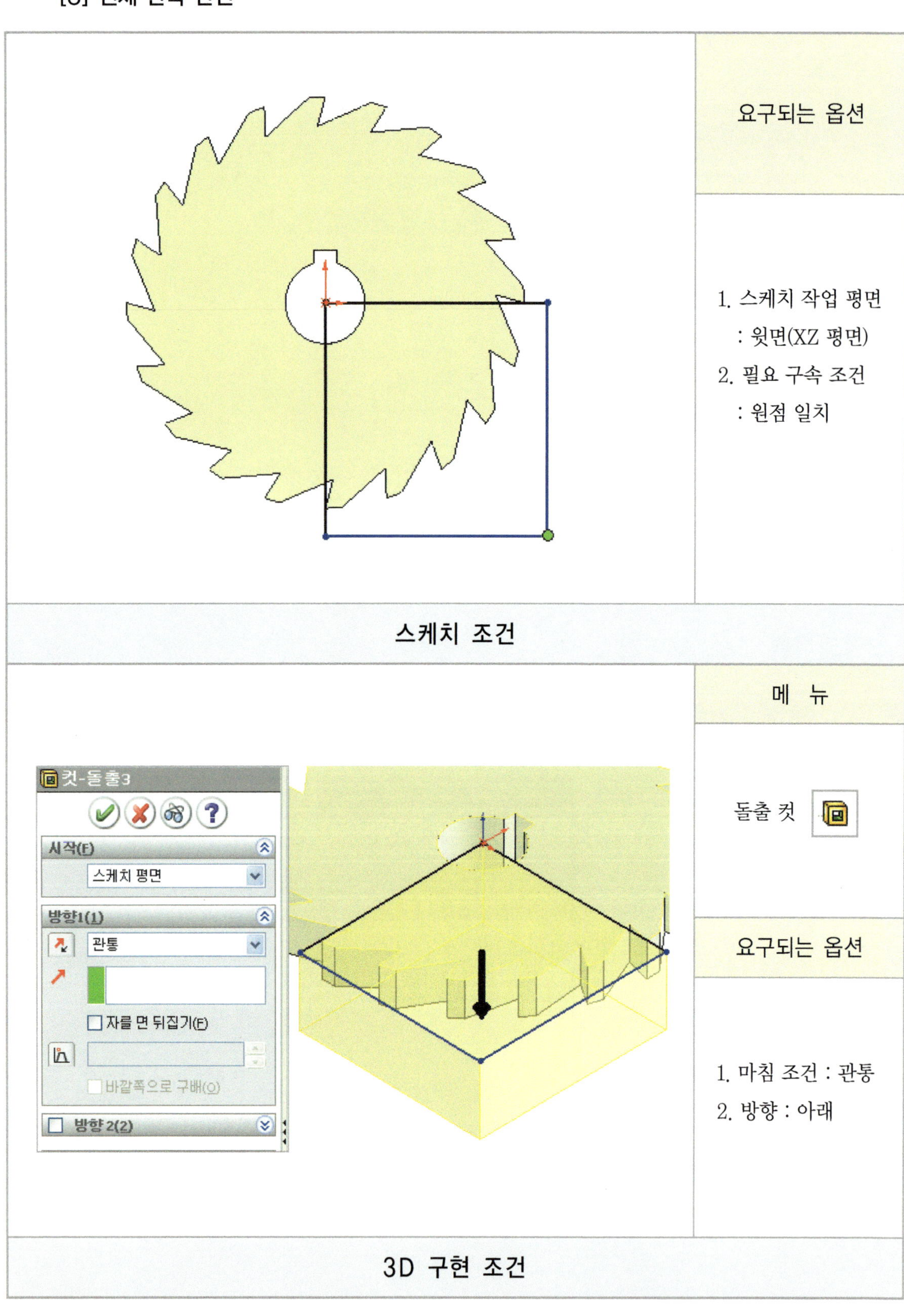

도 움 말 단면부는 내부 형상 표현이 잘 되도록 중심에서 우측 하단을 자른다.

[9] 설정 추가

피처 창 상단에 있는 세 번째 탭 Configuration Manager(　)를 누른 후 피처 창 최고 상단부에 마우스를 위치하고 오른쪽 버튼을 눌러 다음과 같이 [설정 추가]한다.

설정명은 단면억제라고 하고 [확인]을 누른다. 이것은 도면 모드에서 등각 투상 추출 시는 단면 형태로, 2D 부품도 추출 시는 나사산과 단면이 없는 상태로 불러올 수가 있다.

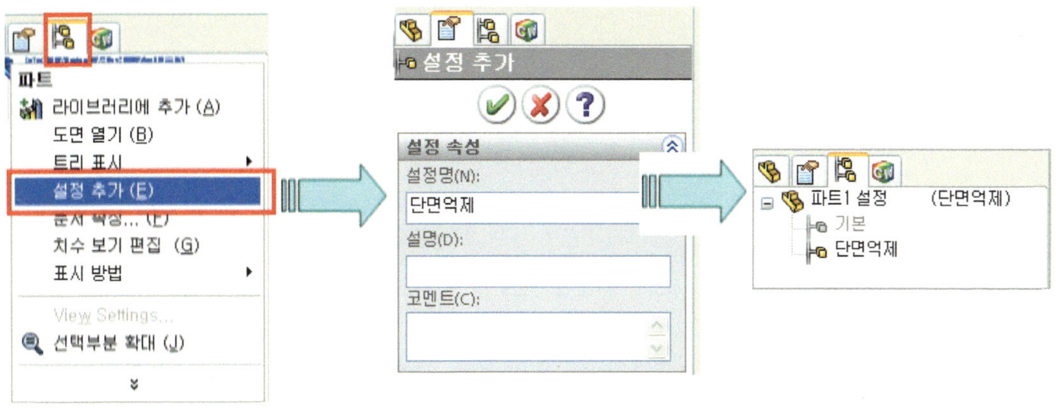

다시 첫 번째 탭 Feature Manager(　)를 눌러 복귀한 후, 피처 창에서 마지막에 했던 컷 돌출을 [기능 억제]해야 한다.

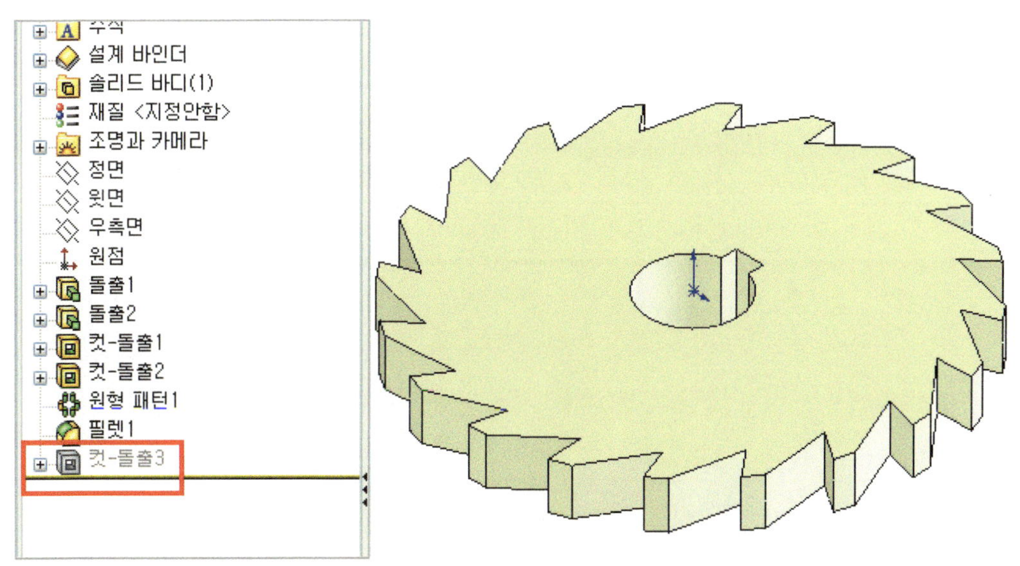

컷 돌출부에 커서를 두고 마우스 오른쪽 버튼을 눌러 [기능 억제(B)]를 누른다. 이렇게 하면 피처 창의 컷 돌출부는 회색으로 변하고 부품은 단면이 억제되어 절단 전의 상태로 나타나게 된다.

자! 이렇게 해서 2번 부품 모델링이 완성되었다.

[10] 저장하기

다른 이름으로 저장할 때 부여받은 비번호 폴더에 3RATCH.prt로 저장하여 찾기 쉽게 한다.

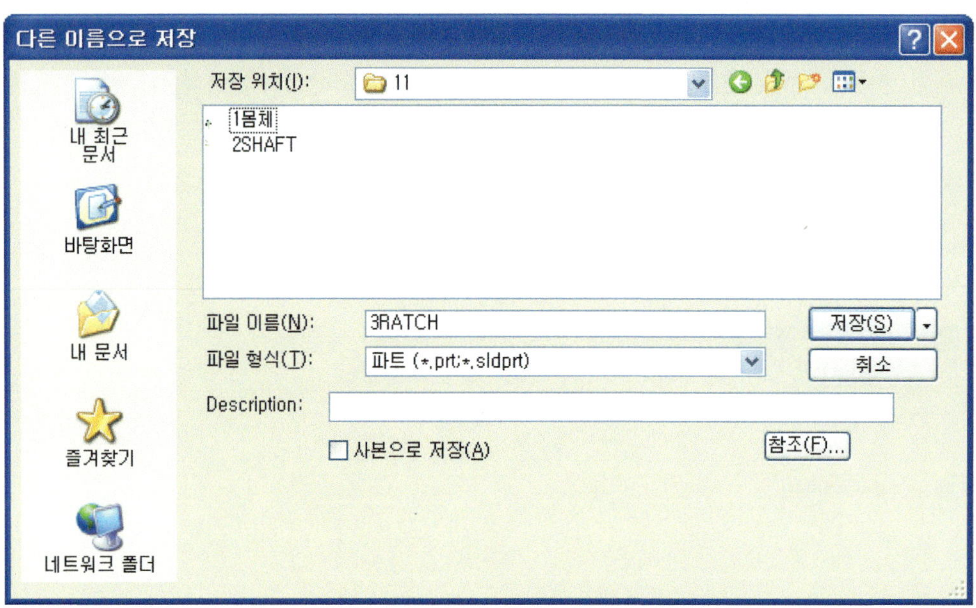

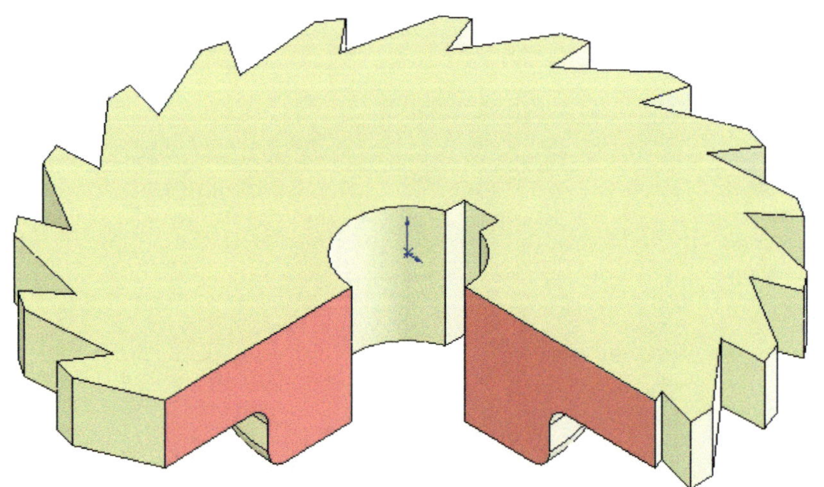

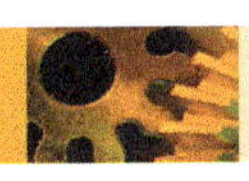

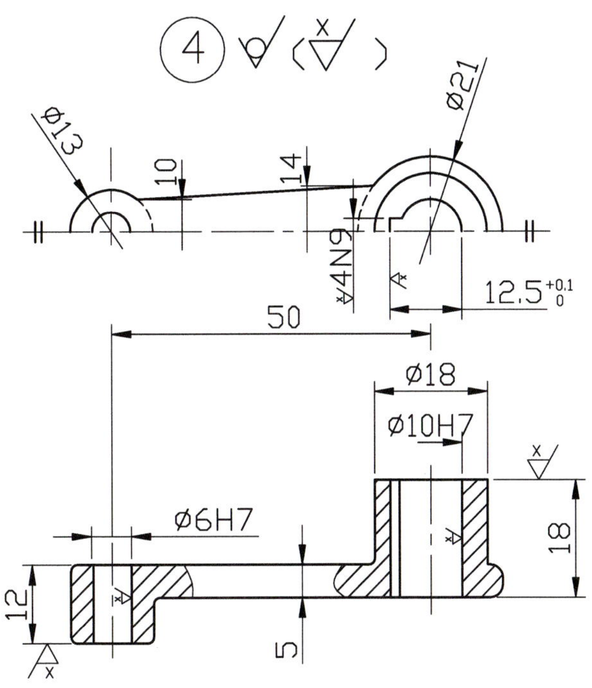

4번 핸들은 비교적 쉬운 형상으로 되어 있어 어려움은 없다. 다만 축과 키의 끼워맞춤 치수가 축 모델링과 동일한지 확인해야 한다. 필렛 처리부가 많으니 순서에 유의하고 내부가 보일 수 있도록 원통부는 한쪽 단면도를 취한다.

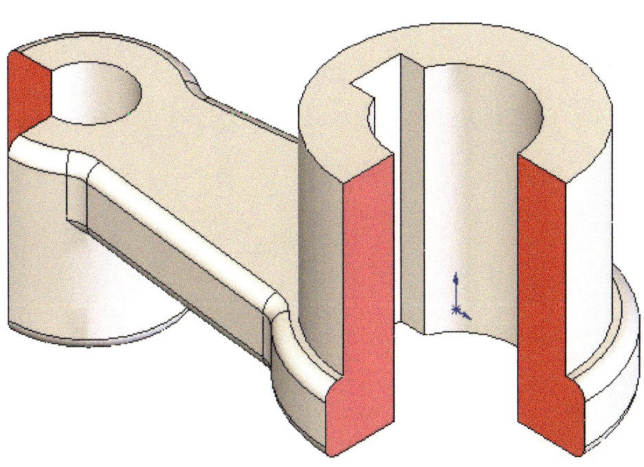

[1] 축 연결 원통부 돌출 보스 1

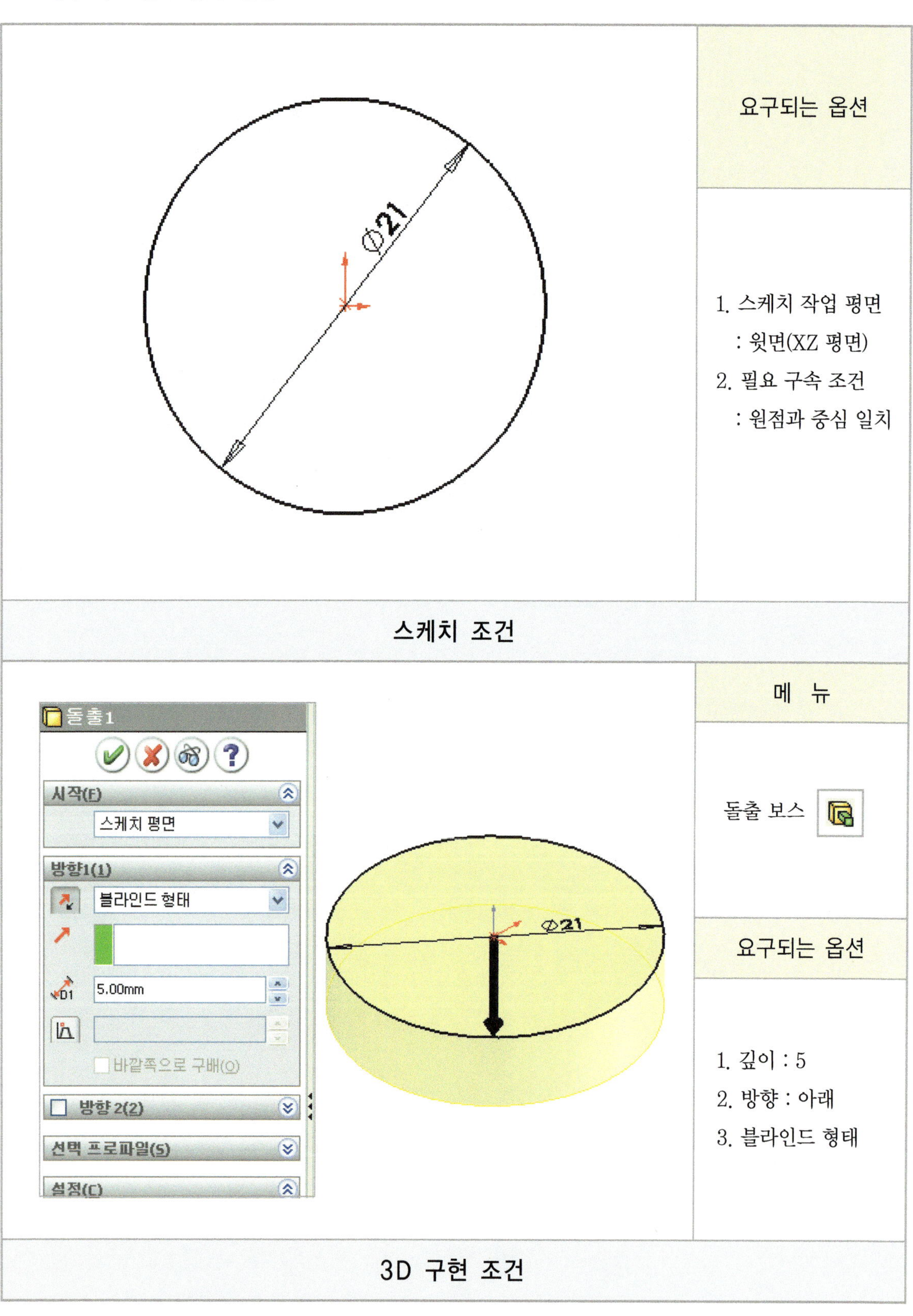

도 움 말   돌출 방향에 유의한다.

[2] 축 연결 원통부 돌출 보스 2

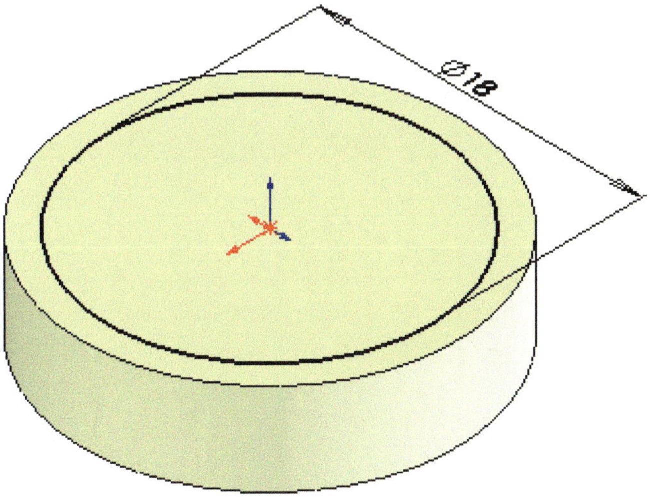

요구되는 옵션

1. 스케치 작업 평면
   : 돌출 윗면
2. 필요 구속 조건
   : 원점과 중심 일치

스케치 조건

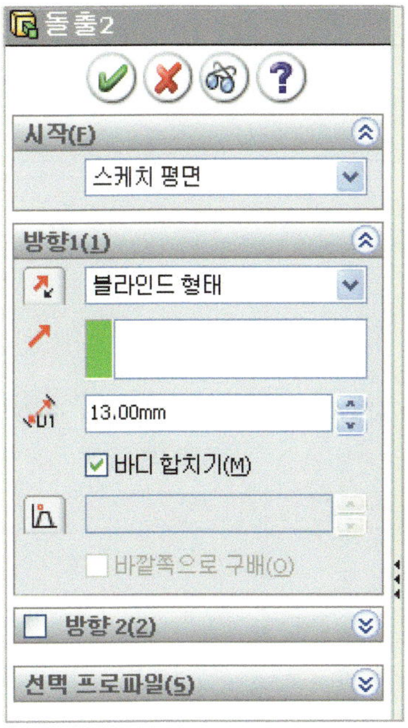

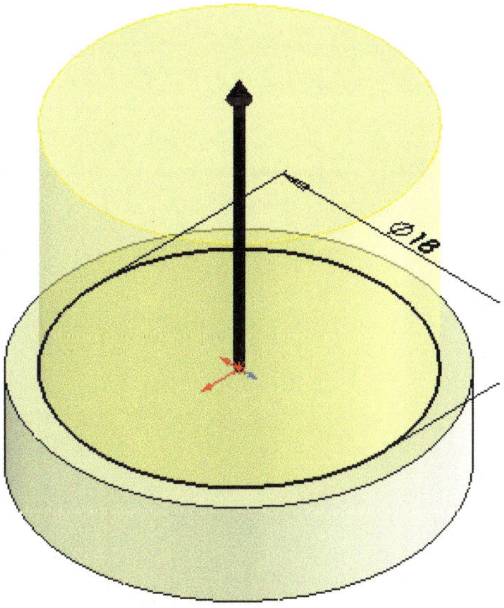

메 뉴

돌출 보스

요구되는 옵션

1. 깊이 : 13
2. 방향 : 위
3. 블라인드 형태

3D 구현 조건

[3] 작은 원통부 돌출 보스

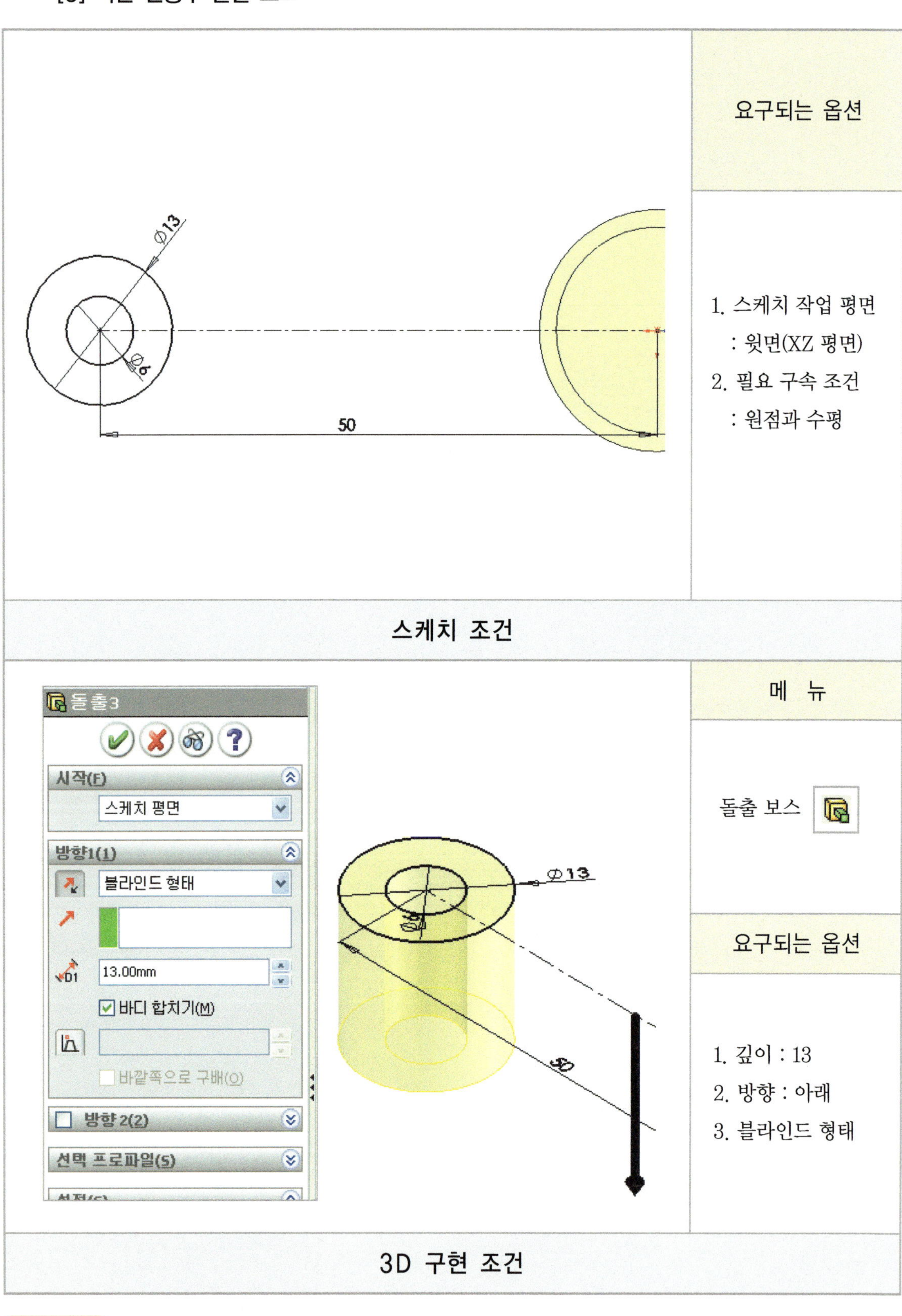

스케치 조건

3D 구현 조건

도움말 돌출 방향에 유의한다.

[4] 암부분 돌출 보스

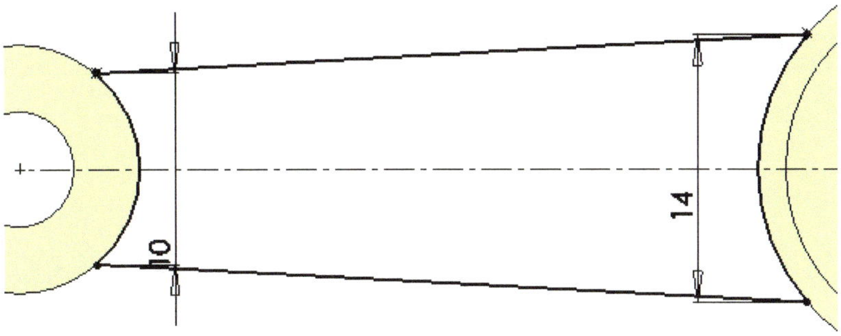

<table>
<tr><td rowspan="2"></td><td>요구되는 옵션</td></tr>
<tr><td>

1. 스케치 작업 평면
    : 윗면(XZ 평면)
2. 필요 구속 조건
    : 대칭, 일치

</td></tr>
<tr><td colspan="2" align="center">스케치 조건</td></tr>
</table>

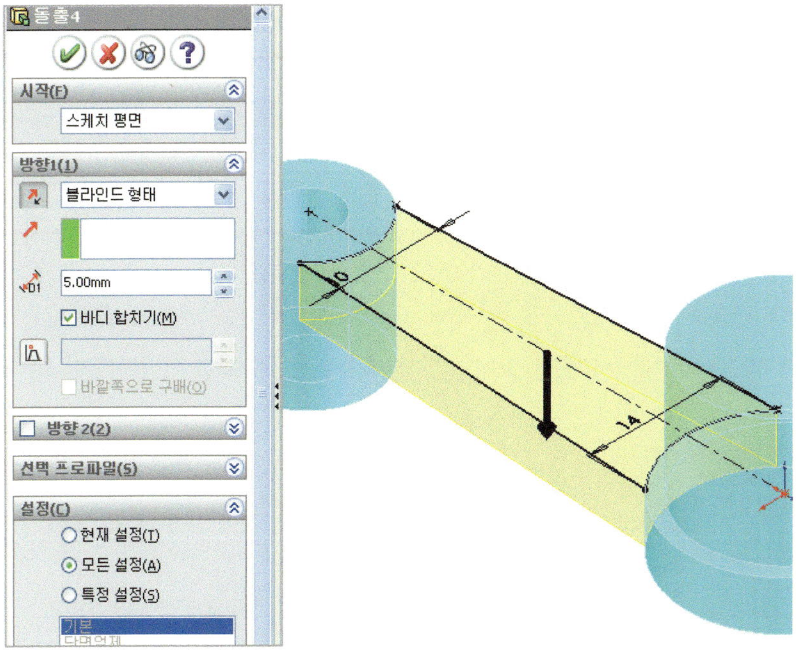

<table>
<tr><td rowspan="4"></td><td align="center">메 뉴</td></tr>
<tr><td align="center">돌출 보스</td></tr>
<tr><td align="center">요구되는 옵션</td></tr>
<tr><td>

1. 깊이 : 5
2. 방향 : 아래
3. 블라인드 형태

</td></tr>
<tr><td colspan="2" align="center">3D 구현 조건</td></tr>
</table>

도 움 말 원호부 스케치는 원통 모서리를 먼저 선택한 후 요소 변환 메뉴를 클릭하면 원이 쉽게 생성된다. 이후 스케치 잘라내기 메뉴로 불필요한 부분을 잘라낸다.

[5] 축 구멍 절단

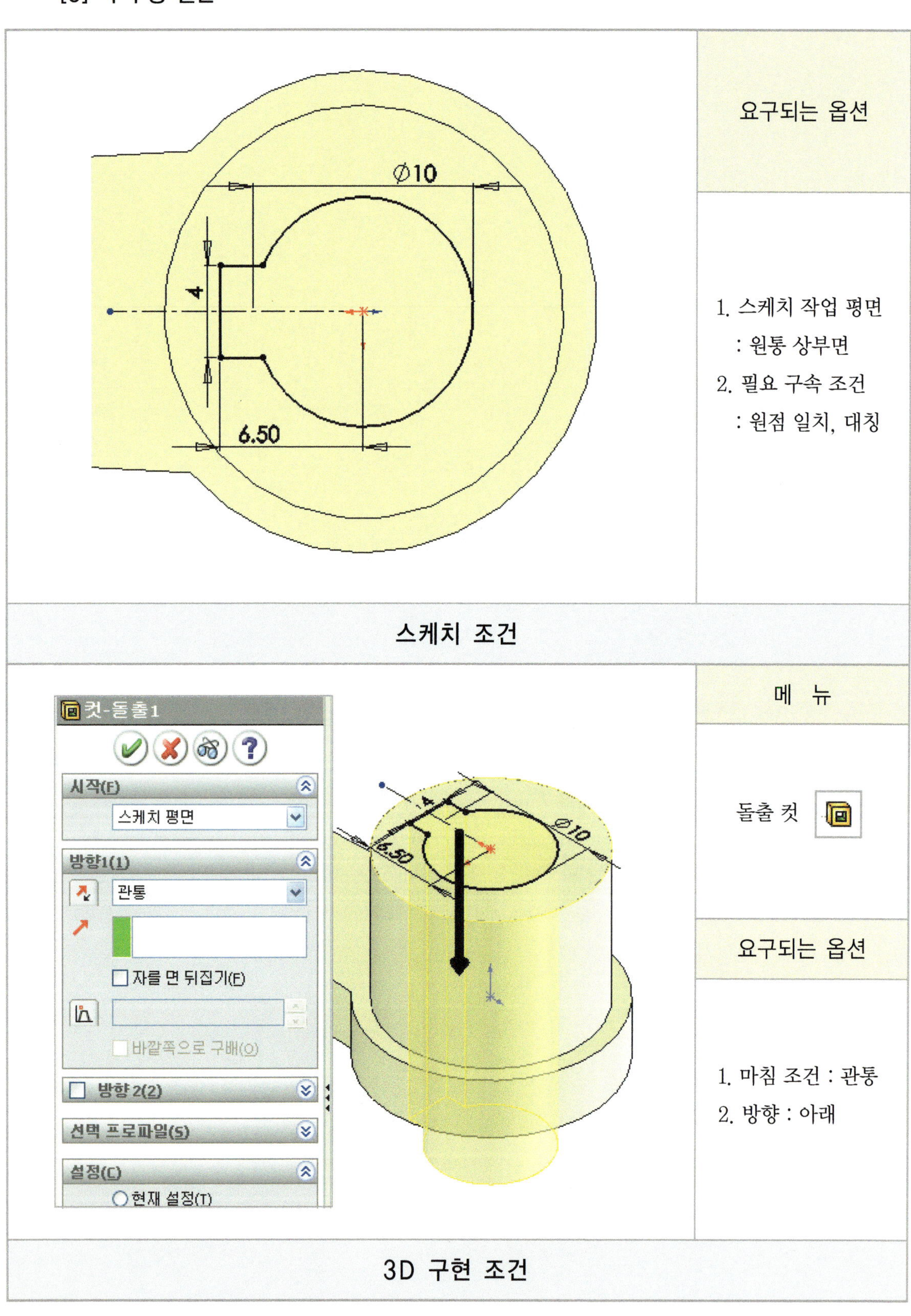

	요구되는 옵션

스케치 조건	1. 스케치 작업 평면
	  : 원통 상부면
	2. 필요 구속 조건
	  : 원점 일치, 대칭

메 뉴

돌출 컷

요구되는 옵션

1. 마침 조건 : 관통
2. 방향 : 아래

3D 구현 조건

도움말 키 홈 높이 치수는 규격에 따르지 않고 실측정 치수로 한다.

[6] 암과 원통 교차부 필렛

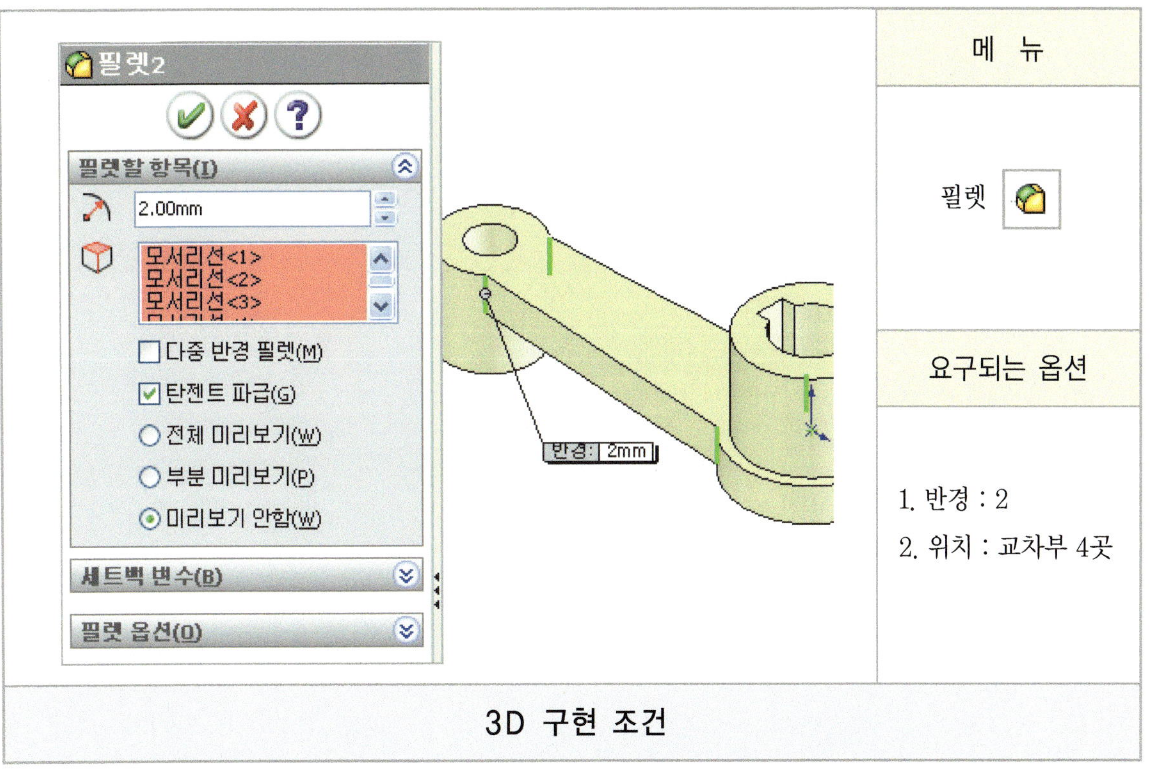

메 뉴	
필렛	
요구되는 옵션	
1. 반경 : 2	
2. 위치 : 교차부 4곳	

3D 구현 조건

[7] 암부분 필렛

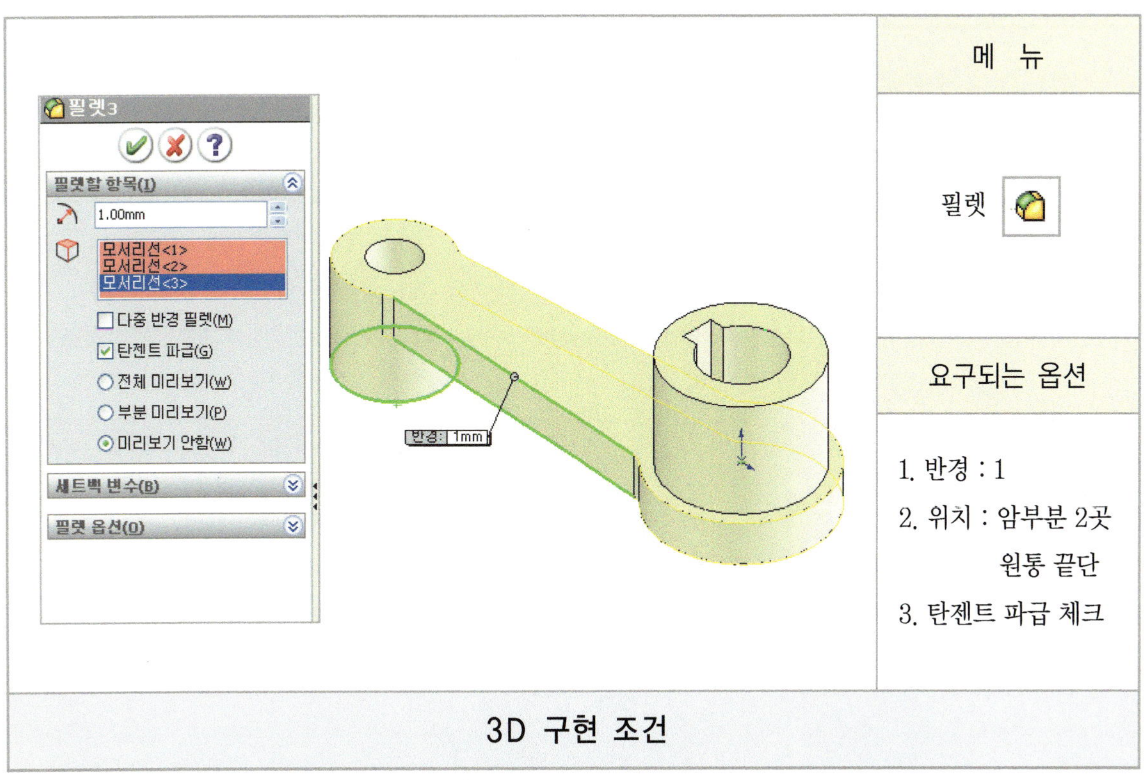

메 뉴	
필렛	
요구되는 옵션	
1. 반경 : 1	
2. 위치 : 암부분 2곳	
원통 끝단	
3. 탄젠트 파급 체크	

3D 구현 조건

도 움 말　필렛 시 모서리가 꺾인 측면 부분을 먼저 처리한다.

[8] 중량 계산

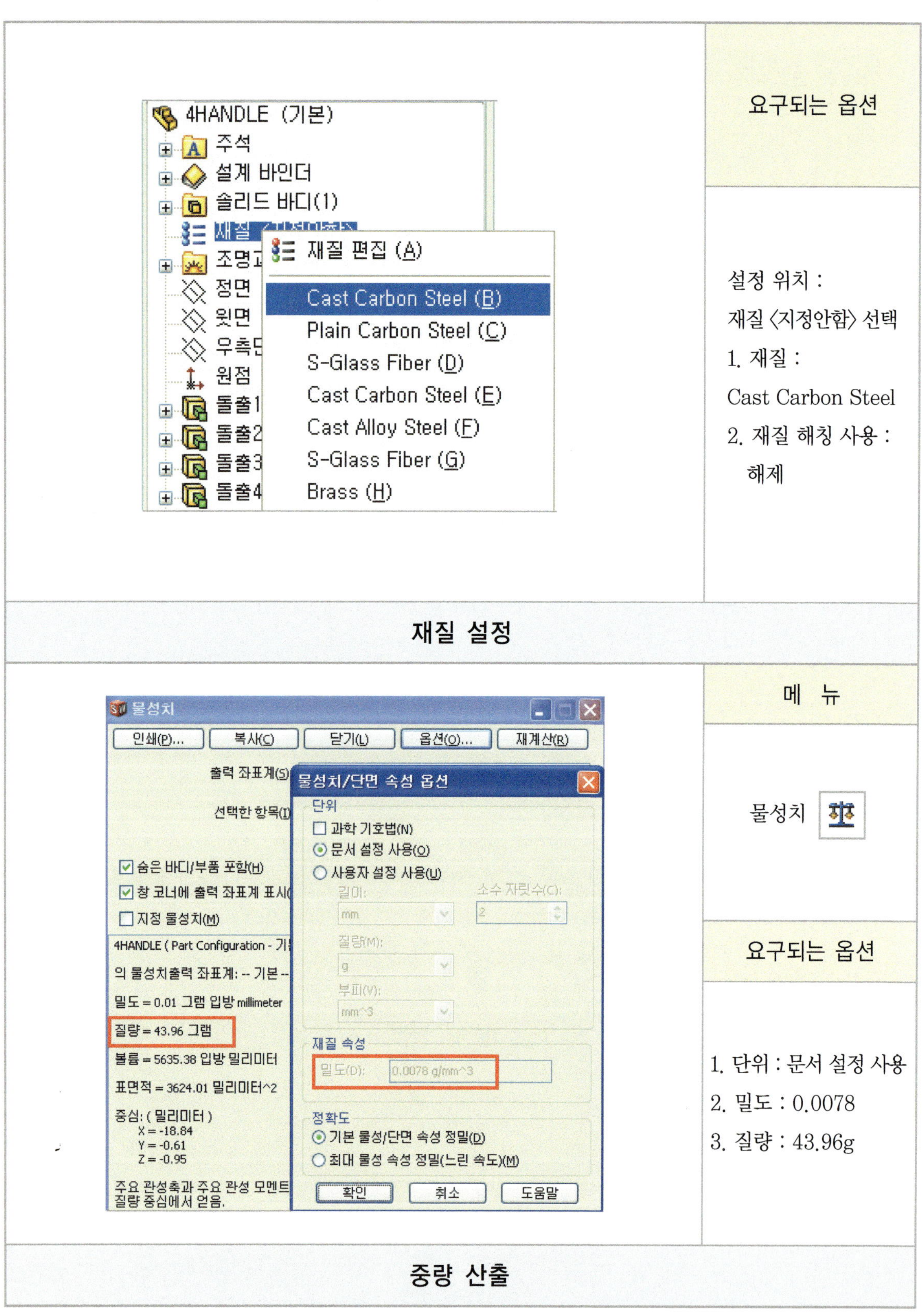

재질 설정

중량 산출

도 움 말 과제 요구조건과 비슷한 밀도(비중)를 가진 재료는 Cast Carbon Steel이며 실제 오차가 5% 이내이면 감점이 없다. 재질 옵션에서 해칭 사용을 해제해야 도면 추출 시 해칭 모양의 수정이 자유롭다.

[9] 전체 한쪽 단면

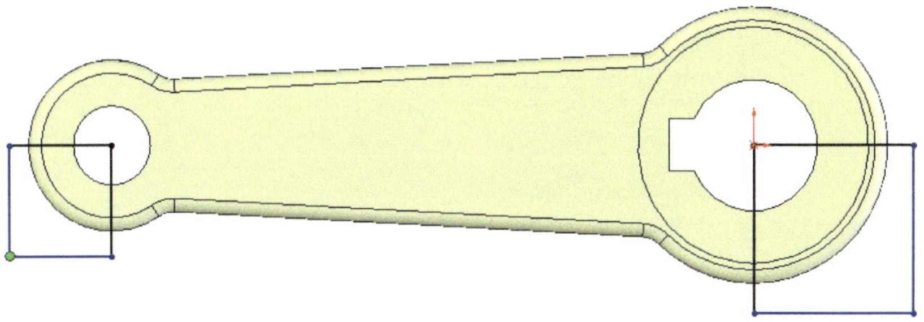

요구되는 옵션

1. 스케치 작업 평면
   : 원통 상단면
2. 필요 구속 조건
   : 원통 중심 일치

스케치 조건

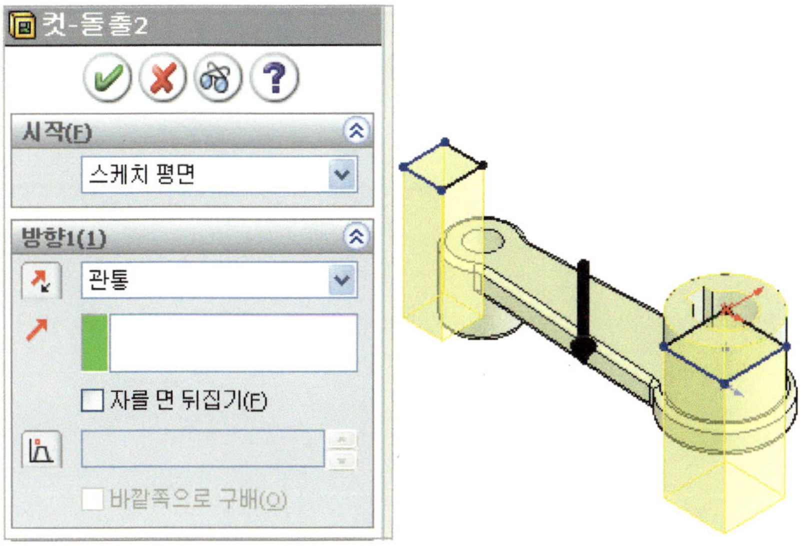

메 뉴

돌출 컷 

컷-돌출2

시작(F)
스케치 평면

방향1(1)
관통

자를 면 뒤집기(F)

바깥쪽으로 구배(O)

요구되는 옵션

1. 마침 조건 : 관통
2. 방향 : 아래

3D 구현 조건

[10] 설정 추가

피처 창 상단에 있는 세 번째 탭 Configuration Manager( )를 누른 후 피처 창 최고 상단부에 마우스를 위치하고 오른쪽 버튼을 눌러 다음과 같이 [설정 추가]한다.

설정명은 단면억제라고 하고 [확인]을 누른다. 이것은 도면 모드에서 등각 투상 추출 시는 단면형태로, 2D 부품도 추출 시는 나사산과 단면이 없는 상태로 불러올 수가 있다.

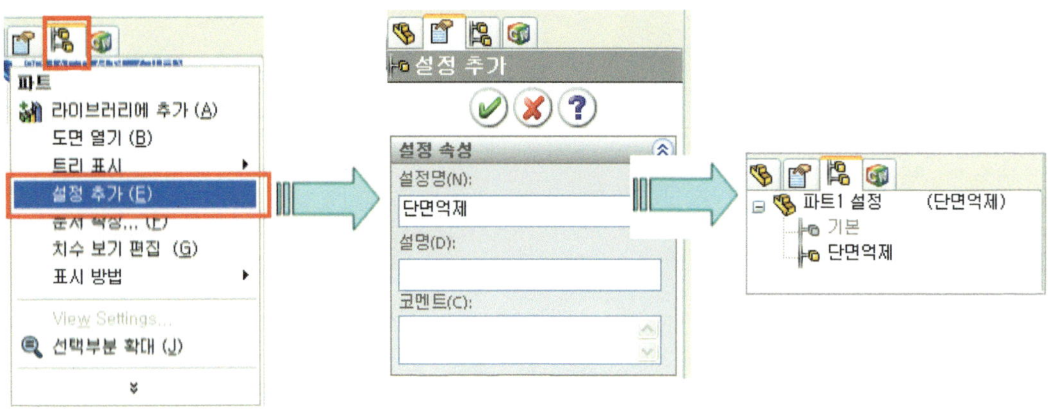

다시 첫 번재 탭 Feature Manager( )를 눌러 복귀한 후, 피처 창에서 마지막에 했던 컷 돌출을 [기능 억제]해야 한다.

컷 돌출부에 커서를 두고 마우스 오른쪽 버튼을 눌러 [기능 억제(B)]를 누른다. 이렇게 하면 피처 창의 컷 돌출부는 회색으로 변하고 부품은 단면이 억제되어 절단 전의 상태로 나타나게 된다.

자! 이렇게 해서 4번 부품 모델링이 완성되었다.

[11] 모델링 저장하기

다른 이름으로 저장할 때 부여받은 비번호 폴더에 4HANDLE.prt로 저장하여 찾기 쉽게 한다.

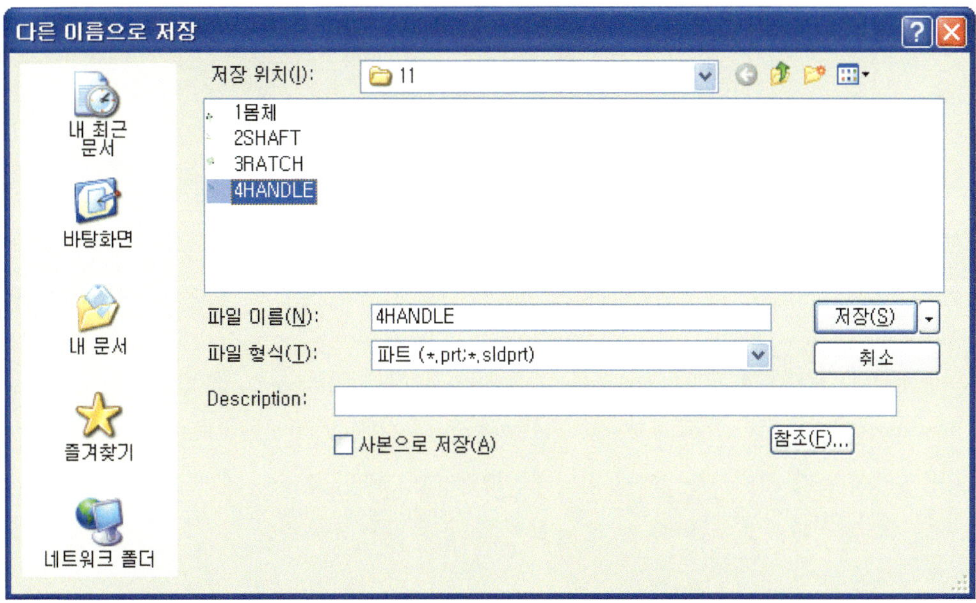

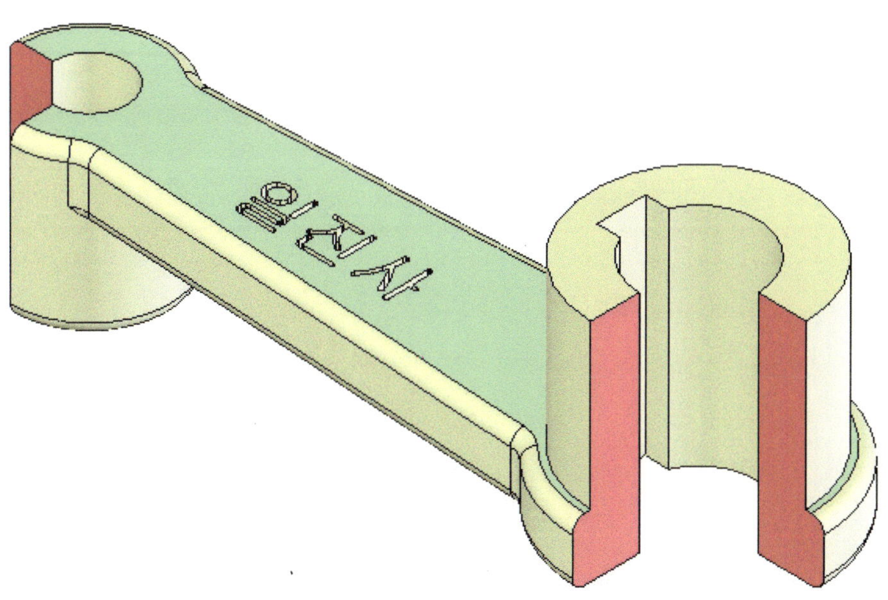

02 3차원 모델링도

1 등각 투상도 추출 & 완성

1 각 모델링 다른 등각 뷰 저장

3D 모델링도의 수검자 요구사항을 보면 부품마다 실물의 특징이 가장 잘 나타나는 등각축을 2개 선택하여 등각 이미지를 2개씩 나타내라고 하였다. SolidWorks에서의 표준 등각 뷰는 남동 방향 등각 뷰 상태이고, 나머지 한 개 남서 방향 등각 뷰는 모델링을 회전시켜 작업자가 설정하여 뷰 저장해야 한다.

01 뷰 회전

먼저 표준도구 모음에서 [등각보기(G)]를 누른다.

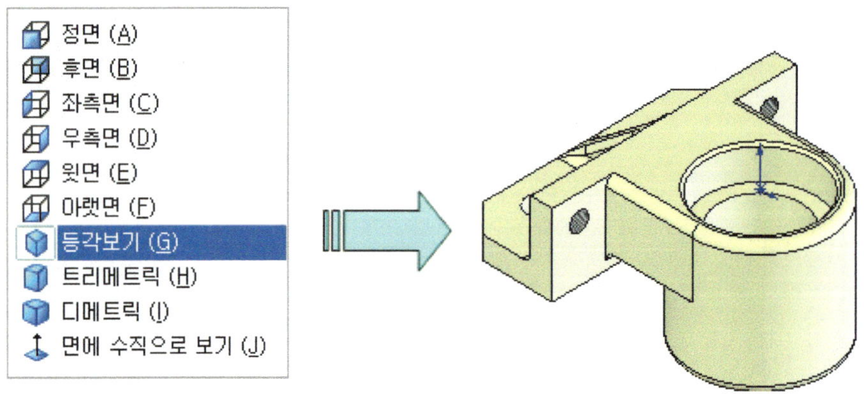

02 다시 뷰 회전을 선택하고 Y축과 평행한 아무 모서리를 선택한다. 이러면 Y축은 고정이 된 상태로 모델링 부품을 회전시킬 수 있다.

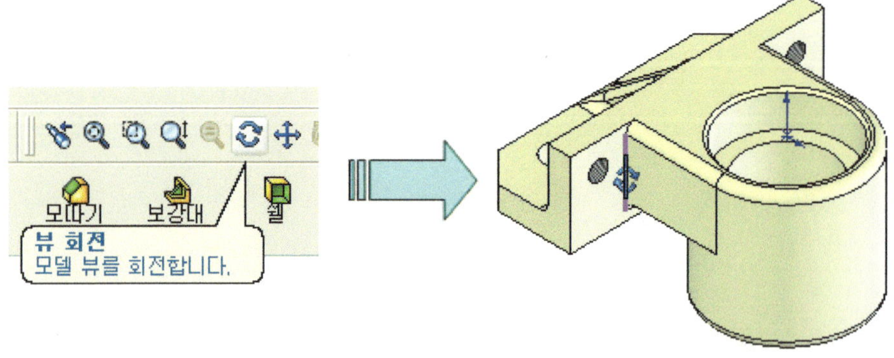

03 남서 등각이 될 때까지 감각적으로 회전시킨 후 마우스 오른쪽 버튼을 눌러 뷰 팝업 메뉴를 띄운다. 이 중 [뷰 방향...(J)]를 선택한다.

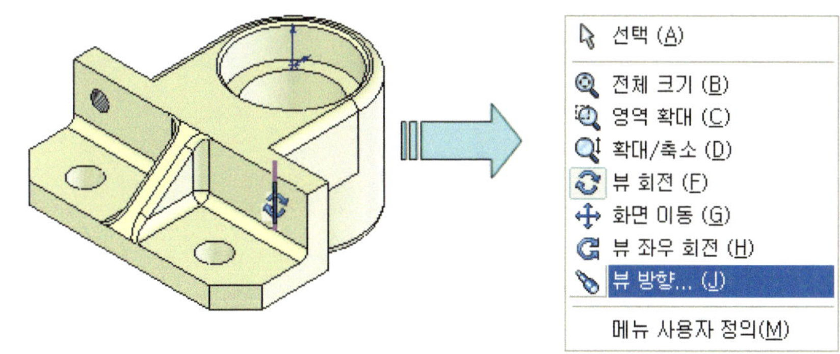

04 방향 설정 창이 나오면 [새 뷰] 버튼을 클릭한 후 뷰 이름을 등각2라 하고 [확인]을 누른다.

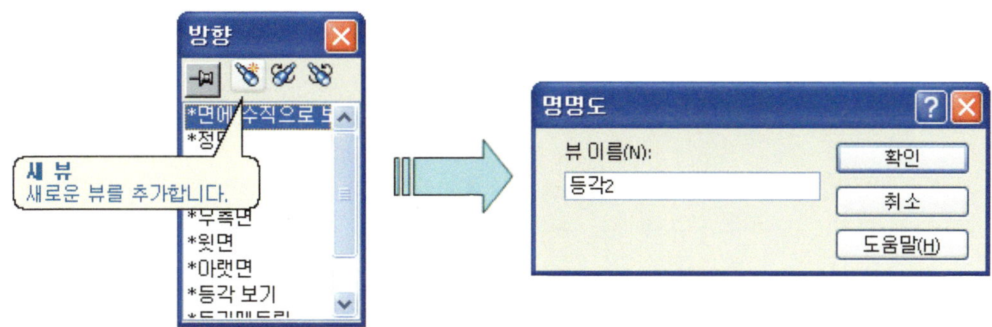

이렇게 해서 현재 뷰를 저장하였고, 언제든지 등록된 이 뷰를 선택하면 이 자세의 뷰를 불러 올 수가 있다. 동일한 방법으로 나머지 부품 모델링도 남서 등각 뷰 저장을 한다.

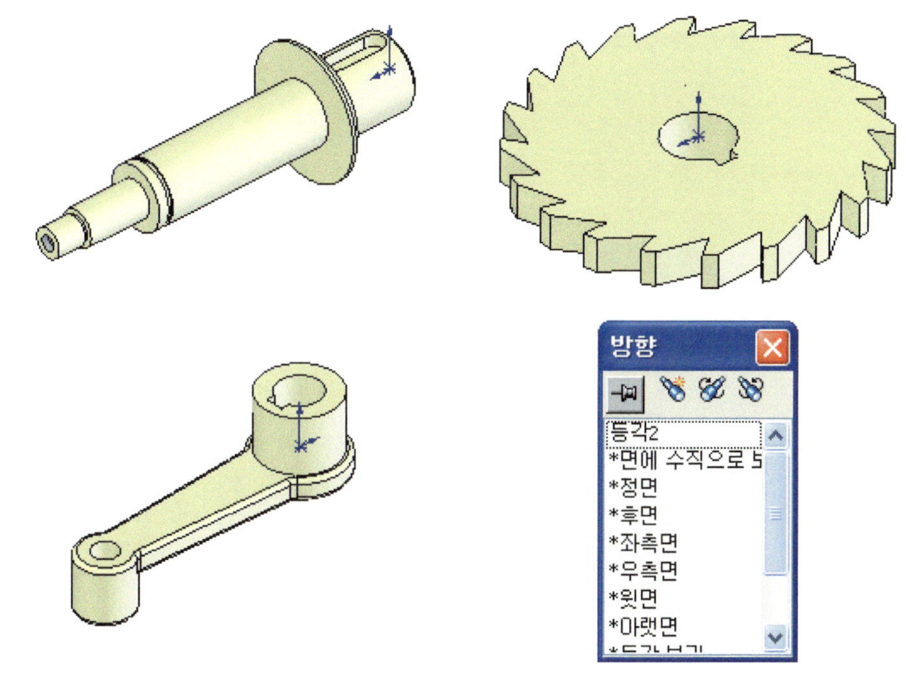

◿ 도면 환경 설정

01 좌측 상단의 새 문서 작성(▯)을 클릭하여 세 번째 [도면] 창을 선택한 후 [확인]을 누른다.

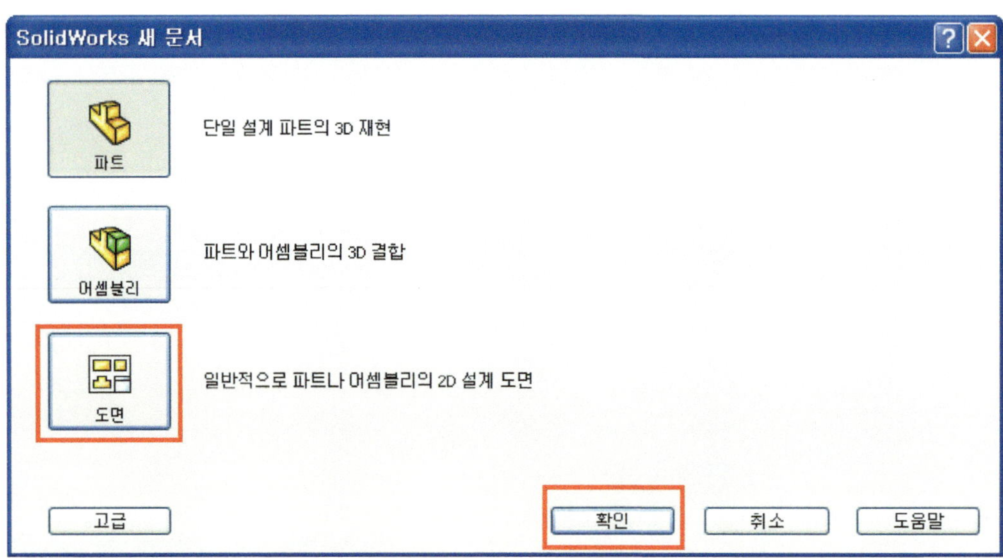

02 시트 형식/크기에서 규격 시트 크기는 A2(594×420)로 설정하고 아무런 양식이 없는 상태에서 시작해야 하므로 하단의 [시트 형식 표시]를 해제한 후 [사용자 정의 시트 크기]를 선택하여 가로 594, 높이 420을 주고 [확인]을 누른다.

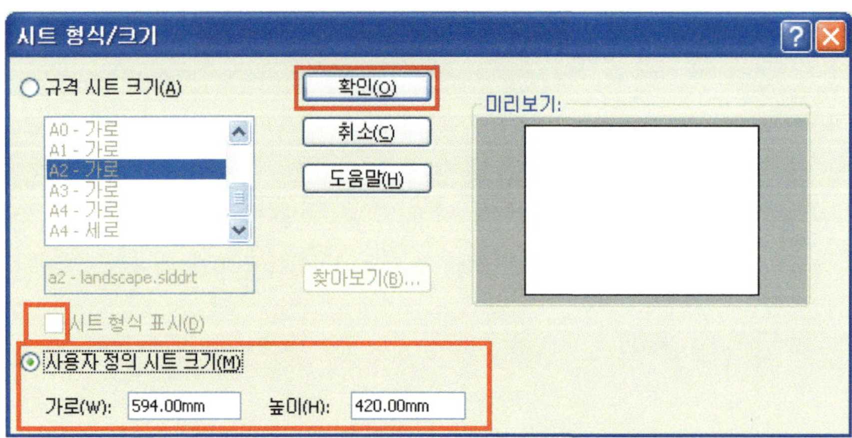

03 도면 모드에 들어서면 처음에 모델 뷰 명령이 바로 시작될 수 있는데 아직 환경 설정이 미비하므로 [취소(✖)]를 하고 피처 창의 [시트1]를 선택한 후 마우스 오른쪽 버튼을 눌러 [속성]에 들어간다.

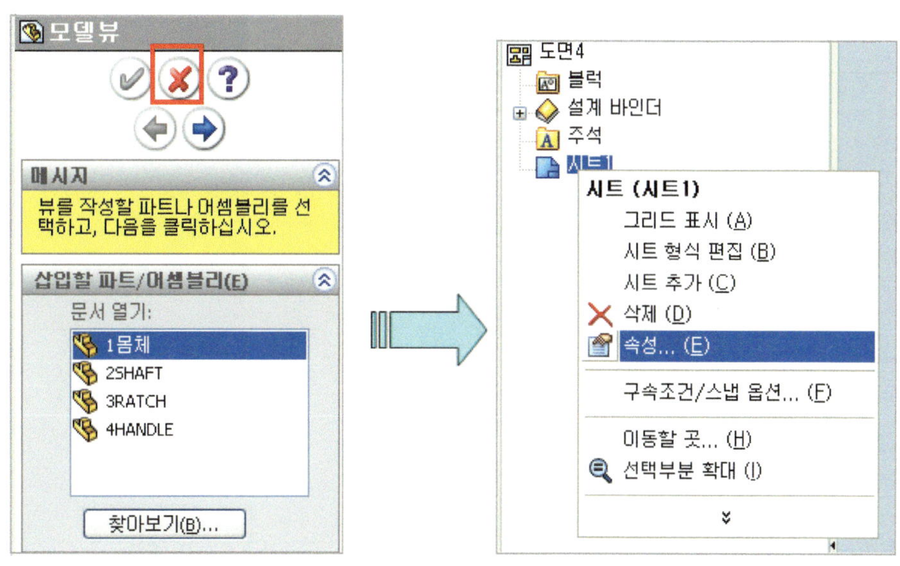

04 투상법 유형이 제1각법으로 되어 있다면 [제3각법]으로 바꿔주고 [확인]을 누른다. 1각법으로 설정된 상태에서 투상 추출 시 투상도가 반대로 배치되어 KS 제도법에 어긋나면 실격 처리되므로 유의해야 한다.

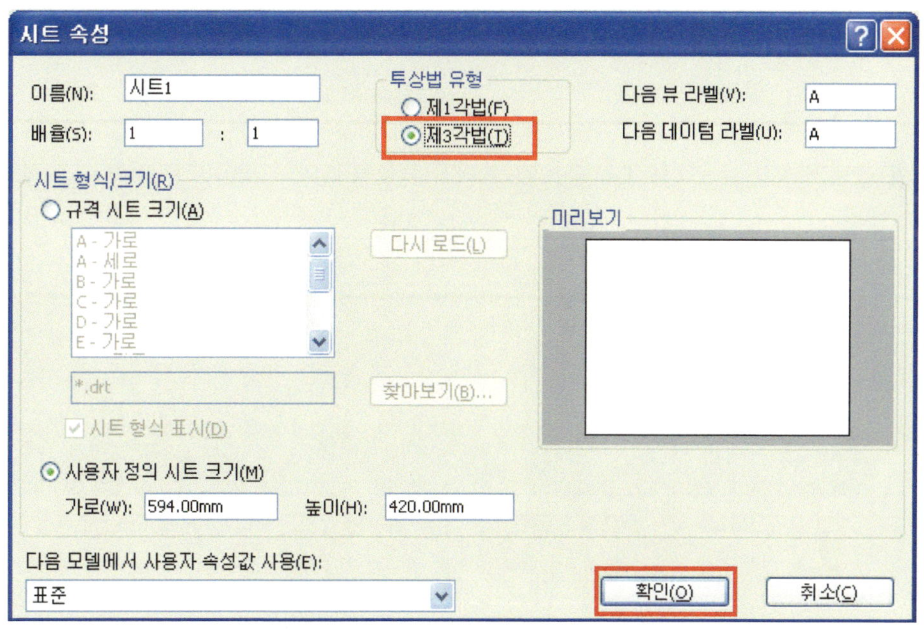

이렇게 해서 도면 환경 설정을 끝냈다. 이제 도면상에서 모델 뷰 명령을 사용하여 각 부품 등각 투상도를 추출하면 된다.

❸ 1번 몸체 남서 방향 등각 투상도

01 도면 도구의 모델 뷰( ) 클릭

모델 뷰 대화창에 현재 열려있는 부품 모델링 목록이 보이는데 [1몸체] 모델링을 더블 클릭하면 다시 이 뷰에 대한 대화창이 나온다. 먼저 뷰 방향은 전 단원에서 설정한 [등각2]를 선택하고 그 밑의 표시 유형은 세 번째의 [은선가리기]를 누른다.

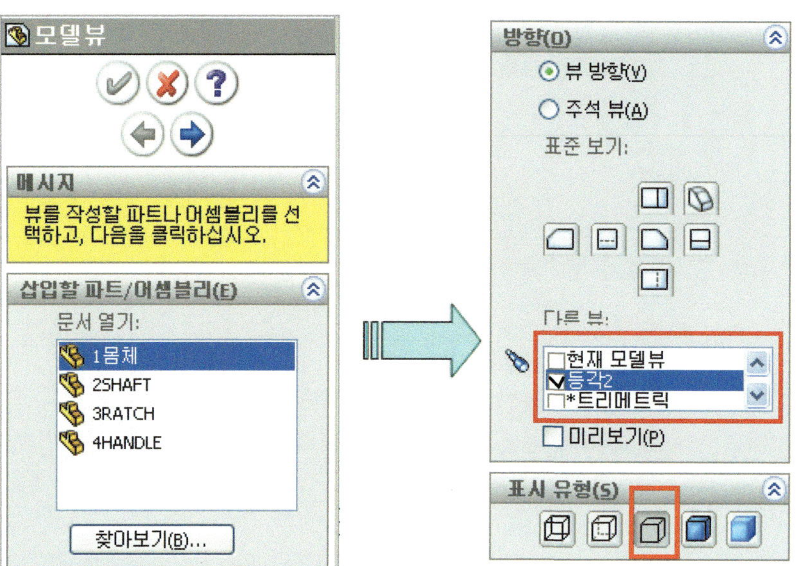

02 도면상에서 뷰 윤곽이 커서를 따라 옮겨 다니고 클릭하면 아래와 같은 경고 메시지가 나오는데 이것은 등각2 뷰가 표준 뷰가 아니기 때문이다. 무시하고 [아니오]를 클릭한다.

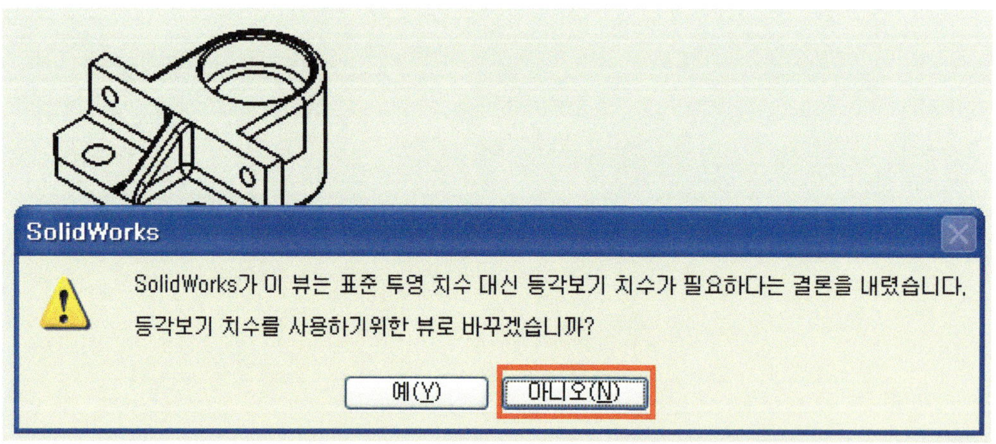

03 다시 대화창 맨 아래의 [기타 속성]을 선택하면 뷰 속성 창이 뜬다. 중간의 설정 정보 창에서 단면억제를 기본으로 바꾼다. 이것은 앞장 부품 모델링에서 단면을 취한 것은 기본으로 설정하고 단면을 해제한 것은 단면억제라고 명명해 놓은 결과이기 때문이다.

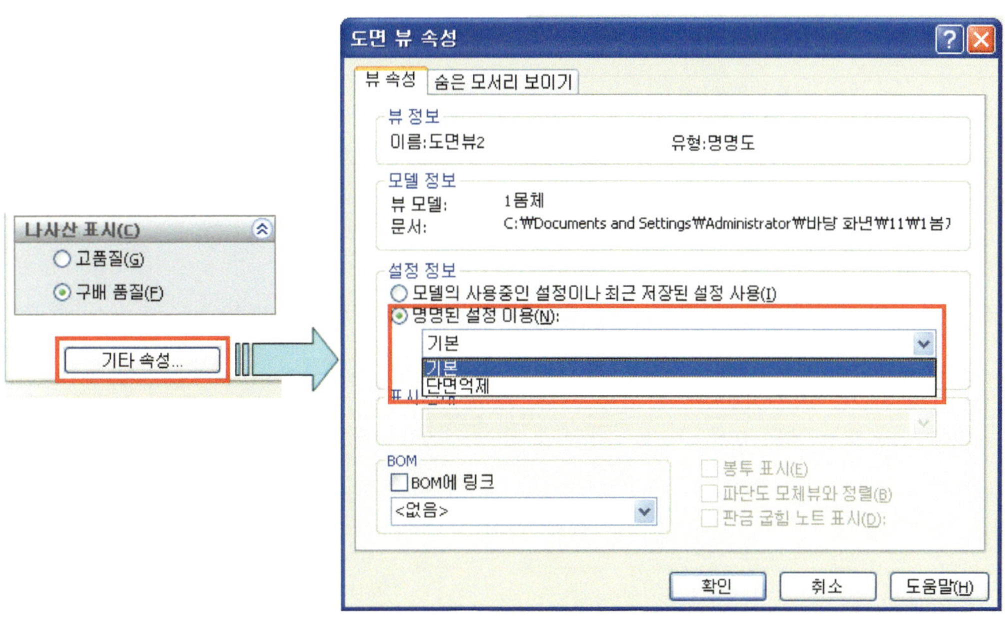

04 대화창 맨 위로 올라가서 [확인]을 누르면 도면상의 뷰에 단면이 생겼음을 확인할 수 있다. 이렇게 해서 단면을 취한 남서 방향의 등각 뷰가 완성되었다.

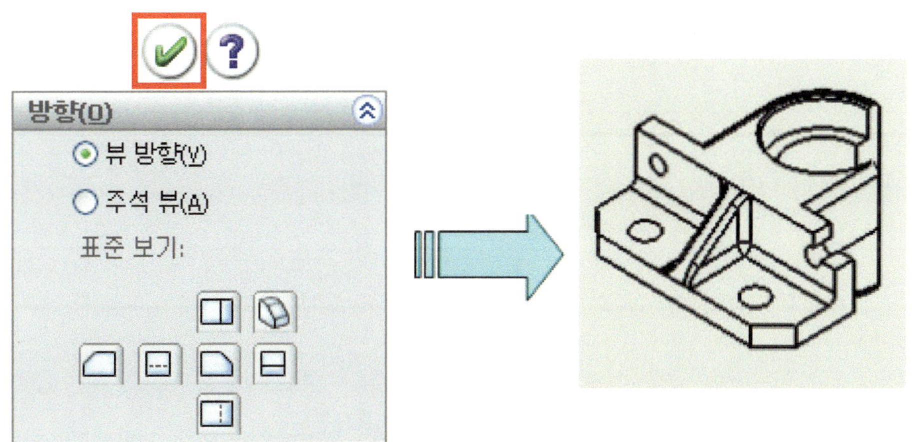

④ 1번 몸체 남동 방향 등각 투상도

이번에는 남동 방향의 등각 뷰를 만든다. 요령은 위와 같은 방법이고 중간 설정 방법만 바꿔주면 된다.

01 도면 도구의 모델 뷰( ) 클릭

모델 뷰 대화창에 현재 열려 있는 부품 모델링 목록이 보이는데 [1몸체] 모델링을 더블 클릭하면 다시 이 뷰에 대한 대화창이 나온다. 먼저 뷰 방향을 표준 보기에서 [등각 뷰( )]를 선택하고 그 밑의 표시 유형은 세 번째의 [은선가리기]를 누른다.

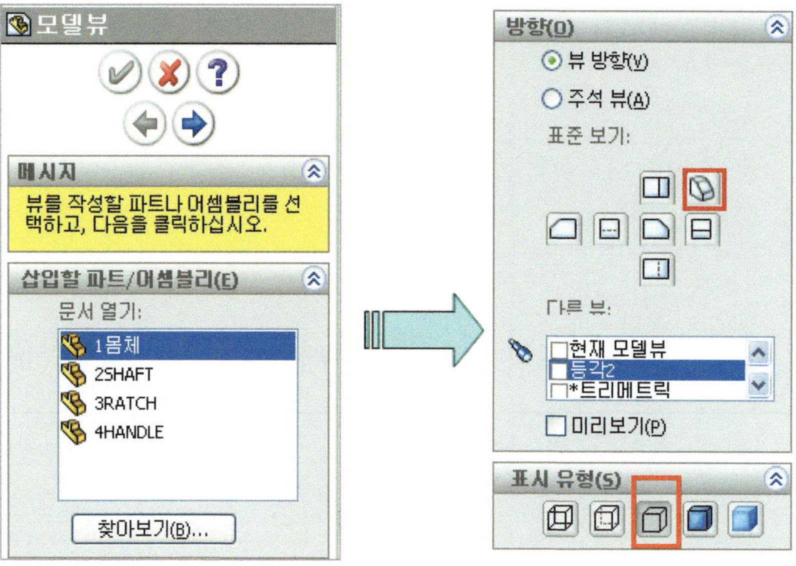

02 도면상에서 뷰 윤곽이 커서를 따라 옮겨 다니고 클릭하면 등각 뷰가 보인다.

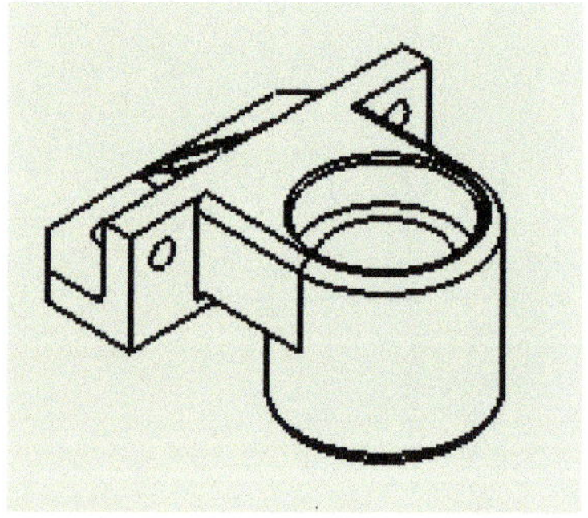

03 다시 대화창 맨 아래의 [기타 속성]을 선택하면 도면 뷰 속성 창이 뜬다. 중간의 설정 정보 창에서 단면억제를 기본으로 바꾼다.

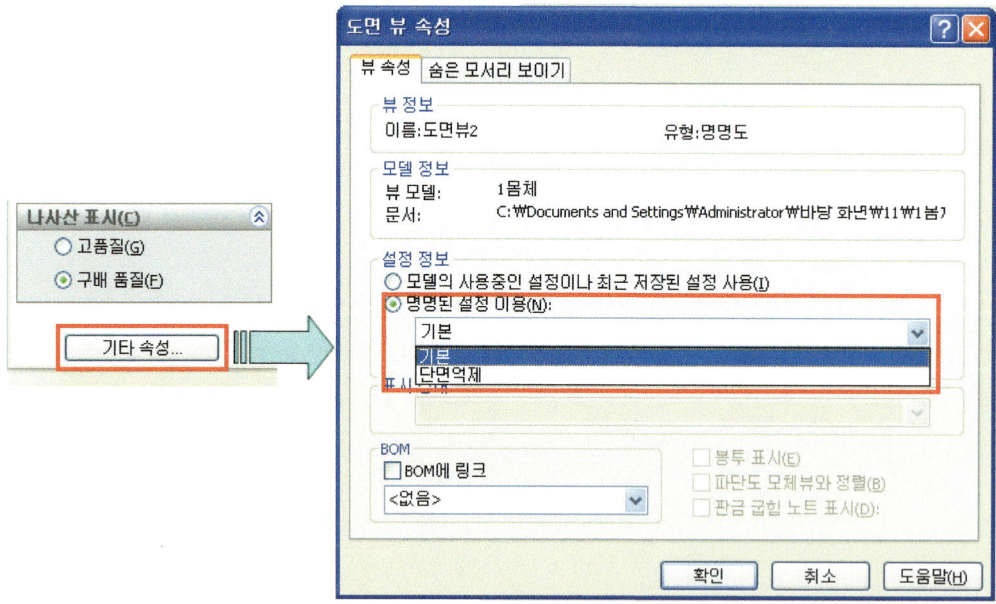

04 이렇게 해서 단면을 취한 남서 방향의 등각 뷰가 완성되었다.

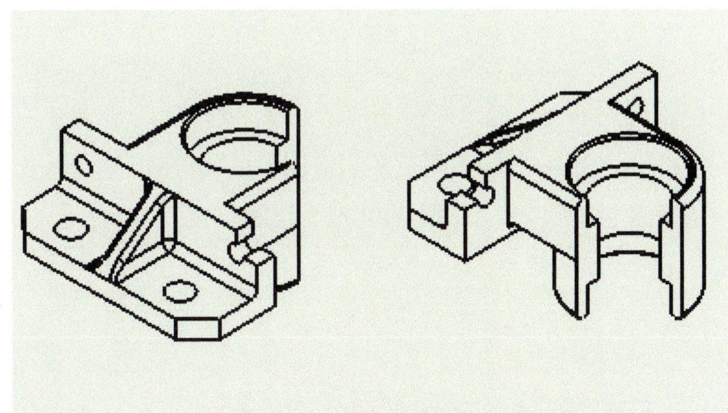

5 기타 부품 등각 투상도

앞에서 1번 부품에 대해 남동 방향 등각 투상도와 남서 방향 등각 투상도를 삽입한 동일한 방법으로 2번 축, 3번 래치 기어, 4번 핸들 부품을 삽입하도록 한다.

다음 그림은 각 부품의 등각 투상도가 삽입된 상태를 보여주고 있다.

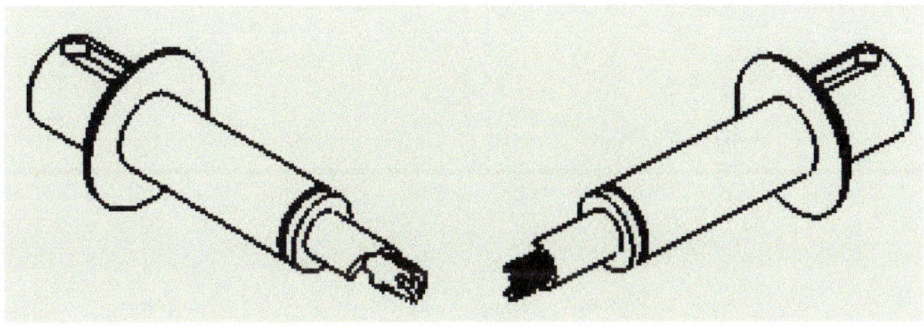

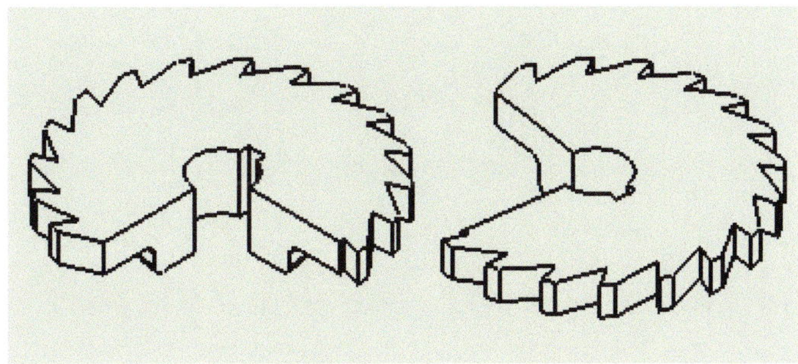

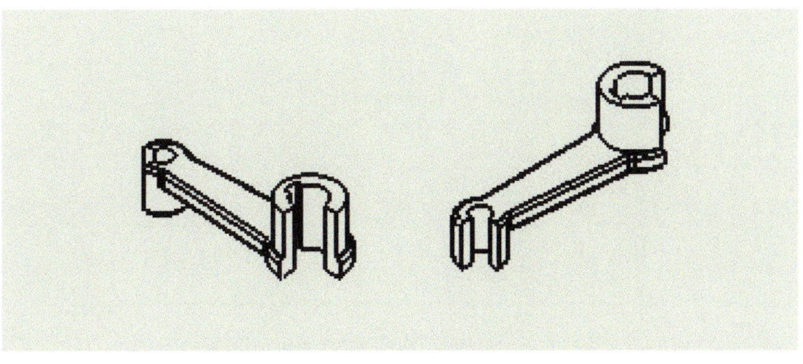

6 중심선 넣기

이제 주석 도구로 전환시켜 축 중심선을 그린다. 물체의 좌우 대칭 부분, 회전체의 축선 등은 중심선을 줘야 한다.

01 축 중심선 넣기

도면 주석의 중심선 명령을 선택하여 회전부 지나는 곳에 [중심선]을 삽입한다. 대칭이 되는 원통 두 모서리를 클릭하면 자동으로 중심선이 생성된다.

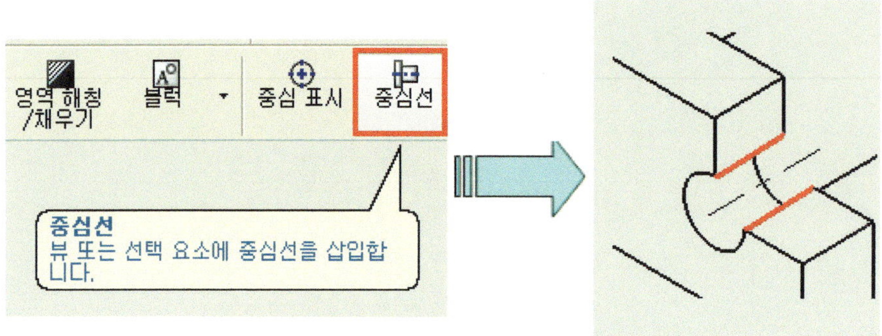

02 중심선 길이 조정

중심선이 생성된 후 길이를 늘리고 싶으면 중심선 끝점의 녹색 작은 사각 박스를 끌기한다. 각도 변경 없이 연장된다.

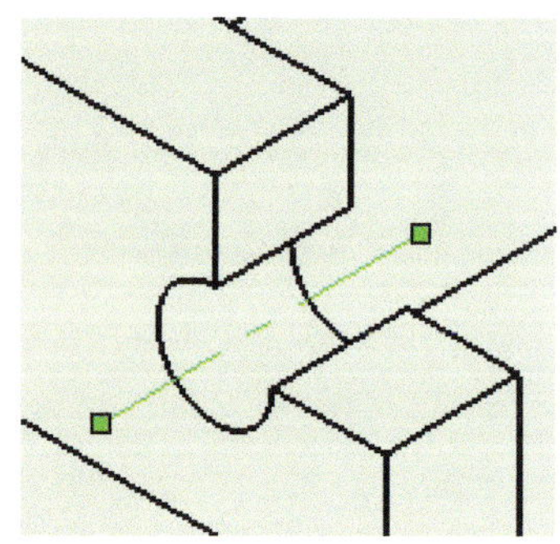

03 해칭하기

단면된 부분은 절단시킨 투상 부분이라는 것을 나타내기 위해 해칭을 한다. 보통 잊고 지나치는 경우가 있는데 과제 요구사항이며 중요한 채점 포인트가 되는 곳이다.

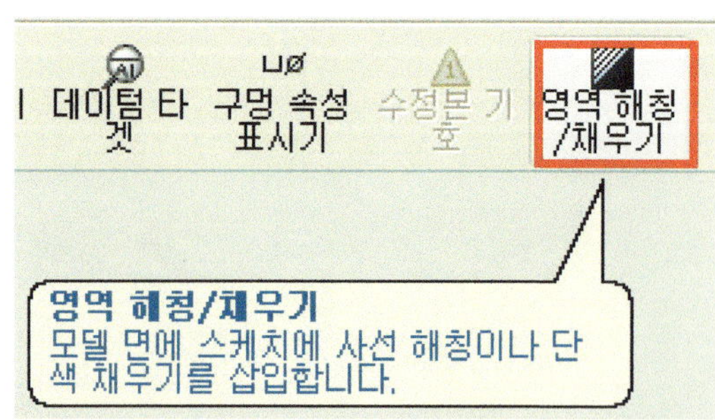

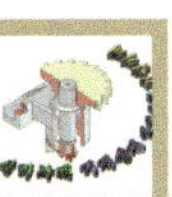

영역 해칭 명령을 실행하고 단면 영역 부분의 안쪽을 클릭하면 미리보기가 나오는데 마주 보는 다른 단면은 각도를 대칭적으로 조절하여 입체감을 느끼게 한다.

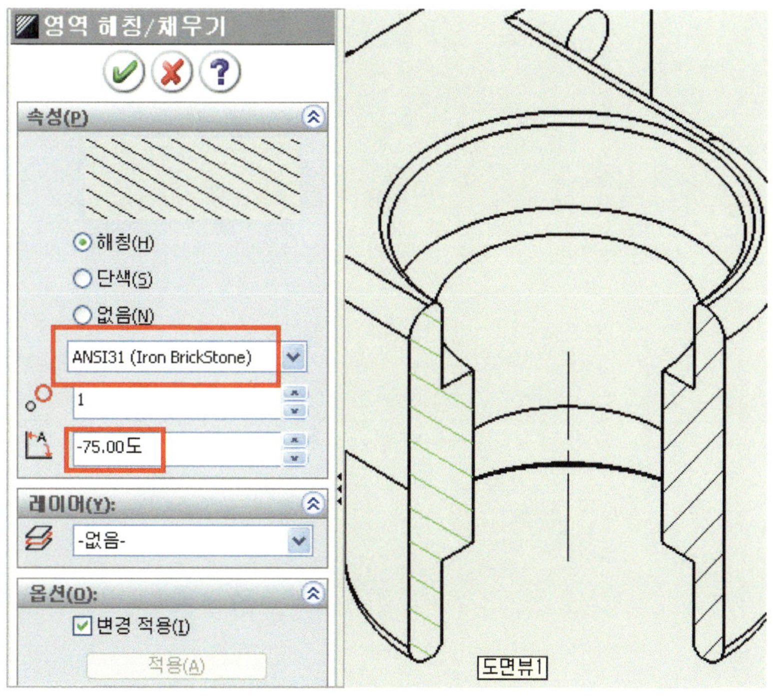

단면의 일부분이 가려진 곳은 아직은 변환 처리가 미숙하여 해칭선이 바깥으로 삐져 나오므로 생략하고 도면 추출 후 AutoCAD에서 해칭 명령어를 이용하여 작업하는 것이 좋다.

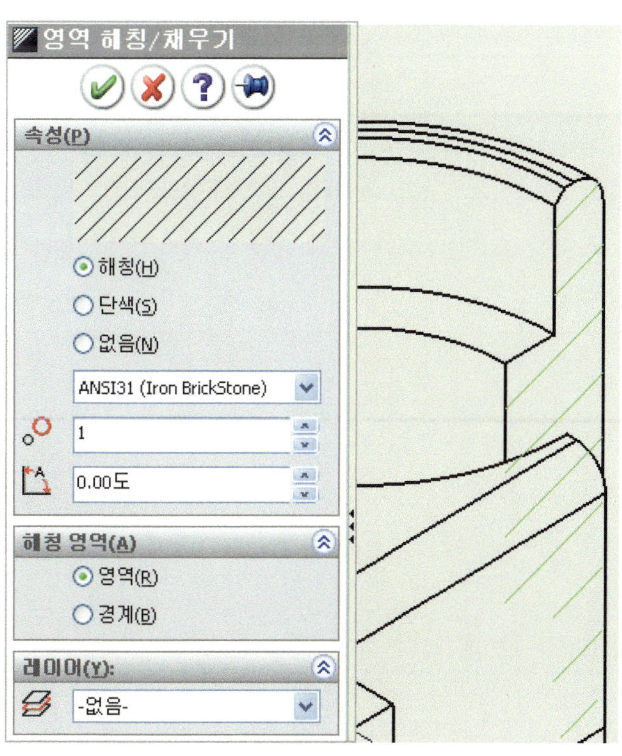

7 DWG 파일로 내보내기

01 각 부품마다 중심선 그리기가 완성되면 전체보기를 하고 투상 상태를 검도한다.

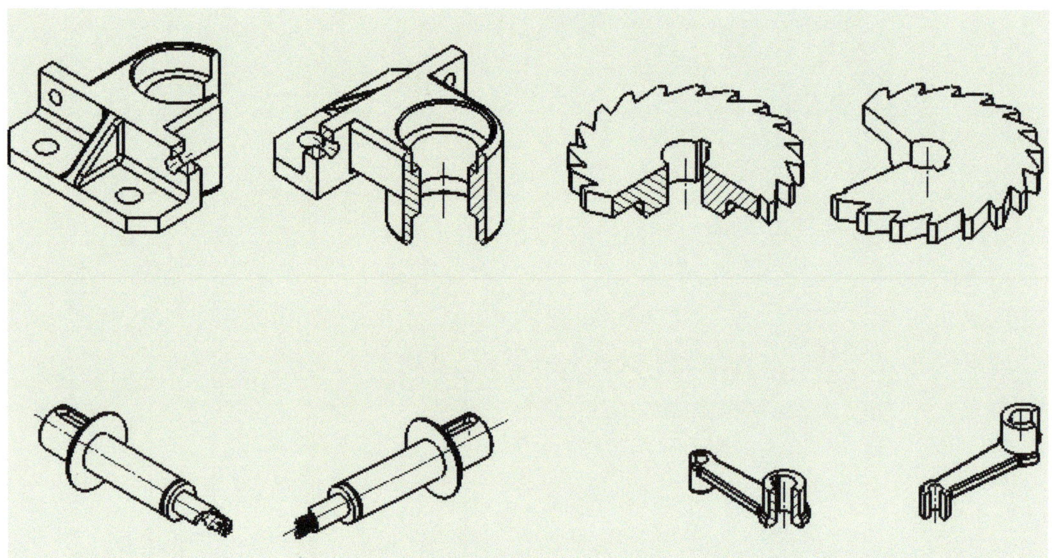

02 SolidWorks에서도 기타 명령을 활용하여 3D 모델링도를 완성할 수 있으나, 일부 투상도를 수정해야 하고 수검용 요구조건에 맞게 출력하기 위해 AutoCAD의 기본 확장자인 DWG 형태로 저장한다.

풀다운 메뉴의 [파일(F)] ➡ [다른 이름으로 저장(A)]으로 들어간다. 이 파일은 [열기]한 후 클립보드로 복사(Ctrl+C)하여 앞장에서 만든 수검용 도면에 붙여넣기(Ctrl+V)하는 데 쓸 임시 파일이므로 찾기 쉽도록 이름을 3d11추출.DWG로 저장한다.

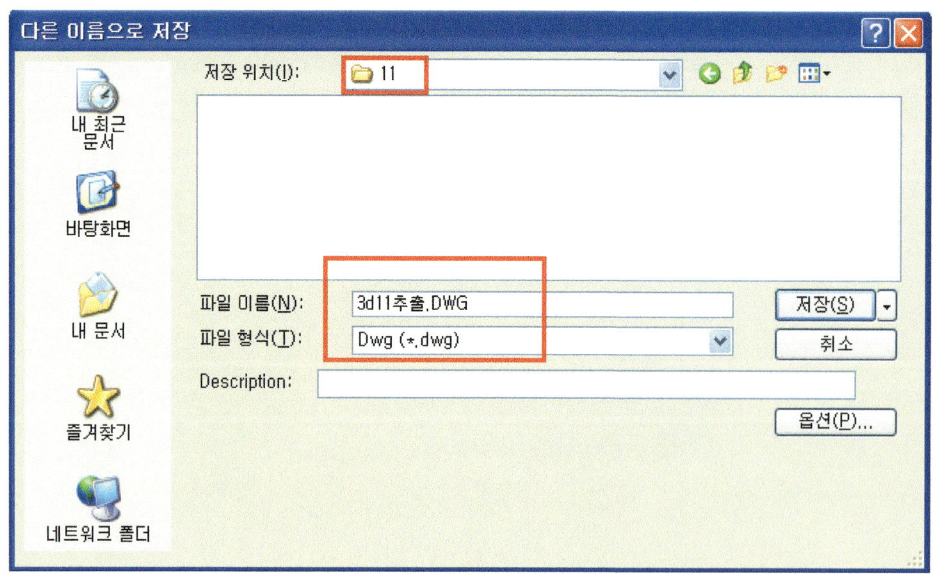

03 하단의 옵션을 선택하여 수검장에 설치되어 있는 AutoCAD 버전을 선택한다. 저장된 버전
보다 낮은 AutoCAD에서는 일부 객체가 깨지거나 열 수 없는 경우가 생길 수 있으니 주의
해야 한다.

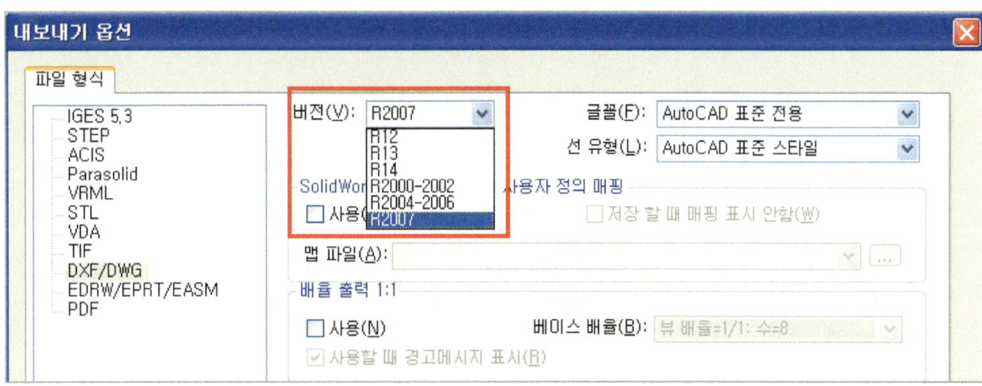

04 다시 이 도면 파일도 형상 변경 등의 수정 상황에 대비하여 3d11추출.SLDDRW로 저장한다.

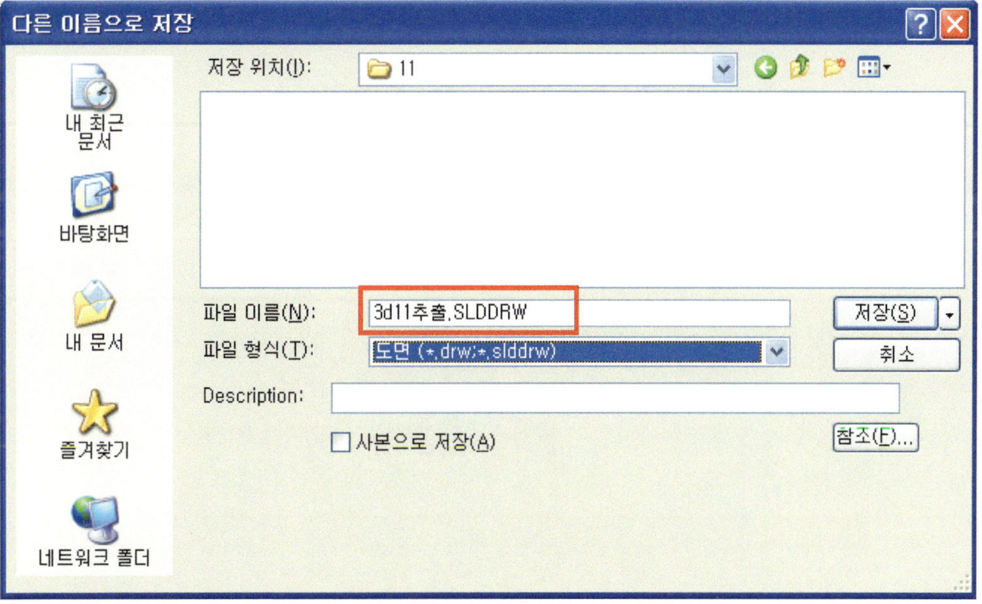

❽ AutoCAD에서 추출한 DWG 파일 불러오기

SolidWorks에서 저장한 3d11추출.dwg 파일을 AutoCAD에서 열어 본다.

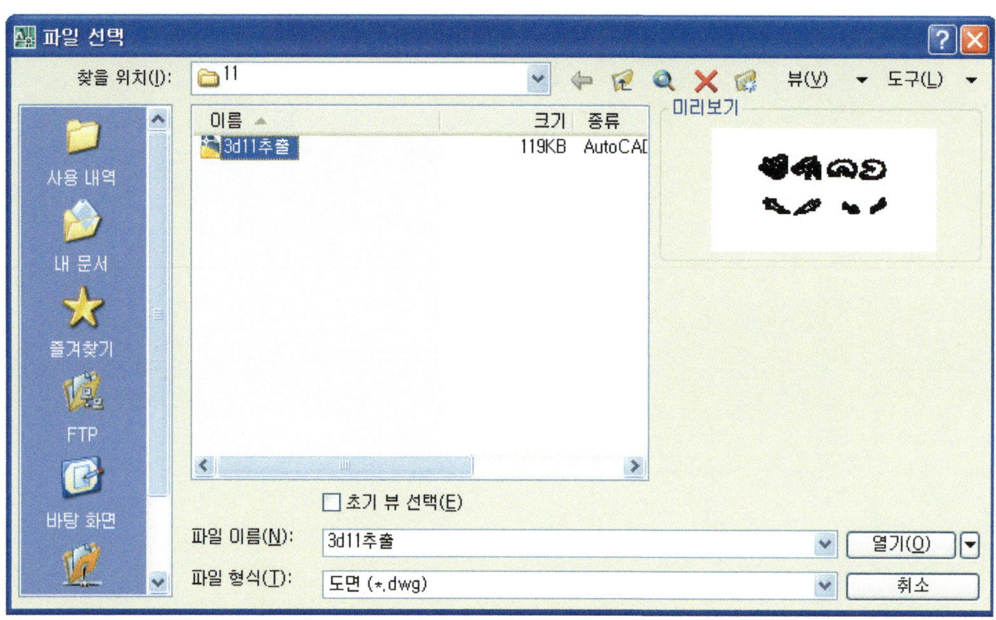

모든 객체는 백색의 단일색으로 도면층(layer)도 0번에 모두 들어 있음을 알 수 있다.
여기에 있는 모든 객체를 전부 선택하여 클립보드로 복사(Ctrl+C)해 둔다.

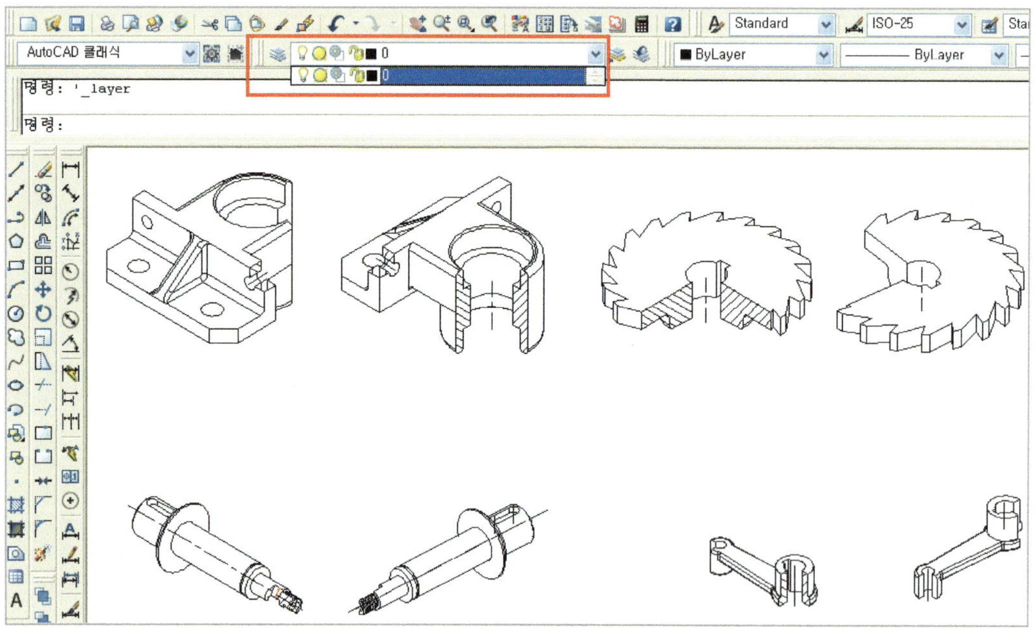

9 AutoCAD에서 만든 수검용 도면에 붙여넣기

01 이제 본 교재 1부에서 작성한 수검도면설정.dwg을 열고 앞의 도면 객체를 붙여넣기 (Ctrl+V)하여 우선 윤곽선 측면의 빈 공간에 붙여 넣는다.

02 도면의 배치 상태를 보면서 큰 부품부터 이동(MOVE) 명령어를 이용하여 도면 안으로 옮겨 놓는다.

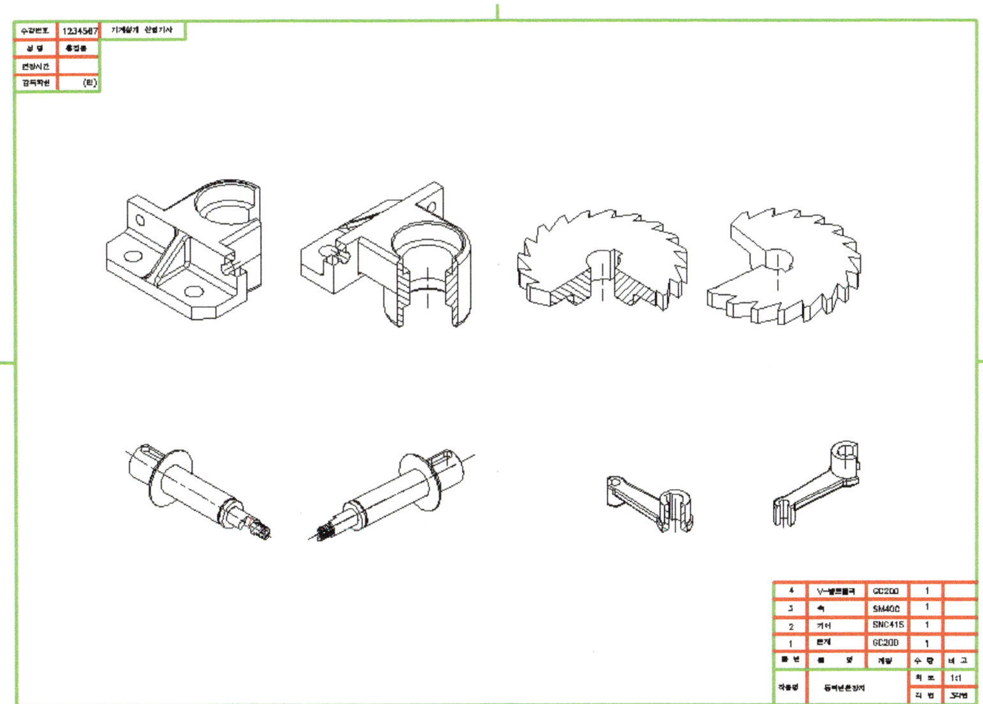

03 객체 특성별로 도면층(layer)을 구별하는 것이 좋지만 이 작업 또한 시간 소요가 되는 번거 러운 일이므로 우선 가장 많은 객체인 외형선 기준으로 전체 선택하여 색상을 초록색으로 변경한다.

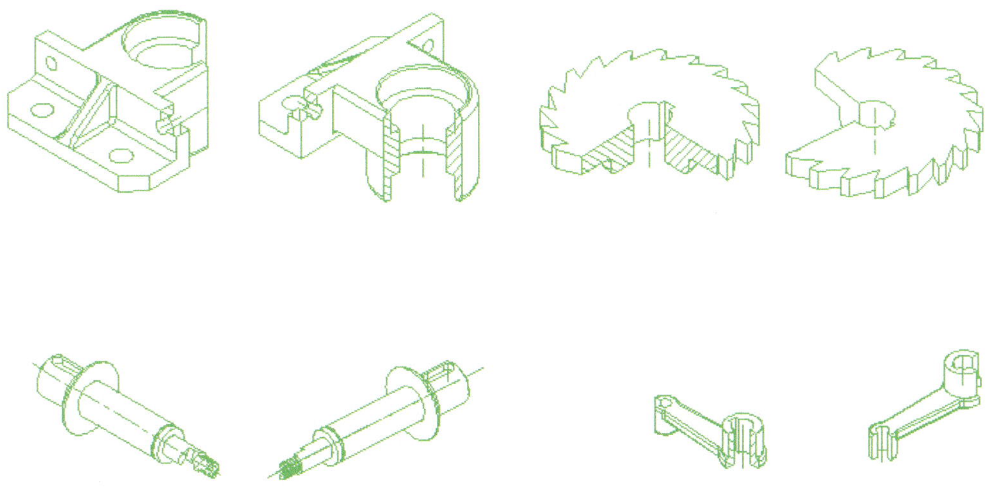

04 다시 각 투상마다 중심선의 색상은 적색, 해칭의 색상은 백색(화면상에는 흑색으로 표현) 또는 적색으로 바꾼다.

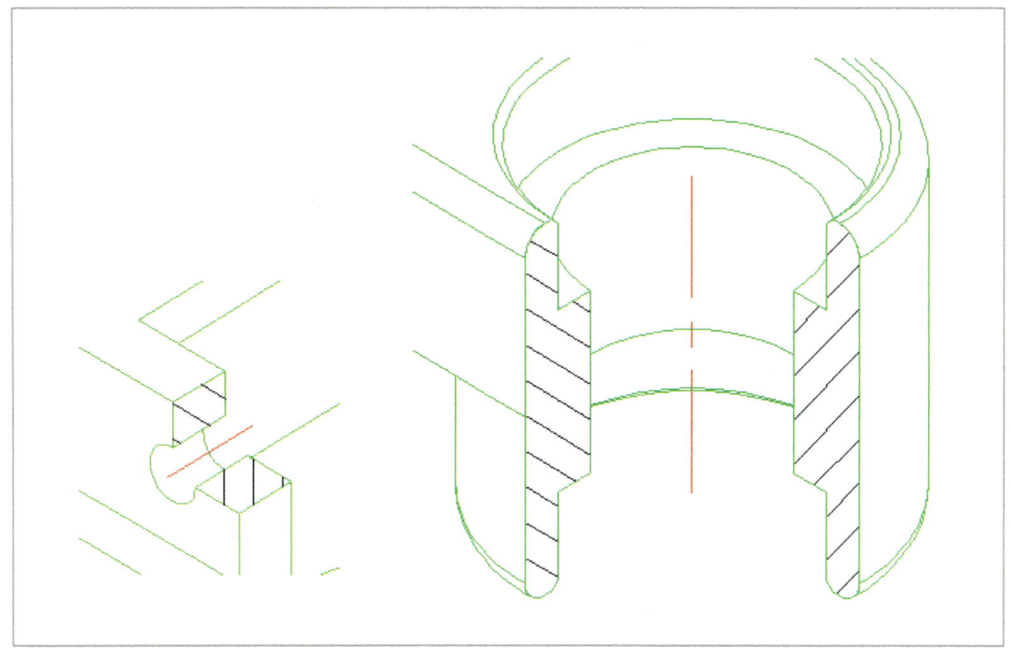

05 SolidWorks에서 단면 일부분이 가려진 곳의 변환 처리가 미숙하여 해칭을 못한 곳을 찾아 빠짐 없이 넣는다.

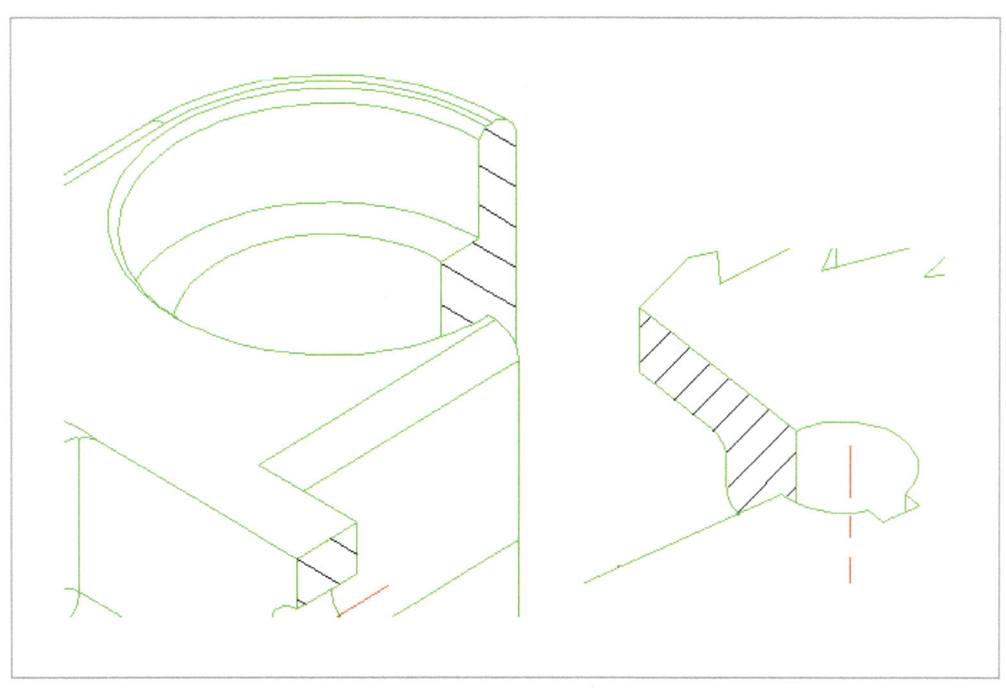

🔟 부품 중량 기입하기

부품란을 확대하여 SolidWorks에서 부품 모델링 시 기록해 둔 중량값을 그램(g) 단위로 비고란에 삽입한다. 채점 비중이 높은 부분으로 중량값 오차가 5% 이내 들어오도록 재질 선정에 주의해야 한다.

4	HANDLE	GC200	1	44g
3	래치기어	SM30C	1	644g
2	SHAFT	SM30C	1	181g
1	BODY	GC200	1	782g
품 번	품　　　명	재질	수 량	비 고
작품명	Ratchet Gear 장치		척 도	1:1
			각 법	3각법

11 도면 완성

그 밖에 부품번호 기입 누락이 없도록 하고, 부품란과 품번이 일치한지 검사한다. 주서란은 2D 부품도에서 작성하는 것이므로 여기서는 기입하지 않는다.

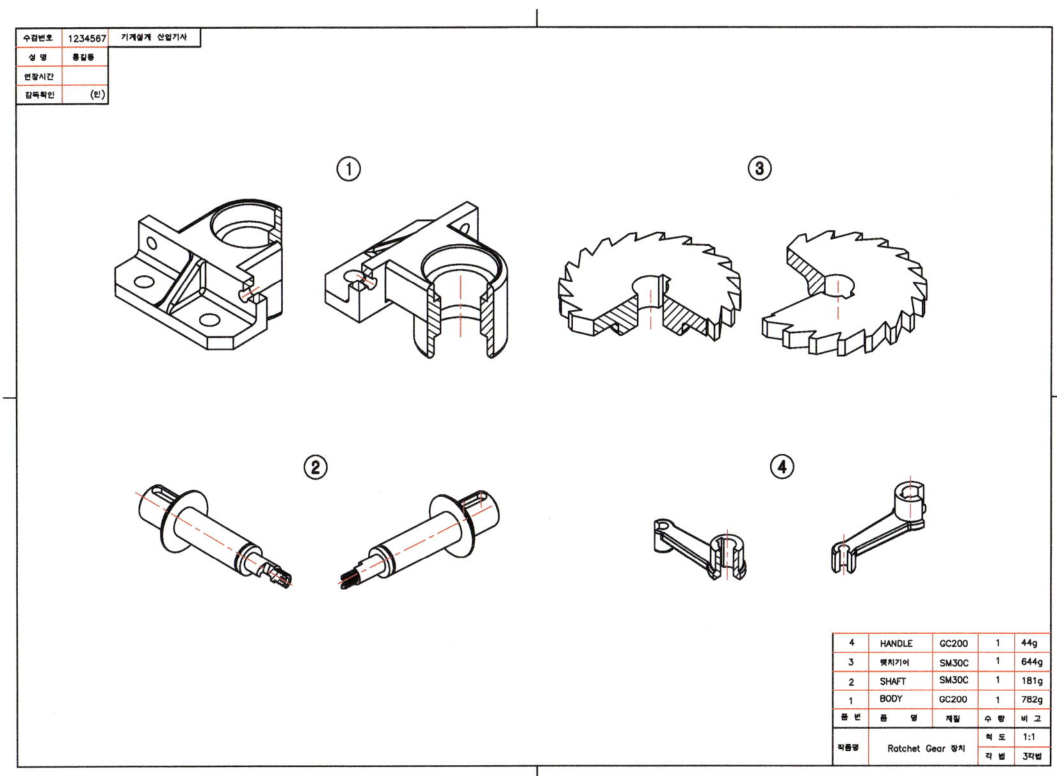

최종 완성된 도면을 부여받은 비번호 폴더에 3D11.dwg로 저장한다.

O3 2차원 부품도

1 2차원 투상도 추출하기

1 도면 환경 설정

01 좌측 상단의 새 문서 작성( )을 클릭하여 세 번째 [도면]을 선택한 후 [확인]을 누른다.

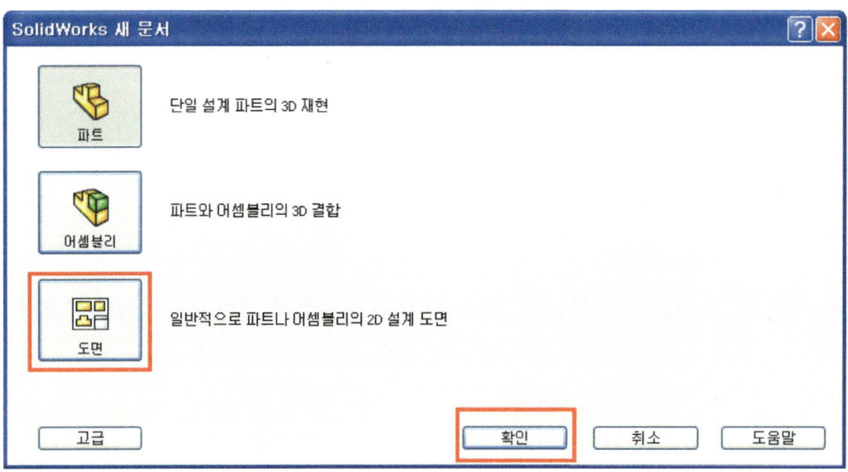

02 시트 형식/크기에서 규격 시트 크기는 A2(594×420)로 설정하고 아무런 양식이 없는 상태
에서 시작해야 하므로 하단의 [시트 형식 표시]를 해제한 후 [사용자 정의 시트 크기]를 선
택하여 가로 594, 높이 420을 주고 [확인]을 누른다.

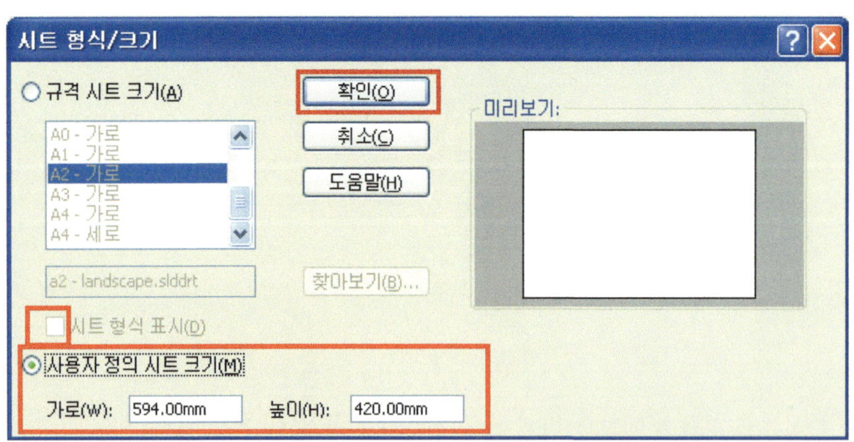

03 도면 모드에 들어서면 처음에 모델 뷰 명령이 바로 시작될 수 있는데 아직 환경 설정이 미
비하므로 [취소(✖)]를 하고 피처 창의 [시트1]를 선택한 후 마우스 오른쪽 버튼을 눌러 [속
성]에 들어간다.

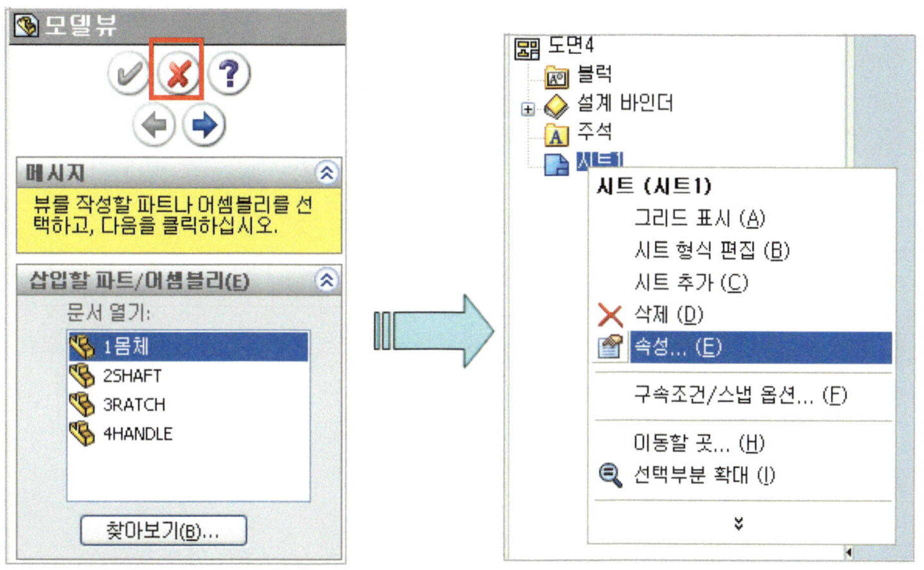

04 투상법 유형이 [제1각법]으로 되어 있다면 [제3각법]으로 바꿔주고 [확인]을 누른다. 1각법
으로 설정된 상태에서 투상 추출 시 투상도가 반대로 배치되어 KS 제도법에 어긋나면 실격
처리되므로 유의해야 한다.

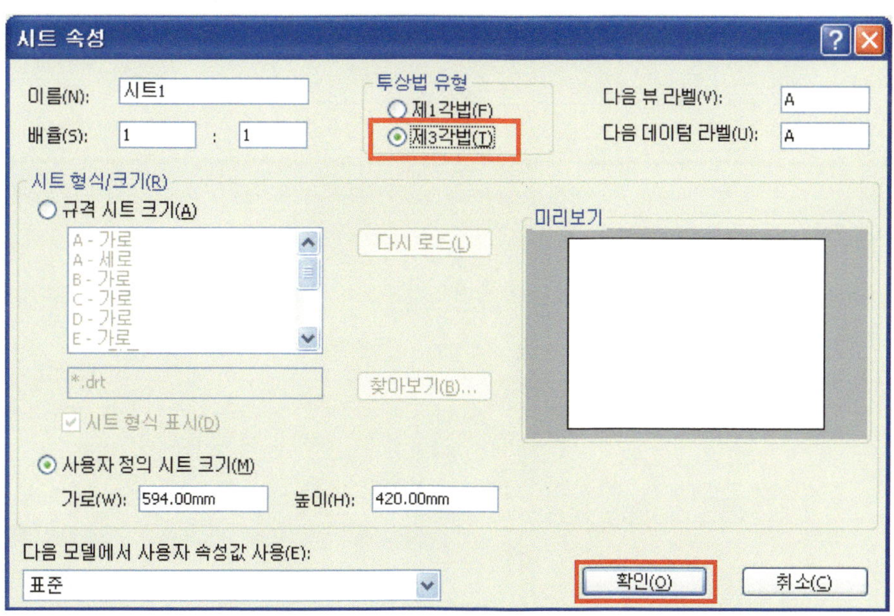

    이렇게 해서 도면 환경 설정을 끝냈다. 이제 도면 상에서 모델 뷰 명령을 사용하여 각 부품 2D
투상도를 추출하면 된다.

❷ 1번 몸체 주 투상도

01 도면 도구의 모델 뷰(🖾) 클릭

모델 뷰 대화창에 현재 열려 있는 부품 모델링 목록이 보이는데 1몸체 모델링을 더블 클릭하면 다시 이 뷰에 대한 대화창이 나온다. 먼저 뷰 방향을 전 단원에서 설정한 등각2를 선택하고 그 밑의 표시 유형은 두 번째의 [은선 보이기]를 누른다.

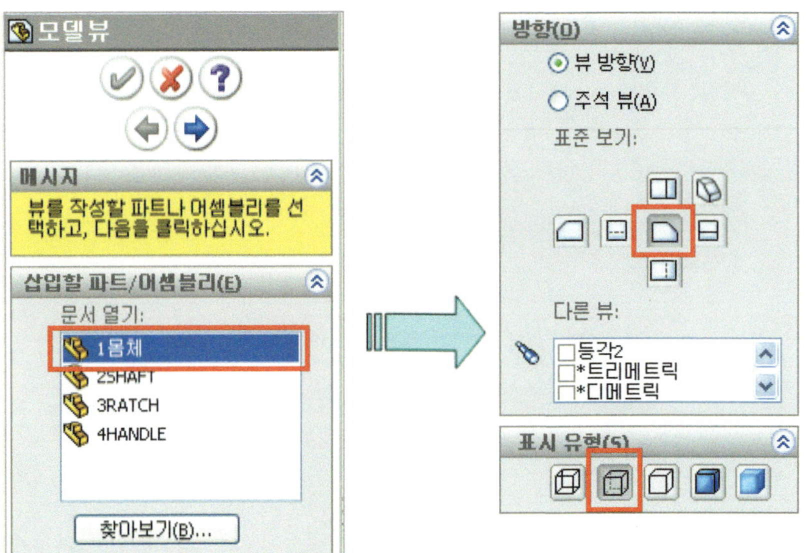

02 다시 대화창 맨 아래의 [기타 속성]을 선택하면 뷰 속성 창이 뜬다. 중간의 설정 정보 창에 [단면억제]로 설정한다. 이것은 부품 모델링 작성 시 단면을 취한 것은 기본으로 설정하고 단면을 해제한 것은 단면억제라고 명명해 놓은 결과이기 때문이다.

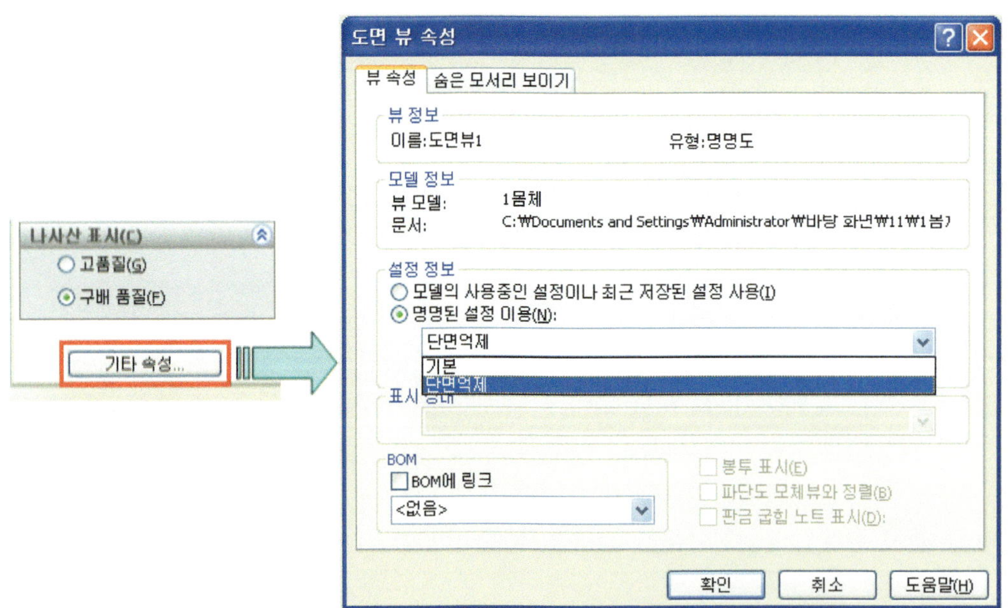

03 축척은 1:1로 놓고 대화창 맨 위로 올라가서 [확인]을 클릭하면 도면상의 뷰가 단면이 없는 상태 정면도임을 확인할 수 있다.

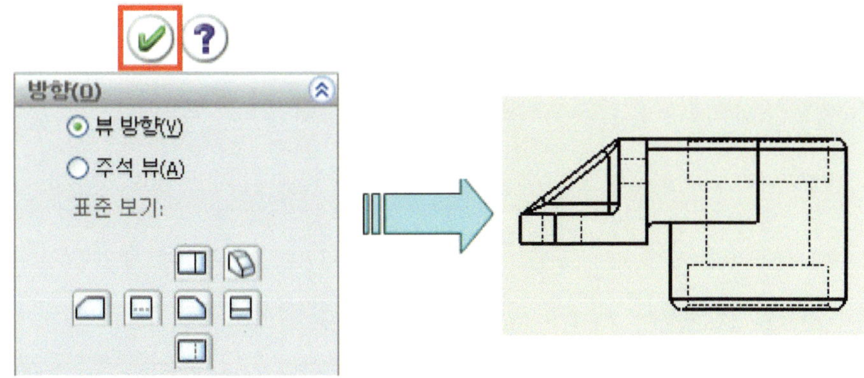

04 원통부는 [부분 단면도]를 취한다. 도면 도구의 부분 단면도( )를 클릭한다.

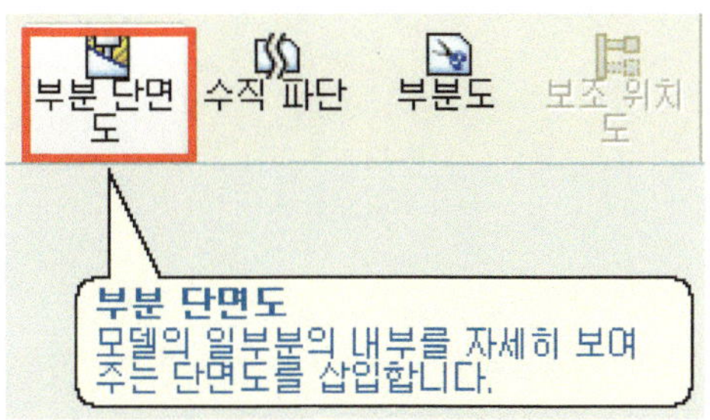

단면할 기준 뷰를 선택하면 스케치 자유곡선 그리기 툴 상태가 되는데 그림과 같이 부분 단면에 단일곡선을 그린다.

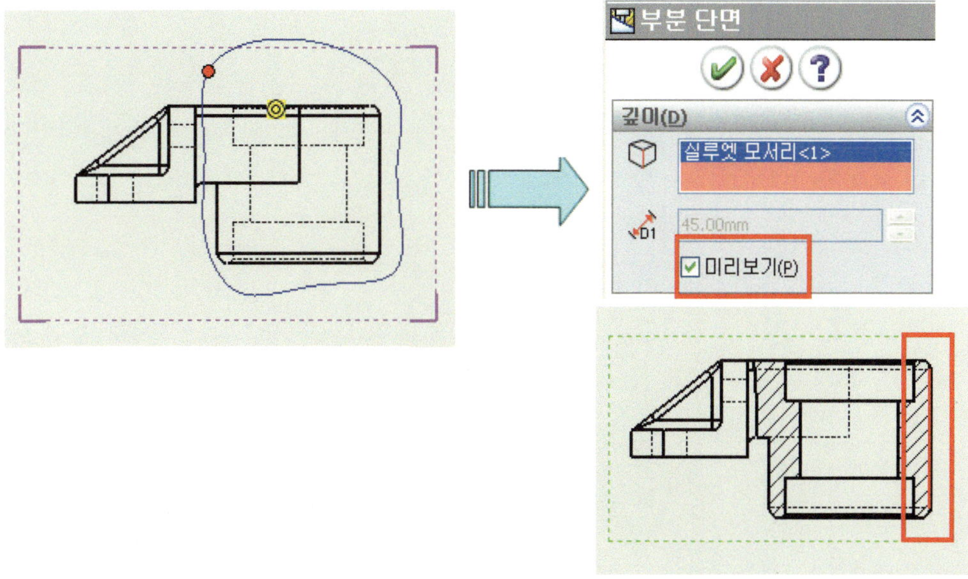

부분 단면 대화상자가 나오면 미리보기를 체크하여 단면 위치를 볼 수 있게 한다. 깊이 값은 무시하고 제일 우측 모서리가 만곡선이므로 이것을 선택하면 중심을 지나는 단면 깊이가 된다.

05 드릴 구멍 부분 단면도 작성하기

동일한 방법으로 좌측 끝단 드릴 구멍 부분을 부분 단면도로 작성한다.

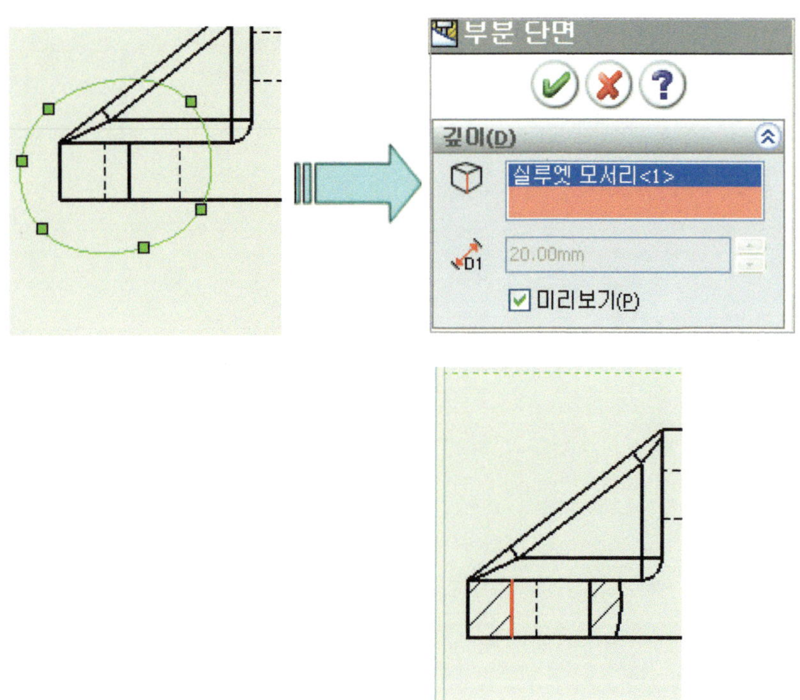

❸ 1번 몸체 평면도

01 [투상도(▦)]를 클릭하여 평면도를 작성하고, 대칭되는 아래 투상 부분은 생략시켜 도면 공간을 절약시킨다.

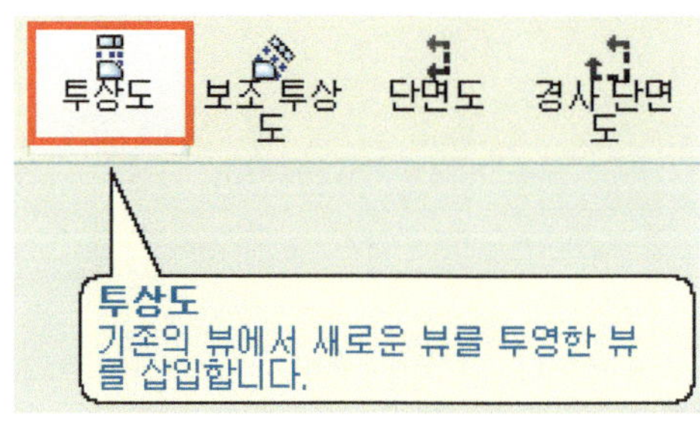

02 기준 뷰를 선택하면 마우스 위치에 따라 각 수직 방향 투상도가 작성되는데 위로 배치하여 평면도를 작성한다. 정면도와 동일하게 [은선 보이기] 상태로 놓아 나중 중심선 그리기할 때 편리성을 도모한다.

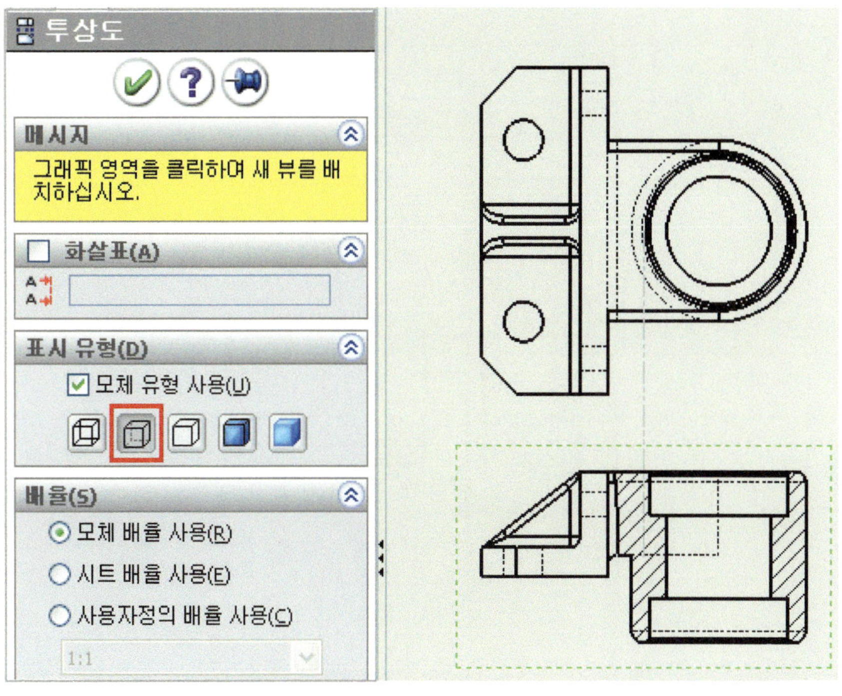

03 대칭이 되는 아래 부분은 생략하기 위해 평면도 뷰에 스케치 작성 모드로 들어가서 중심을 통과하는 사각형을 그린다. 이렇게 하면 부분도 작성 시 사각 영역 부분이 남게 된다.

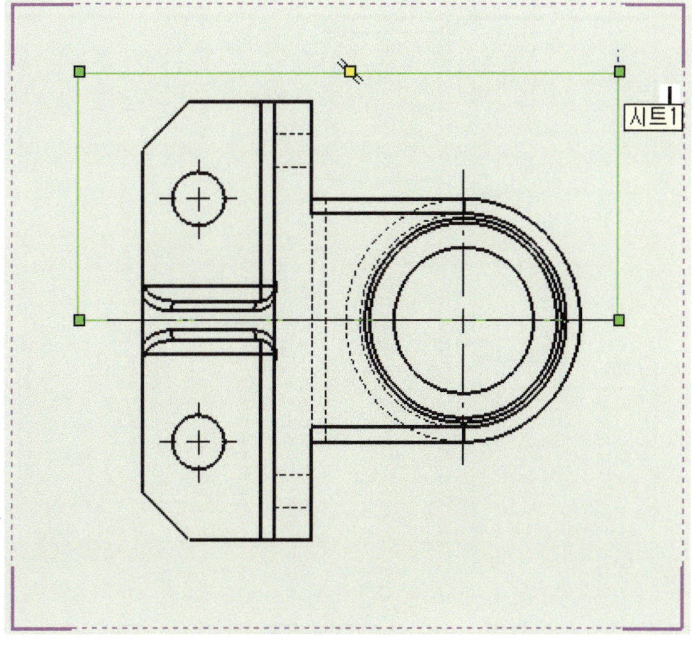

04 다시 도면 도구로 전환 후 [부분도( )]를 클릭한다.

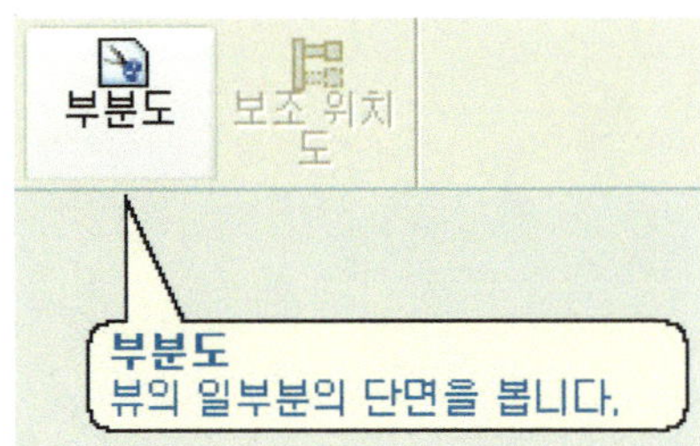

그림과 같이 스케치 영역 부분만 남고 나머지 부분은 제거된다.

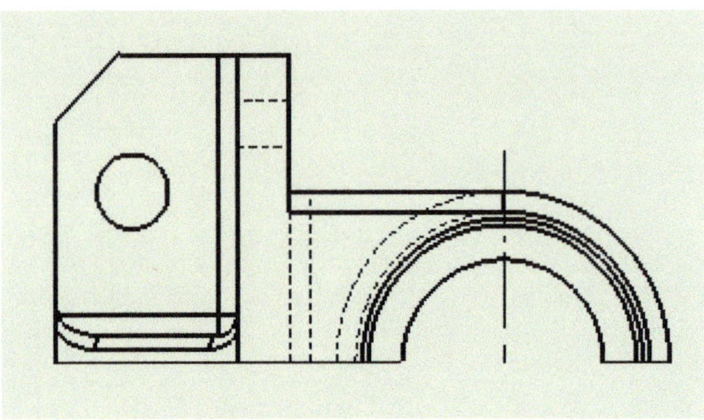

도움말 부분도 작성은 축의 키 홈부 등 국부 투상도 등에 응용할 수 있다. 이때는 사각형으로 스케치하기보다는 자유곡선으로 단일 윤곽으로 한 것이 자연스럽다.

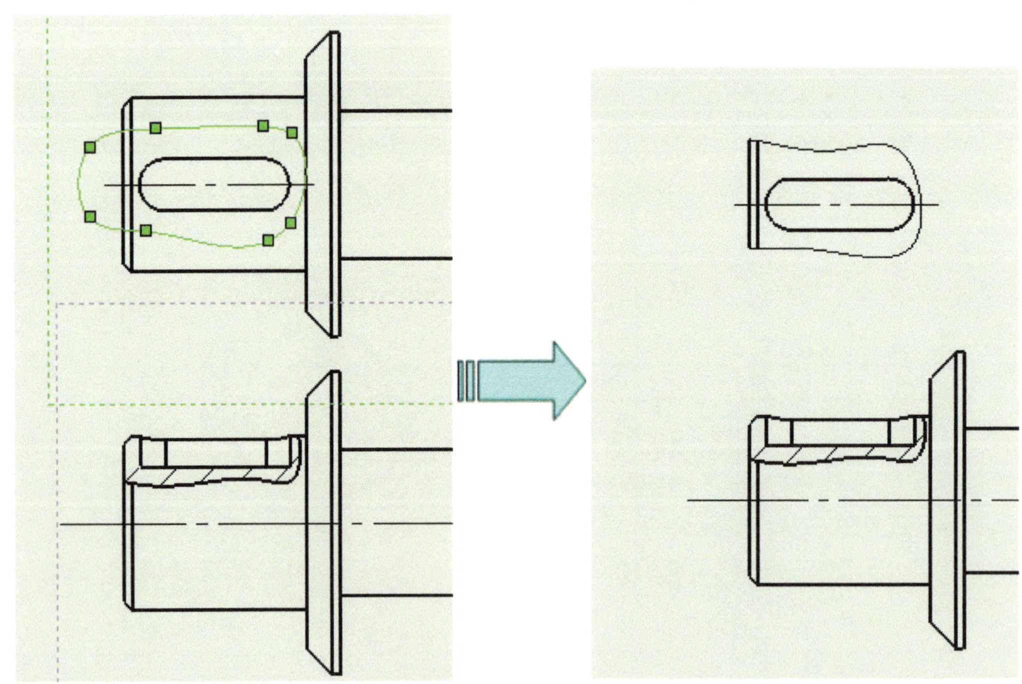

05 중심선 그리기

물체의 좌우 대칭 부분, 회전체의 축선 등은 중심선을 줘야 한다. 도면 주석의 [중심선] 명령을 선택하여 회전부 지나는 곳에 중심선을 삽입한다. 대칭이 되는 원통 두 모서리를 클릭하면 자동으로 중심선이 생성된다.

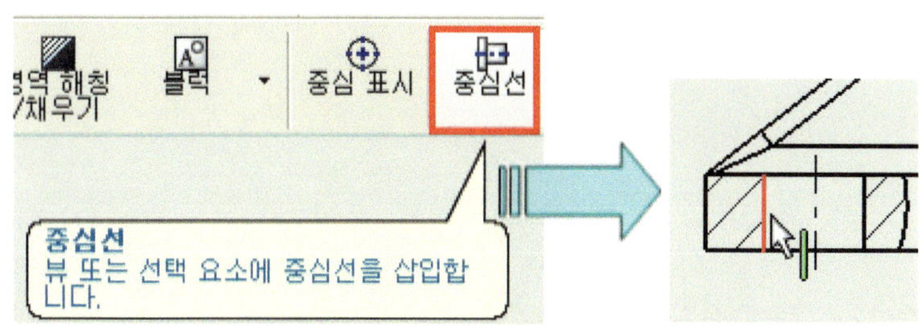

06 중심선 길이 조정

중심선이 생성된 후 길이를 늘리고 싶으면 중심선 끝점의 녹색 작은 사각박스를 끌기한다. 수평 또는 수직 방향으로 연장됨을 알 수 있다.

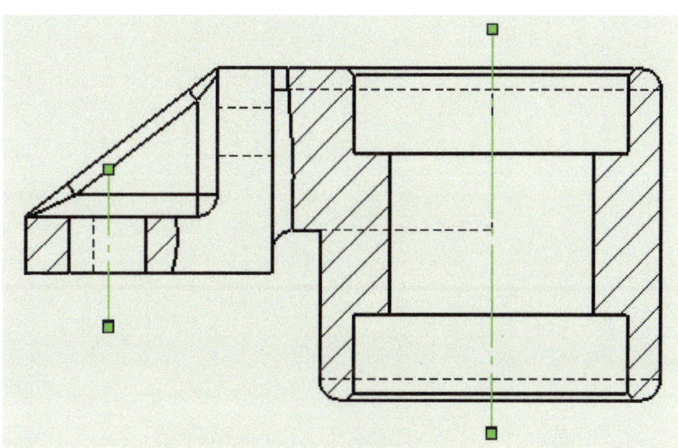

07 기준 뷰 은선 가리기

처음 기준 뷰 작성 시 모서리 선택을 쉽게 하기 위해 은선 보이기를 하였으나, 이제 모든 투상 작업을 마쳤으므로 불필요한 은선은 숨기도록 한다.

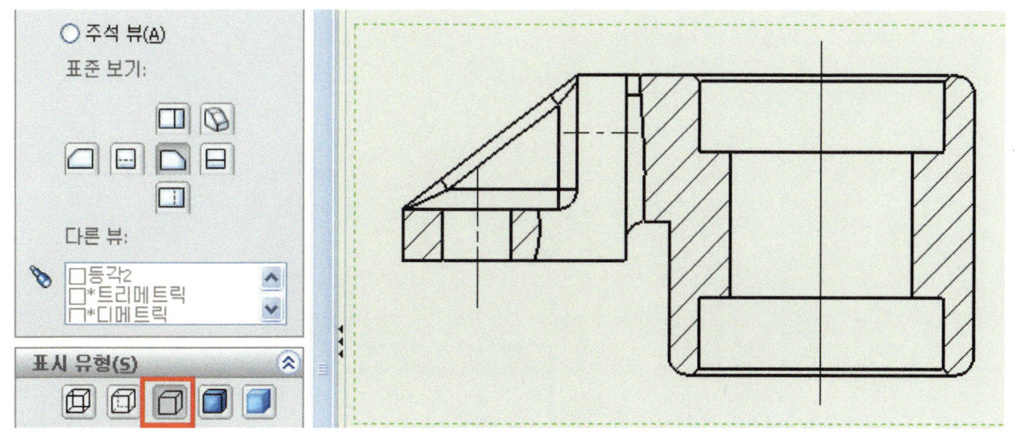

❹ 2번 축, 3번 래치 기어, 4번 핸들 투상도 작성

위에서 작성한 1번 몸체 투상도 작성 방법을 참조하여 나머지 2번, 3번, 4번 투상도 작성을 한다. 작성한 투상도는 다음과 같다.

01 2번 축 투상도

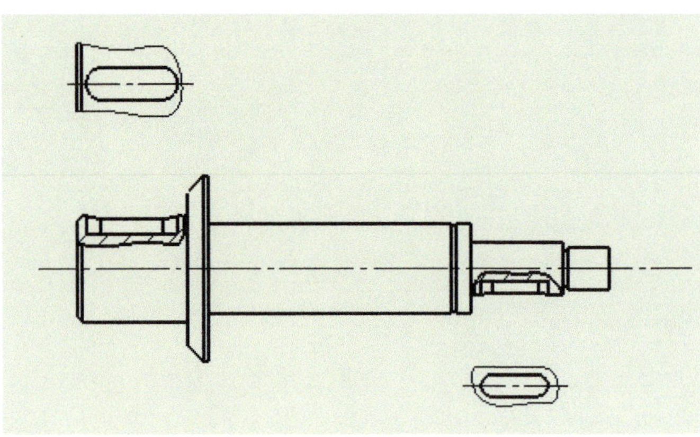

02 3번 래치 기어 투상도

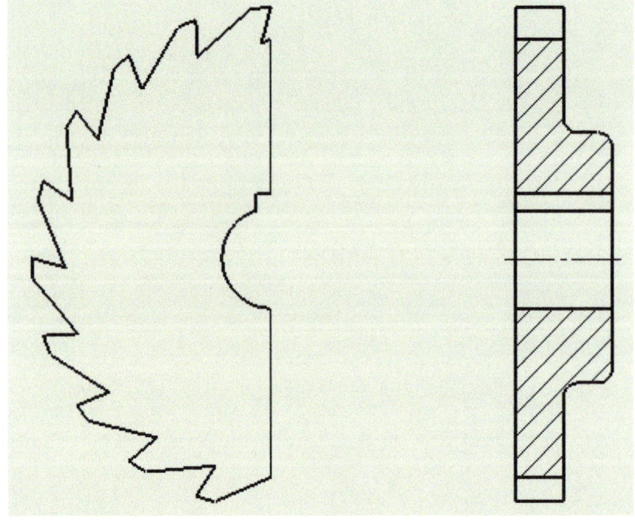

03 4번 핸들 투상도

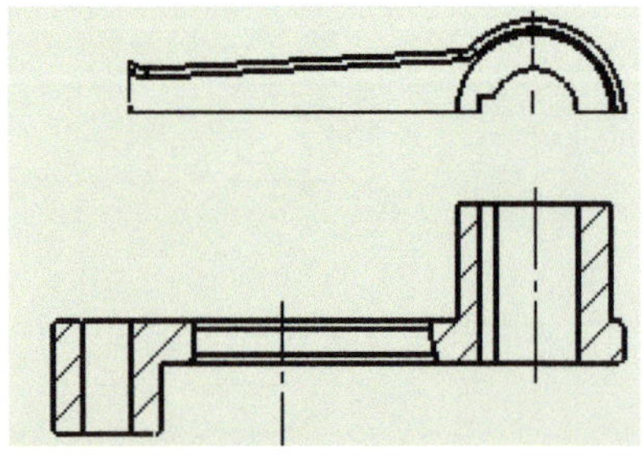

⑤ DWG 파일로 내보내기

01 각 부품마다 중심선 그리기가 완성되면 전체보기를 하고 투상 상태를 검토한다.

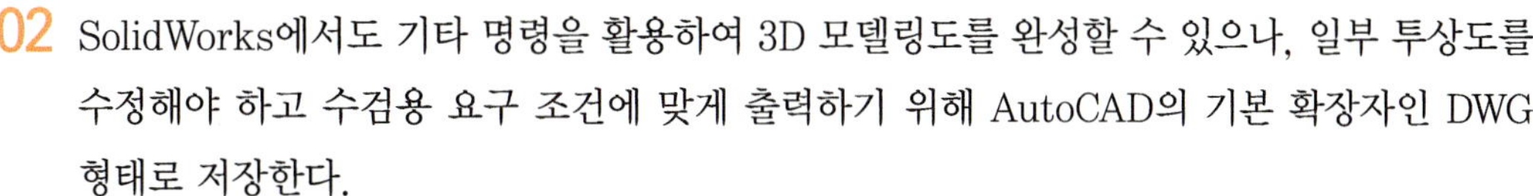

02 SolidWorks에서도 기타 명령을 활용하여 3D 모델링도를 완성할 수 있으나, 일부 투상도를 수정해야 하고 수검용 요구 조건에 맞게 출력하기 위해 AutoCAD의 기본 확장자인 DWG 형태로 저장한다.

풀다운 메뉴의 [파일(F)] ➡ [다른 이름으로 저장(A)]으로 들어간다. 이 파일은 [열기]한 후 클립보드로 복사(Ctrl+C)하여 앞장에서 만든 수검용 도면에 붙여넣기(Ctrl+V)하는 데 쓸 임시 파일이므로 찾기 쉽도록 이름을 2d11추출.dwg로 저장한다.

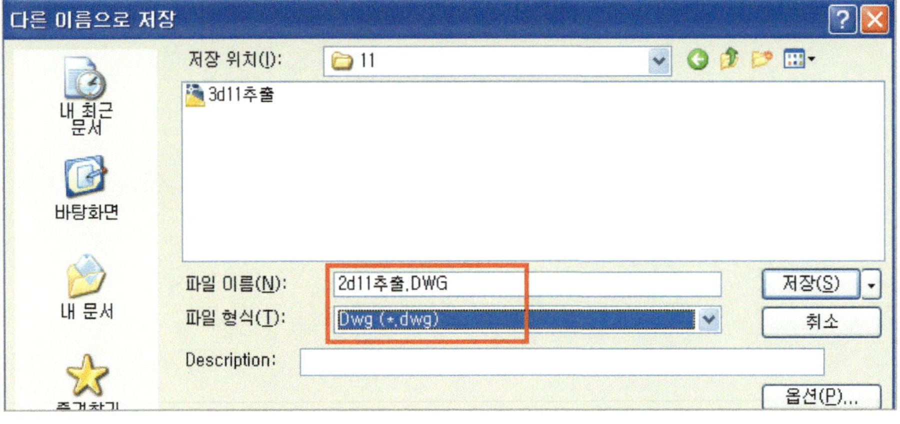

03 하단의 옵션을 선택하여 수검장에 설치되어 있는 AutoCAD 버전을 선택한다. 저장된 버전보다 낮은 AutoCAD에서는 일부 객체가 깨지거나 열 수 없는 경우가 생길 수 있으니 주의해야 한다.

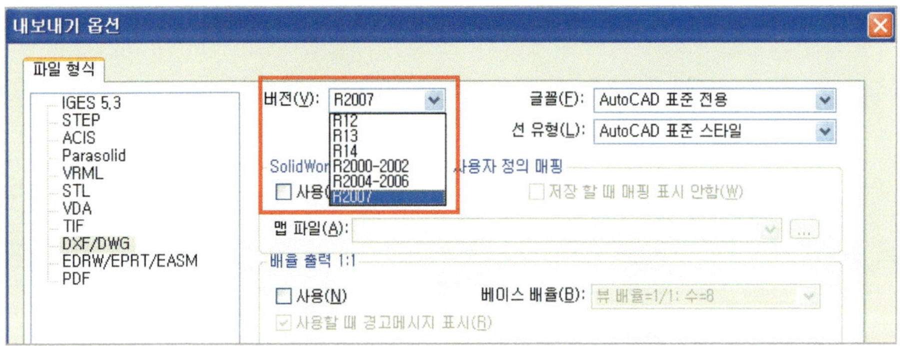

04 다시 이 도면 파일도 형상 변경 등의 수정 상황에 대비하여 2d11추출.slddrw로 저장한다.

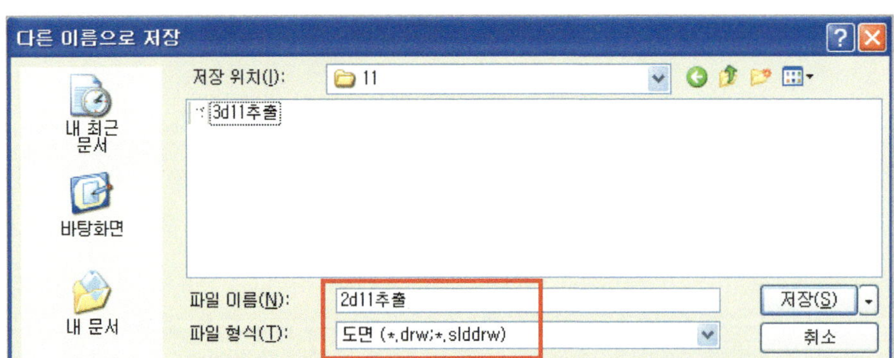

이렇게 해서 SolidWorks에서의 작업은 모두 끝났다. 검도 중 변경 상황이 발생할 수 있으니 프로그램은 대기 상태로 해 둔다.

2 1번 몸체 부품도

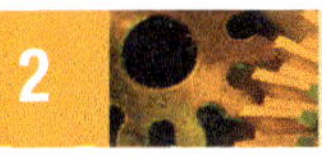

■ AutoCAD에서 추출한 DWG 파일 불러오기

01 SolidWorks에서 저장한 2d11추출.dwg 파일을 AutoCAD에서 열어 본다.

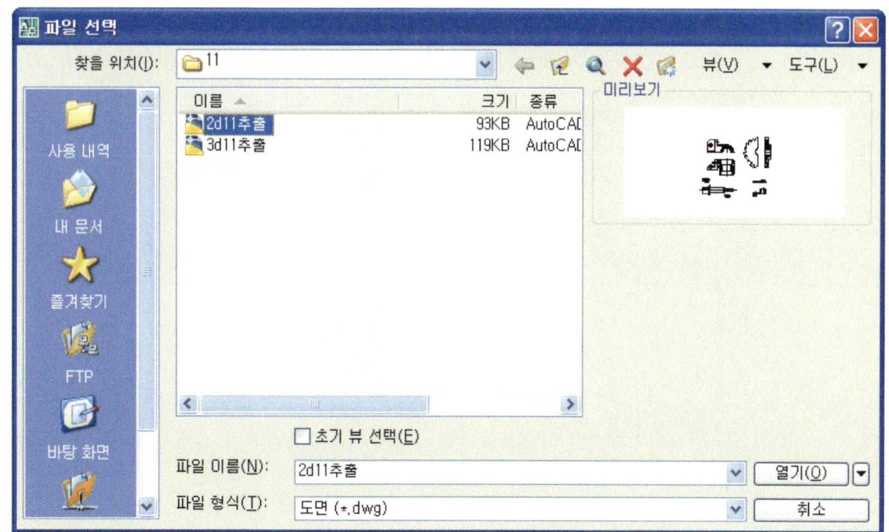

02 모든 객체는 백색의 단일색으로 도면층(layer)도 0번에 모두 들어 있음을 알 수 있다. 여기
에 있는 모든 객체를 전부 선택하여 클립보드로 복사(Ctrl+C)해 둔다.

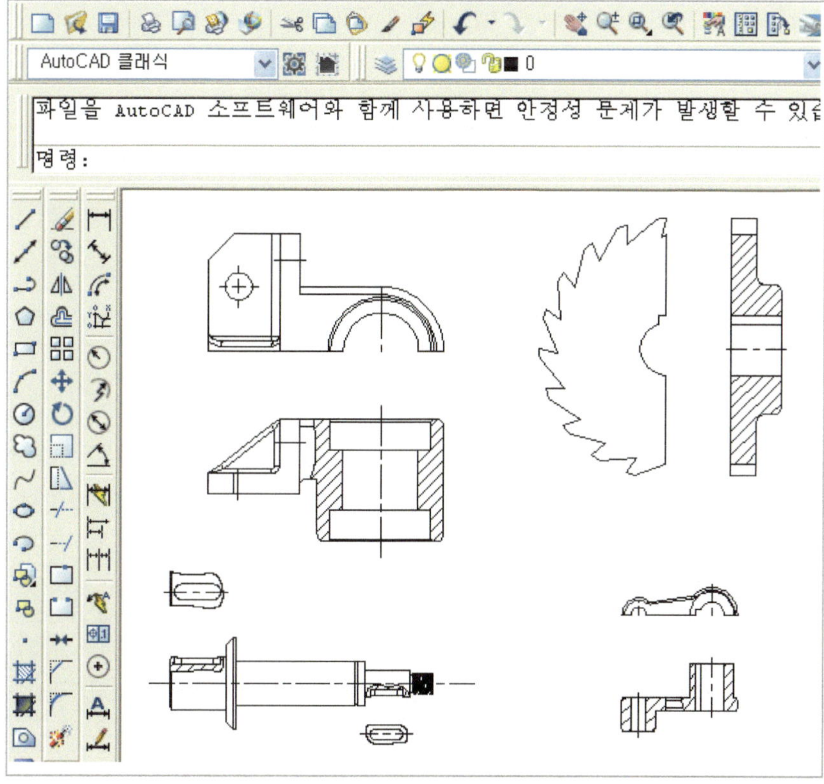

❷ AutoCAD에서 만든 수검용 도면에 붙여넣기

01 다시 본 교재 1부에서 작성한 수검도면설정.dwg를 열고 붙여넣기(Ctrl+V)하여 투상도를 합친다. 이때 바로 윤곽선 안으로 삽입시키지 말고 측면 빈 공간에 붙여 넣는다.

02 도면의 배치 상태를 보면서 큰 부품부터 이동(MOVE) 명령어를 이용하여 도면 안으로 옮겨 놓는다.

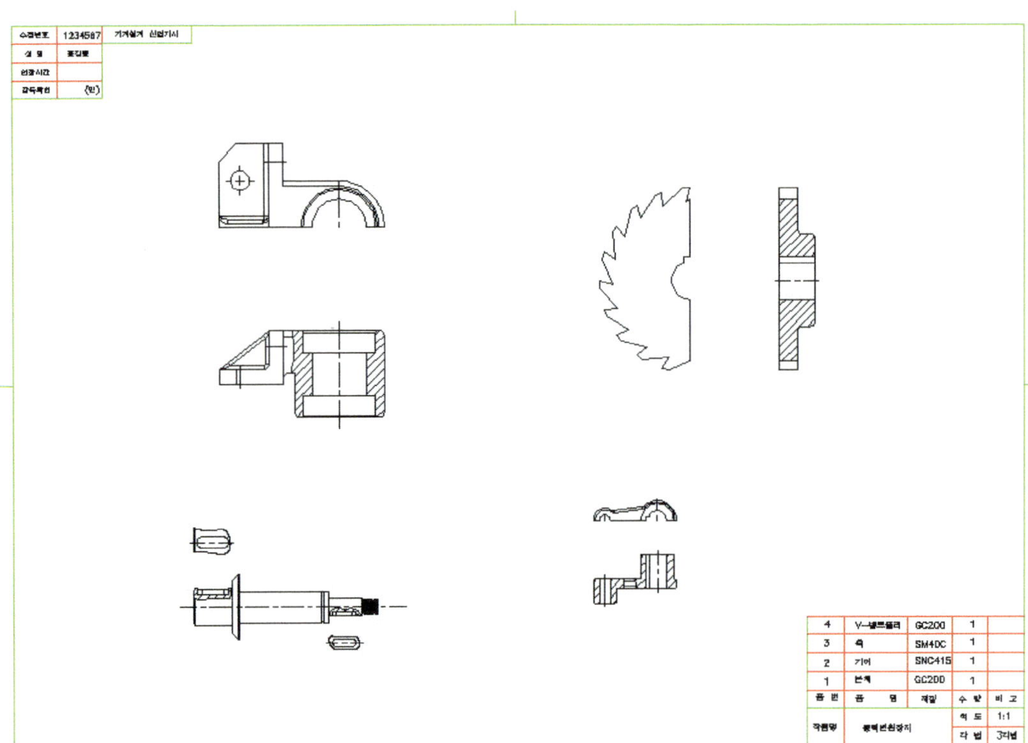

03 도면층의 색상을 다음과 같이 변경한다.

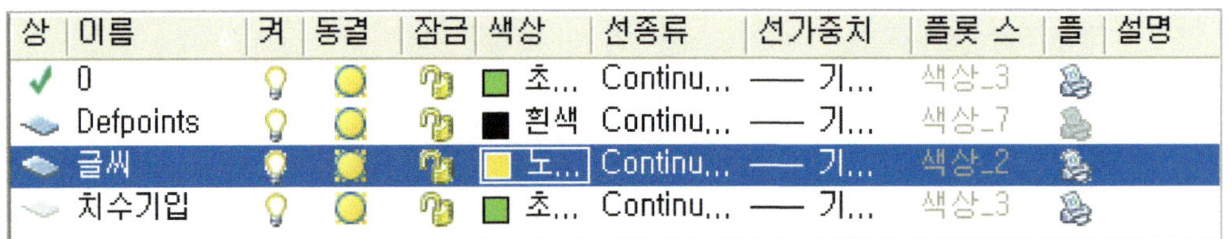

상	이름	켜	동결	잠금	색상	선종류	선가중치	플롯 스	플	설명
✔	0	💡	☀	🔒	초...	Continu...	—— 기...	색상_3	🖨	
	Defpoints	💡	☀	🔒	흰색	Continu...	—— 기...	색상_7	🖨	
	글씨	💡	☀	🔒	노...	Continu...	—— 기...	색상_2	🖨	
	치수기입	💡	☀	🔒	초...	Continu...	—— 기...	색상_3	🖨	

해칭 부분은 흰색 또는 적색으로 하되 별도의 도면층을 만들어 분리 작성해도 좋다.
색상 선택의 어려움이 있다면 수검자 유의사항 아래 표를 참조하여 4가지색만 사용한다.

출력 시 선 굵기	색상(color)	용 도
0.35 mm	초록색(Green)	윤곽선, 부품번호, 외형선, 개별주서 등
0.25 mm	노란색(Yellow)	숨은선, 치수문자, 일반주서 등
0.18 mm	흰색(White), 빨강(Red)	해칭, 치수선, 치수보조선, 중심선 등

04 삽입한 객체를 모두 선택하여 색상 속성을 ByLayer(초록색)로 바꿔 놓는다. 그림과 같이 도면층에 설정된 값대로 색상이 바뀐 것을 확인한다. (※교재 그림에서 도면상의 문자는 노란색이나 선명도 관계상 흑색으로 표현했음.)

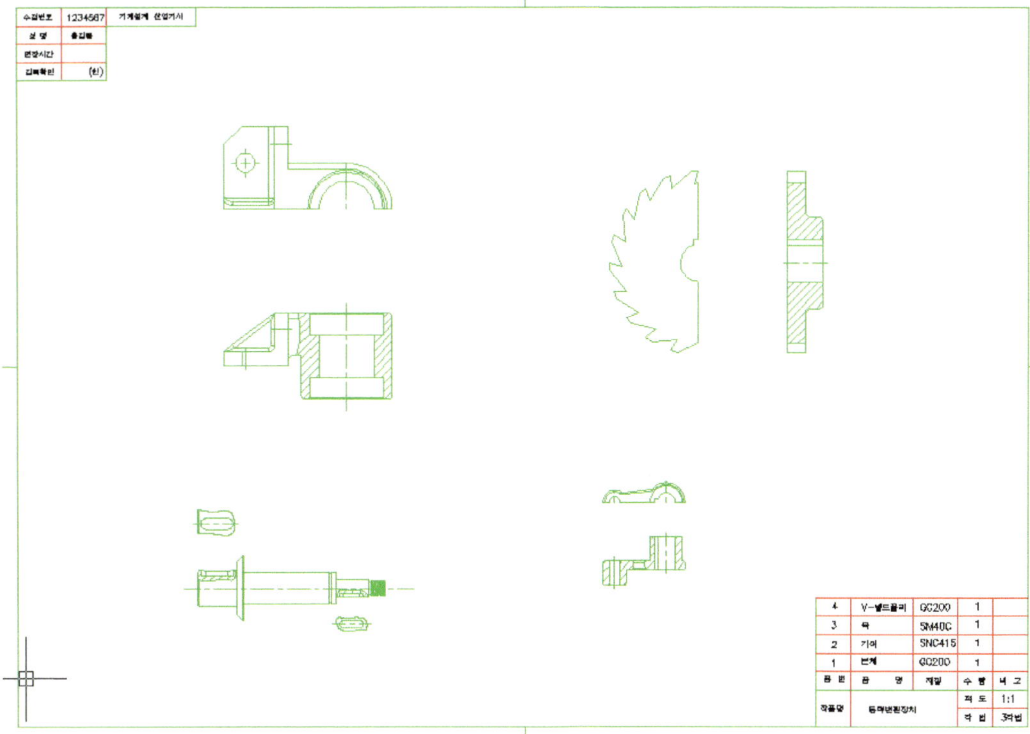

05 부분적으로 투상도를 확대하면서 중심선은 적색, 해칭선은 흰색으로 속성을 바꾼다. 일부 투상에서 중심선이 없는 경우 그려 넣도록 한다.

❸ 1번 몸체 부품도 완성하기

다음 그림은 SolidWorks에서 추출된 투상도에 투상선 편집, 치수 기입, 기하공차, 표면거칠기, 일반 주서 등을 삽입하여 부품 제작도를 완성한 상태이다. 실제 모델링으로부터 추출한 투상의 일부는 KS 제도 통칙과 맞지 않아 100% 써먹지 못한다.

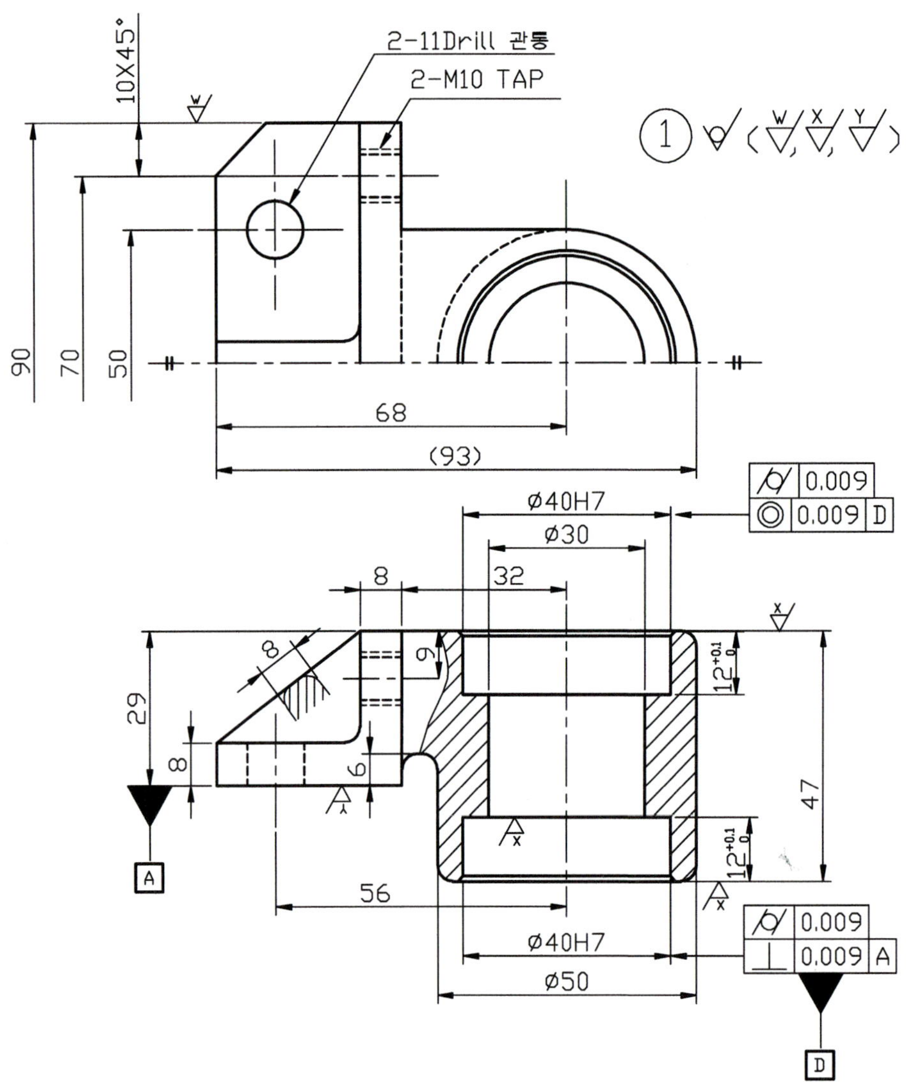

01 투상선 편집하기

추출 변환된 투상도 중 특히 필렛(모깎기) 부분에 너무 많은 투상선이 나와 있어 오히려 물체를 이해하는 데 방해가 된다. 이런 부분은 과감히 두께가 되는 외형선 부분만 남기고 삭제해야 한다.

다음으로 암나사 투상 부분을 보면 불완전나사부 경계 처리가 잘못되어 있다. 이런 부분을 섬세히 다듬는 데 시간이 많이 소요되므로 평소 학습자는 숙련될 필요가 있다.

다음은 리브 부위와 암 나사부를 수정한 상태이다.

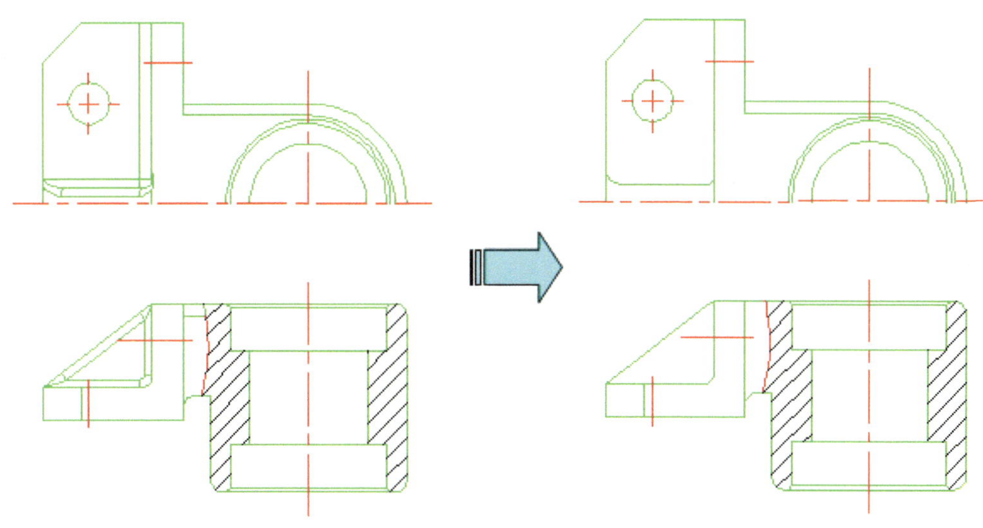

다음으로 살펴봐야 할 것은 투상이 빠진 곳이 있는지 살펴보고 추가해야 한다. 다음은 탭구멍 투상을 추가하고 중심선의 척도를 0.5배로 하여 일점쇄선을 나오게 하였다.

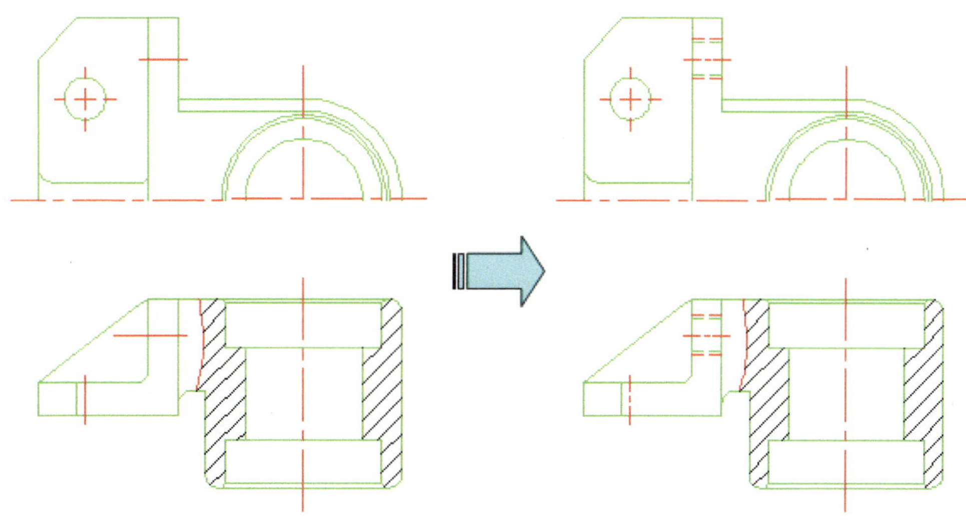

해당 중심선을 더블 클릭하여 특성 창이 나오면 축척값을 0.5로 넣으면 된다.

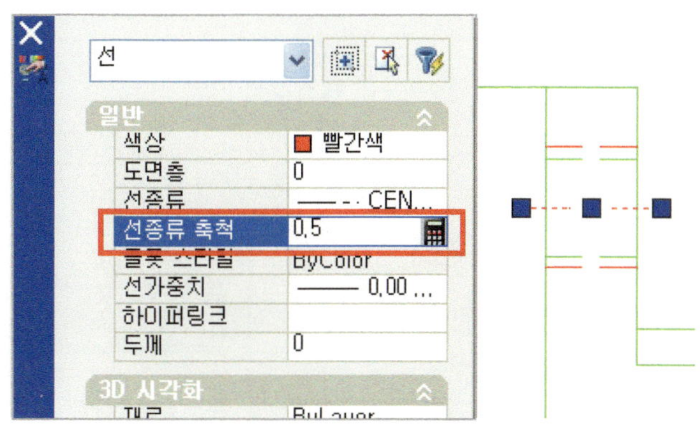

02 치수 기입하기

치수 기입은 순서상 안쪽 작은 곳부터 해야 모양새가 좋게 나오나 자격증 실기시험이니만큼 중요 치수부터 기입하도록 하겠다.

① 먼저 KS 표준 부품의 조립부부터 하는데 베어링 조립부 치수는 다음과 같다.

베어링 호칭이 6203이므로 바깥지름이 40mm임을 알았고, 끼워맞춤 공차는 아래 표를 보면 알 수 있듯이 H_7이 적당하다. 대체로 실기 과제물은 크기가 작아 보통 하중이므로 평소 축은 k6 또는 h6 정도, 구멍은 H_7 정도를 넣으면 무난하다.

레이디얼 베어링과 하우징구멍의 끼워맞춤

조 건			구멍의 종류와 등 급	적 용 보 기
분할 하우징	내륜 회전 하중	모든 종류의 하중	H_7	일반 베어링의 장치, 철도차량 베어링 상자
		보통 및 작은 하중	H_7	외륜은 쉽게 이동된다. 전동 장치
		축을 통해 열전도가 있을 때	G_7	건조 실린더

② 중요 부분을 확인하고 정밀공차를 넣어야 할 곳을 찾는다. 여기서는 베어링 삽입부 깊이이다.

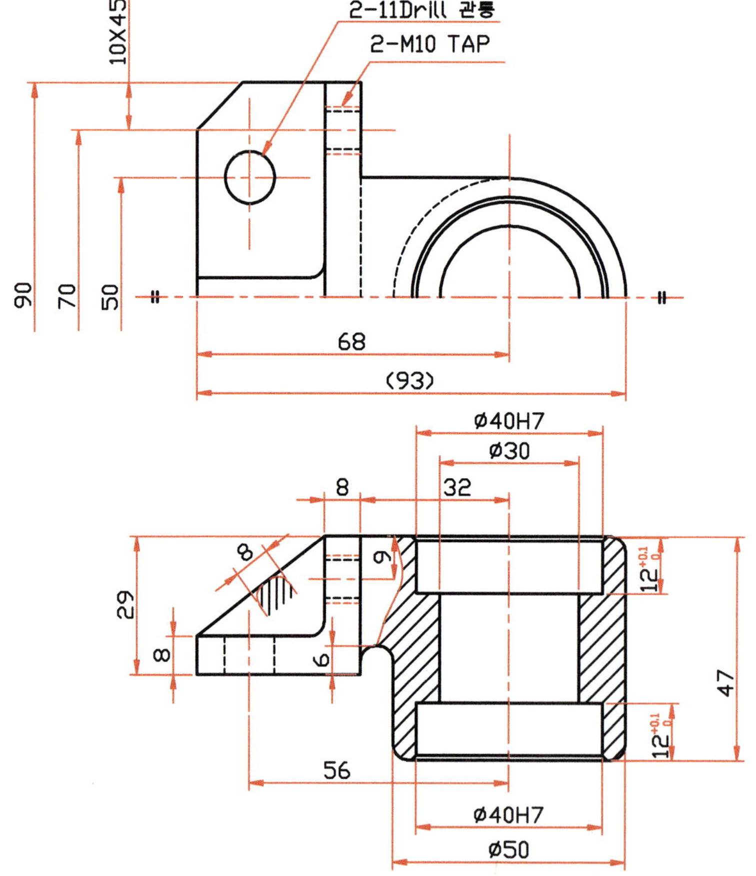

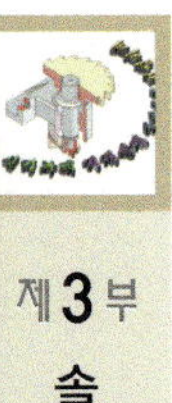

③ 다음은 부품 전체 치수와 암나사, 기타 일반 치수부를 기입한 후 마지막으로 빠진 곳을 살펴
본다. 특히 몸체에서 리브 부분은 회전 단면을 추가하고 리브 두께 치수를 줘야 한다. 중복
치수의 발생 시 반드시 괄호를 넣어 참고 치수로 만든다.

03 기하공차 넣기

기하공차는 데이텀의 위치부터 정하는데 대체로 현 부품의 모체와 조립 부분이 어딘지 찾으
면 된다. 여기서는 장치 조립면이 1차 데이텀이 되고 이것에 대해 베어링 조립면을 직각도 공
차를 준 후 2차 데이텀을 설정한다. 이후 반대쪽 베어링 조립면을 동축도로 줘야 한다. 기하공
차를 넣을 때는 기능에 대한 논리성을 갖고 조립 후 기능과 위치에 영향을 미치는 곳을 찾으
면 기하공차 넣어야 할 곳을 쉽게 발견할 수 있다.

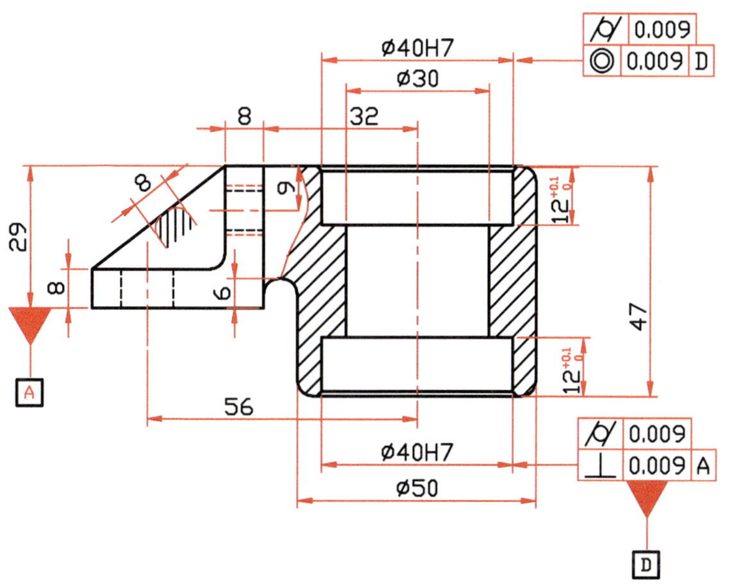

04 표면거칠기 넣기

표면거칠기도 어디에 무슨 값을 줘야 할지 망설이다 시간만 보낼 수 있다. 이것 또한 기능을
생각하면 쉽게 답이 나오며, 만일 판단이 안 섰다면 필자의 경험을 근거로 작성된 표를 참조
하여 착안점을 찾아 기입하면 된다.

y／ ＝ 1.6／	기준면, 끼워맞춤 부분, 습동면
x／ ＝ 6.3／	면과 면의 단순 조립되는 고정면
w／ ＝ 25／	기능과 무관하지만 미관상 가공을 한 면
（필렛 기호）	필렛(모깎기)되어 있고 소재 상태로 에나멜 도장 처리하는 면

05 일반 주서

품번과 부품에 쓰인 거칠기 값 또는 특수 가공 내용 등을 표기하는 곳으로 문자 크기는 4.5mm이며, 외형선과 같은 색으로 한다. 거칠기 기호는 부품 속에 표기 안 된 무가공 기호를 대표로 하여 거칠기면 정도가 낮은 순으로 괄호 안에 넣고, 1.5배 정도 크게 작성한다.

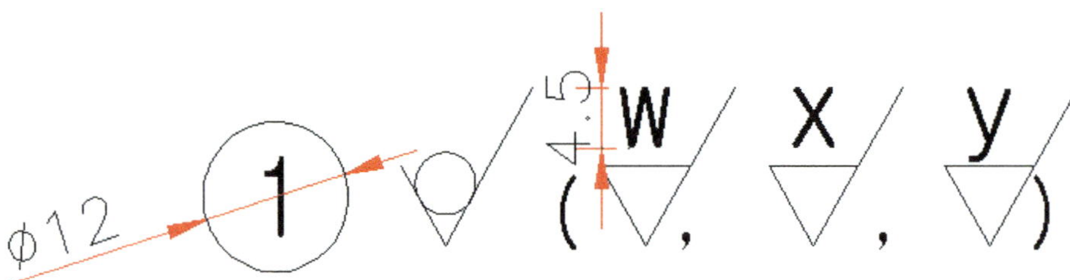

아래 그림은 이렇게 해서 완성된 1번 부품도이다.

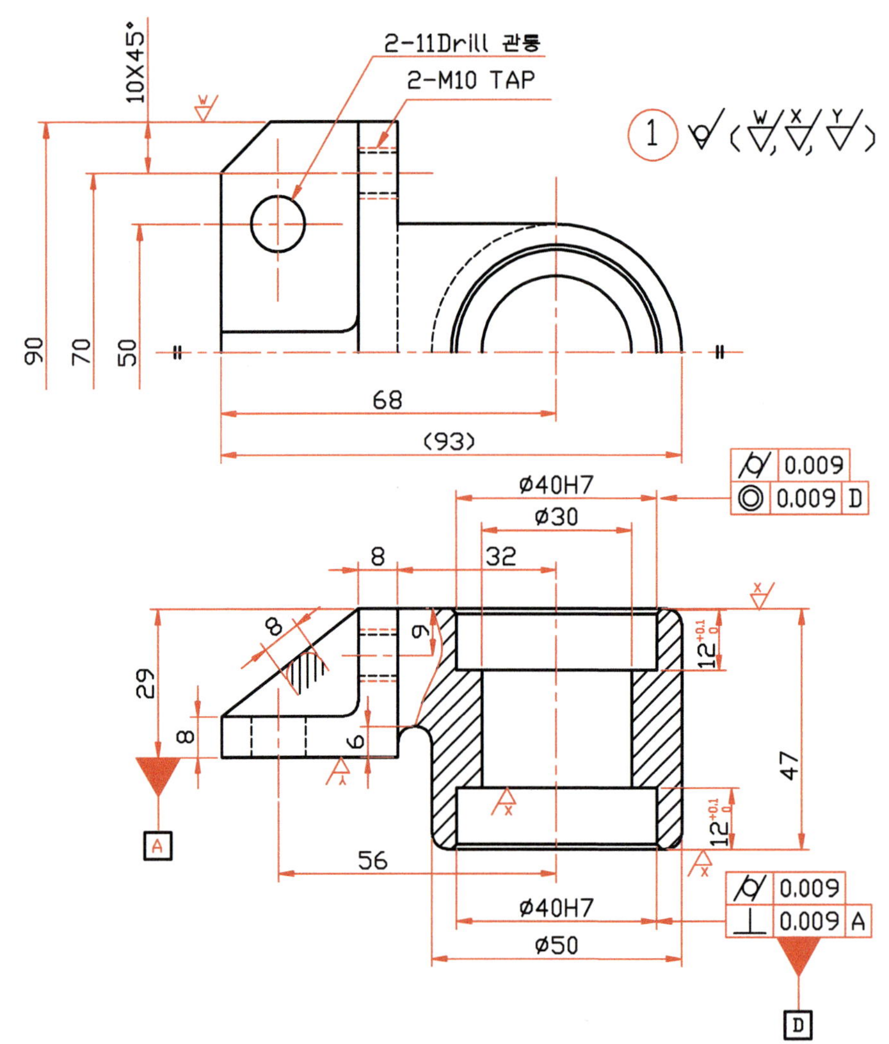

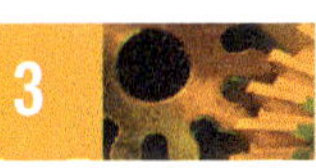 **3** **2번 축, 3번 래치 기어, 4번 핸들 부품도**

2번 축, 3번 래치 기어, 4번 핸들 부품도 작성은 앞에서 작성된 1번 부품의 작도 순서를 토대로 동일한 순서로 작도해 가면 된다. 여기에 필요한 KS 데이터 표와 완성된 도면은 다음과 같다.

❶ 필요한 KS 데이터 치수

키 홈부는 래치 기어 조립부는 6×6, 핸들 조립부는 4×4이므로 축에서는 b_1과 t_1 치수를, 보스 구멍 쪽에서는 b_2와 t_2 치수를 추출한다.

평행 키(묻힘 키) 및 키 홈의 모양 및 치수 (KS B 1311)

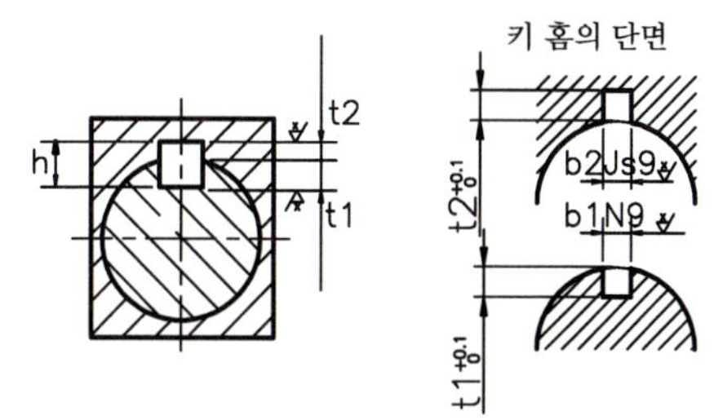

키의 호칭 치수 $b \times h$	키의 치수						키 홈의 치수							(참고)
	b		h		c	l	b_1 b_2 의 기준 치수	정밀급	보통급		r_1 및 r_2	t_1 의 기준 치수	t_2 의 기준 치수	t_1 t_2 의 허용차	적용 하는 축지름 d
	기준 치수	허용차 (h9)	기준 치수	허용차				b_1 및 b_2 허용차 P9	b_1 허용차 N9	b_2 허용차 js9					
2×2	2	0	2	0	0.16 ~ 0.25	$6 \sim 20$	2	-0.006 -0.031	-0.004 -0.029	± 0.0125	0.08 ~ 0.016	1.2	1.0		$6 \sim 8$
3×3	3	-0.025	3	-0.025		$6 \sim 36$	3					1.8	1.4	$+0.1$ 0	$8 \sim 10$
4×4	4	0 -0.030	4	0 -0.030	h9	$8 \sim 45$	4	-0.012 -0.042	0 -0.030	± 0.015		2.5	1.8		$10 \sim 12$
5×5	5		5		0.25 ~ 0.40	$10 \sim 56$	5				0.016 ~ 0.25	3.0	2.3		$12 \sim 17$
6×6	6		6			$14 \sim 70$	6					3.5	2.8		$17 \sim 22$

❷ 2번 기어 부품도

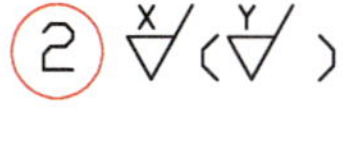

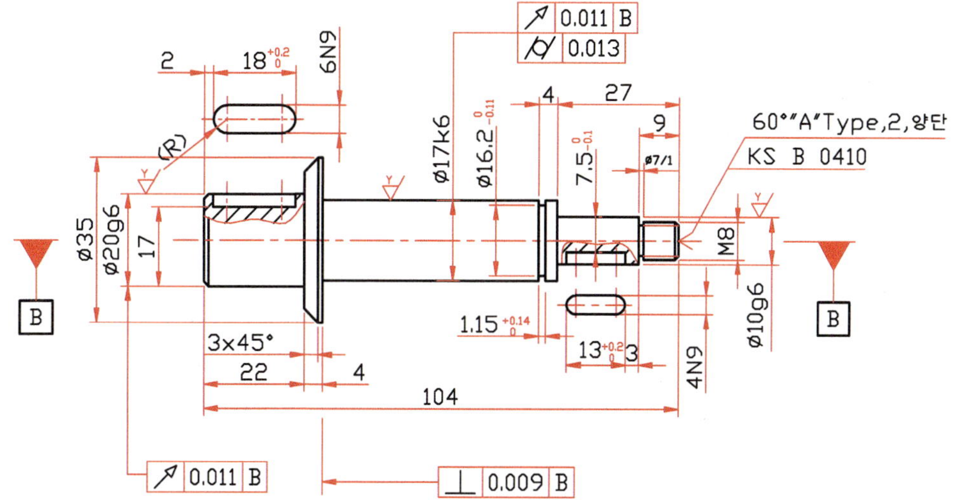

제3부 솔리드웍스 사용자 (래치기어장치)

3 3번 래치 기어 부품도

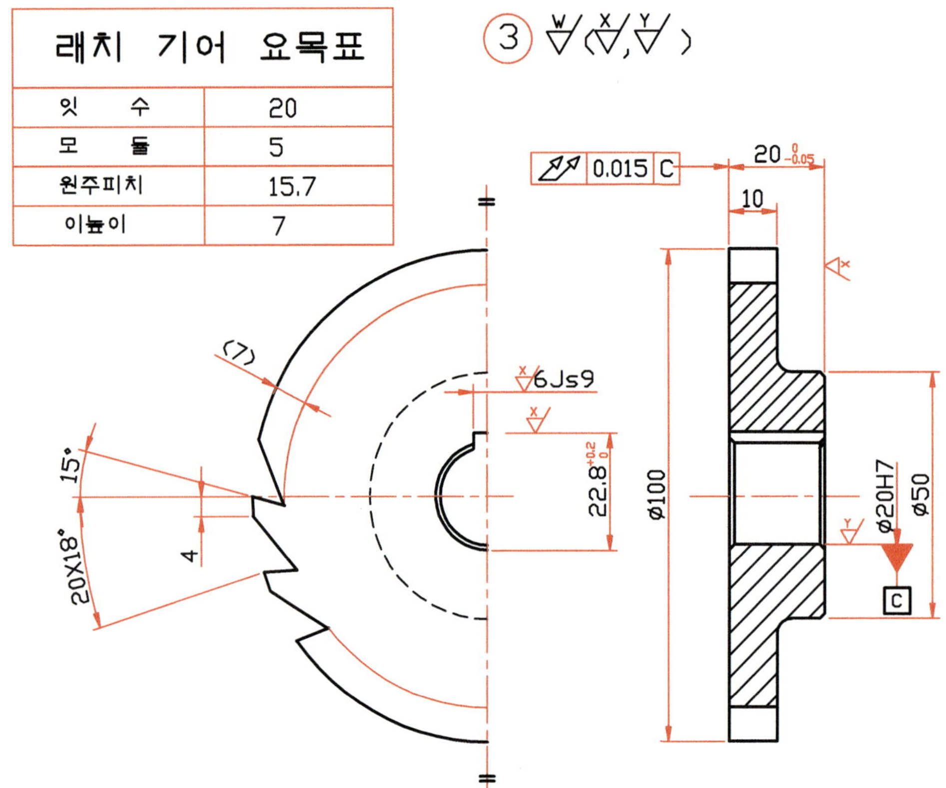

4 4번 핸들 부품도

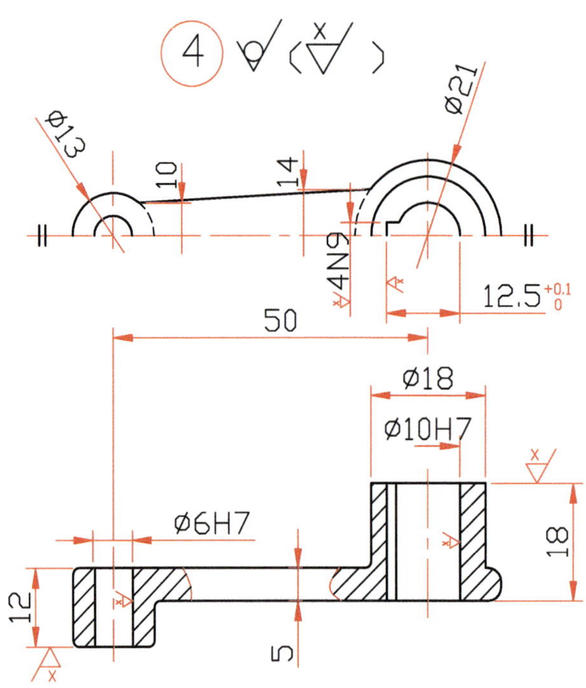

5 주서란 기입 주의사항

① 주서란 형식은 보통 다음과 같은 순서에 맞게 작성을 하되 필요 없는 내용은 삭제한다. 예를 들면 1항 (나)처럼 부품란에 주강재질이 없는 경우 이 내용도 삭제되어야 한다.

② 주서 내용 중 반드시 기입해야 할 사항은 특수 가공 처리 내용이다. 일반적으로 열처리에 대한 것이 많은데 반드시 해당 품번을 확인하고 기입하며, 부품란에 열처리가 가능한 재질을 부여해야 한다. 참고적으로 주철 계통은 담금질 처리가 불가능하다.

③ 표면거칠기 비교표는 자세히 구술하면 좋지만 시간이 부족할 때는 간단히 문자와 중심선, 평균거칠기 비교값만 적는다.(예)

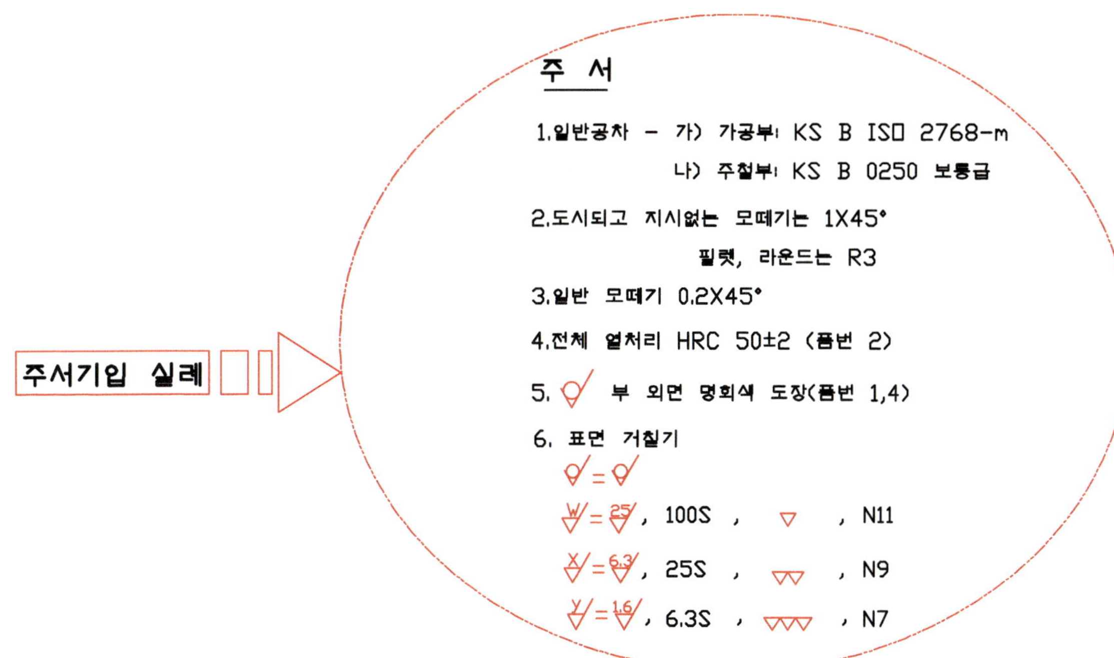

6 2D 부품도 완성

마지막으로 수검란, 부품란을 작성한다. 누락되지 않고 도면 내의 부품번호와 틀리지 않도록 살펴본 후 Zoom All을 실행하여 전체보기한 다음 한쪽 쏠림이 없이 균등 배치가 되어 있고 작업 과정에 사용한 불필요한 객체가 남아 있는지, 미려한지 검도한다.

최종 완성된 도면을 부여받은 비번호 폴더에 2D11.dwg로 저장한다.

다음 그림은 완성된 도면의 한 예를 보여주고 있다.

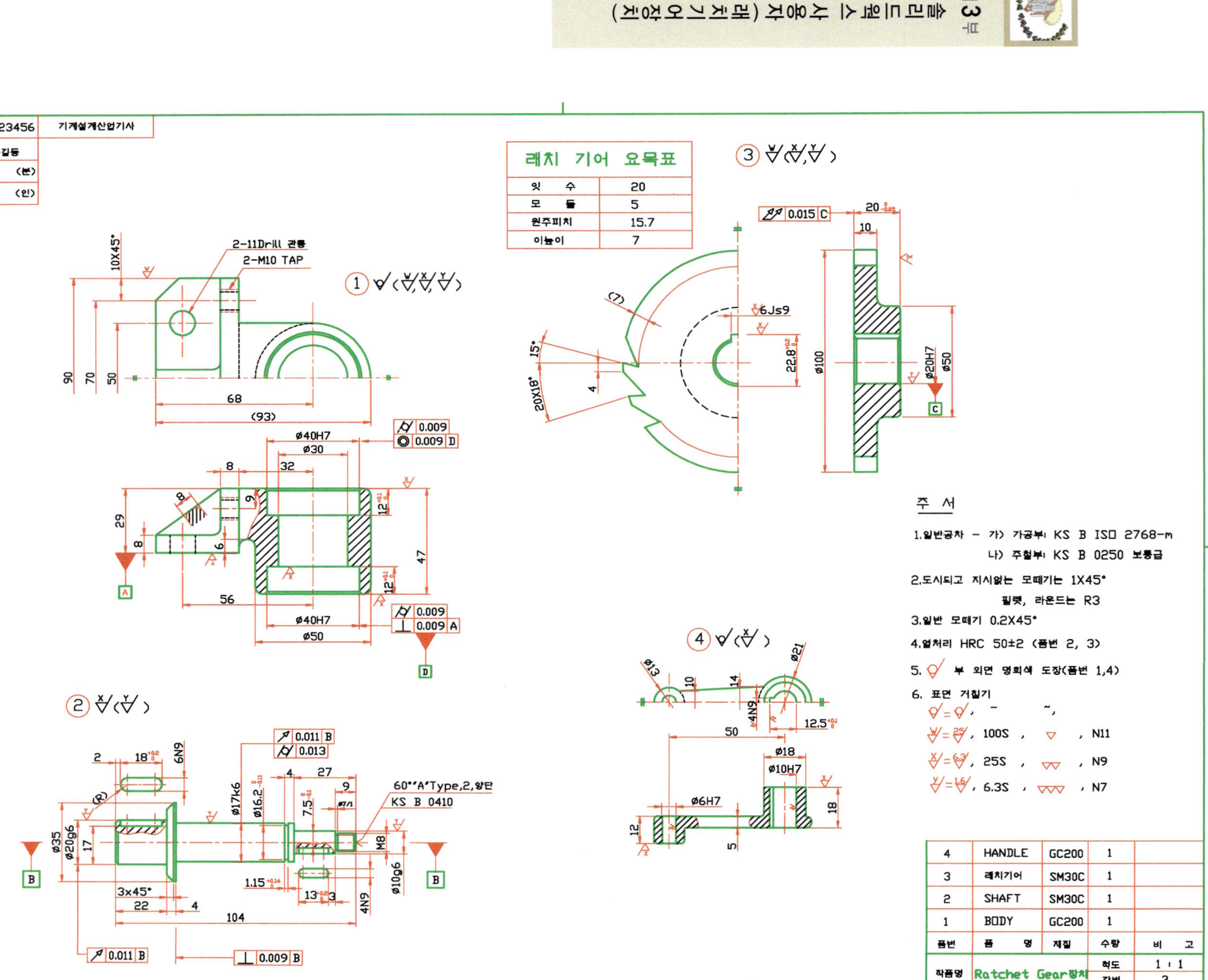

수검번호 123456 기계설계산업기사
성 명 홍길동
연장시간 (분)
감독확인 (인)

래치 기어 요목표
잇 수 20
모 듈 5
원주피치 15.7
이높이 7

① ▽(▽,▽,▽)
2-11Drill 관통
2-M10 TAP
10X45°
90 70 50
68 (93)
(0.009)
(0.009 D)
Ø40H7 Ø30
8 32
29 8 9 6
56
12 12
Ø40H7 Ø50
0.009 0.009 A
A D

③ ▽(▽,▽)
0.015 C
20 10
(7) 15° 20X18° 4
6Js9 22.8
Ø100 Ø20H7 Ø50
C

② ▽(▽)
0.011 B 0.013
2 18 6N9 (R)
Ø35 Ø20g6 17
Ø17k6 Ø16.2
4 27 7.5 9
60°A°Type,2,양단 KS B 0410
M8 Ø10g6
3x45° 22 4 1.15 13 4N9 104
0.011 B 0.009 B
B

④ ▽(▽)
Ø13 Ø21 10 14 4N9 12.5
50
Ø18 Ø10H7
Ø6H7 5 18 12

주 서
1.일반공차 - 가) 가공부: KS B ISO 2768-m
              나) 주철부: KS B 0250 보통급
2.도시되고 지시없는 모떼기는 1X45°
              필렛, 라운드는 R3
3.일반 모떼기 0.2X45°
4.열처리 HRC 50±2 (품번 2, 3)
5. ▽ 부 외면 명회색 도장(품번 1,4)
6. 표면 거칠기
   ▽ = ▽ , - ~ ,
   ▽ = 25 , 100S , ▽ , N11
   ▽ = 6.3 , 25S , ▽▽ , N9
   ▽ = 1.6 , 6.3S , ▽▽▽ , N7

4 HANDLE GC200 1
3 래치기어 SM30C 1
2 SHAFT SM30C 1
1 BODY GC200 1
품번 품 명 재질 수량 비 고
작품명 Ratchet Gear장치 척도 1:1 각법 3

완성된 2D 부품도

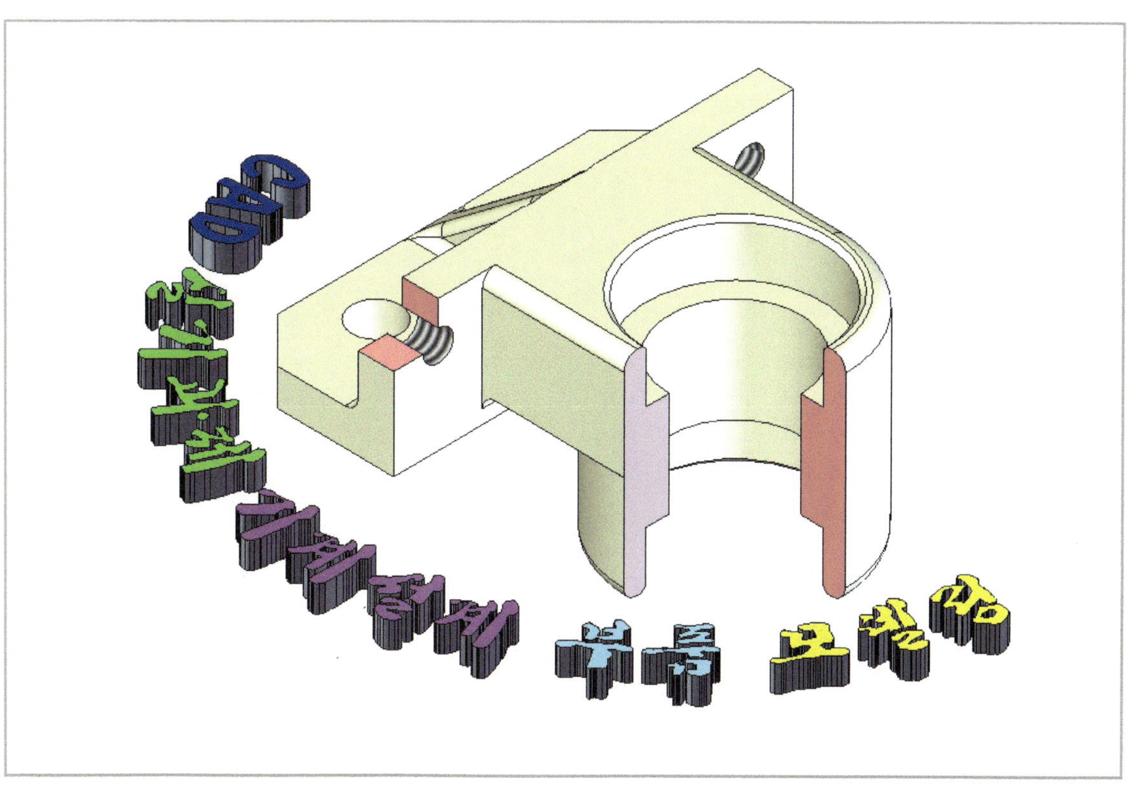

CAD
실기 부품
기계설계
부품 모델링

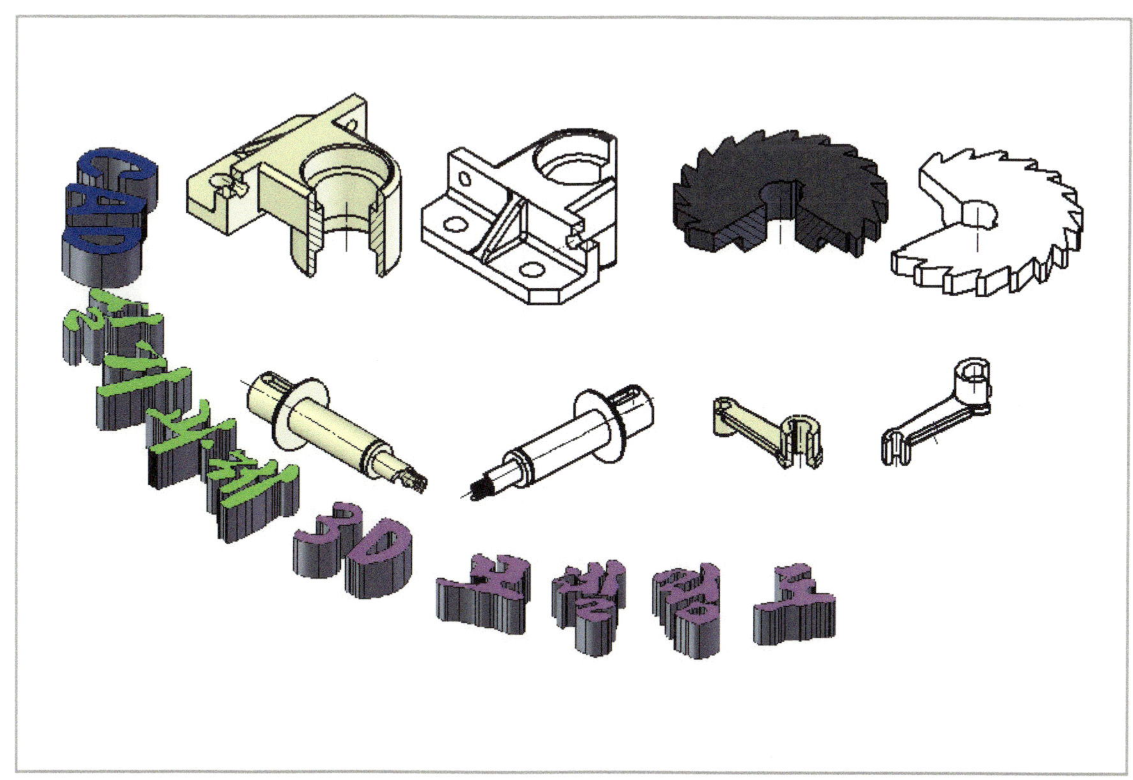

CAD
실기 부품
3D 모델링

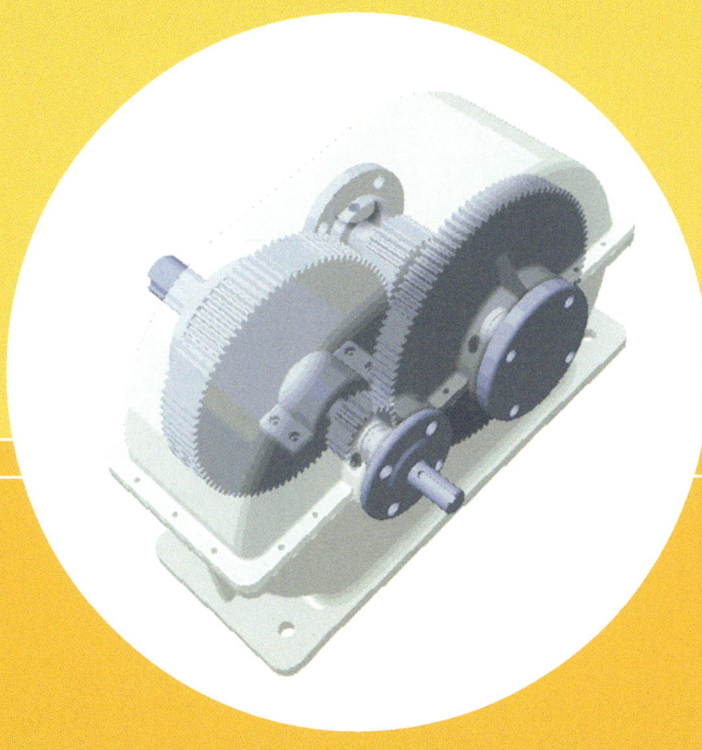

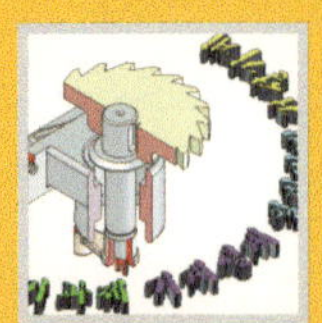

CAD

부록

부 록 1 도면 출력 설정하기 ▶▶▶

수검자 요구사항에 보면 지급된 용지에 본인이 직접 흑백으로 출력하여 제출하게 되어 있다. 일반적으로 수검장에는 프로그램만 설치되어 있고 외부로부터 부정 유출 등을 방지하기 위해 네트워크가 차단된 상태로 자료를 전송할 수 없다. 수검자는 플로팅 장치가 설치된 컴퓨터에 직접 작업한 파일 전체를 USB 등의 매개체에 저장해 감독관의 지시를 받고 직접 출력해야 한다. 출력 장치에 따른 사용 방법은 관리위원에게 받을 수 있지만 출력 세팅은 본인이 해야 하므로 반드시 익혀 두어야 한다. 이때 출력에 따른 소요 시간은 수검 시간에는 포함되지 않는다.

1 출력 요구 사항

구 분	작업 도면 상태	출 력
도면 크기	A2 (594×429)	A3 (420×297)
색 상	초록색	흑색 (0.35mm)
	노란색	흑색 (0.25mm)
	적색, 흰색	흑색 (0.18mm)

2 출력 설정하기

01 플롯 명령어를 실행한다.

Pull Down Menu	명령어	단축 아이콘
파일(F) ➡ 플롯(P)	PLOT	

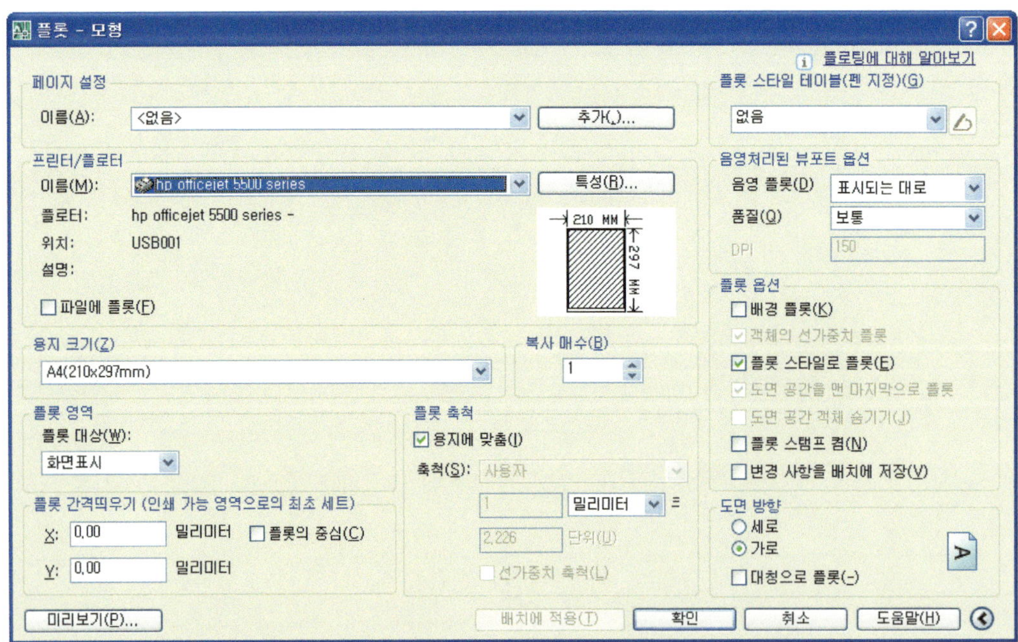

〈플롯 옵션 설명〉

페이지 설정	페이지 설정을 조정한다. 플롯 관련 사항을 저장해 놓고 사용할 수 있게 해 준다. – 이름(A) : 미리 지정된 페이지를 지정하거나 이전에 사용한 페이지를 선택한다.
프린트/플로터	프린터/플로터와 관련된 사항을 조정한다. 하드웨어를 조정하는 부분이다. 사용할 플로터를 지정한다. – 이름(M) : 사용할 프린터나 플로터를 지정한다.
용지 크기	출력할 용지의 크기를 지정한다. 플로터 기종에 따라 용지 설정도 다르다.
복사 매수	동일 크기의 출력물의 장수를 지정한다.
플롯 영역	출력 범위를 조정한다. – 한계(limit) : 설정 limit 안의 객체를 출력한다. 축척을 맞춰 출력할 때 자주 사용한다. – 화면 표시(Display) : 현재 화면에 나와 있는 부분을 출력한다. – 윈도(Windows) : 마우스로 영역을 지정하여 출력한다.
플롯 간격띄우기	플롯의 위치를 조정한다. 미리보기한 후 X, Y값 간격을 조절한다.
플롯 축척	플롯의 축척을 조정한다. – 용지에 맞춤(Fit to Paper) : 척도에 상관없이 출력 용지에 맞게 출력한다. – 축척(Scale) : 사용자에 맞는 척도를 지정한다.
플롯 스타일 테이블	플롯 스타일 테이블(펜 지정)을 조정한다. 펜의 색, 굵기 등을 지정한다.
음영처리된 뷰포트 옵션	음영 처리된 화면과 렌더링된 화면이 플롯되는 방법을 지정하고, 해상도 수준 및 dpi 크기를 결정한다.
플롯 옵션	플롯의 옵션을 조정한다. – 배경 플롯 : 플롯이 배경에서 처리되도록 한다. – 객체의 선가중치 플롯 : 선 두께가 플롯될지 여부를 조정한다. – 플롯 스타일로 플롯 : 객체 및 도면층에서 적용된 플롯 스타일의 출력 여부를 조정한다. – 변경 사항을 배치에 저장 : 현재 대화상자에서 변경된 사항을 배치에 저장한다.
도면 방향	출력 방향을 조절한다. 용지 방향 미리보기를 통해 확인한다. – 세로 : 세로 방향으로 출력한다. – 가로 : 가로 방향으로 출력한다. – 대칭으로 플롯 : 상하 뒤집어서 출력한다.

02 프린트/ 플로터 선택 : 수검장에 설정된 기종을 선택한다.

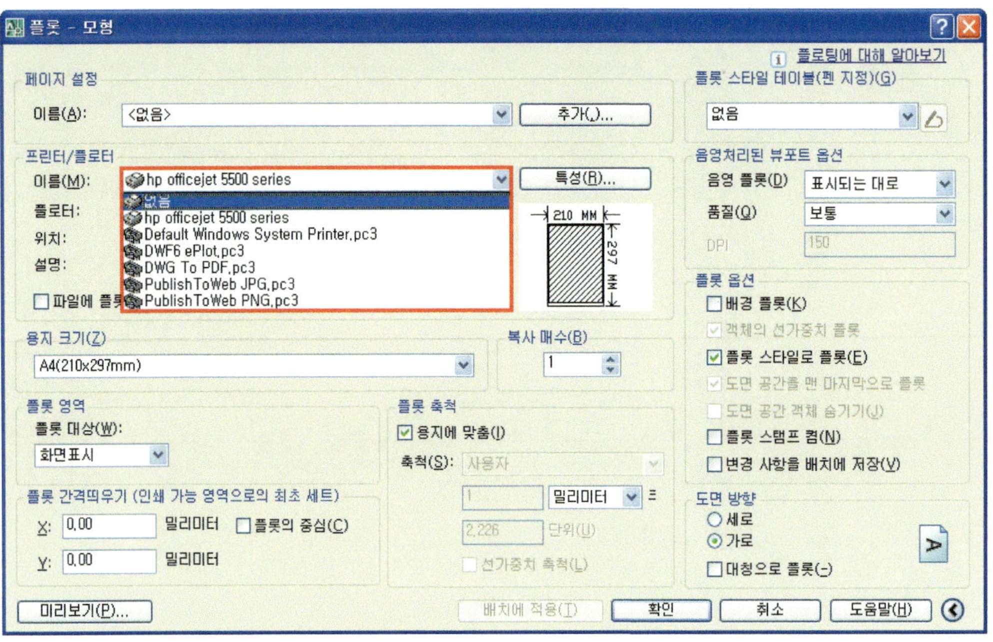

03 선택한 플로터를 확인한 후 [특성] 버튼을 클릭한다.

    (※ 보통은 수검장에 특성이 설정되어 있으므로 생략 가능하다.)

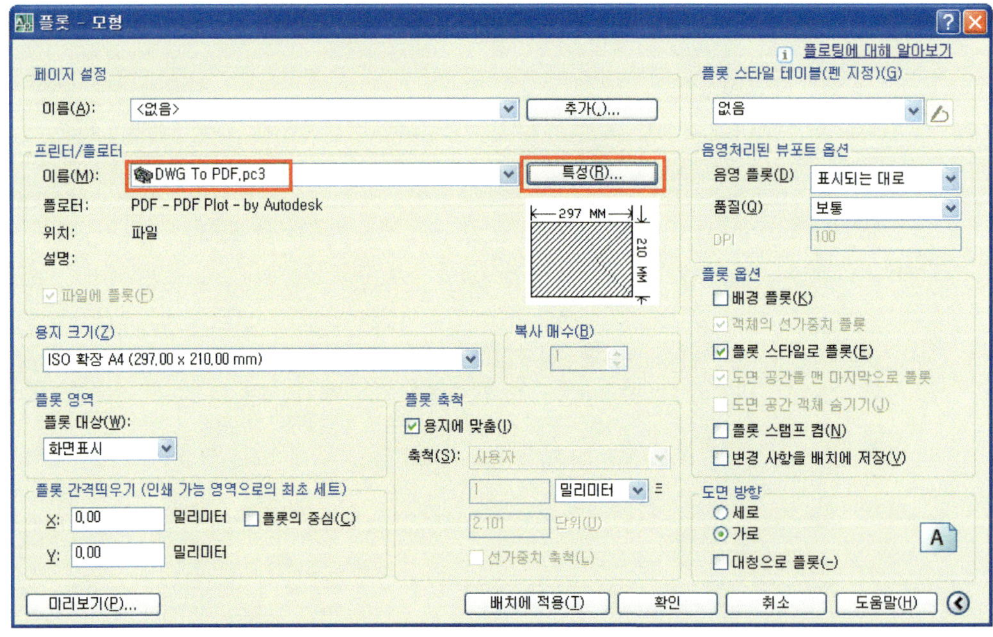

04 장치 및 문서 설정값을 확인한 후 변경할 것이 있으면 [표준 용지 크기 수정(인쇄 가능 영역)] 항목을 클릭한다. [ISO A3]를 선택하고 [수정]을 누른다.

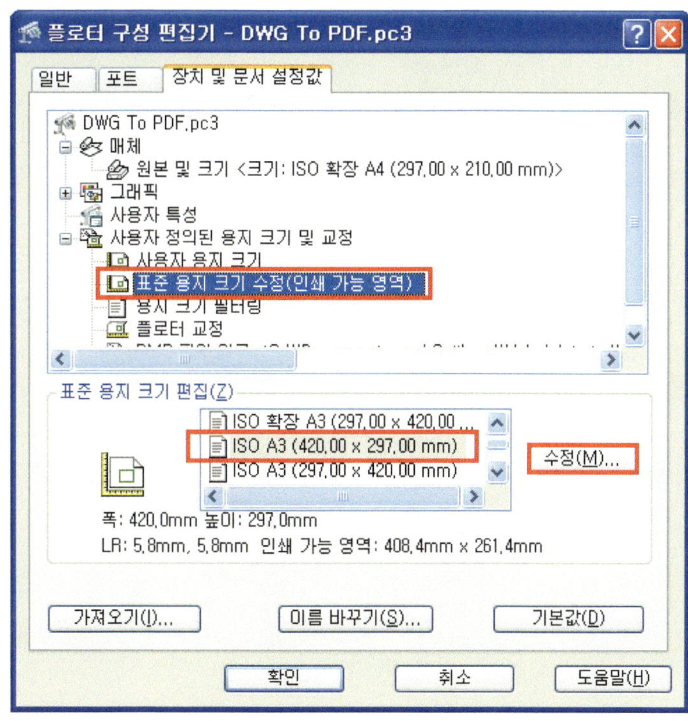

05 모든 여백의 크기를 0으로 하여 표준용지와 영역을 일치시킨다. [다음]을 클릭한다.

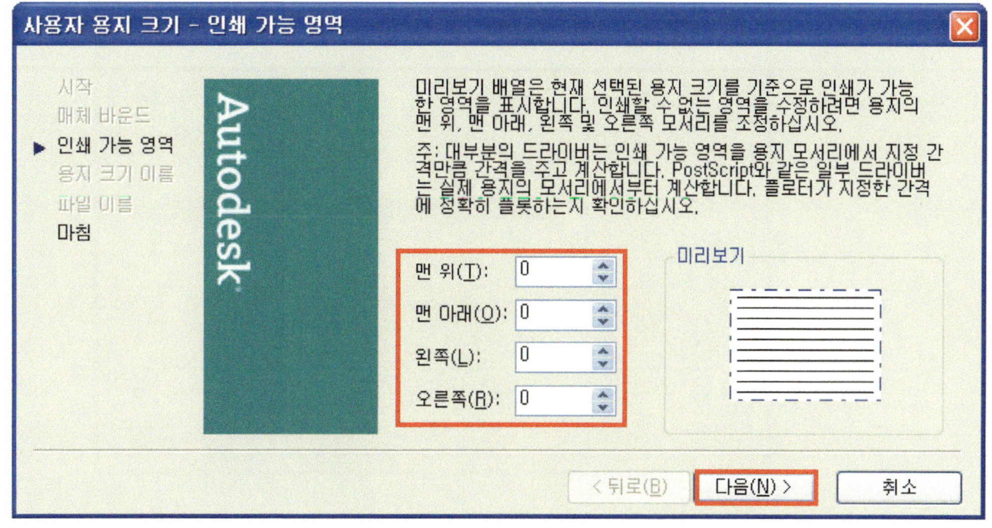

06 [마침]을 누른다.

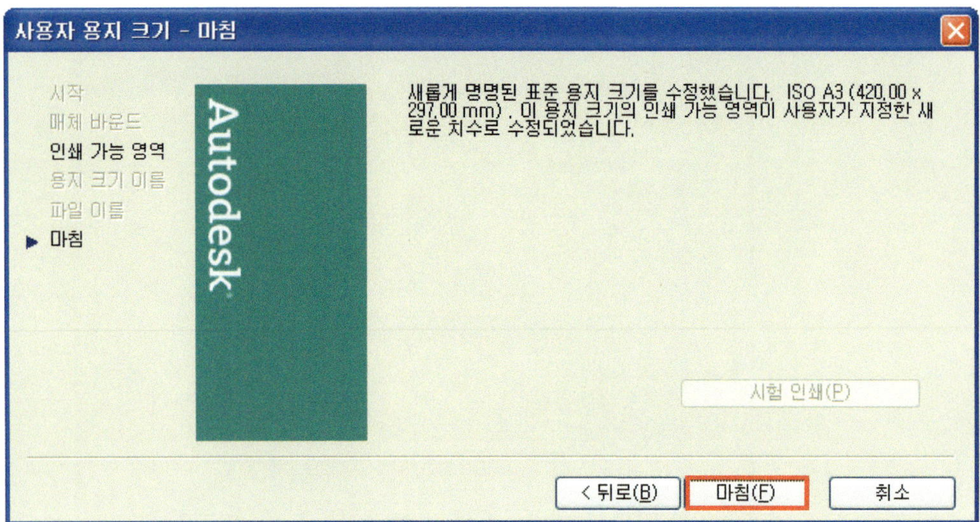

07 [확인]을 누른다.

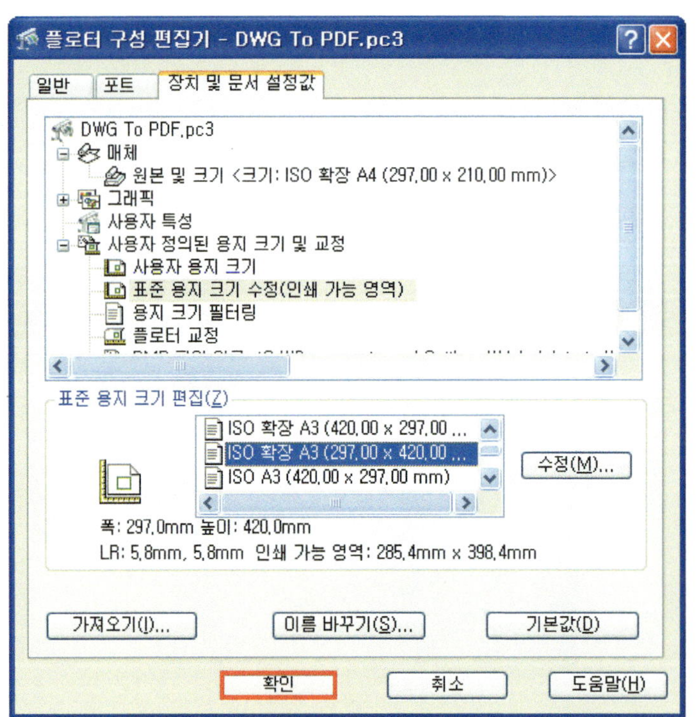

08 용지 크기 선택 창에서 출력하고자 하는 용지의 크기를 선택한다. 여기서는 [ISO A3]로 설정하면 된다.

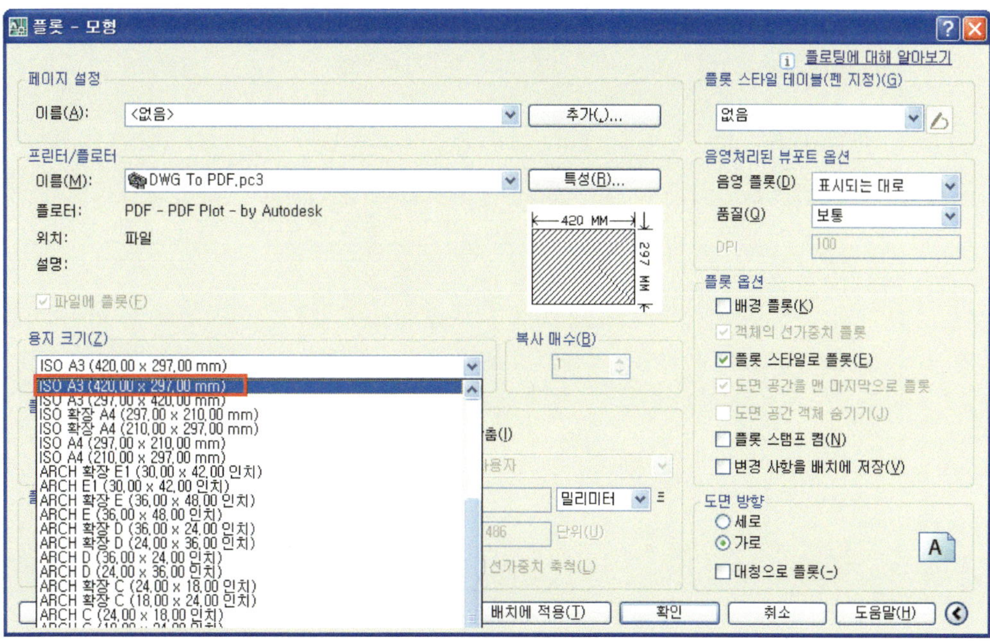

09 플롯 영역을 지정한다. 이미 작성된 수검용 도면은 원점을 기준으로 하여 A2에 맞춰져 있으므로 [한계]로 한다.

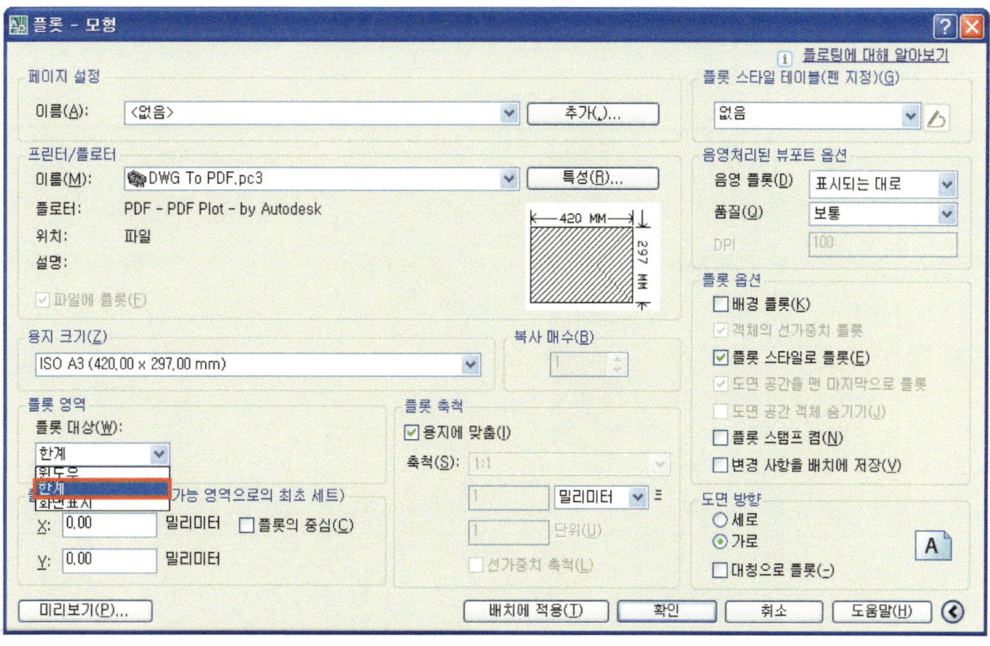

10 [플롯의 중심]을 체크하여 자동으로 출력될 도면의 중앙에 올 수 있도록 한다.

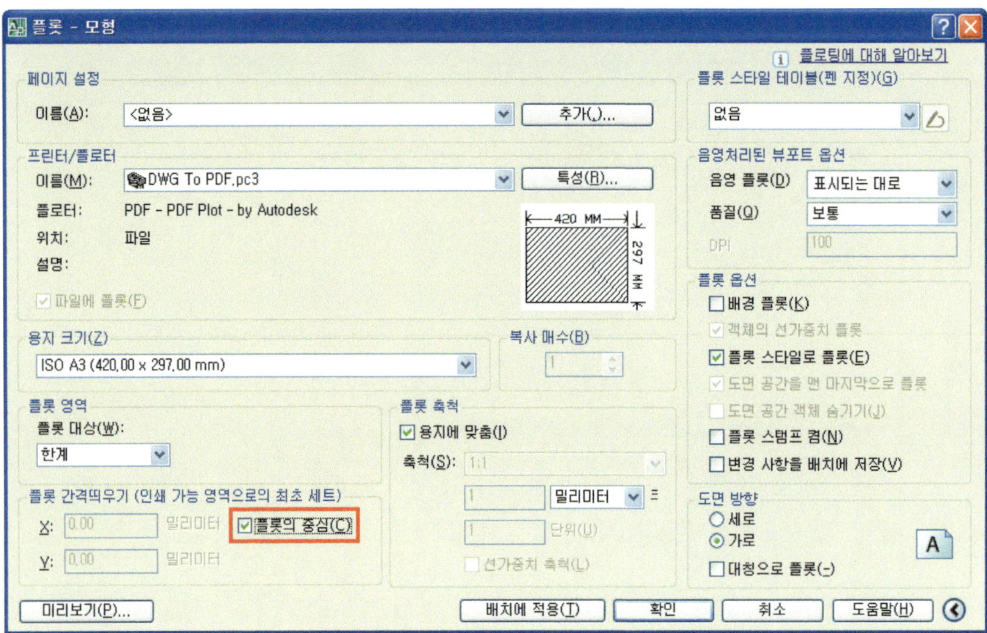

11 [용지에 맞춤]을 체크하여 자동으로 플롯 축척이 되도록 한다.

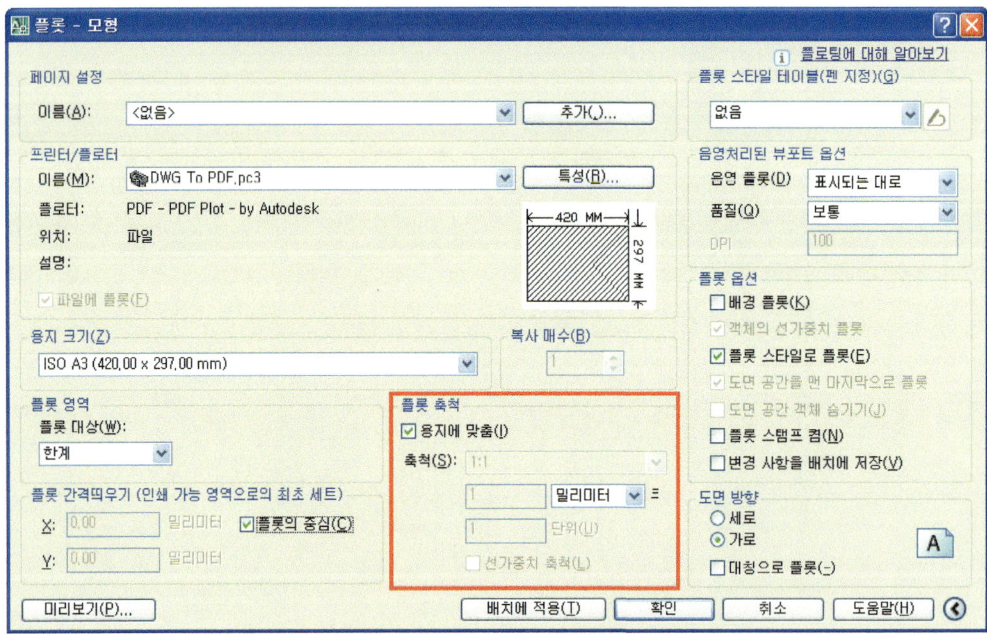

12 플롯 스타일 테이블에서 하단의 [신규]를 선택한다.

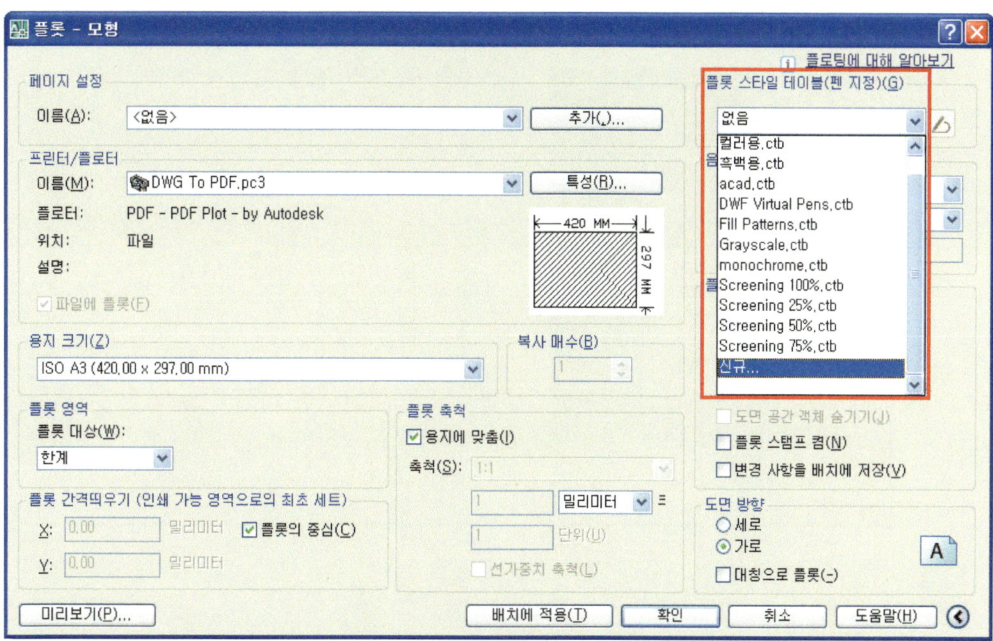

13 [처음부터 시작]을 선택하고 [다음] 버튼을 누른다.

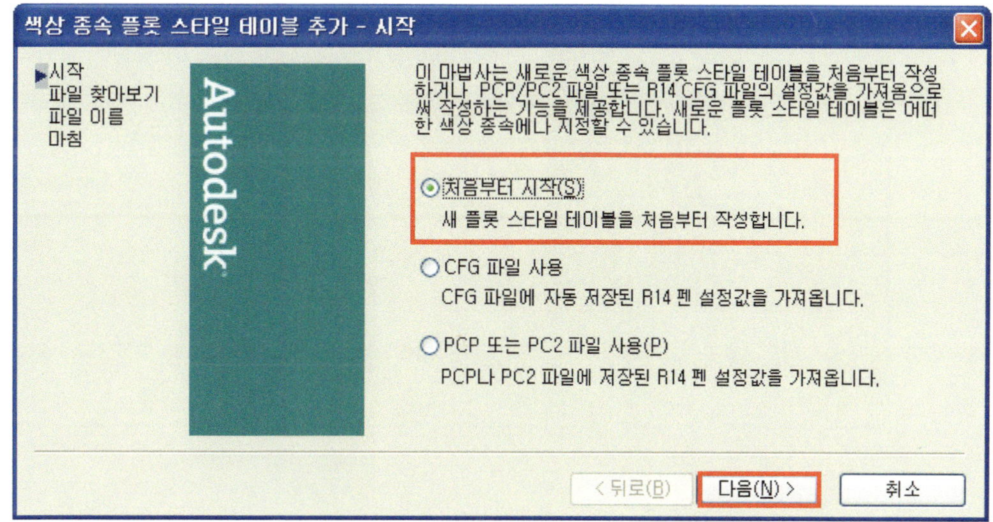

14 파일 이름에 적절한 이름을 넣고 [다음] 버튼을 누른다.

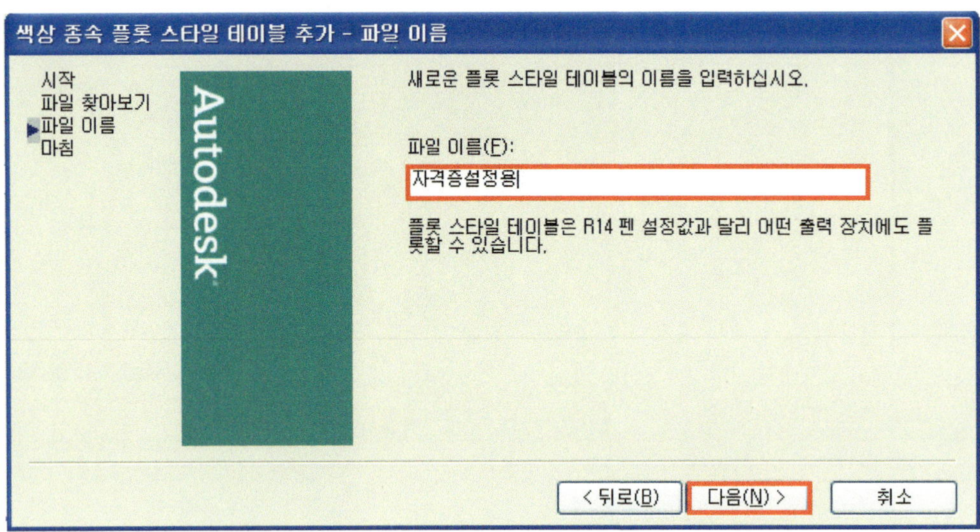

15 [플롯 스타일 테이블 편집기]에서 [이 플롯 스타일 테이블을 현재 도면에 사용]을 체크한다.

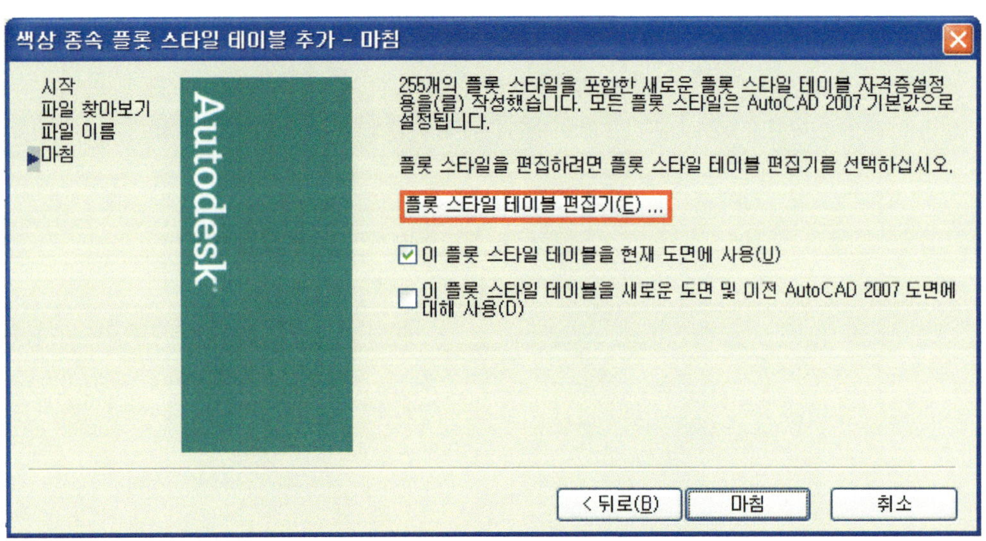

16 '플롯 스타일 테이블 편집기'가 나오면 왼쪽 플롯 스타일에서 마우스를 드래그하여 동시에
색상 1~7까지 선택하고 오른쪽 특성에서 색상을 [검은색]으로 선택한다. 이렇게 하면 수검
도면에 사용했던 모든 객체들이 흑색으로 출력된다. 만일 테이블 수정을 하지 않는 경우 그
대로 적용되어 플로터가 컬러 지원이면 그려진 색상 그대로 나오고, 플로터가 흑백이면 각
색상의 명도값에 따른 흑색으로 출력되어 출력물이 선명하지 않고 흐릿하게 된다.

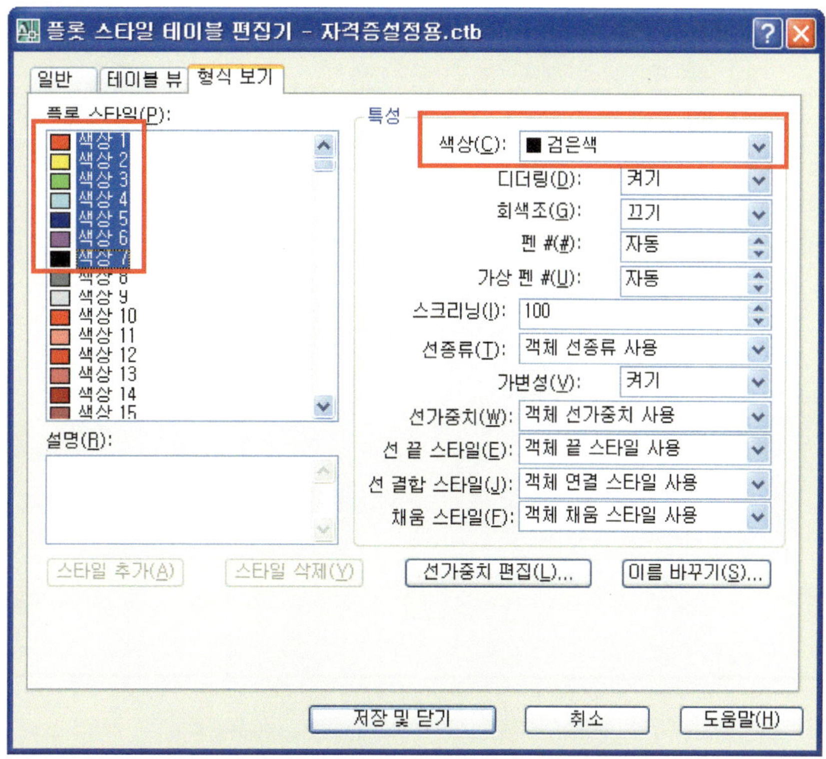

17 다음은 색상별로 선가중치를 적용한다. 녹색(색상 3)은 0.35mm, 노란색(색상 2)은 0.25mm, 적색(색상 1), 흰색(색상 7)은 0.18mm로 한다.

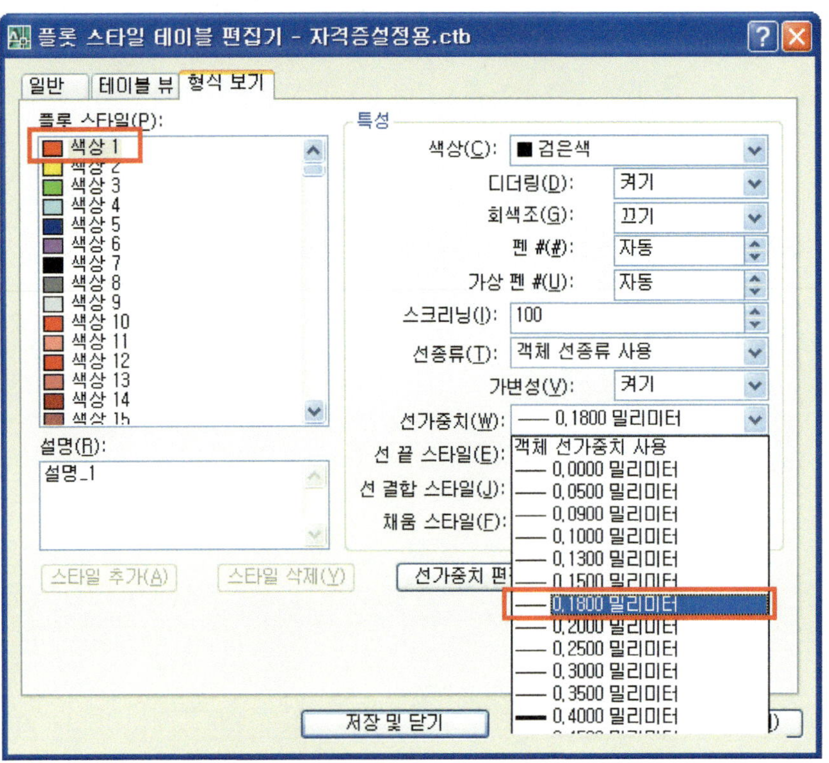

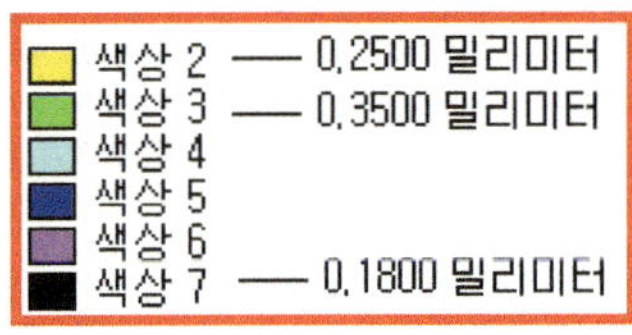

선가중치 설정이 끝났으면 하단의 [저장 및 닫기]를 클릭한다.

도 움 말   AutoCAD에서 화면 표시를 흑색 바탕으로 쓸 경우 색상 7번은 흰색으로 보이지만 화면 표시를 백색 바탕으로 쓸 경우 검은색으로 대비되어 보여진다.

18 도면 방향을 출력하고자 하는 방향과 일치시킨다.

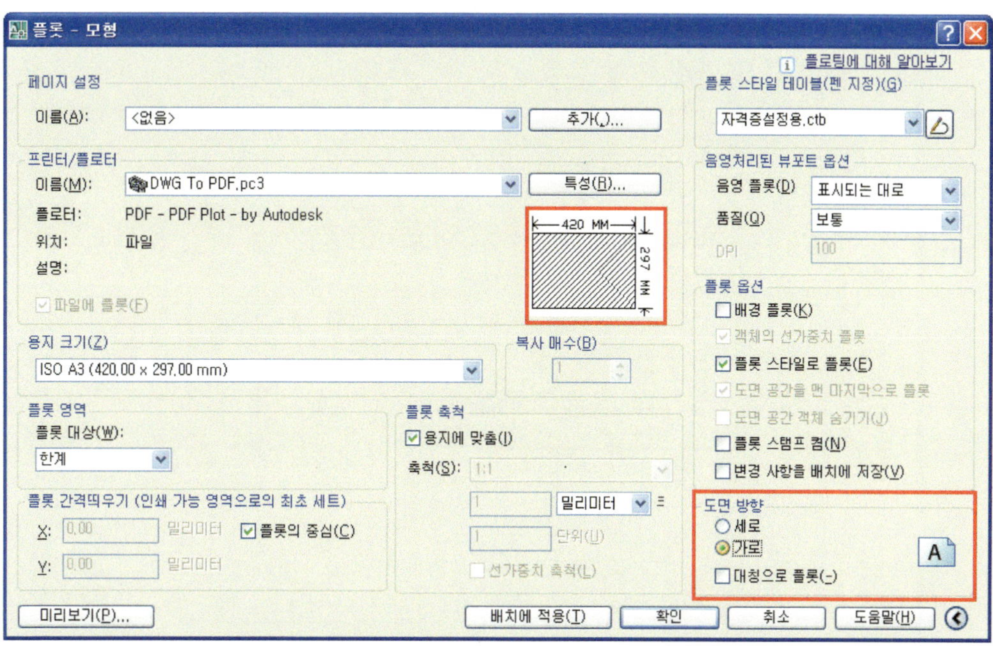

19 미리보기를 통해 출력 형태를 예측한다.

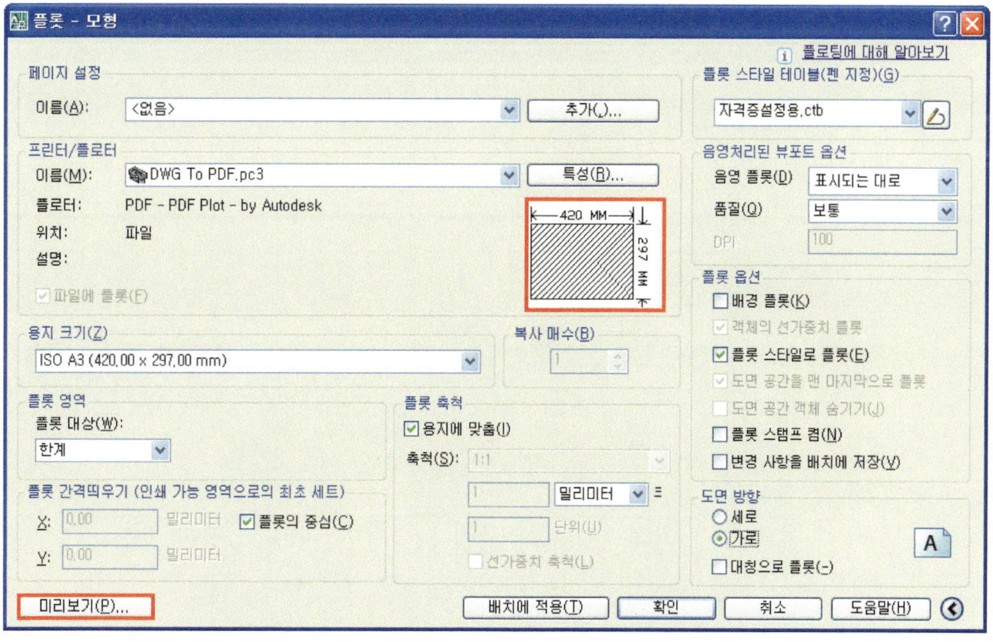

20 전체 윤곽이 중앙에 배치되고 크기가 안 맞아 잘린 부분이 있는지 검사한다.
다음으로 미리보기 안의 줌(Zoom) 기능을 이용하여 부분 확대해 본다.

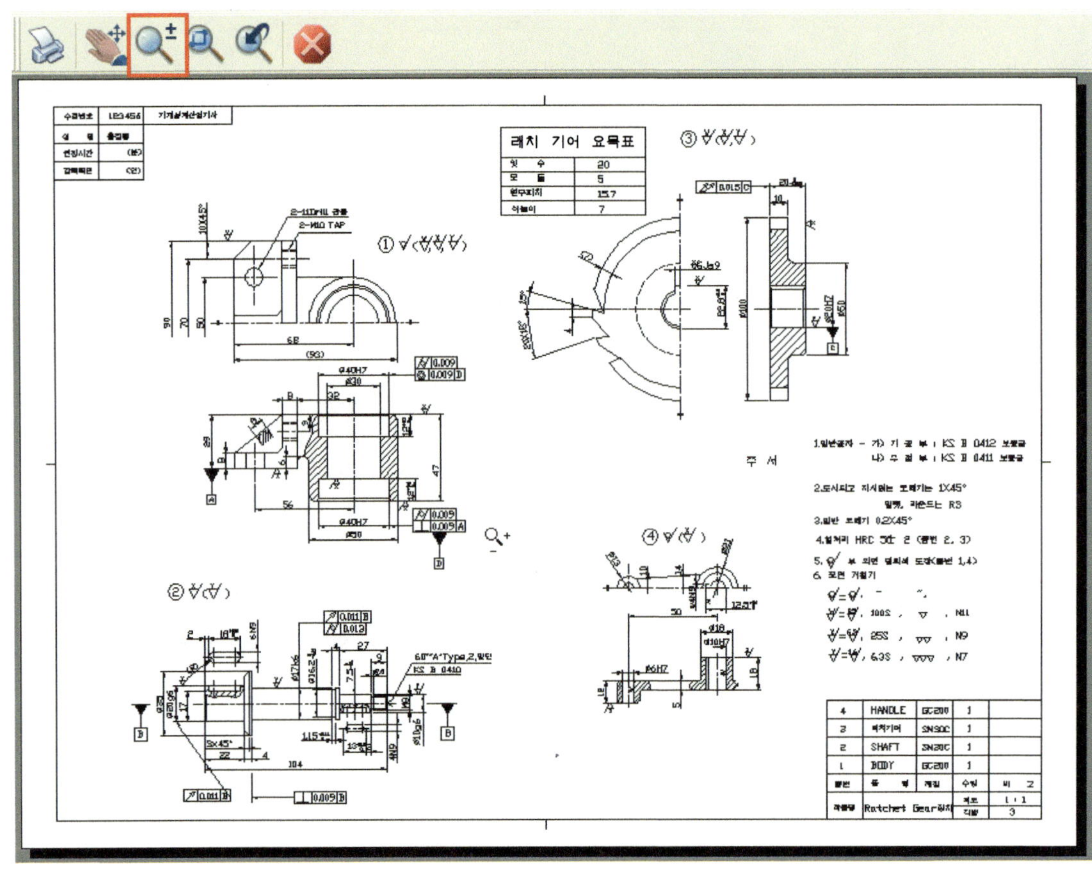

21 색상, 선의 굵기가 제대로 되었는지 확인한다.

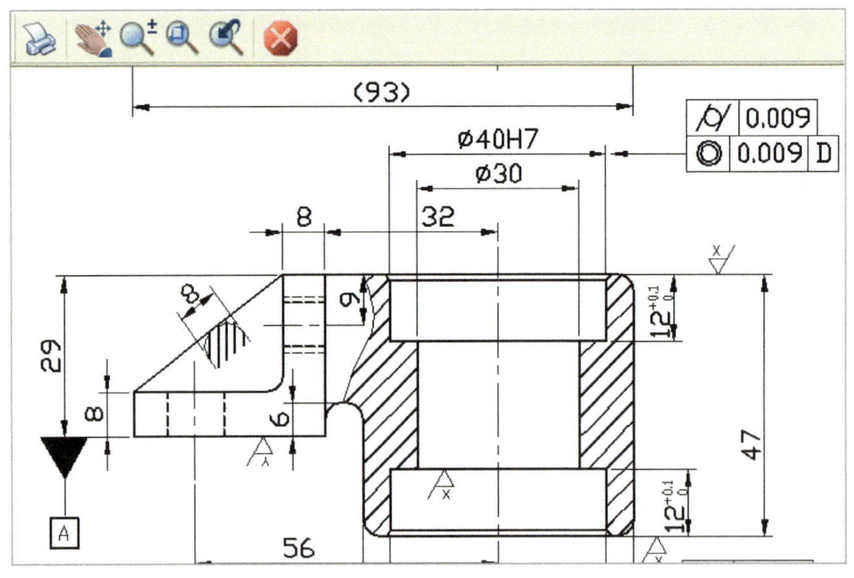

22 확인이 끝난 후 마우스의 우측 버튼을 눌러 플롯을 선택하면 자료가 전송되고 플로팅이 이루어진다.

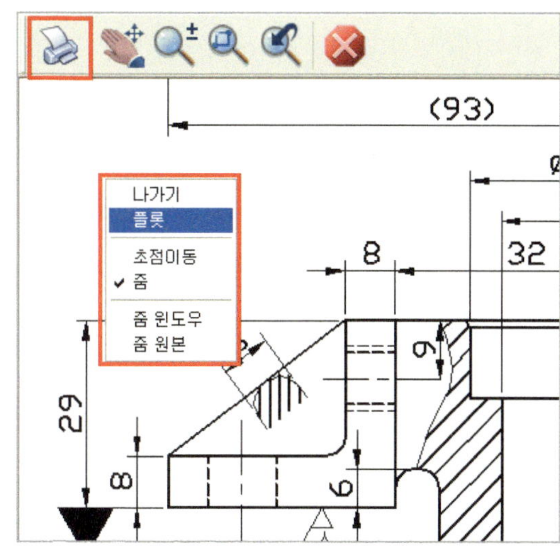

23 최종 출력물을 검토하고 인쇄 상태에 이상이 없으면 제출하여 수검란에 시험 감독 확인 서명을 받는다.

SolidWorks로 만든 작품 갤러리

부 록 2 기출 과제 (과제도, 3D 모델링도, 2D 부품도) ▶▶▶

부
록

수검자들이 실기 과제를 실전처럼 연습할 수 있도록 과제도는 1:1 축척으로 인쇄되었다.

수검자는 본 교재 도면의 길이를 측정할 수 있는 자를 준비하고 부록 3의 KS 데이터 규격표를 참조하여 실습하면 된다.

〈수록 과제 차례〉

1. Lever Storage 1
2. 3날 Claw Clutch
3. 동력전달장치
4. 분할장치
5. 세그먼트 기어
6. 인덱싱 드릴지그 2
7. 클램프 3
8. 클러치 축
9. 길이 측정 검사구
10. 동력변환장치(본 교재 2부 과제도)
11. 래치기어장치(본 교재 3부 과제도)

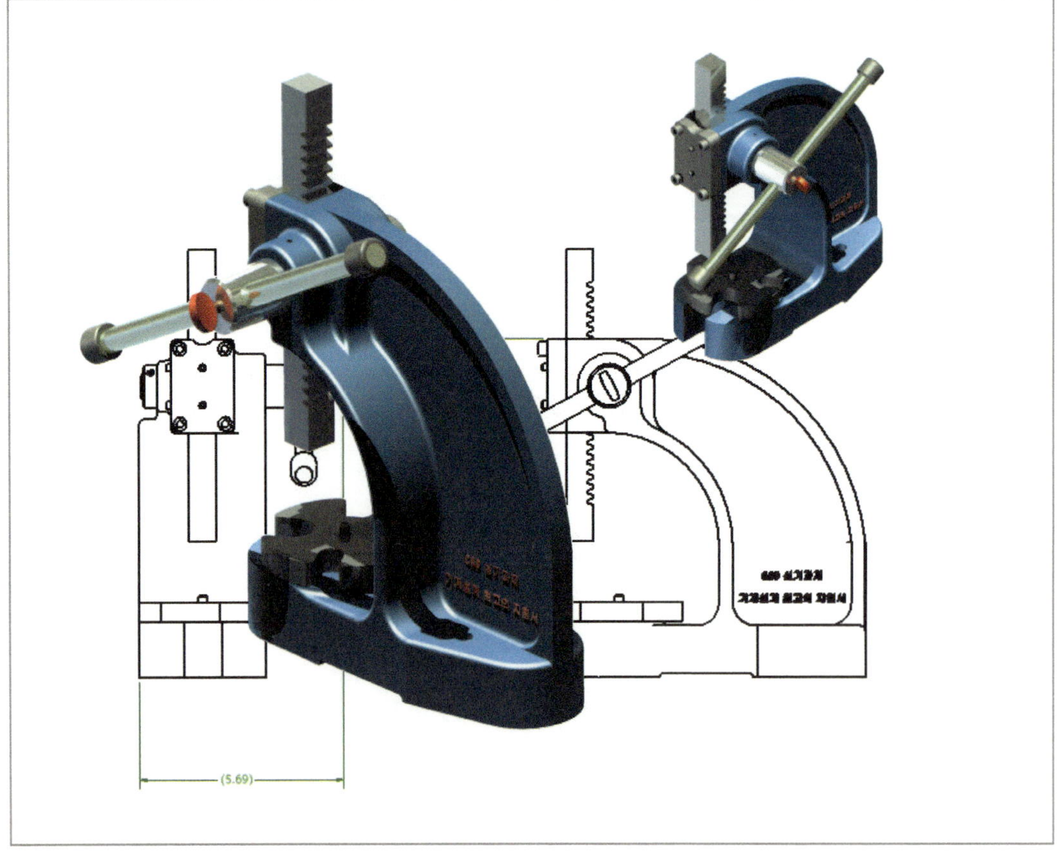

도면 1 Lever Storage 1 과제도

자격종목 및 등급	기계설계 산업기사	작품명	LEVER STORAGE 1	척도	1 : 1

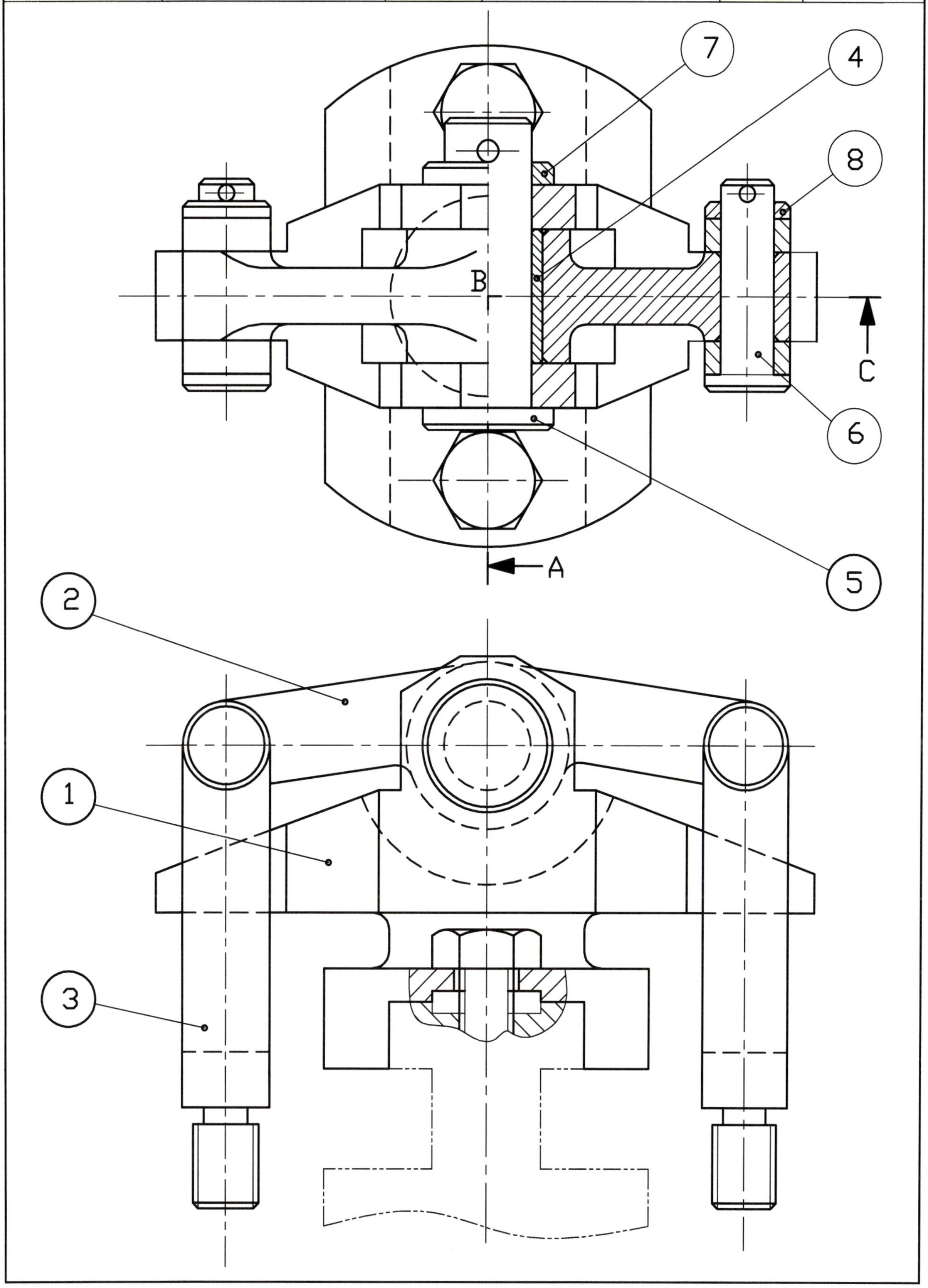

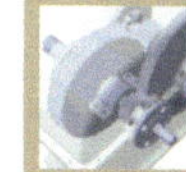

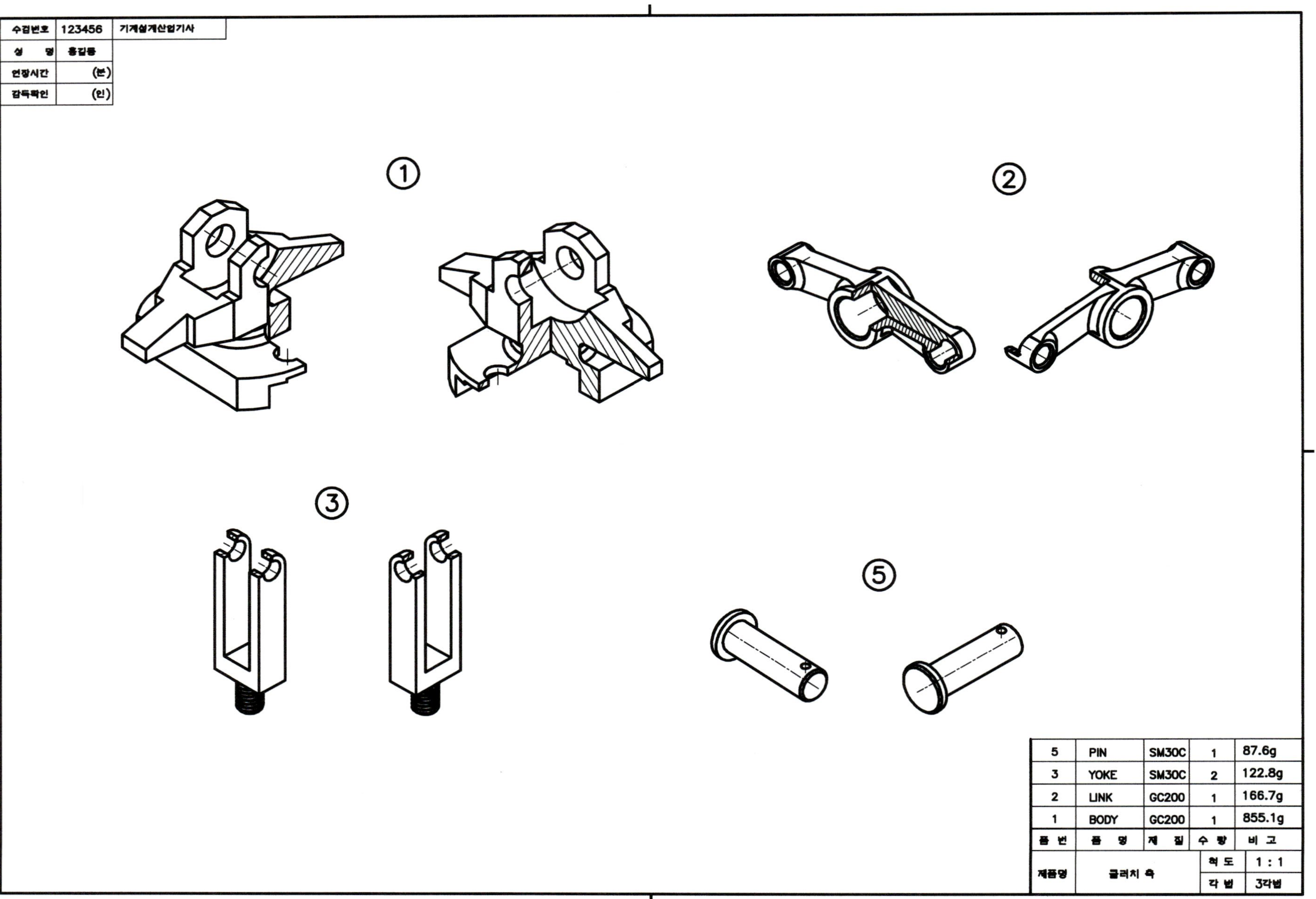

수험번호	123456	기계설계산업기사
성 명	홍길동	
연장시간	(인)	
감독확인	(인)	

5	PIN	SM30C	1	87.6g
3	YOKE	SM30C	2	122.8g
2	LINK	GC200	1	166.7g
1	BODY	GC200	1	855.1g
품 번	품 명	재 질	수 량	비 고

제품명	클러치 축	척 도	1 : 1
		각 법	3각법

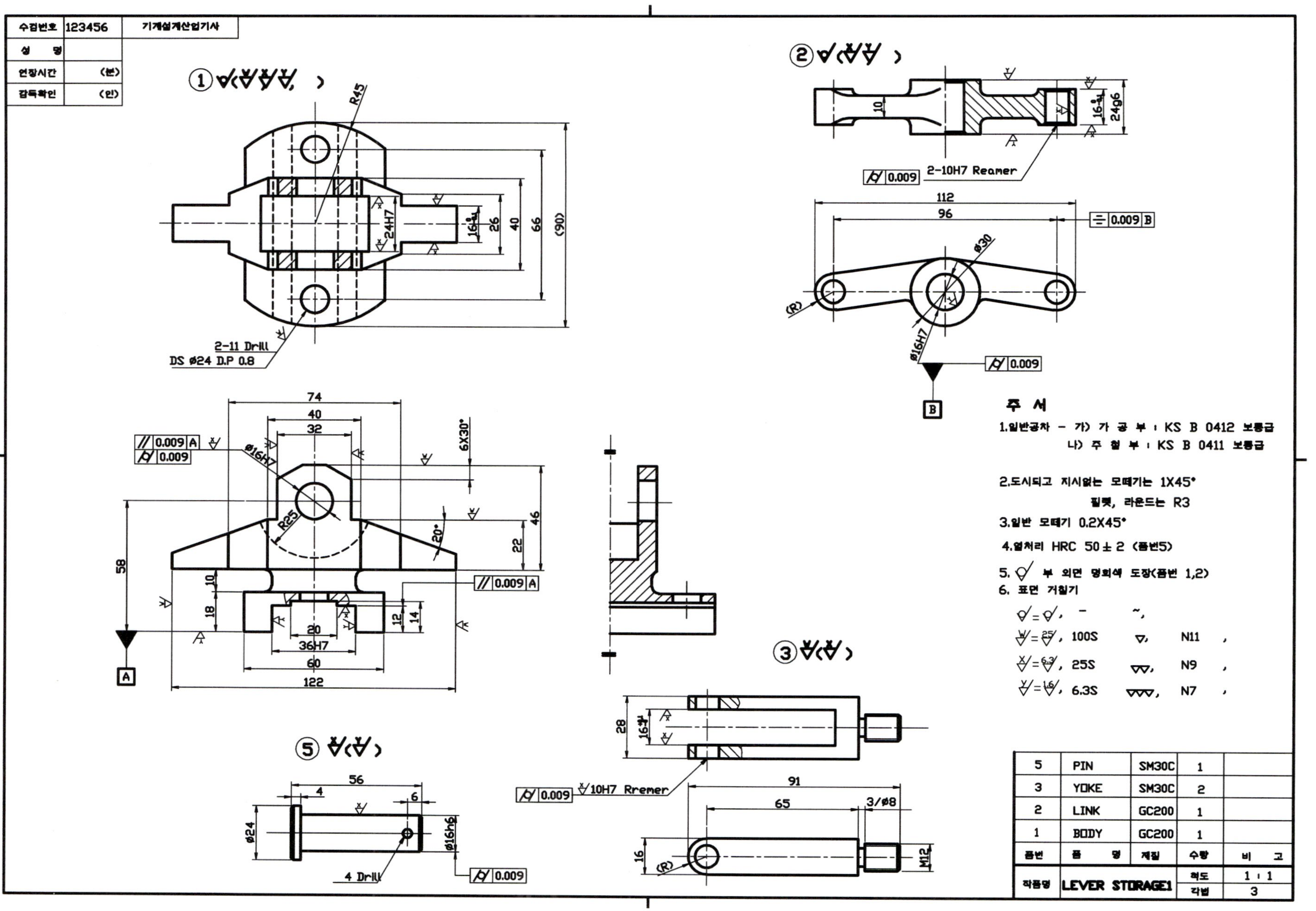

수검번호 123456
기계설계산업기사
성 명
연장시간 (분)
감독확인 (인)
① 〈 〉
R45
24H7
16
26
40
66
(90)
2-11 Drill
DS ø24 D.P 0.8
74
40
32
ø16H7
6X30°
// 0.009 A
0.009
R25
20°
46
22
58
18
10
12
14
20
36H7
60
122
A
② 〈 〉
10
16
24g6
2-10H7 Reamer
0.009
112
96
ø30
= 0.009 B
(R)
ø16H7
0.009
B
주 서
1.일반공차 - 가) 가 공 부 : KS B 0412 보통급
　　　　　　나) 주 철 부 : KS B 0411 보통급
2.도시되고 지시없는 모떼기는 1X45°
　필렛, 라운드는 R3
3.일반 모떼기 0.2X45°
4.열처리 HRC 50±2 (품번5)
5. 부 외면 명회색 도장(품번 1,2)
6. 표면 거칠기
= , - ~
= , 100S , N11 ,
= , 25S , N9 ,
= , 6.3S , N7 ,
③ 〈 〉
28
16
0.009 10H7 Reamer
91
65
3/ø8
16
(R)
M12
⑤ 〈 〉
56
4
6
ø24
ø16H6
4 Drill
0.009

5	PIN	SM30C	1	
3	YOKE	SM30C	2	
2	LINK	GC200	1	
1	BODY	GC200	1	
품번	품 명	재질	수량	비 고
작품명	LEVER STORAGE1		척도	1 : 1
			각법	3

부록

| 자격종목 및 등급 | 기계설계 산업기사 | 작품명 | 3날 Claw Clutch | 척도 | 1 : 1 |

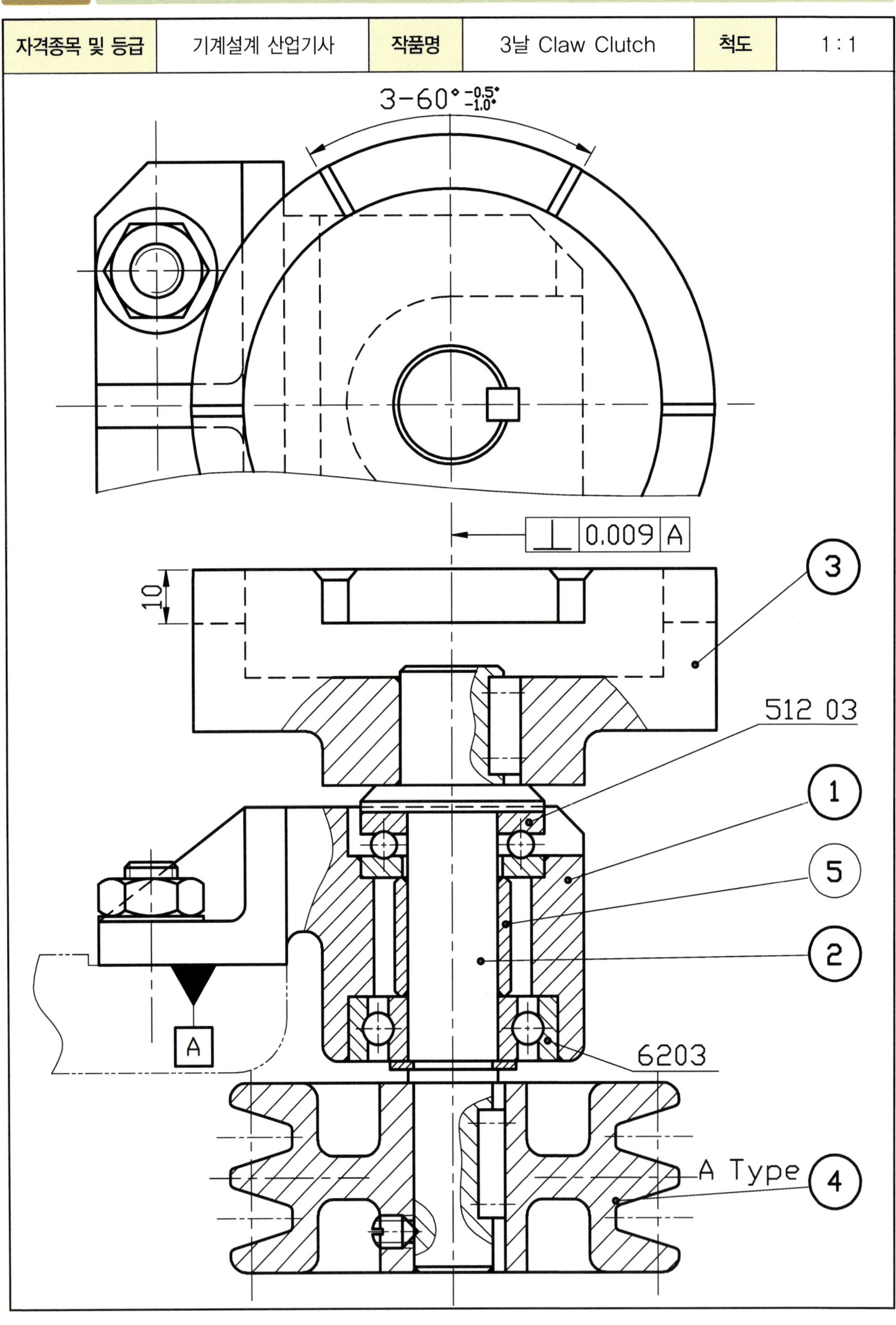

도면 5 3날 Claw Clutch 3D 모델링도

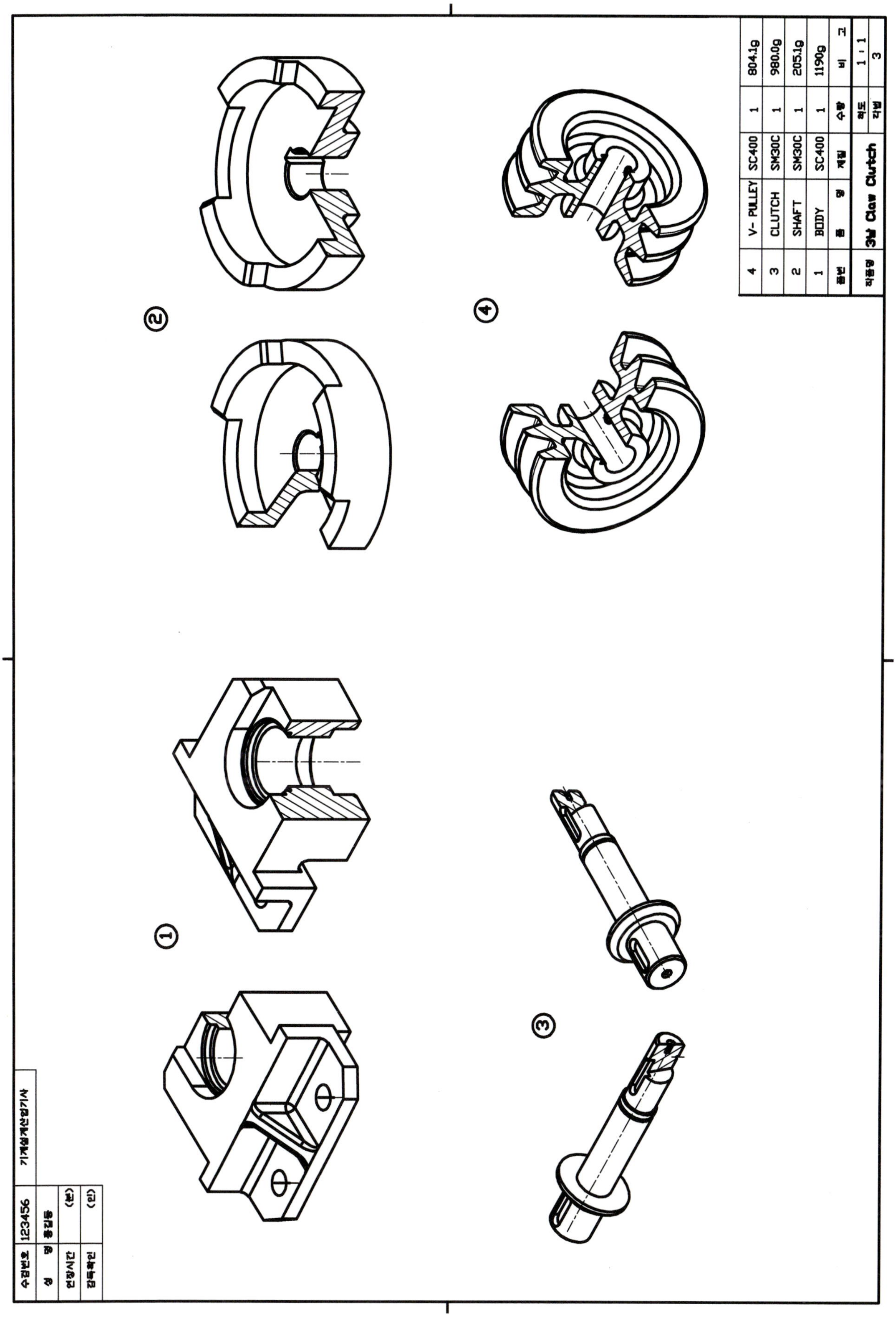
①
②
③
④
4 V-PULLEY SC400 1 804.1g
3 CLUTCH SM30C 1 980.0g
2 SHAFT SM30C 1 205.1g
1 BODY SC400 1 1190g
품번 품 명 재질 수량 비 고
작품명 3날 Claw Clutch 척도 1:1 각법 3
수검번호 123456
성 명 홍길동
연장시간 (분)
감독확인 (인)
기계설계산업기사

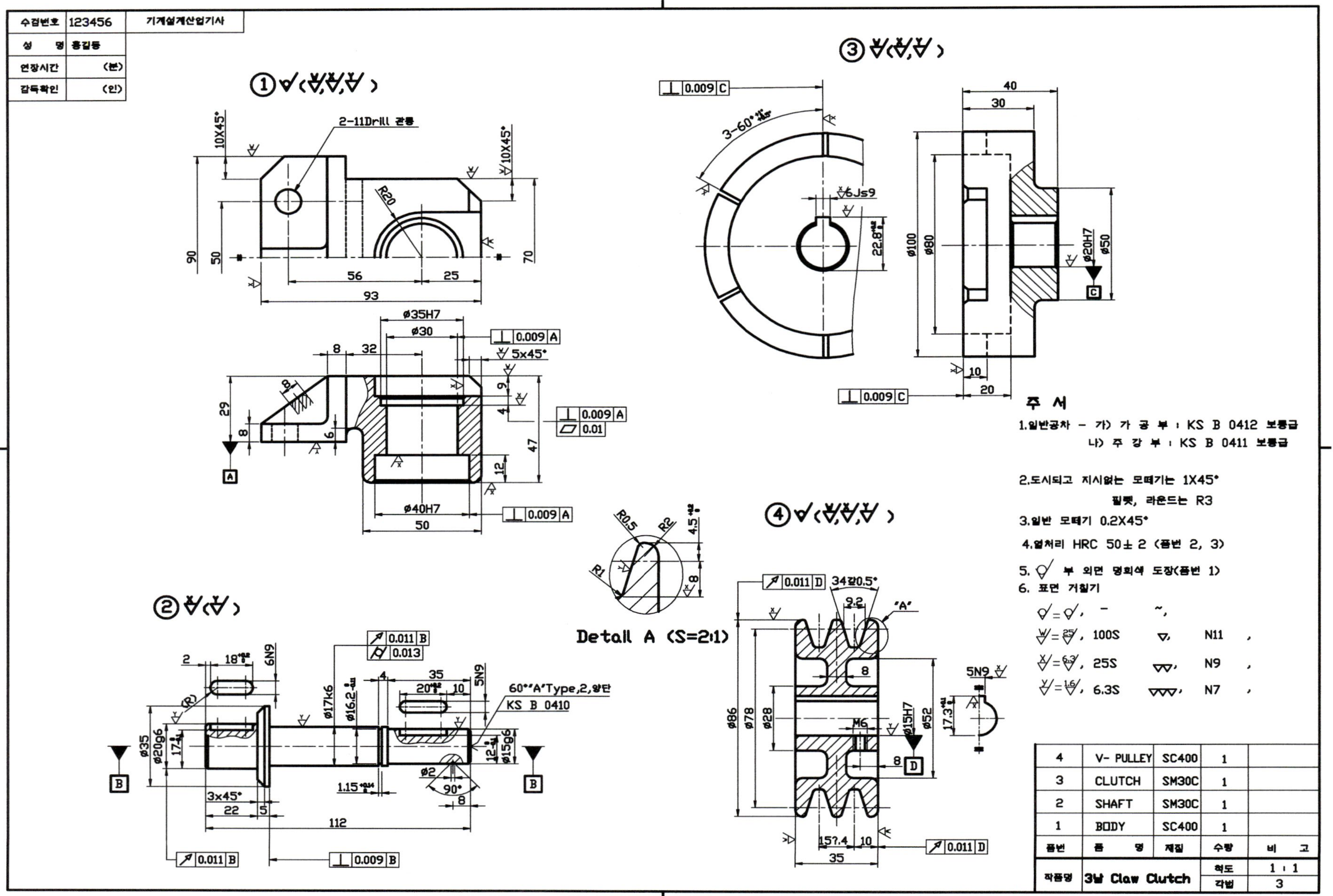

4	V-PULLEY	SC400	1	
3	CLUTCH	SM30C	1	
2	SHAFT	SM30C	1	
1	BODY	SC400	1	
품번	품 명	재질	수량	비 고
작품명	3날 Claw Clutch		척도	1 : 1
			각법	3

자격종목 및 등급	기계설계 산업기사	작품명	동력전달장치	척도	1 : 1

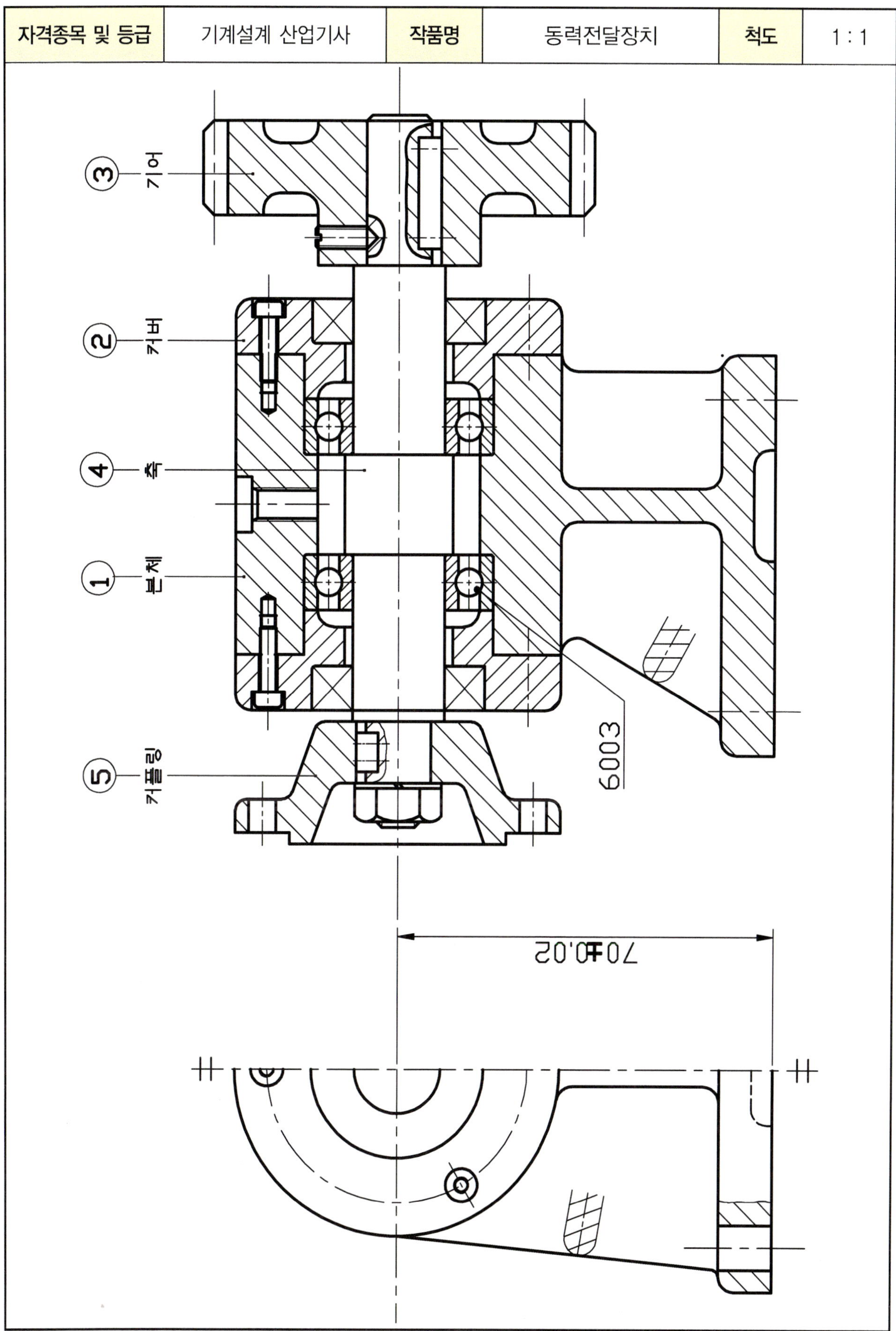

수검번호	123456	기계설계산업기사
성 명	홍길동	
연장시간	(분)	
감독확인	(인)	

① ② ③ ④

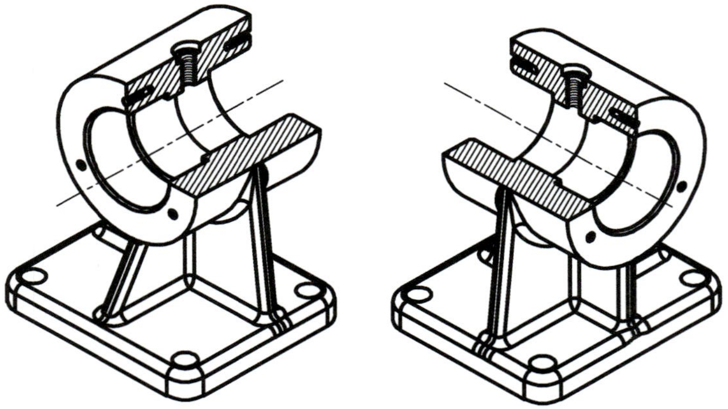

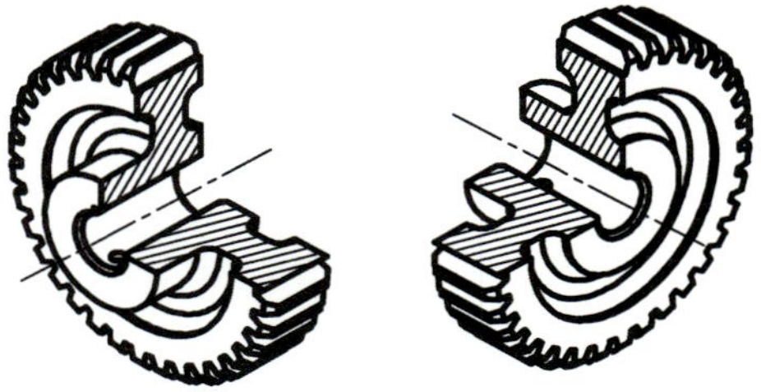

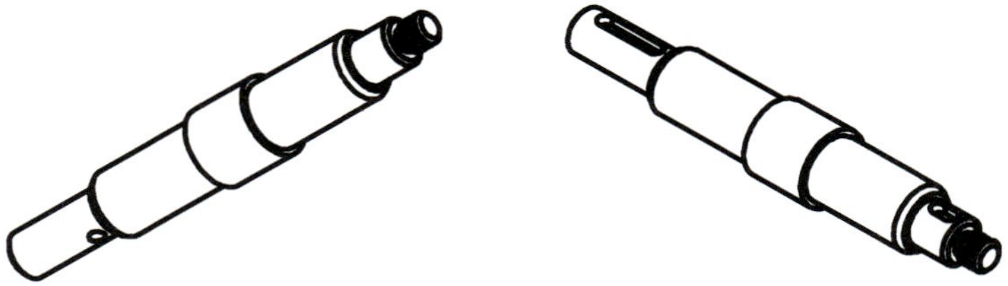

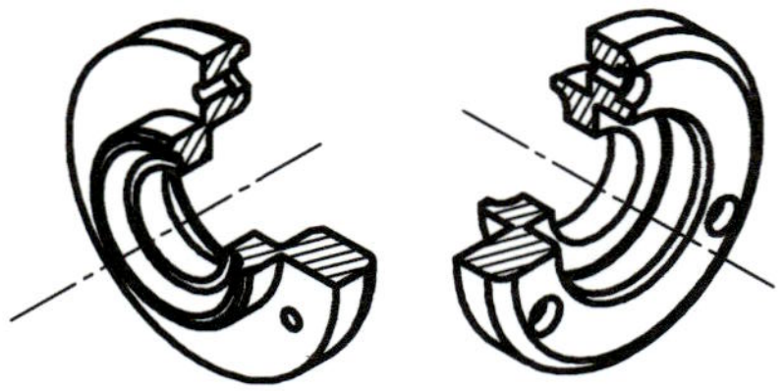

주 서

1. 일반공차 - 가) 가 공 부 : KS B 0412 보통급
　　　　　　　나) 주 철 부 : KS B 0411 보통급

2. 도시되고 지시없는 모떼기는 1X45°
　　필렛, 라운드는 R3

3. 일반 모떼기 0.2X45°

4. 열처리 HRC 50±2 (품번5)

5. ▽ 부 외면 명회색 도장(품번 1,2)

6. 표면 거칠기

$\sqrt{\ } = \sqrt{\ },\ -\quad \sim,$

$\sqrt[x]{\ } = \sqrt[25]{\ },\ 100S\quad \triangledown,\quad N11\quad ,$

$\sqrt[y]{\ } = \sqrt[6.3]{\ },\ 25S\quad \triangledown\triangledown,\quad N9\quad ,$

$\sqrt[z]{\ } = \sqrt[1.6]{\ },\ 6.3S\quad \triangledown\triangledown\triangledown,\quad N7\quad ,$

4	축	SM45C	1	190g
3	기어	SC49	1	440g
2	커버	GC200	2	190g
1	본체	GC200	1	1420g
품번	품 명	재질	수량	비 고
작품명	동력전달장치		척도	1 : 1
			각법	3

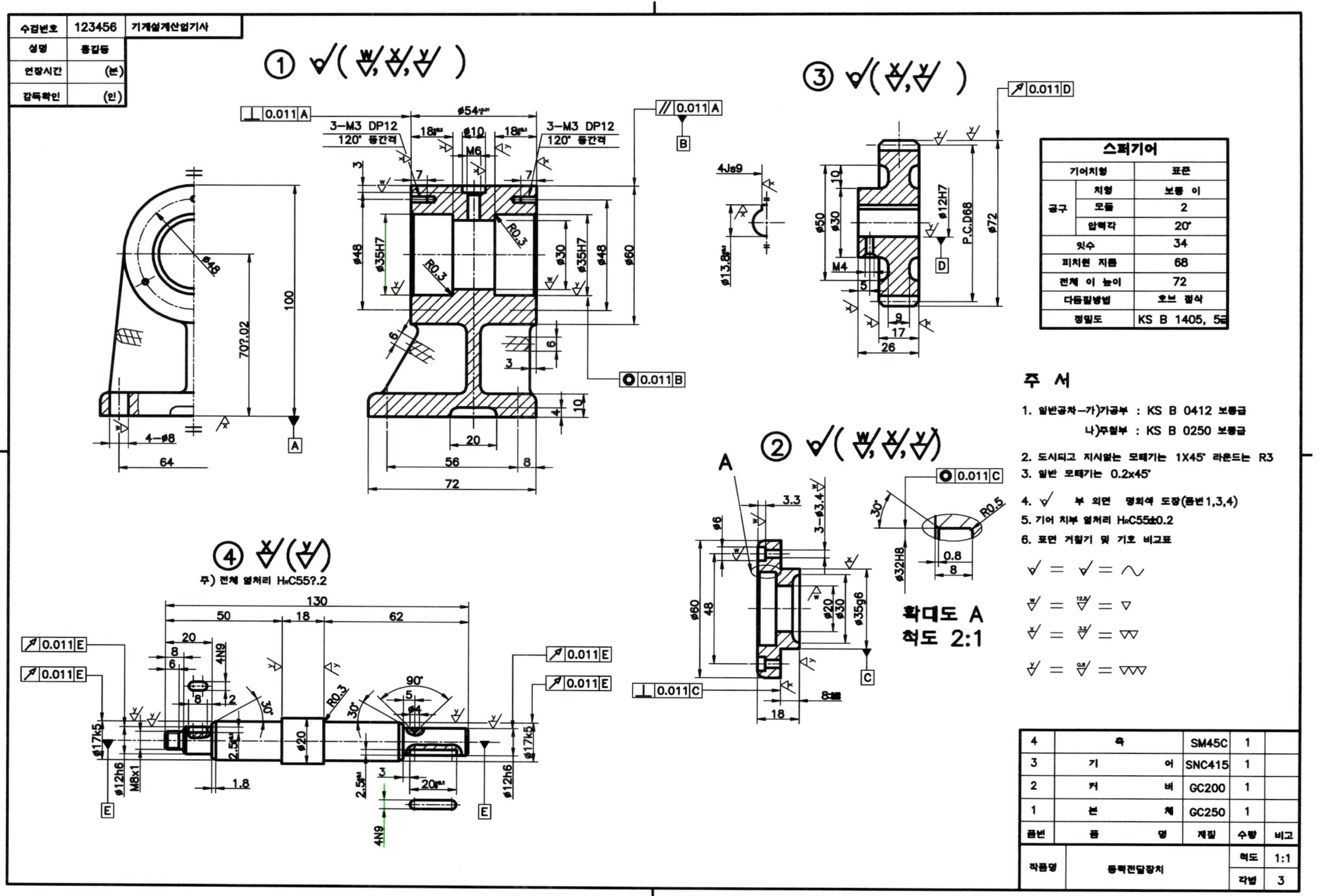

자격종목 및 등급	기계설계 산업기사	작품명	분할장치	척도	1 : 1

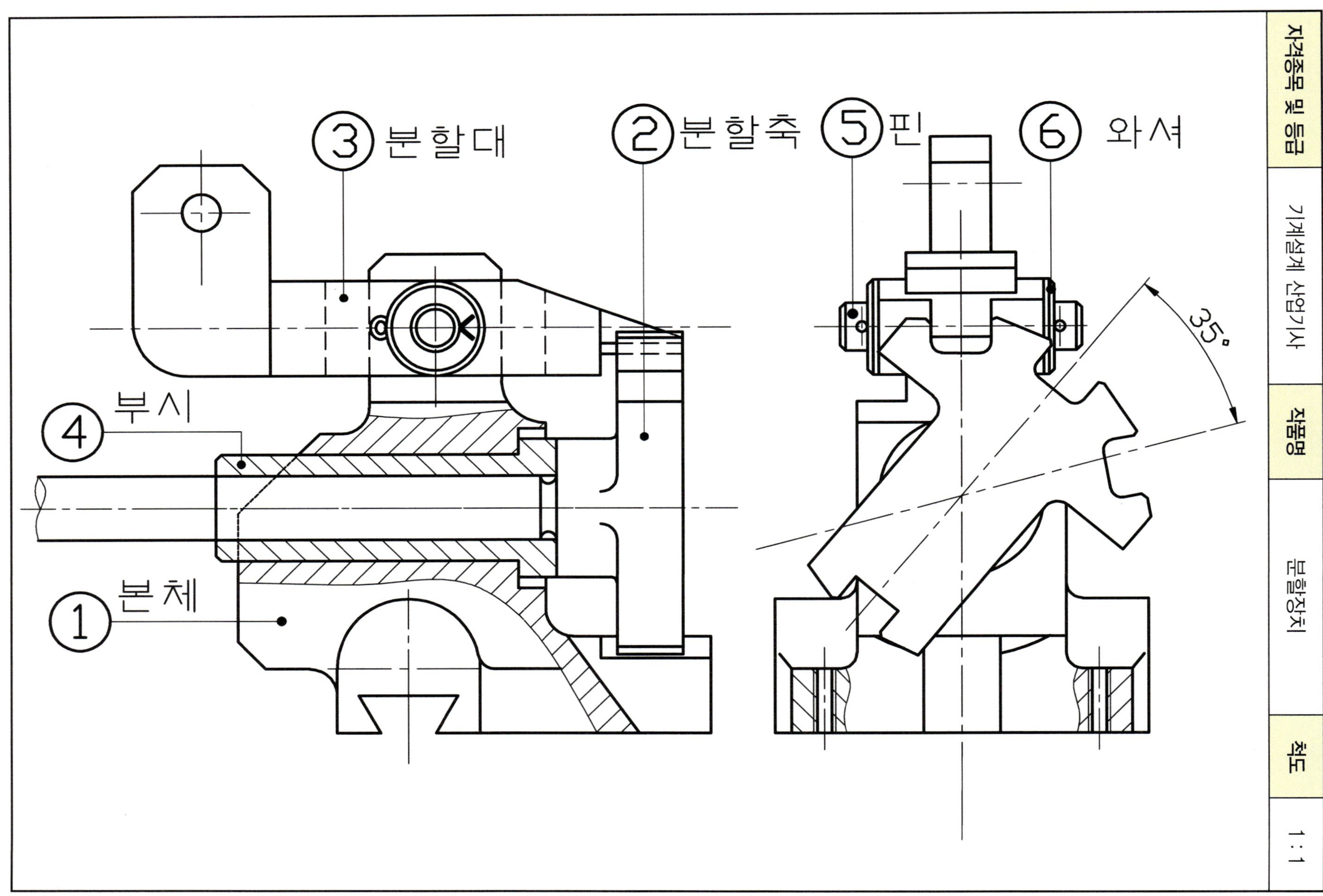

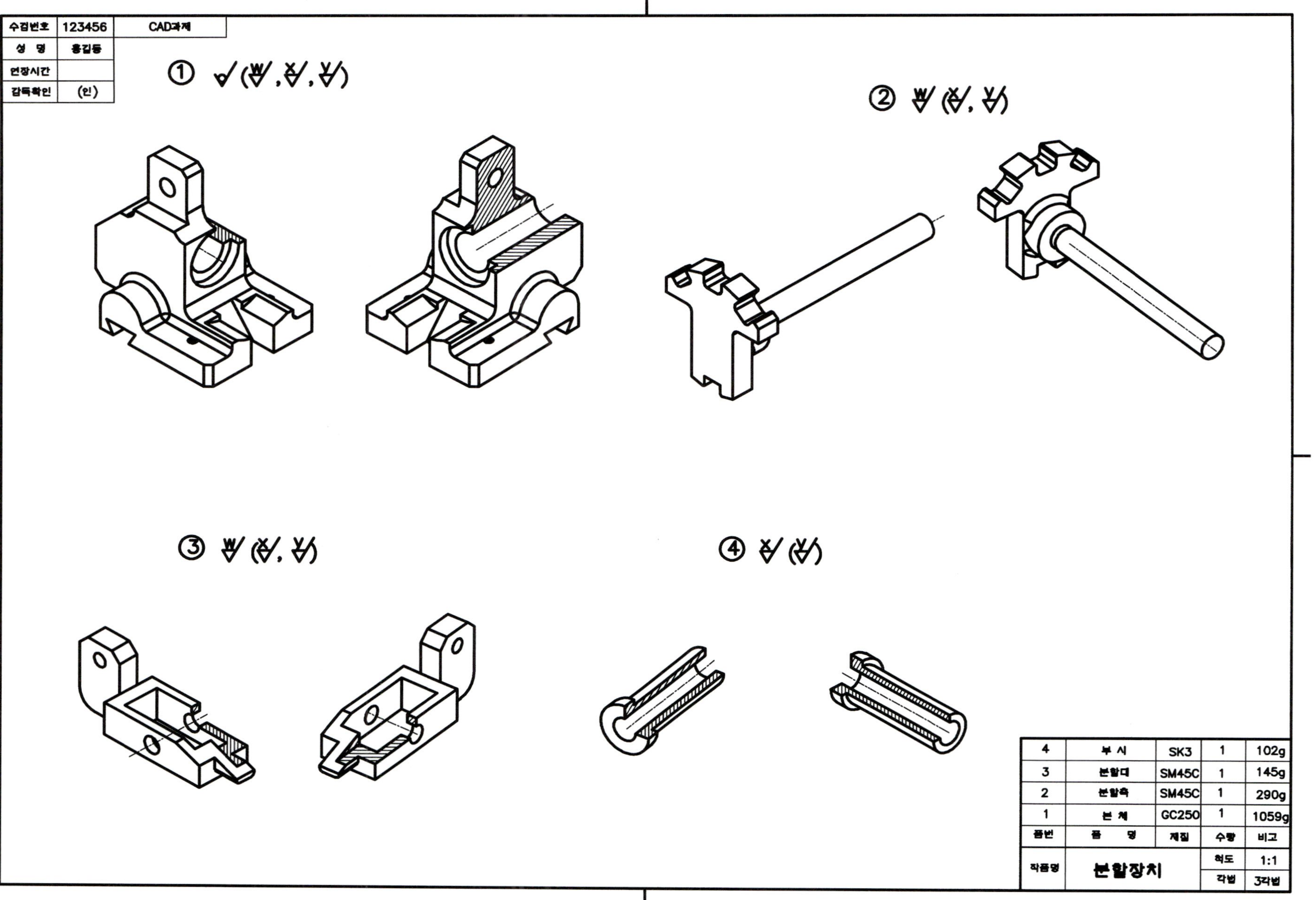

4	부 시	SK3	1	102g
3	분할대	SM45C	1	145g
2	분할축	SM45C	1	290g
1	본 체	GC250	1	1059g
품번	품　명	재질	수량	비고
작품명	분할장치	척도	1:1	
		각법	3각법	

수검번호	123456	CAD과제
성 명	홍길동	
연장시간		
감독확인	(인)	

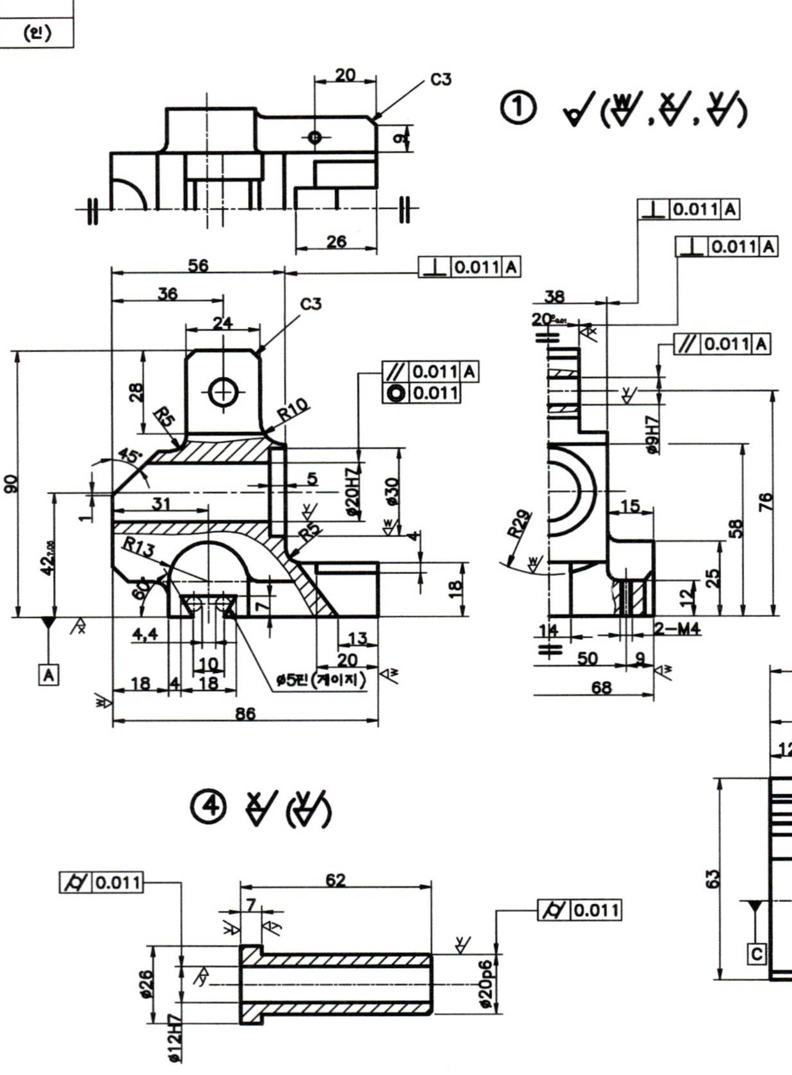

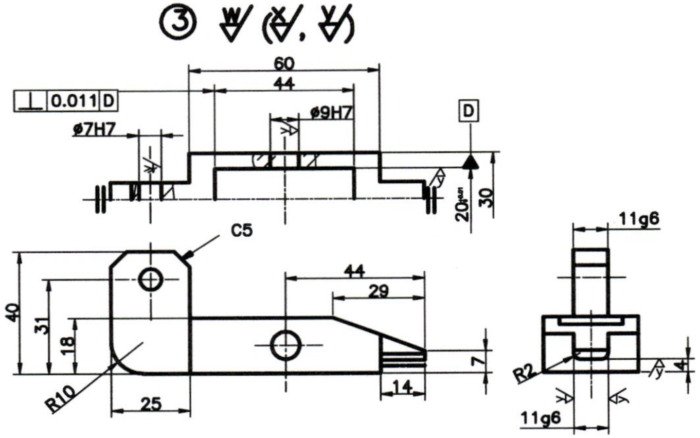

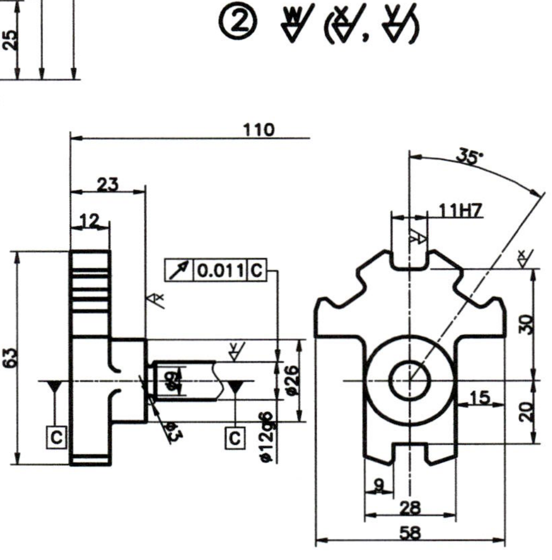

주 서

1.일반공차 – 가) 가공부: KS B ISO 2768–m
나) 주철부: KS B 0411 보통급
2.도시되고 지시없는 모떼기는 1X45?필렛,라운드 R3
3.일반 모떼기는 0.2X45˚
4.∀부외면 명회색 도장(품번 1번)
5. "——" 표면 HRC50?.2 열처리(품번3)
5.표면거칠기 기호 비교표

∀ = ∀ , – ~,
W = 25 , 100S ▽, N11 ,
X = 6.3 , 25S ▽▽, N9 ,
Y = 1.6 , 6.3S ▽▽▽, N7 ,

4	부 시	SK3	1
3	분할대	SM45C	1
2	분할축	SM45C	1
1	본 체	GC250	1
품번	품 명	재질	수량
작품명	분할장치	척도	1:1
		각법	3각법

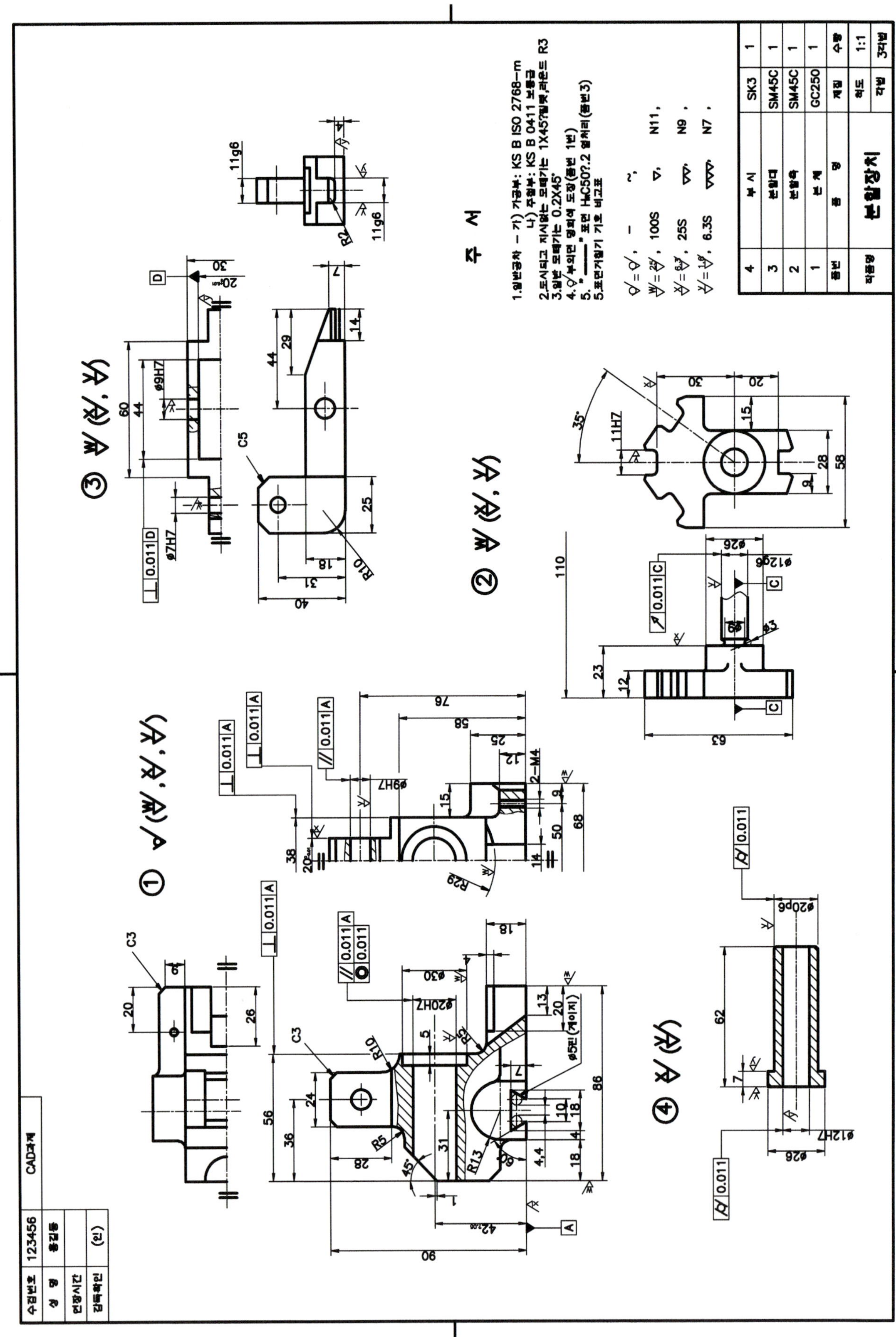

자격종목 및 등급	기계설계 산업기사	작품명	세그먼트기어	척도	1 : 1

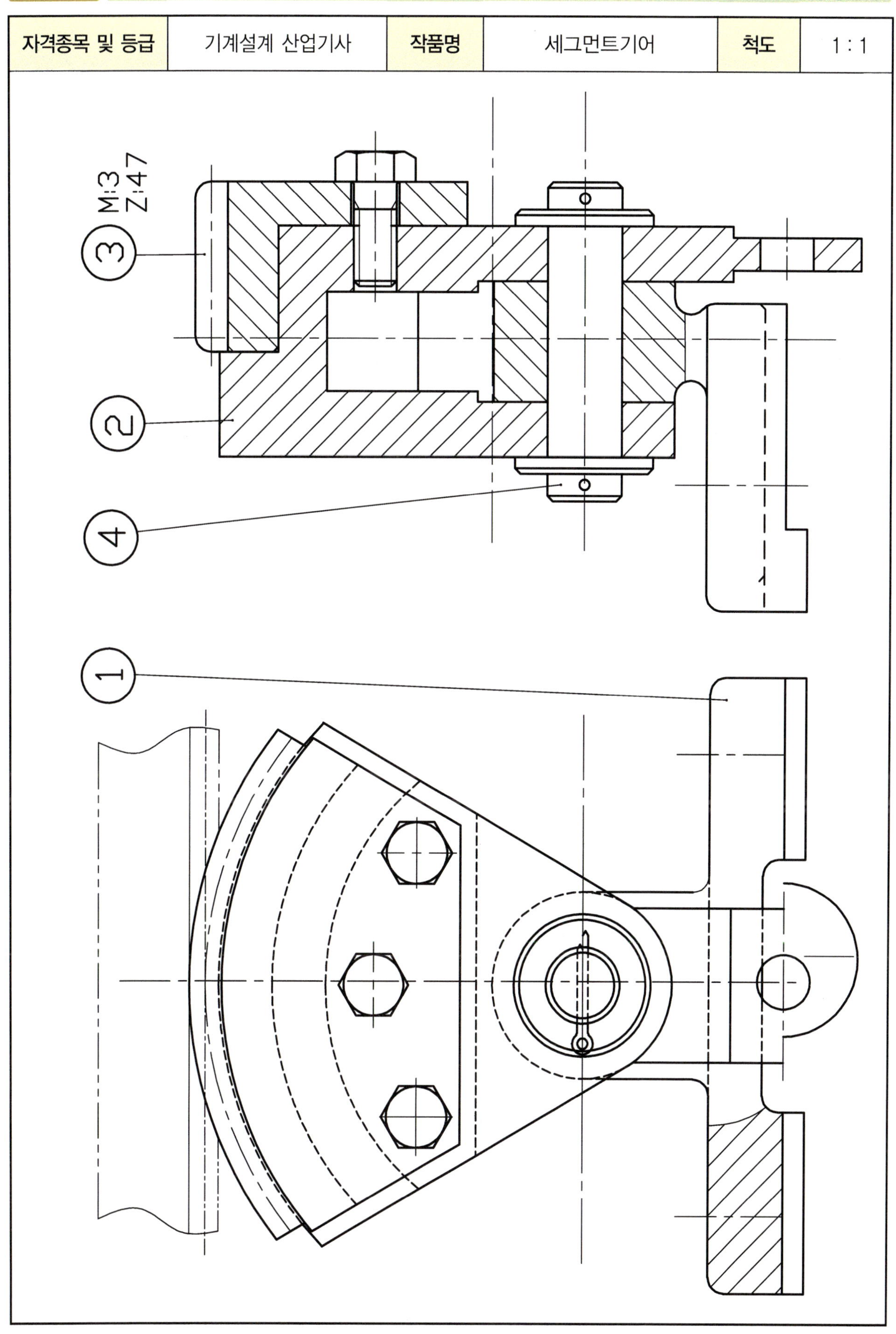

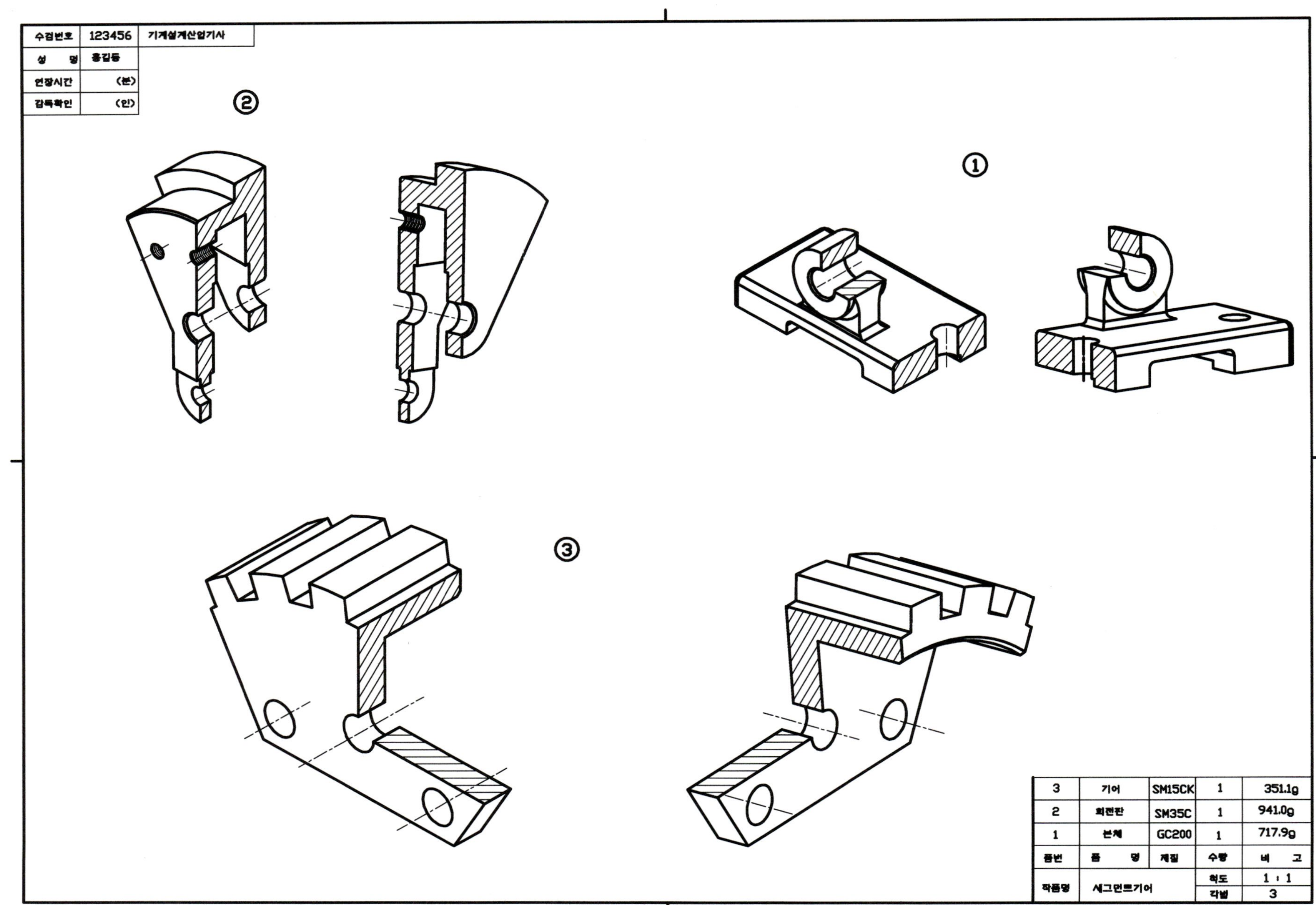

수검번호	123456	기계설계산업기사
성 명	홍길동	
연장시간	〈분〉	
감독확인	〈인〉	

3	기어	SM15CK	1	351.1g
2	회전판	SM35C	1	941.0g
1	본체	GC200	1	717.9g
품번	품 명	재질	수량	비 고
작품명	세그먼트기어		척도	1 : 1
			각법	3

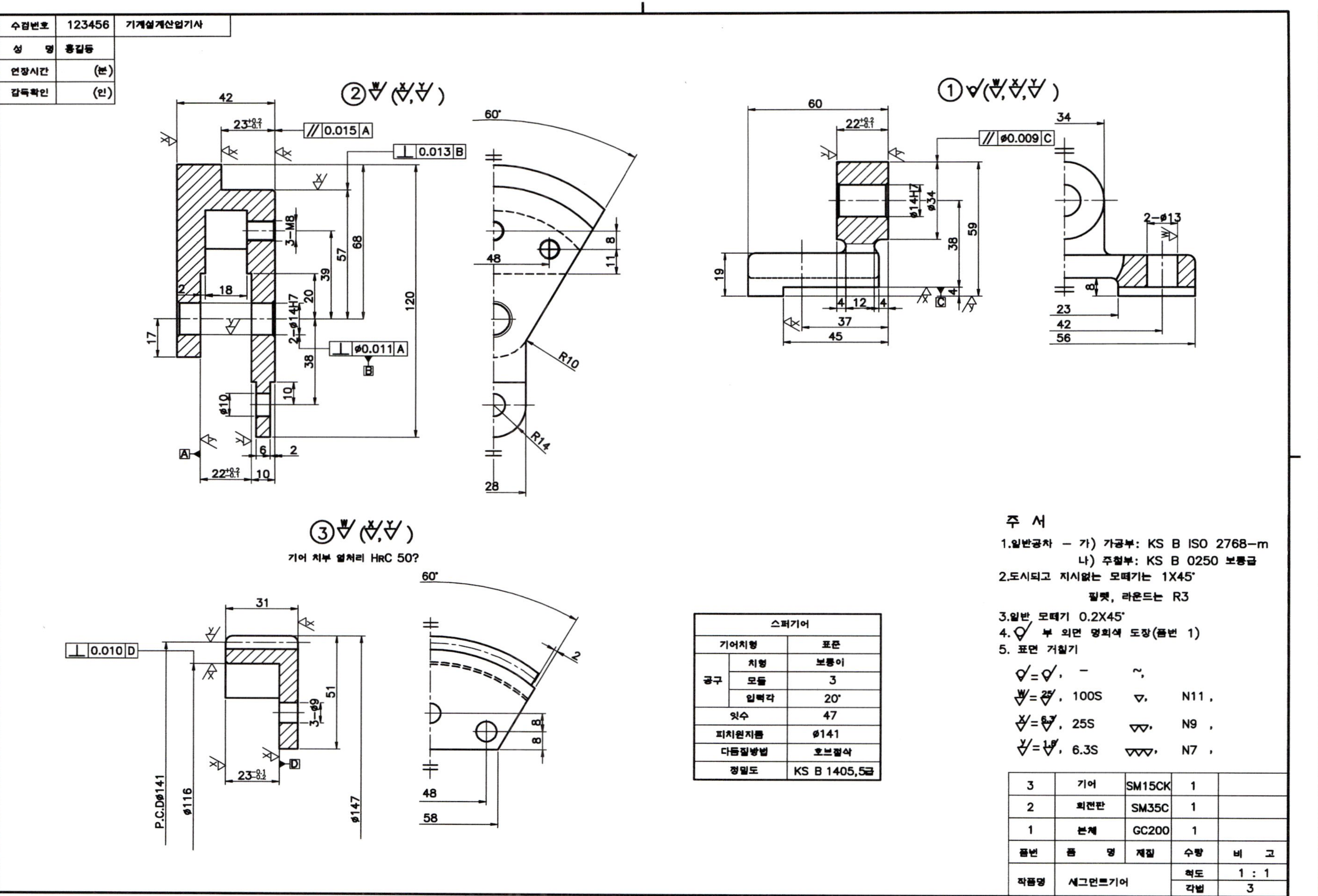

		스퍼기어	
기어치형		표준	
공구	치형	보통이	
	모듈	3	
	압력각	20°	
잇수		47	
피치원지름		ø141	
다듬질방법		호브절삭	
정밀도		KS B 1405,5급	

3	기어	SM15CK	1	
2	회전판	SM35C	1	
1	본체	GC200	1	
품번	품 명	재질	수량	비 고
작품명	세그먼트기어		척도	1:1
			각법	3

02 기출 과제

자격종목 및 등급	기계설계 산업기사	작품명	인덱싱 드릴지그	척도	1 : 2

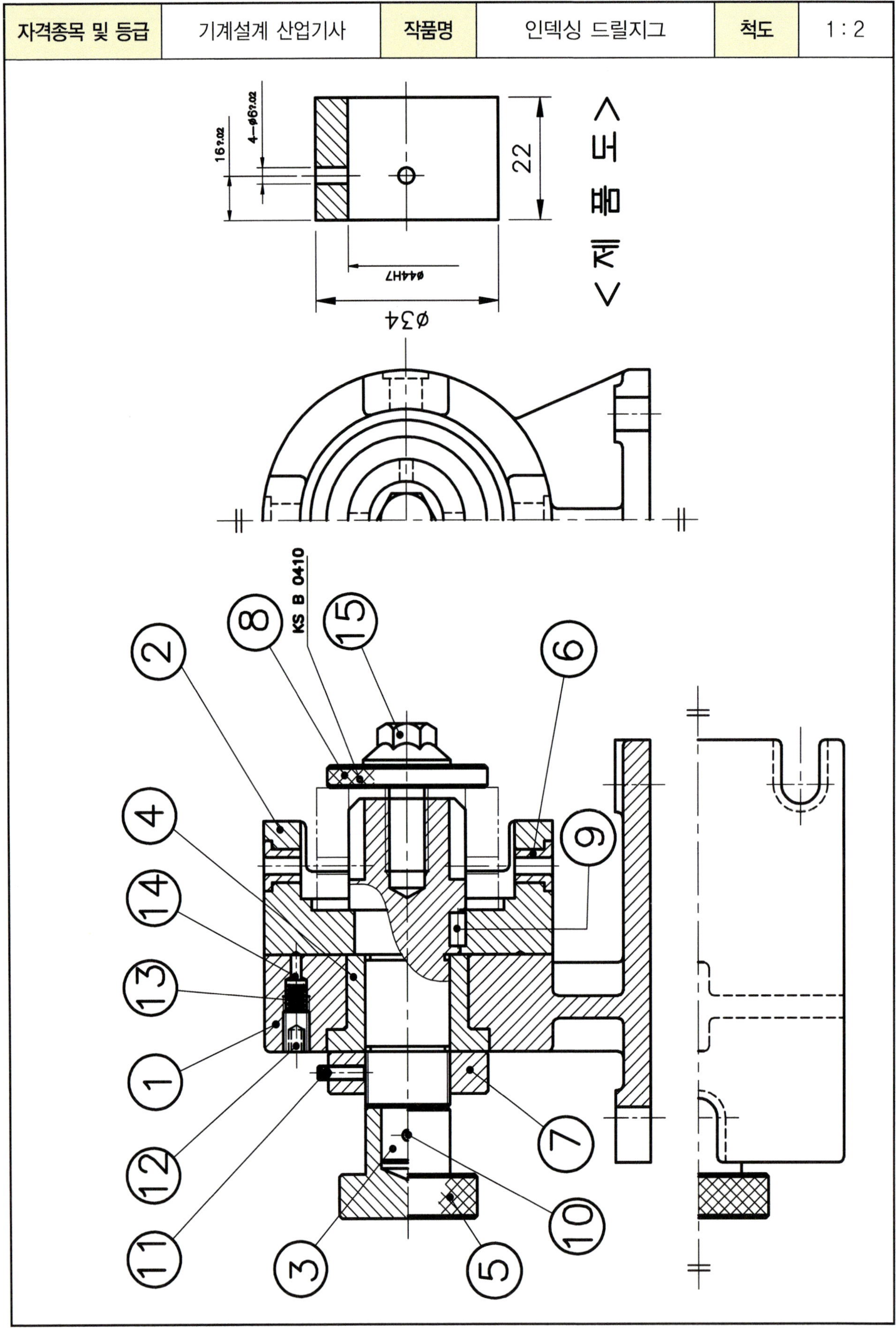

품번	품명	재질	수량	비고
4	베어링 부시	STC 3	1	286 g
3	축	SMC415	1	850 g
2	서포트	GC200	1	1731 g
1	본체	GC200	1	3592 g

작품명	인덱싱 드릴지그	각법	3각법
		척도	1 : 2

수험번호	123456	기계설계 산업기사
성 명	홍길동	
연장시간	분	
감독확인	(인)	

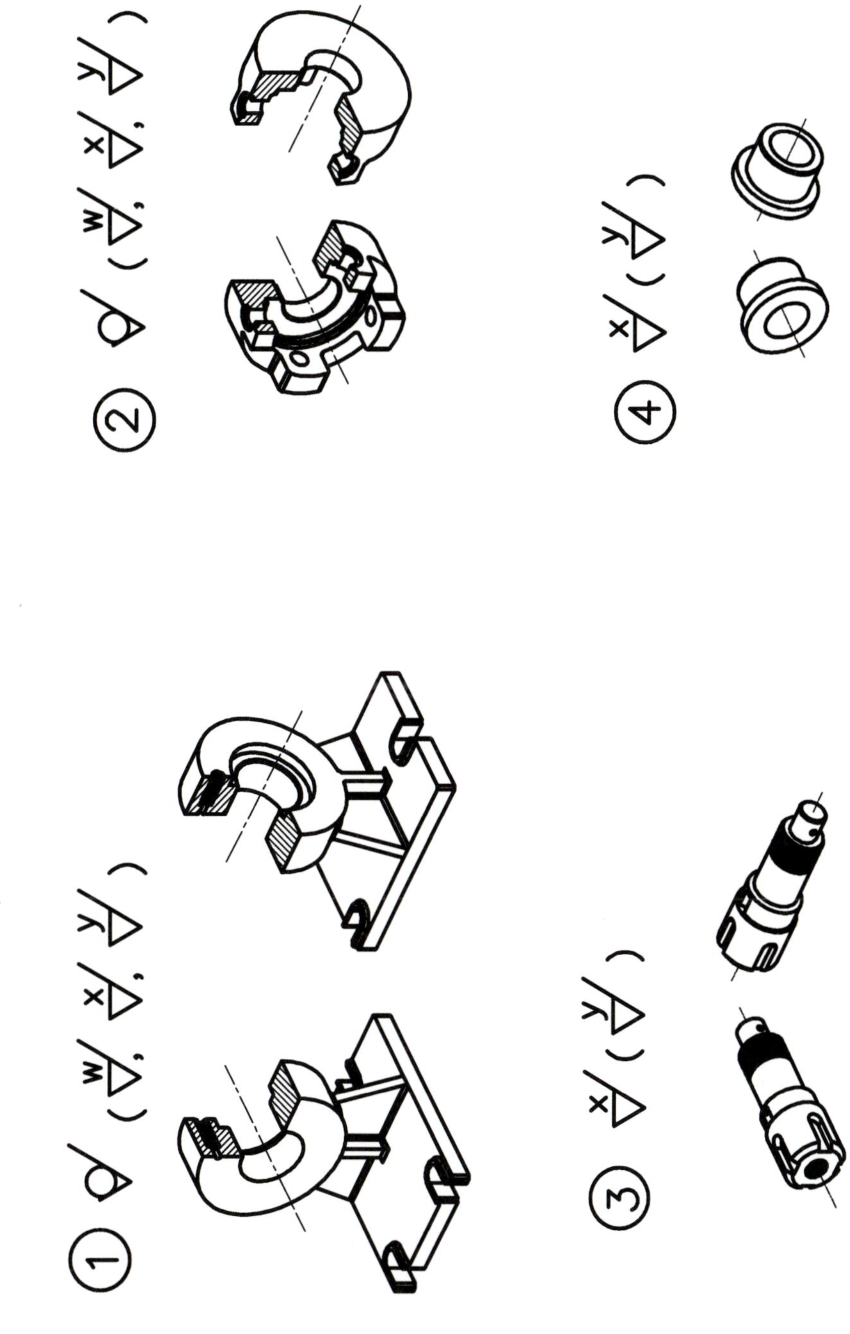

（앞）（위）（위）

① ②

（앞）（위）

③ ④

02
기
출
과
제

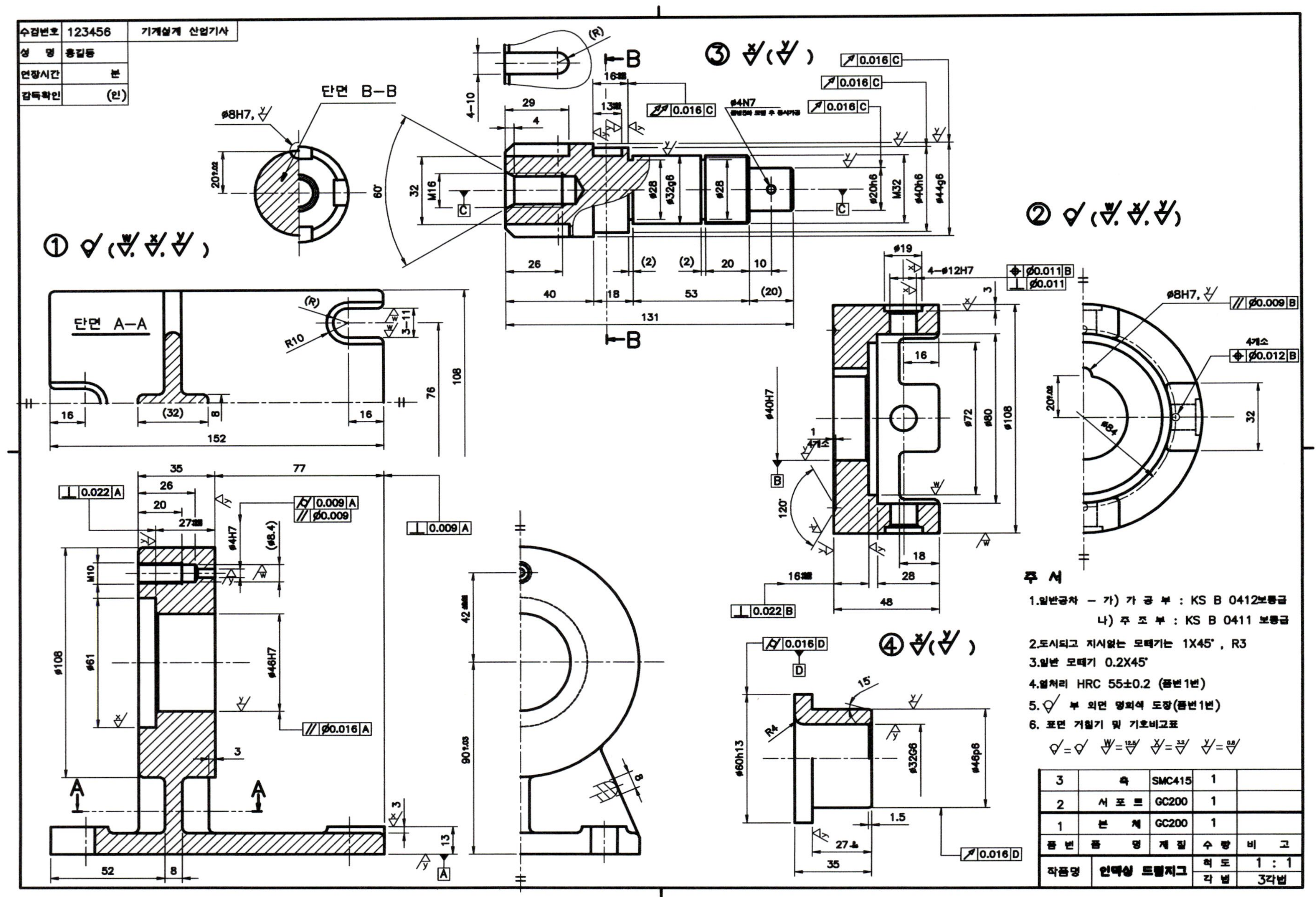

수검번호 123456 기계설계 산업기사
성 명 홍길동
연장시간 분
감독확인 (인)

단면 B-B
단면 A-A

③
②
①
④

주 서
1. 일반공차 — 가) 가 공 부 : KS B 0412보통급
         나) 주 조 부 : KS B 0411 보통급
2. 도시되고 지시없는 모떼기는 1X45˚ , R3
3. 일반 모떼기 0.2X45˚
4. 열처리 HRC 55±0.2 (품번1번)
5. 부 외면 명회색 도장(품번1번)
6. 표면 거칠기 및 기호비교표

3 축 SMC415 1
2 서 포 트 GC200 1
1 본 체 GC200 1
품번 품 명 재질 수량 비 고
작품명 인덱싱 드릴지그 척도 1 : 1
각법 3각법

자격종목 및 등급	기계설계 산업기사 일반기계 기사	작품명	클램프 3	척도	1 : 1

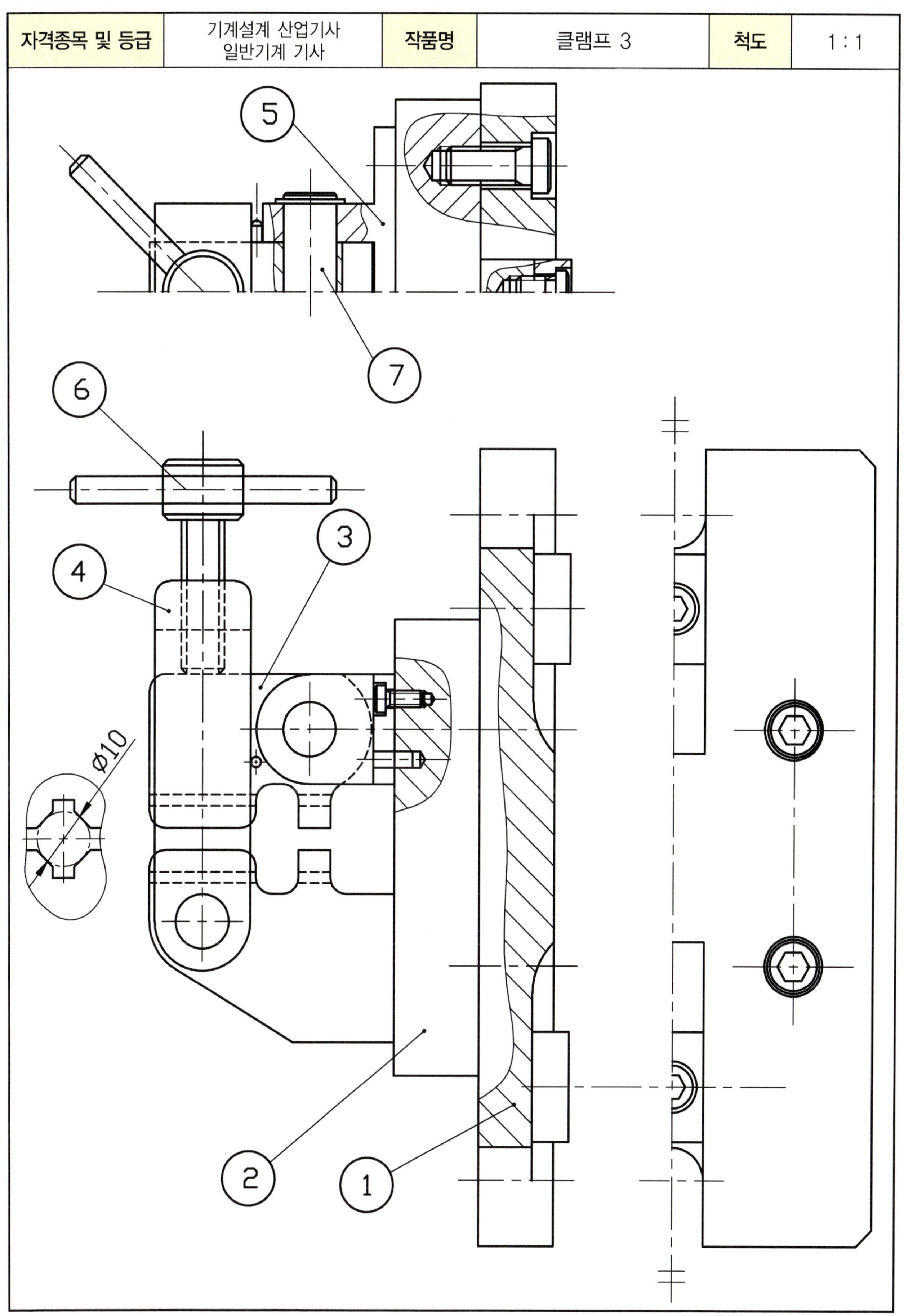

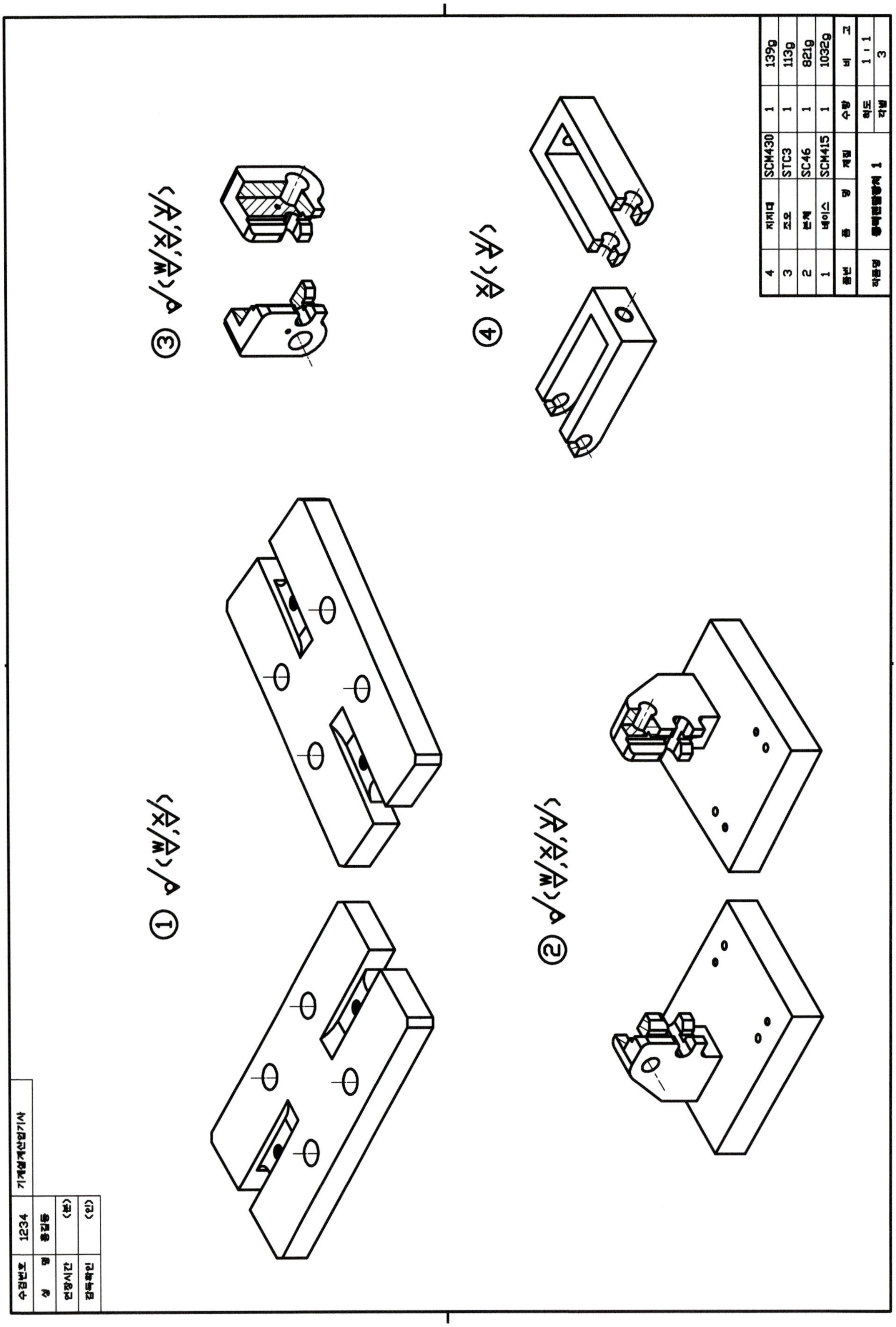

수검번호	1234	기계설계산업기사
성　명	홍길동	
연장시간	(분)	
감독확인	(인)	

① ✓(ᵂ/ˣ/)

② ✓(ᵂ/ˣ/ʸ)

③ ✓(ᵂ/ˣ/ʸ)

④ ˣ(ʸ/)

4	지지대	SCM430	1	139g
3	조오	STC3	1	113g
2	본체	SC46	1	821g
1	베이스	SCM415	1	1032g
품번	품　　명	재질	수량	비　고

작품명	동력전달장치 1	척도	1 : 1
		각법	3

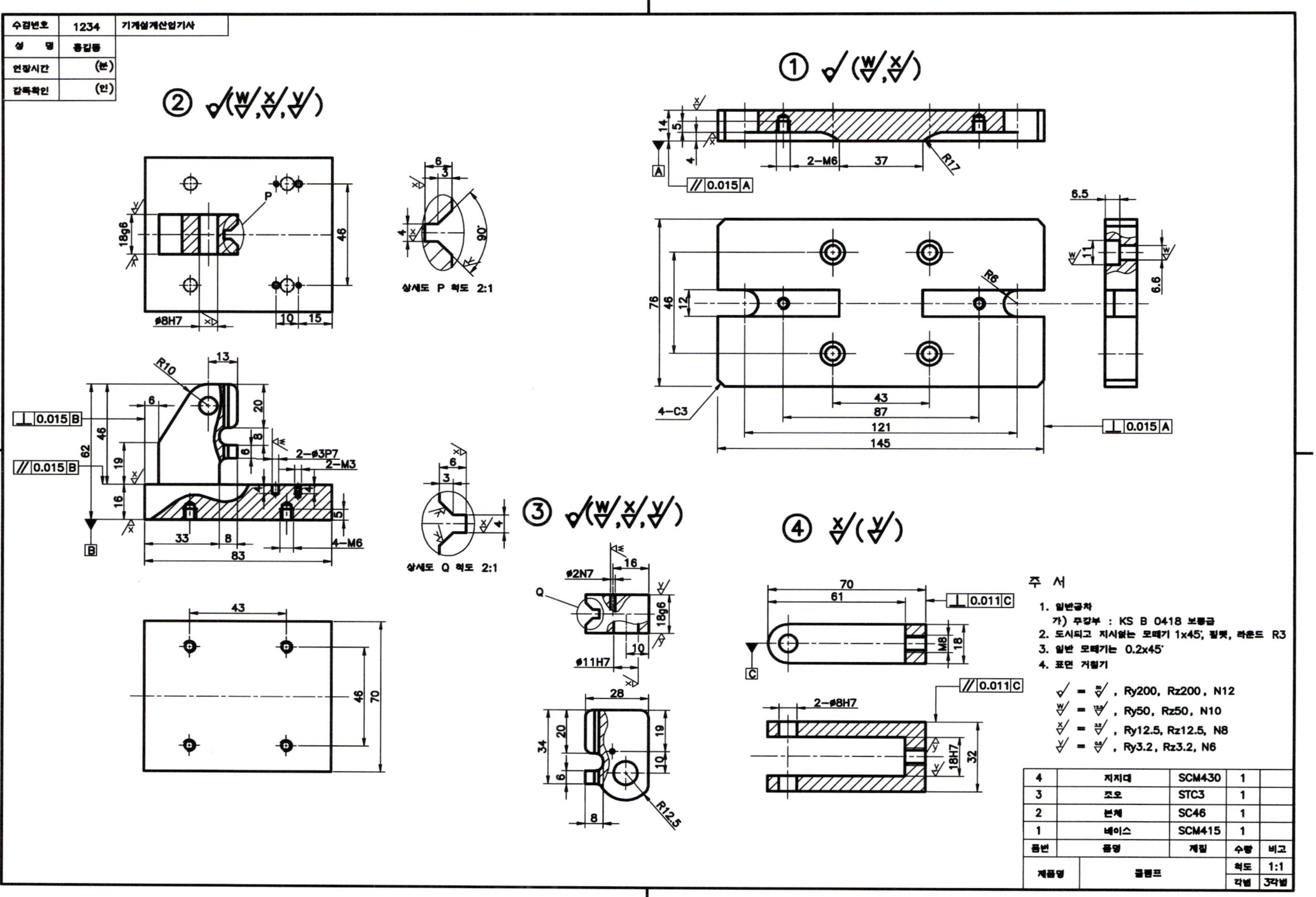

4	지지대	SCM430	1	
3	조오	STC3	1	
2	본체	SC46	1	
1	베이스	SCM415	1	
품번	품명	재질	수량	비고
제품명	클램프		척도	1:1
			각법	3각법

자격종목 및 등급	기계설계 산업기사 일반기계 기사	작품명	클러치축	척도	1 : 1

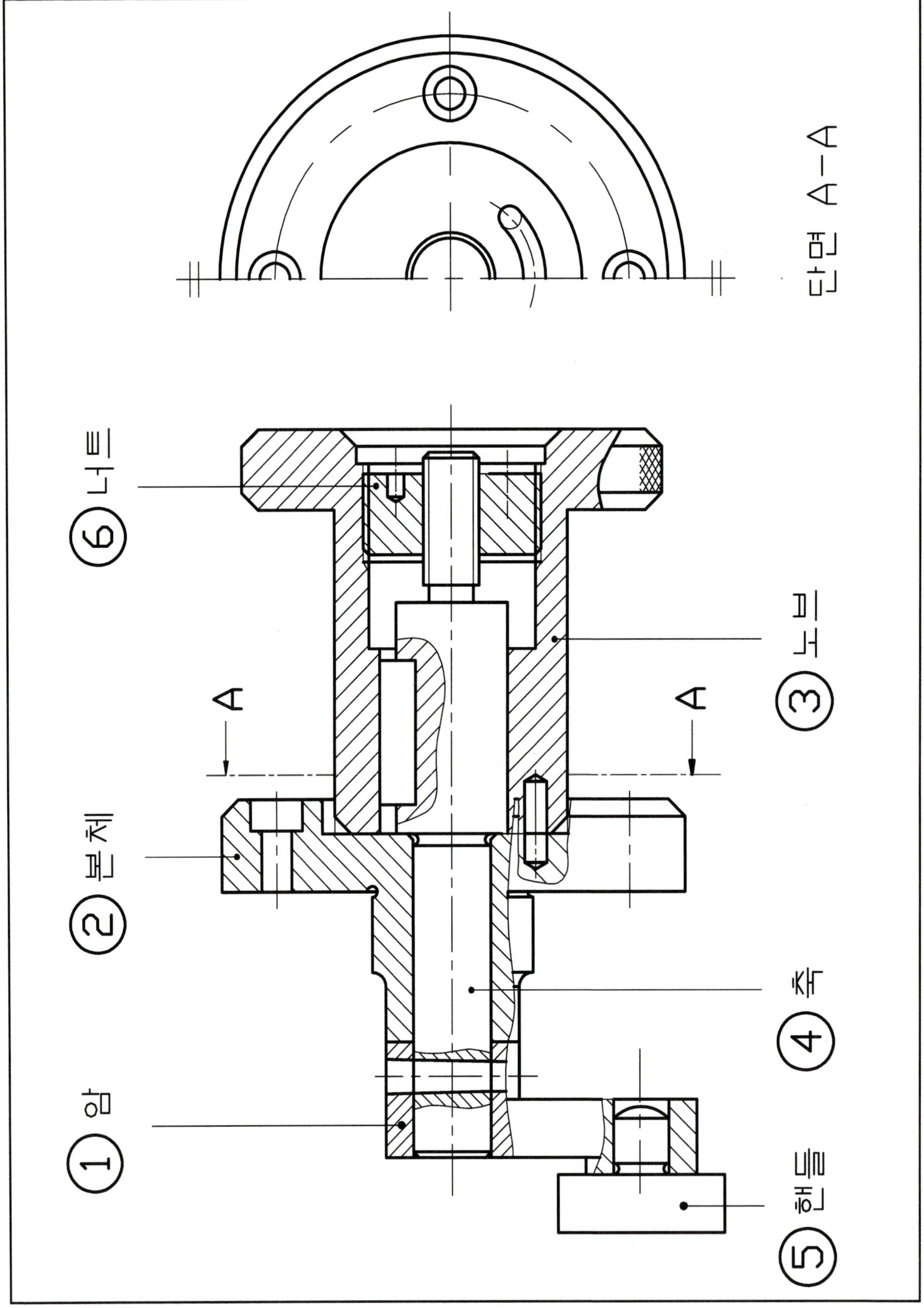

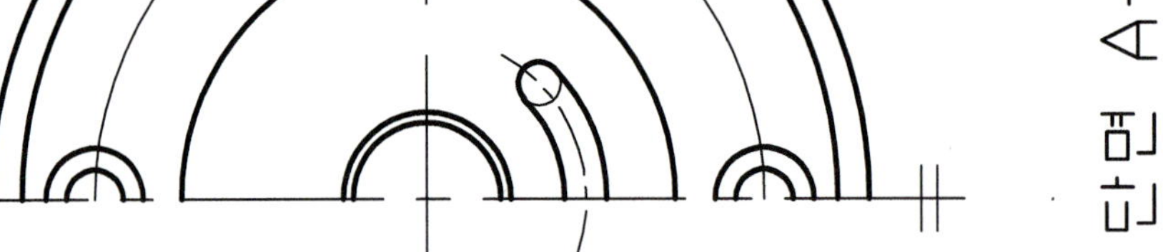

품번	품명	재질	수량	비고
4		SC45	1	161g
3		SM20C	1	717g
2		SM20C	1	606g
1		SM20C	1	90g
제품명	클러치 축		척도	1:1
			각법	3각법

수검번호	123456
작품명	
연장시간	(분)
감독확인	(인)

기계설계산업기사

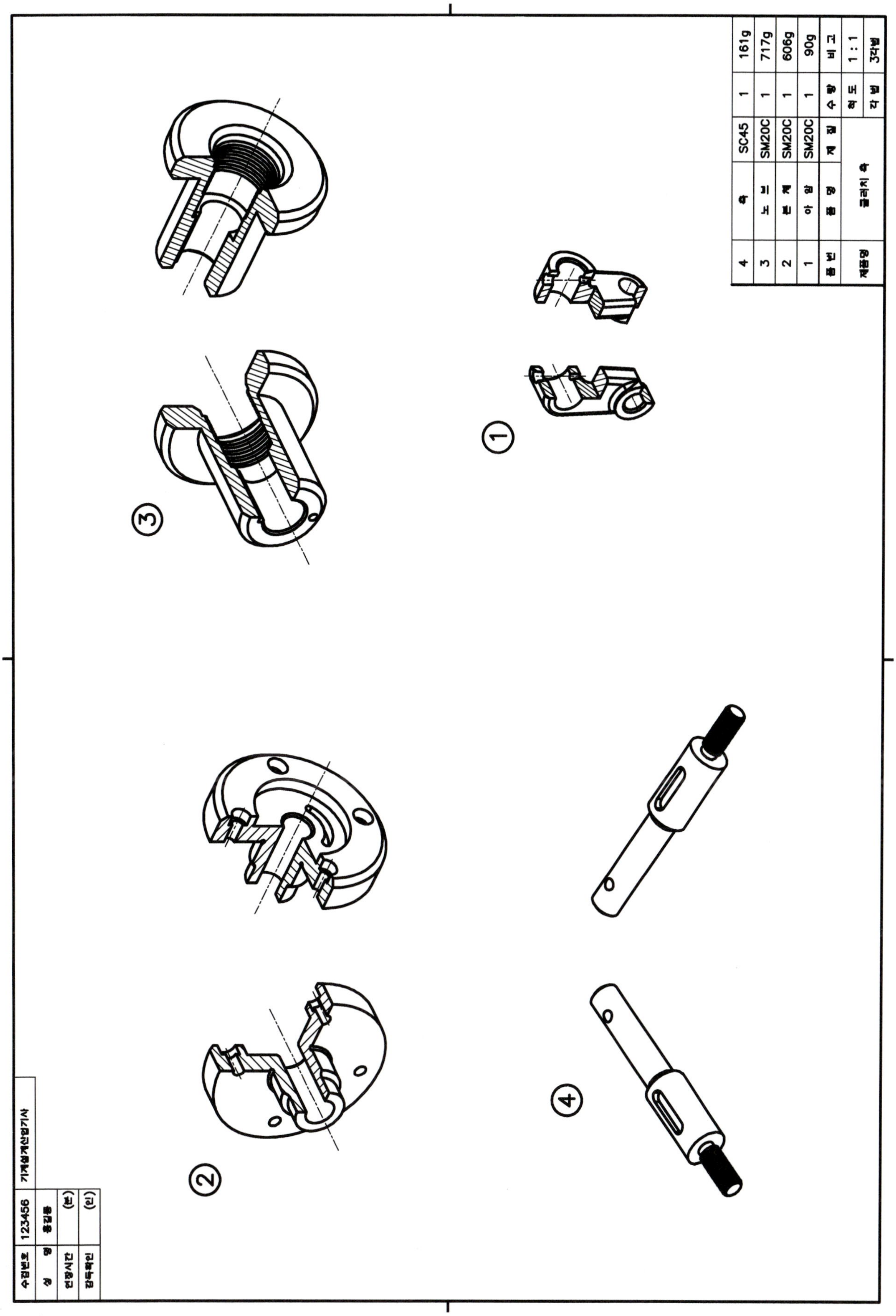

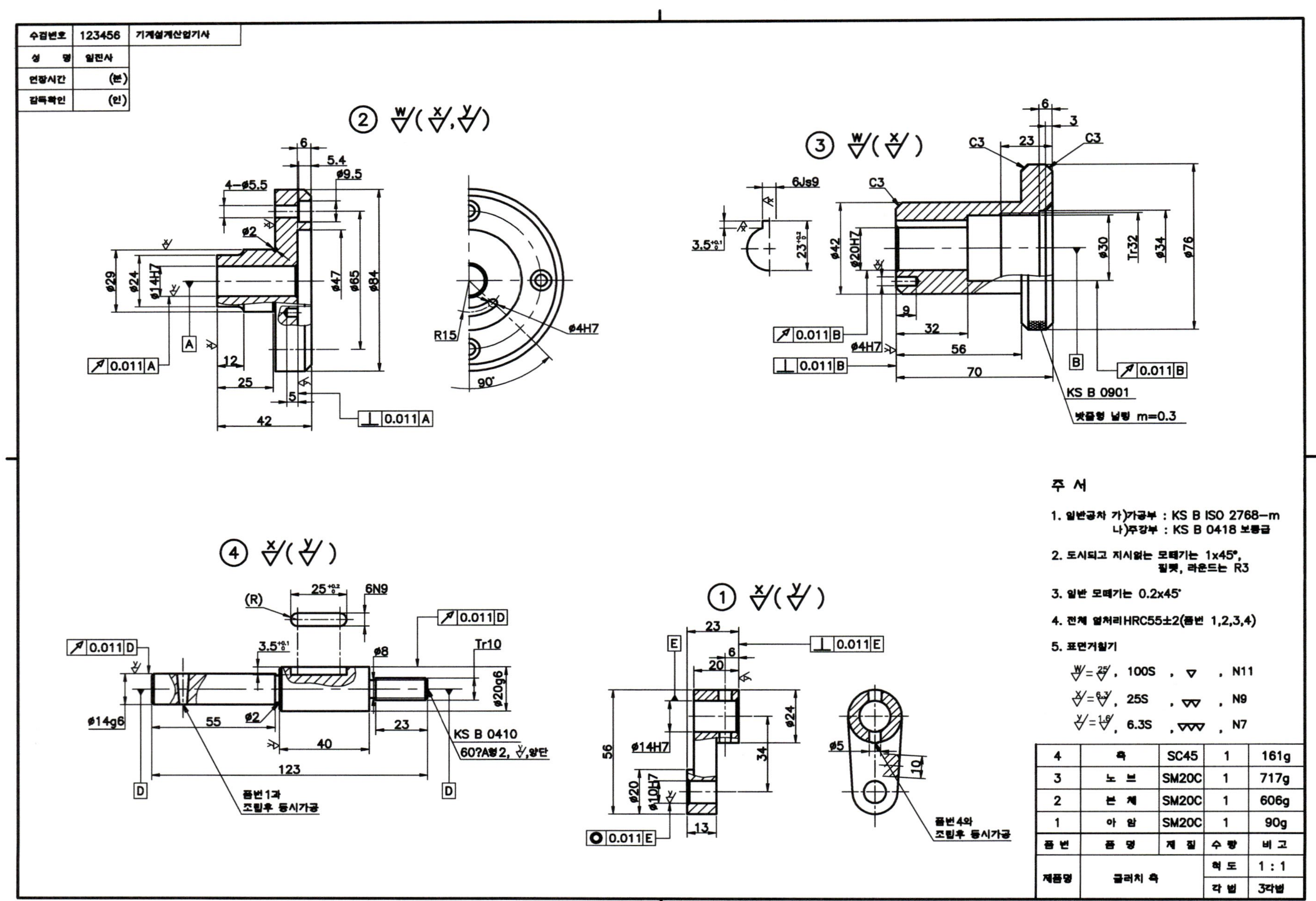

4	축	SC45	1	161g
3	노 브	SM20C	1	717g
2	본 체	SM20C	1	606g
1	아 암	SM20C	1	90g
품 번	품 명	재 질	수 량	비 고
제품명	클러치 축		척 도	1 : 1
			각 법	3각법

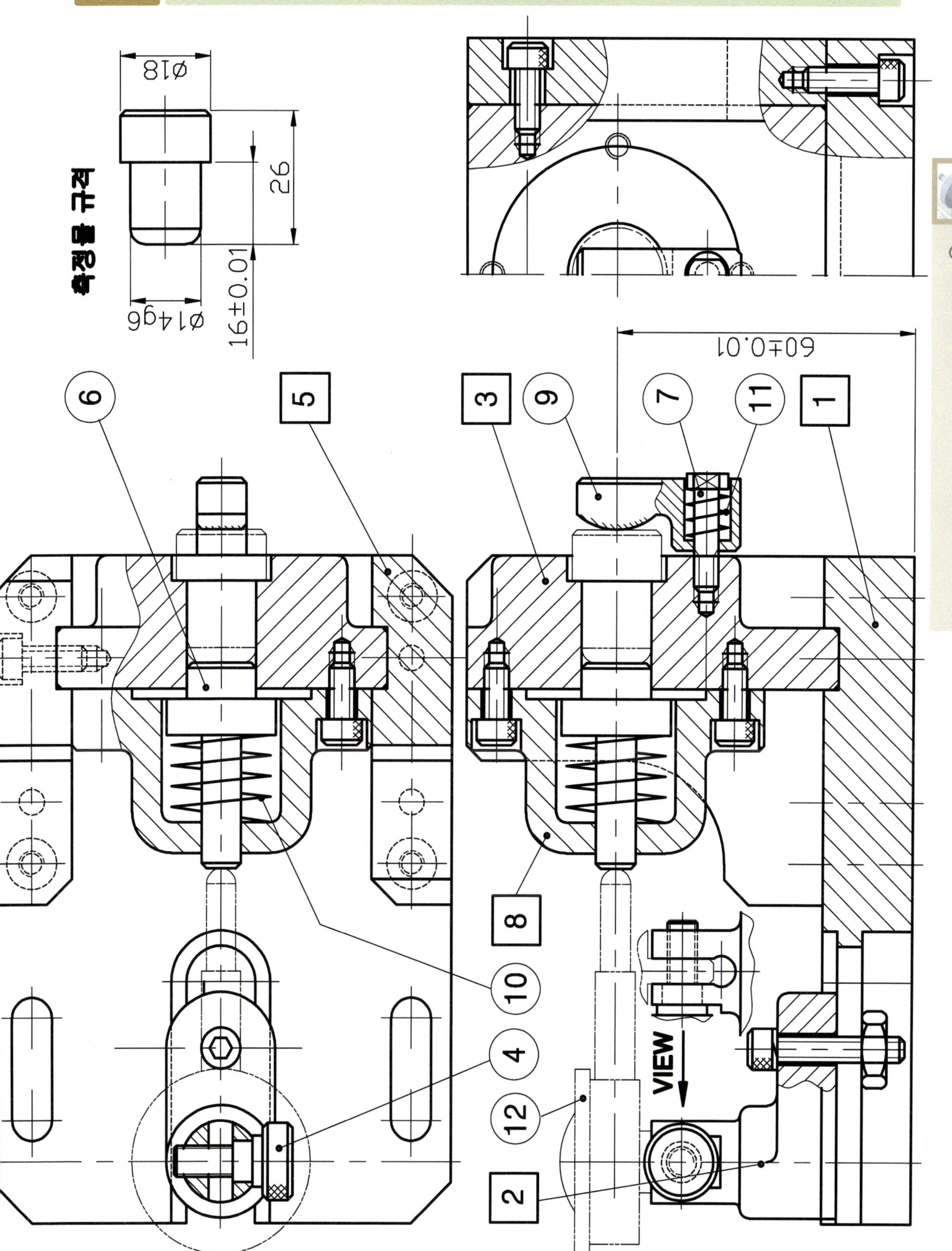
측정봉 규격
∅18
26
16±0.01
∅14g6
60±0.01
6
5
3
9
7
11
1
8
10
4
12
2
VIEW
02
기출 과제

수험번호	123456	기계설계산업기사
성 명	홍길동	
연장시간		
감독확인		

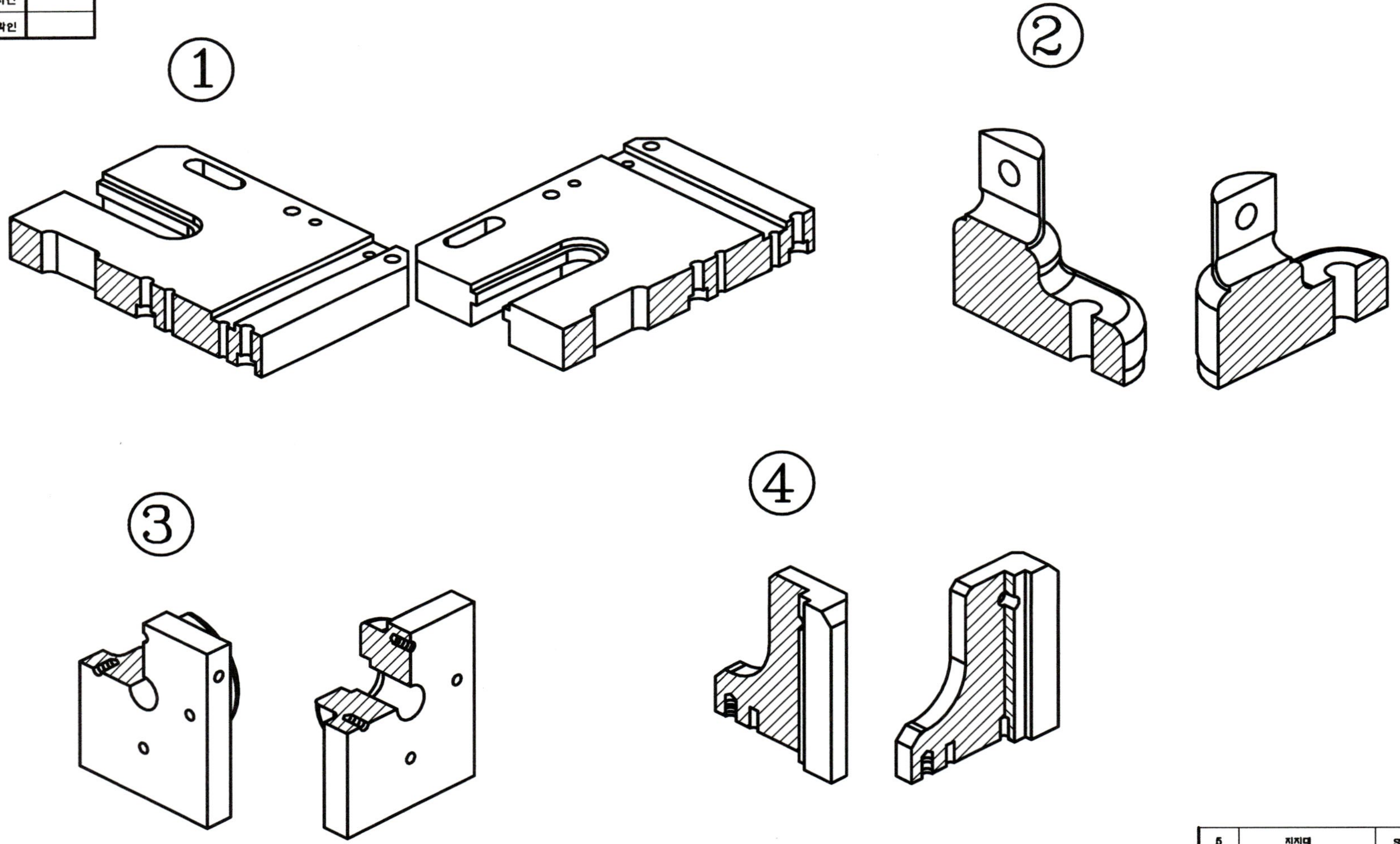

5	지지대	SM20C	2	365g
3	게이지블럭	SM35C	1	595g
2	고정대	SM35C	1	105g
1	베이스	SM20C	1	1818g
품번	품명	재질	수량	비고
작품명	길이측정검사구		척도	1:1
			각법	3각법

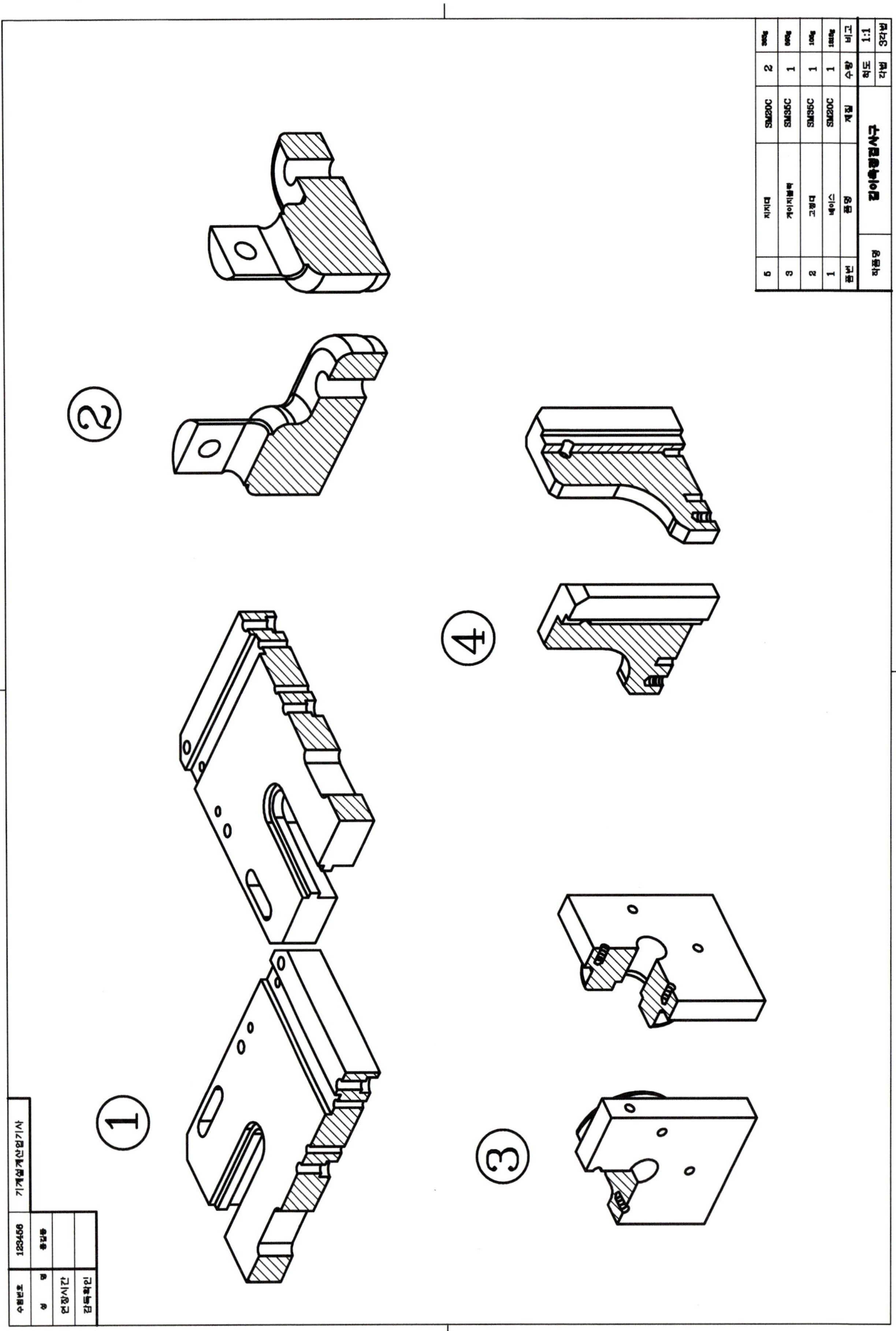

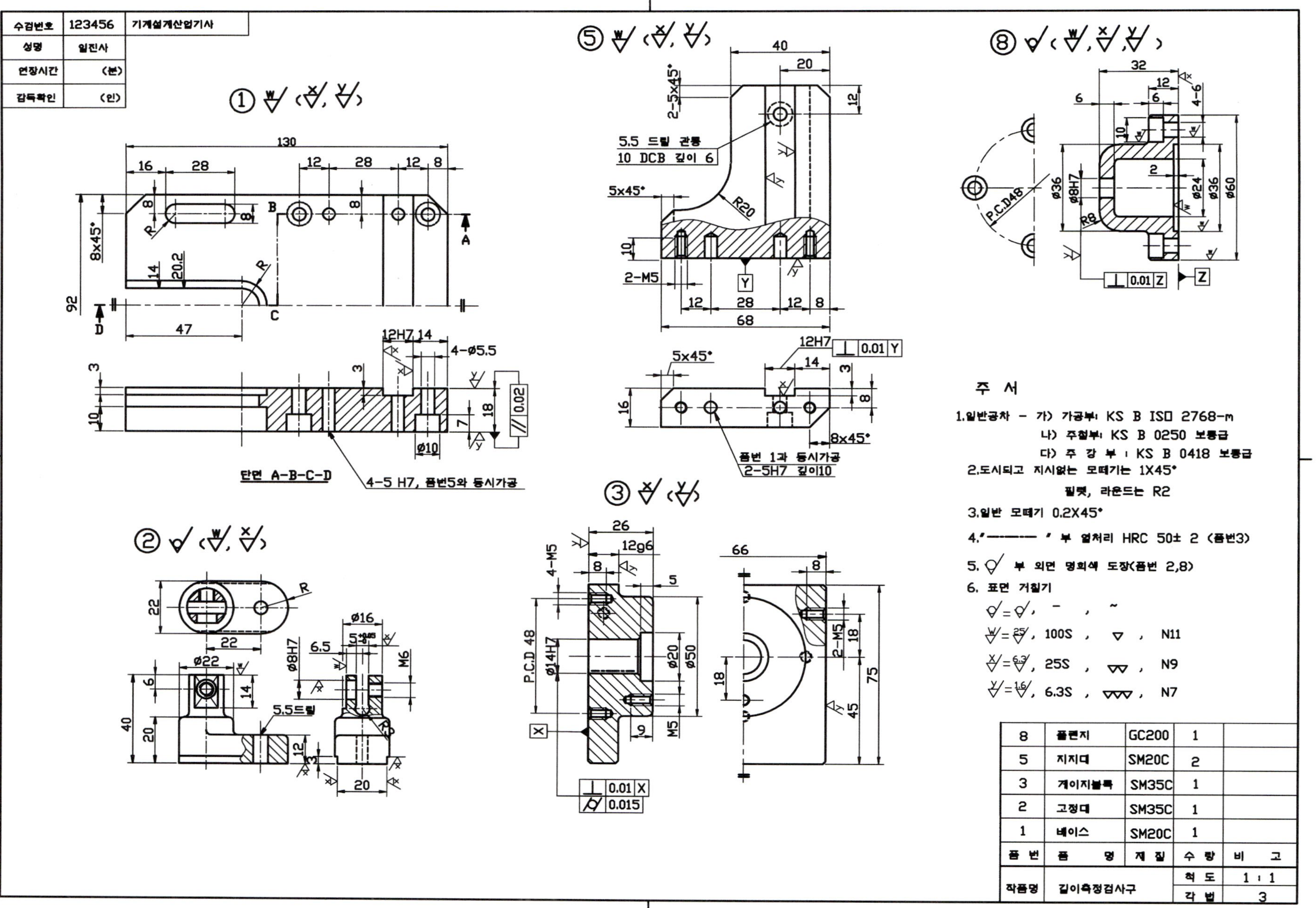

8	플랜지	GC200	1	
5	지지대	SM20C	2	
3	게이지블록	SM35C	1	
2	고정대	SM35C	1	
1	베이스	SM20C	1	
품 번	품　　명	재 질	수 량	비　고
작품명	길이측정검사구		척 도	1 : 1
			각 법	3

자격종목 및 등급	기계설계 산업기사	작품명	동력변환장치	척도	1 : 1

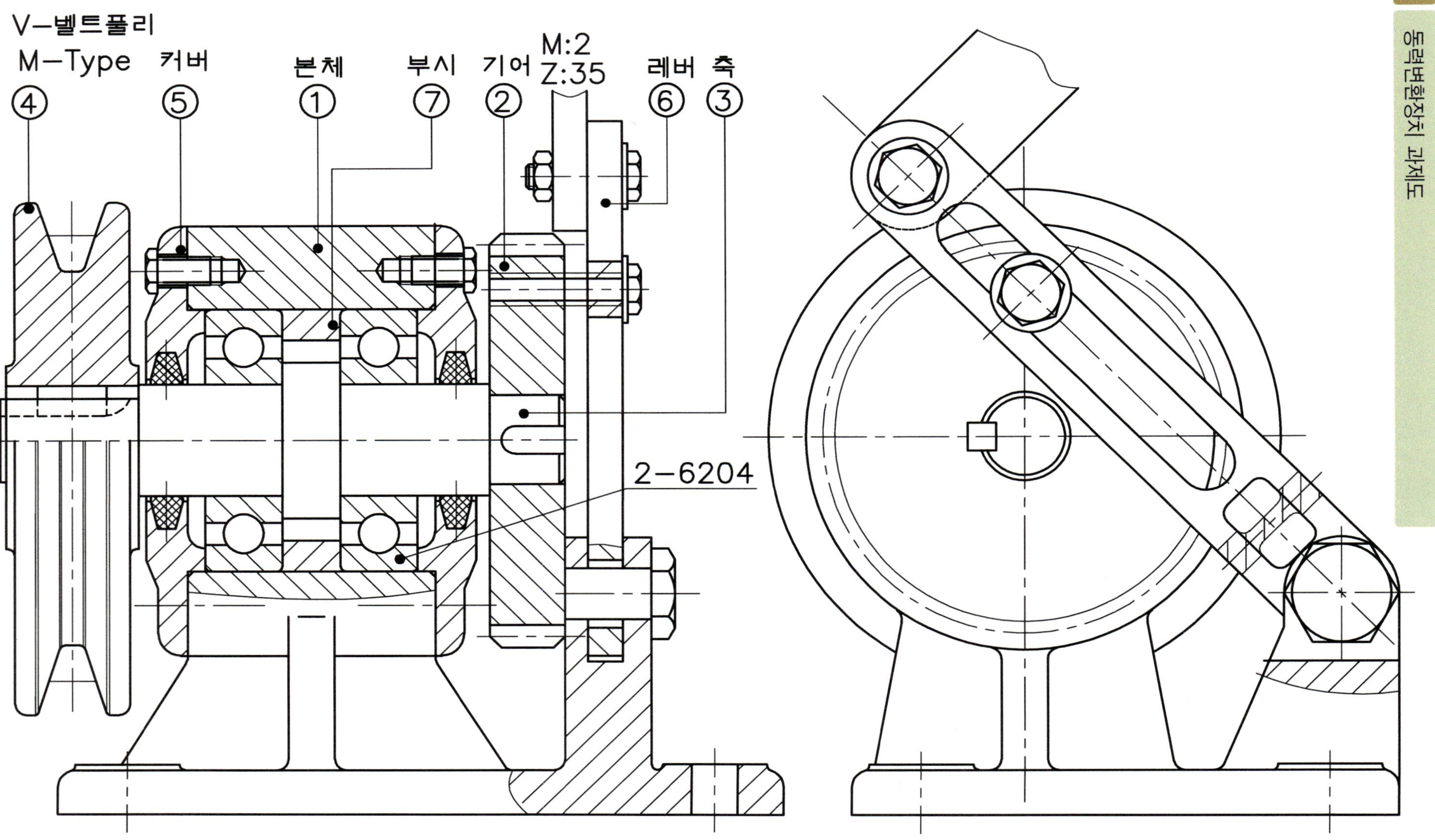

자격종목 및 등급	기계설계 산업기사	작품명	래치기어장치	척도	1 : 1

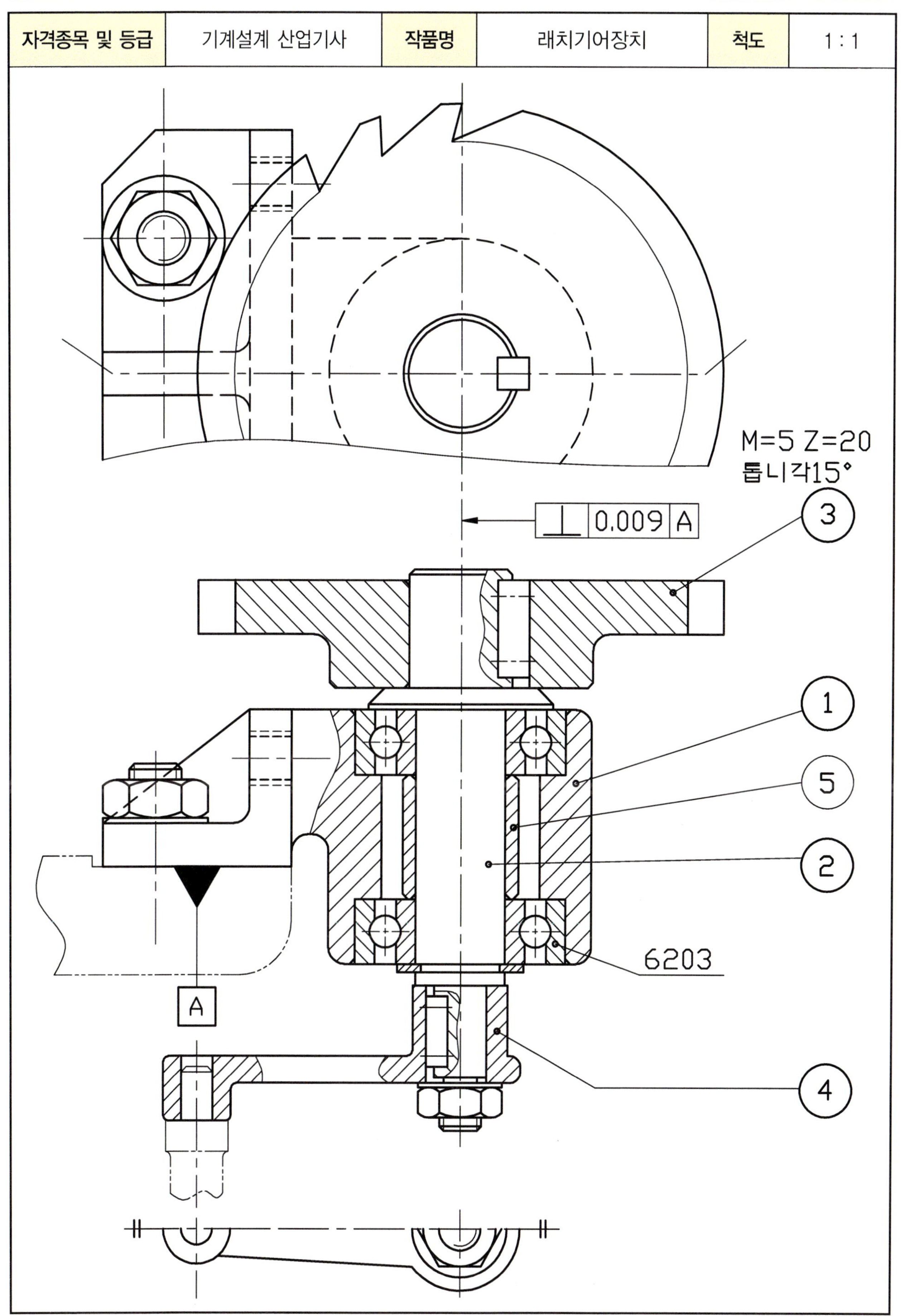

부 록 3 시험에 자주 나오는 KS 데이터 규격 ▶▶▶

1 6각 구멍 붙이 볼트의 깊은 자리파기 및 볼트 구멍의 치수 (KS B 1003)

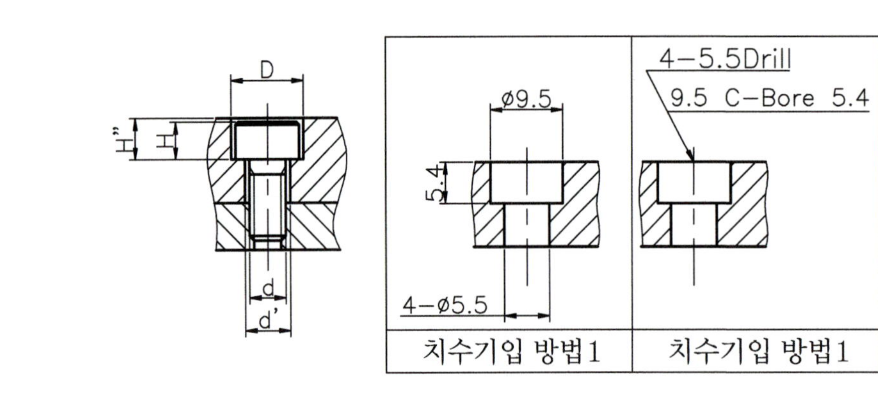

나사의 호칭(d)	M3	M4	M5	M6	M8	M10	M12	M14	M16	M18	M20
d	3	4	5	6	8	10	12	14	16	18	20
d′	3.4	4.5	5.5	6.6	9	11	14	16	18	20	22
D	5.5	7	8.5	10	13	16	18	21	24	27	30
D′	6.5	8	9.5	11	14	17.5	20	23	26	29	32
H	3	4	5	6	8	10	12	14	16	18	20
H″	3.3	4.4	5.4	6.5	8.6	10.8	13	15.2	17.5	19.5	21.5

2 6각 볼트 자리파기 치수 및 접시머리 나사의 카운터 싱크 치수 (KS B 1007)

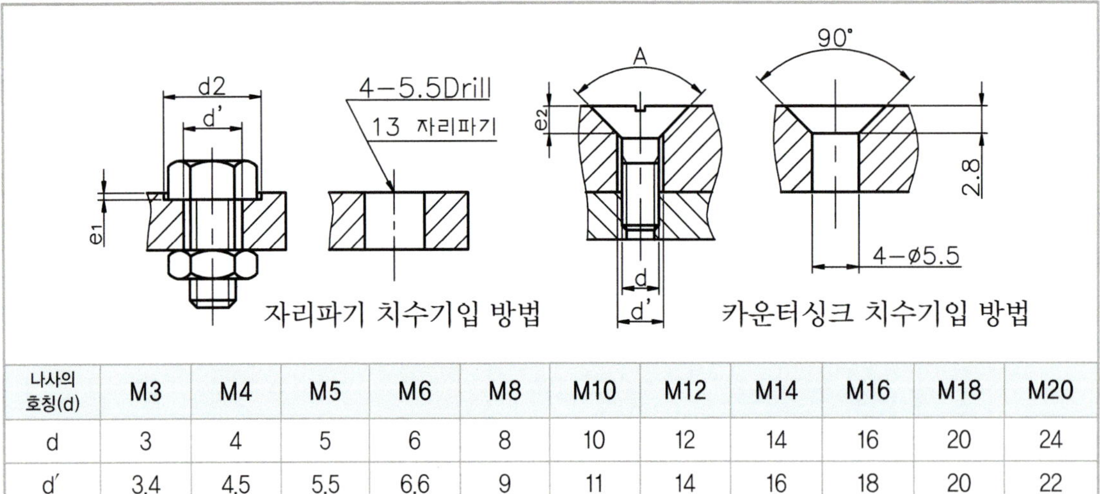

나사의 호칭(d)	M3	M4	M5	M6	M8	M10	M12	M14	M16	M18	M20
d	3	4	5	6	8	10	12	14	16	20	24
d′	3.4	4.5	5.5	6.6	9	11	14	16	18	20	22
d2	9	11	13	15	20	24	28	32	35	39	43
e1	0.3	0.4	0.4	0.4	0.6	0.6	1.1	1.1	1.1	1.1	1.2
e2	1.75	2.3	2.8	3.4	4.4	5.5	6.5	7	7.5	8	8.5
A	90^{+2}_{0}	90^{+2}_{0}	90^{+2}_{0}	90^{+2}_{0}	90^{+2}_{0}	90^{+2}_{0}	90^{+2}_{0}	90^{+2}_{0}	90^{+2}_{0}	90^{+2}_{0}	90^{+2}_{0}

❸ 센터구멍의 도시방법 (KS B 0618)

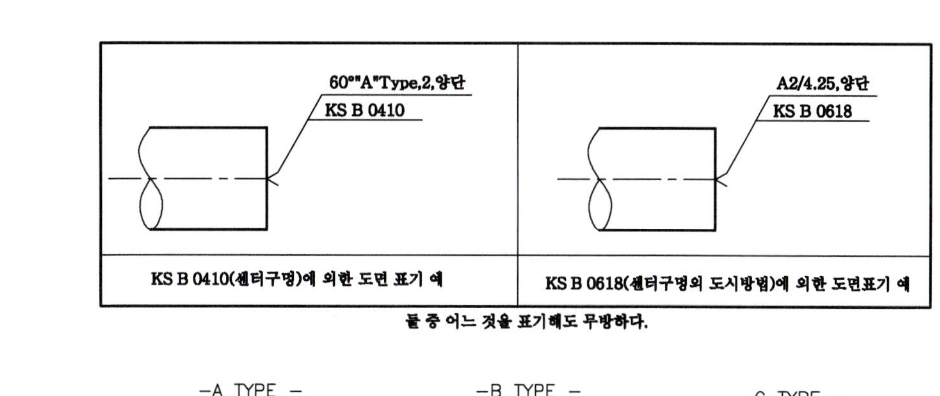

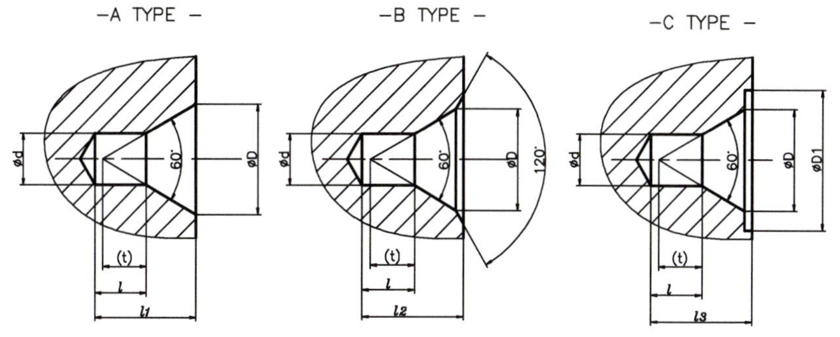

(단위 : mm)

호칭지름 d	D	D_1	l	b (약)	참 고			
					l_1	l_2	l_3	t
(0.5)	1.06	1.6	1	0.2	0.48	0.64	0.68	0.5
(0.63)	1.32	2	1.2	0.3	0.6	0.8	0.9	0.6
(0.8)	1.7	2.5	1.5	0.3	0.78	1.01	1.08	0.7
1	2.12	3.15	1.9	0.4	0.97	1.27	1.37	0.9
(1.25)	2.65	4	2.2	0.6	1.21	1.6	1.81	1.1
1.6	3.35	5	2.8	0.6	1.52	1.99	2.12	1.4
2	4.25	6.3	3.3	0.8	1.95	2.54	2.75	1.8
2.5	5.3	8	4.1	0.9	2.42	3.2	3.32	2.2
3.15	6.7	10	4.9	1	3.07	4.03	4.07	2.8
4	8.5	12.5	6.2	1.3	3.9	5.05	5.2	3.5
(5)	10.6	16	7.5	1.6	4.85	6.41	6.45	4.4
6.3	13.2	18	9.2	1.8	5.98	7.36	7.78	5.5
(8)	17	22.4	11.5	2	7.79	9.35	9.79	7
10	21.2	28	14.2	2.2	9.7	11.66	11.9	8.7

④ 평행 키(묻힘 키) 및 키 홈의 모양과 치수(KS B 1311)

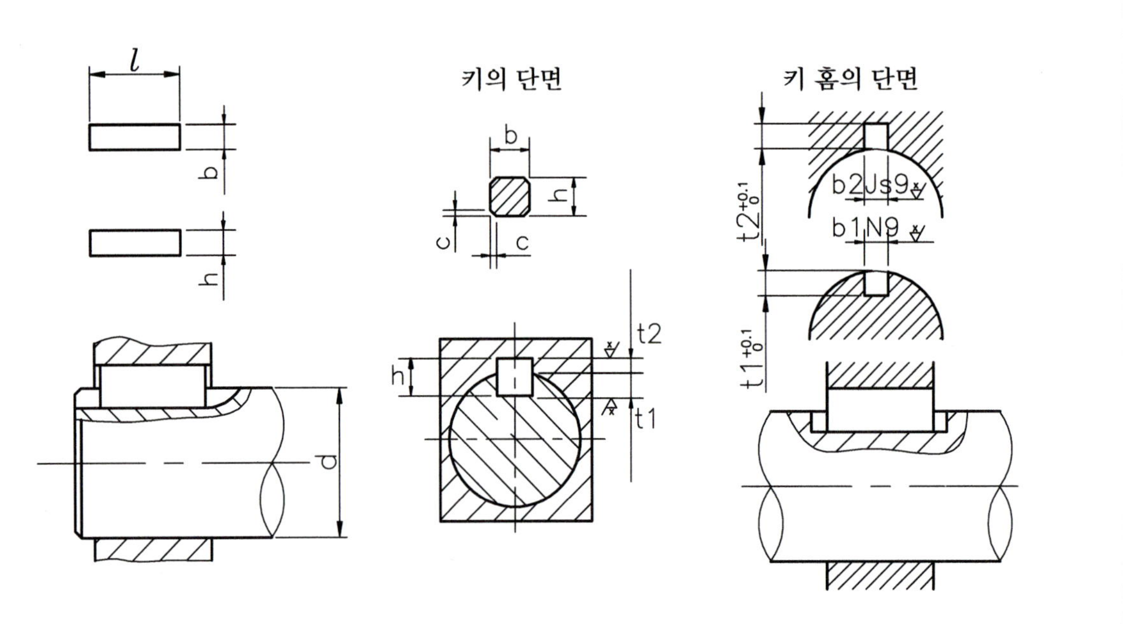

키의 호칭 치수 $b \times h$	키의 치수							키 홈의 치수							(참고)
	b 기준 치수	b 허용차	h 기준 치수	h 허용차		C	l	$b_1 b_2$ 의 기준 치수	정밀급 b_1 및 b_2 허용차	보통급 b_1 허용차	보통급 b_2 허용차	t_1의 기준 치수	t_2의 기준 치수	t_1, t_2 의 허용차	적용하는 축지름 d
2×2	2	0 −0.025	2	0 −0.025	h9	0.16 ~ 0.25	6~20	2	−0.006 −0.031	−0.004 −0.029	± 0.0125	1.2	1.0	+ 0.10	6~8
3×3	3		3				6~36	3				1.8	1.4		8~10
4×4	4	0 −0.030	4	0 −0.030			8~45	4	−0.012 −0.042	0 −0.030	± 0.0150	2.5	1.8		10~12
5×5	5		5				10~56	5				3.0	2.3		12~17
6×6	6		6			0.25 ~ 0.40	14~70	6				3.5	2.8		17~22
(7×7)	7	0 −0.036	7	0 −0.030			16~80	7	−0.015 −0.051	0 −0.036	± 0.0180	4.0	3.0		20~25
8×7	8		7	0 −0.090	h11		18~90	8				4.0	3.3		22~30
10×8	10		8				22~110	10				5.0	3.3		30~38
12×8	12	0 −0.043	8			0.40 ~ 0.60	28~140	12	−0.018 −0.061	0 −0.043	± 0.0215	5.0	3.3	+ 0.20	38~44
14×9	14		9				36~160	14				5.5	3.8		44~50
(15×10)	15		10				40~180	15				5.0	5.0		50~55
16×10	16		10				45~180	16				6.0	4.3		50~58
18×11	18		11	0 −0.110			50~200	18				7.0	4.4		58~65

5 반달 키 홈 (KS B 1312)

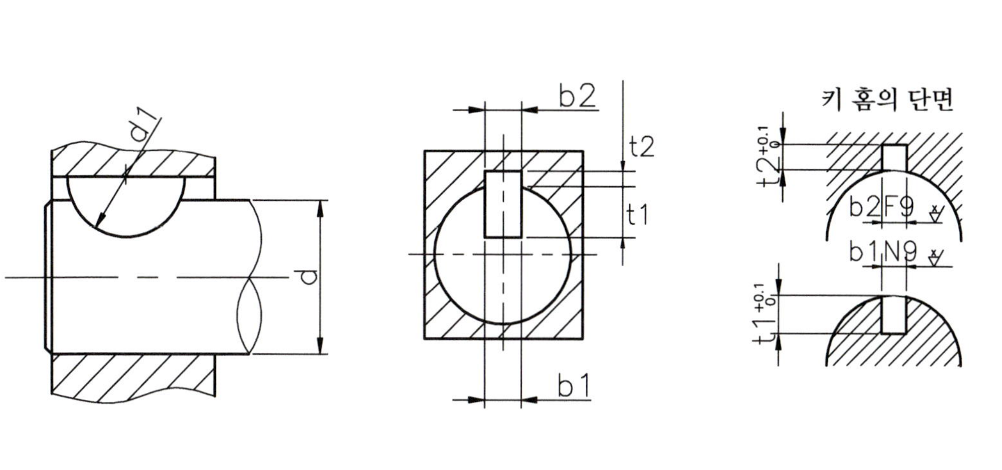

키의 호칭치수 $b \times d_0$	키 홈의 치수									참고
	b_1		b_2		t_1	t_2		d_1		적용하는 축지름 d
	기준치수	허용차 (N9)	기준치수	허용차 (F9)	기준치수	기준치수	t_1, t_2의 허용차	기준치수	허용차	
2.5×10	2.5		2.5		2.5	1.4		10		7~12
3×10	3	−0.004 −0.029	3	+0.031 +0.006	2.5	1.4		10	+0.20	8~14
3×13	3		3		3.8	1.4		13		9~16
3×16	3		3		5.3	1.4		16		11~18
4×13	4		4		3.5	1.7		13		11~18
4×16	4		4		5	1.7		16		12~20
4×19	4		4		6	1.7	+0.1 0	19	+0.3 0	14~22
5×16	5		5		4.5	2.2		16	+0.2 0	14~22
5×19	5	0 −0.030	5	+0.040 +0.010	5.5	2.2		19		15~24
5×22	5		5		7	2.2		22		17~26
6×22	6		6		6.6	2.6		22	+0.3 0	19~28
6×25	6		6		7.6	2.6		25		20~30
6×28	6		6		8.6	2.6		28		22~32
6×32	6		6		10.6	2.6		32		24~34

⑥ C형 멈춤 링(축용) (KS B 1336)

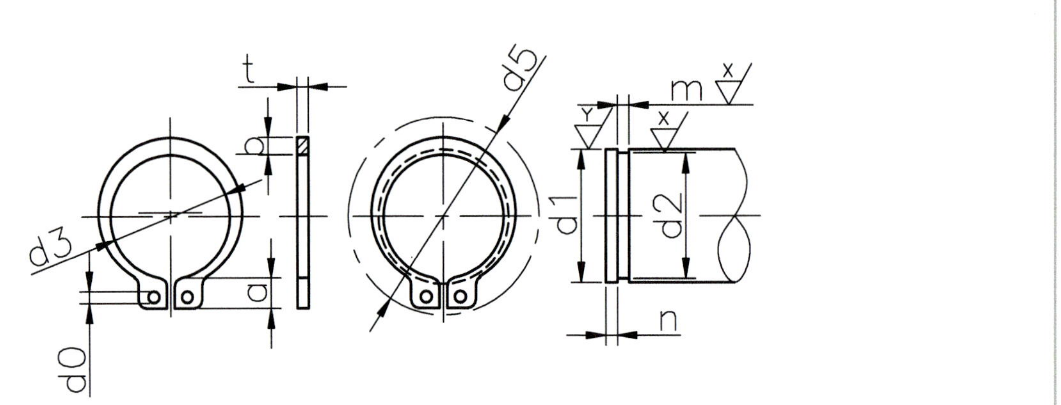

호칭 지름	멈춤링							참고 d_5	적용하는 축					참고 n 최소
	d_3		t		b (약)	a (약)	d_0 최소		d_1	d_2		m		
	기본 치수	치수 허용차	기본 치수	치수 허용차						기본 치수	치수 허용차	기본 치수	치수 허용차	
10	9.3	± 0.15	1	±0.04	1.6	3	1.5	17	10	9.6	0 −0.09	1.15	+0.14 0	1.5
11	10.2				1.8	3.1		18	11	10.5				
12	11.1				1.8	3.2	1.7	19	12	11.5	0 −0.11			
(13)	12				1.8	3.3		20	13	12.4				
14	12.9				2	3.4		22	14	13.4				
15	13.8	± 0.18			2.1	3.5		23	15	14.3				
16	14.7				2.2	3.6		24	16	15.2				
17	15.7				2.2	3.7		25	17	16.2				
18	16.5				2.6	3.8		26	18	17				
(19)	17.5				2.7	3.8		27	19	18		1.35		
20	18.5		1.2	±0.05	2.7	4	2	30	21	20				
(21)	19.5				2.7	4.1		31	22	21				
22	20.5				3.1	4.2		33	24	22.9	0 −0.21			
(24)	22.2				3.1	4.3		34	25	23.9				
25	23.2	± 0.2												
(26)	24.2				3.1	4.6		38	28	26.6		1.65		
28	25.9		1.5		3.5	4.7		39	29	27.6				
(29)	26.9				3.5	4.8		40	30	28.6				
30	27.9				3.5	5		43	32	30.3				
32	29.6										0 −0.25			
(34)	31.5				4	5.4	2.5	46	35	33				
35	32.2	± 0.25			4	5.4		47	36	34		1.9		2
36	33.2		1.75	±0.06	4.5	5.6		50	38	36				
(38)	35.2													

⑦ C형 멈춤 링(구멍용) (KS B 1336)

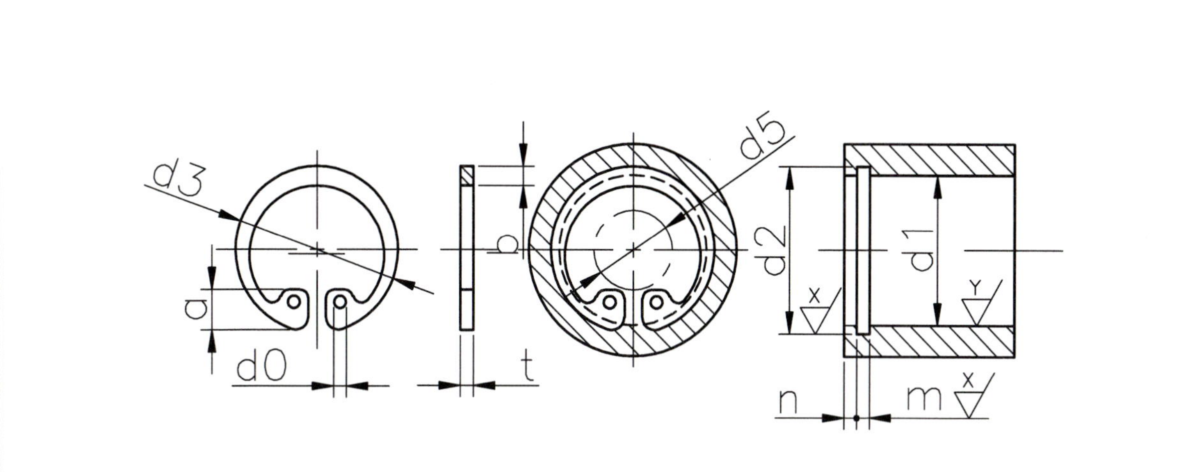

호칭지름	멈춤링							참고 d_5	적용하는 축					참고 n 최소
	d_3		t		b (약)	a (약)	d_0 최소		d_1	d_2		m		
	기본치수	치수허용차	기본치수	치수허용차						기본치수	치수허용차	기본치수	치수허용차	
10	10.7	±0.18	1	±0.04	1.8	3.1	1.2	3	10	10.4	+0.11 / 0	1.15	+0.14 / 0	1.5
11	11.8				1.8	3.2		4	11	11.4				
12	13				1.8	3.3	1.5	5	12	12.5				
13	14.1				1.8	3.5		6	13	13.6				
14	15.1				2	3.6	1.7	7	14	14.6				
(15)	16.2				2	3.6		8	15	15.7				
16	17.3				2	3.7		8	16	16.8				
17	18.3				2	3.8		9	17	17.8				
18	19.5	±0.2			2.5	4	2	10	18	19	+0.21 / 0			
19	20.5				2.5	4		11	19	20				
20	21.5				2.5	4		12	20	21				
(21)	22.5				2.5	4.1		12	21	22				
22	23.5				2.5	4.1		13	22	23				
24	25.9				2.5	4.3		15	24	25.2		1.35		
25	26.9		1.2	±0.05	3	4.4		16	25	26.2				
26	27.9				3	4		16	26	27.2				
28	30.1				3	4.6		18	28	29.4				
30	32.1	±0.25			3	4.7		20	30	31.4	+0.25 / 0			
32	34.4				3.5	5.2		21	32	33.7				

8 깊은 홈 볼 베어링(60계열) (KS B 2023)

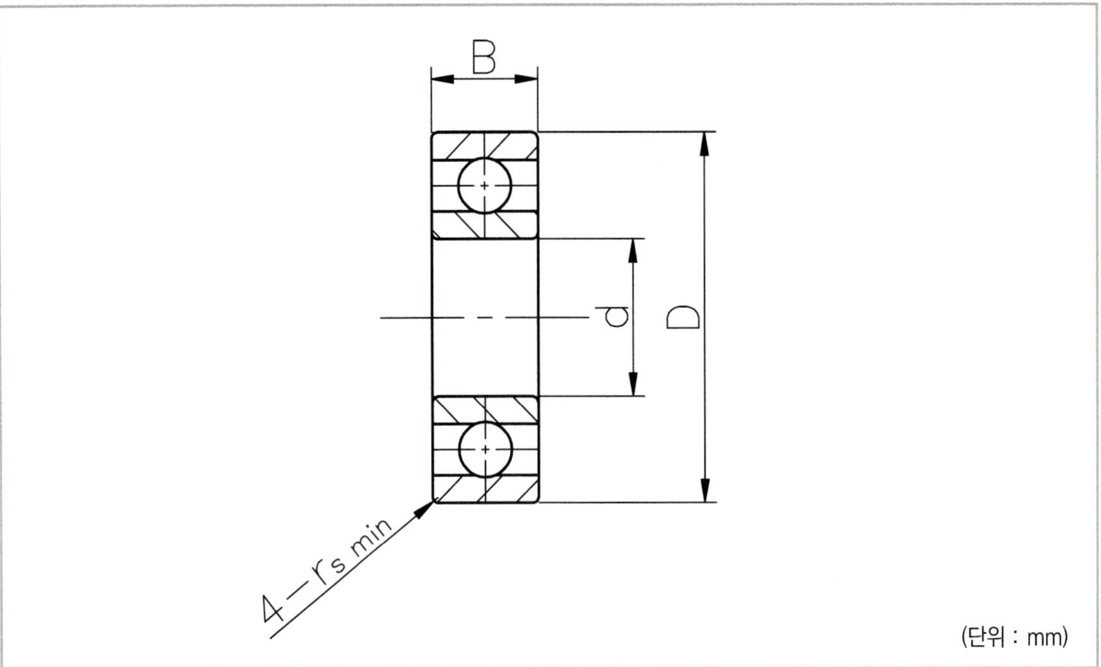

(단위 : mm)

호칭 번호						치 수			
개방형	한쪽 실	양쪽 실	한쪽 실드	양쪽 실드	개방형 스냅링 홈붙이	d	D	B	r_{smin}[1]
603	–	–	–	–	–	3	9	3	0.15
604	–	–	604Z	604ZZ	–	4	12	4	0.2
605	–	–	605Z	605ZZ	–	5	14	5	0.2
606	–	–	606Z	606ZZ	–	6	17	6	0.3
607	607U	607UU	607Z	607ZZ	–	7	19	6	0.3
608	608U	608UU	608Z	608ZZ	–	8	22	7	0.3
609	609U	609UU	609Z	609ZZ	–	9	24	7	0.3
6000	6000U	6000UU	6000Z	6000ZZ	–	10	26	8	0.3
6001	6001U	6001UU	6001Z	6001ZZ	–	12	28	8	0.3
6002	6002U	6002UU	6002Z	6002ZZ	6002N	15	32	9	0.3
6003	6003U	6003UU	6003Z	6003ZZ	6003N	17	35	10	0.3
6004	6004U	6004UU	6004Z	6004ZZ	6004N	20	42	12	0.6
6005	6005U	6005UU	6005Z	6005ZZ	6005N	25	47	12	0.6
6006	6006U	6006UU	6006Z	6006ZZ	6006N	30	55	13	1
6007	6007U	6007UU	6007Z	6007ZZ	6007N	35	62	14	1
6008	6008U	6008UU	6008Z	6008ZZ	6008N	40	68	15	1
6009	6009U	6009UU	6009Z	6009ZZ	6009N	45	75	16	1
6010	6010U	6010UU	6010Z	6010ZZ	6010N	50	80	16	1
6011	6011U	6011UU	6011Z	6011ZZ	6011N	55	90	18	1.1
6012	6012U	6012UU	6012Z	6012ZZ	6012N	60	95	18	1.1
6013	6013U	6013UU	6013Z	6013ZZ	6013N	65	100	18	1.1

⑨ 깊은 홈 볼 베어링(62계열) (KS B 2023)

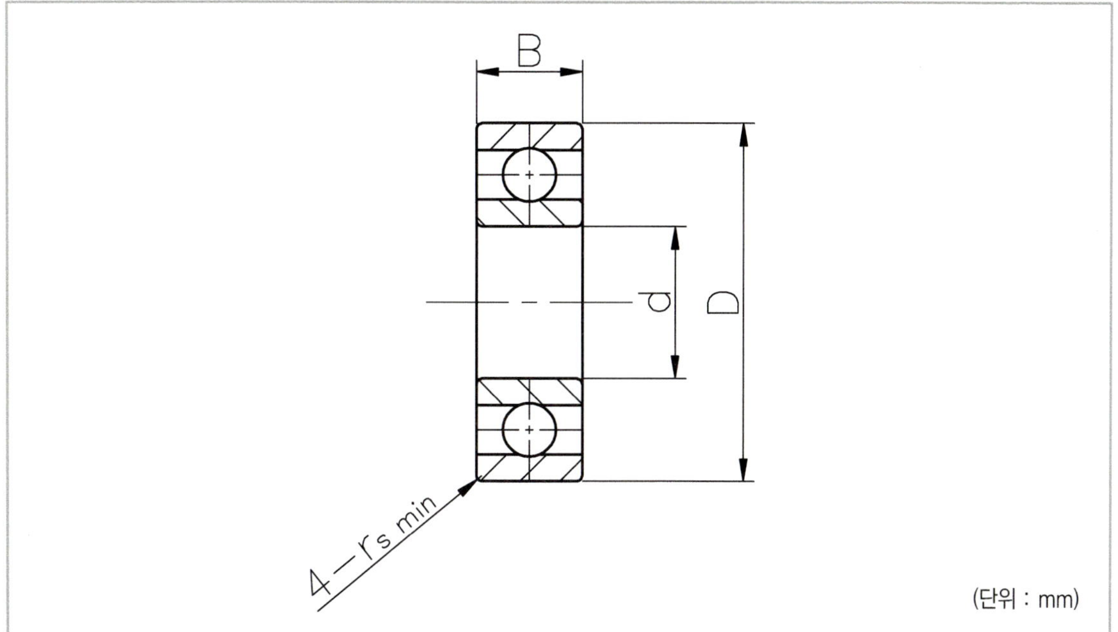

호칭 번호							치 수			
원통구멍					테이퍼 구멍	원통구멍				
개방형	한쪽 실	양쪽 실	한쪽 실드	양쪽 실드	개방형	개방형 스냅링 홈붙이	d	D	B	r_{smin}[1]
623	–	–	623Z	623ZZ	–	–	3	10	4	0.15
624	–	–	624Z	624ZZ	–	–	4	13	5	0.2
625	–	–	625Z	625ZZ	–	–	5	16	5	0.3
626	–	–	626Z	626ZZ	–	–	6	19	6	0.3
627	627U	627UU	627Z	627ZZ	–	–	7	22	7	0.3
628	628U	628UU	628Z	628ZZ	–	–	8	24	8	0.3
629	629U	629UU	629Z	629ZZ	–	–	9	26	8	0.3
6200	6200U	6200UU	6200Z	6200ZZ	–	6200N	10	30	9	0.6
6201	6201U	6201UU	6201Z	6201ZZ	–	6201N	12	32	10	0.6
6202	6202U	6202UU	6202Z	6202ZZ	–	6202N	15	35	11	0.6
6203	6203U	6203UU	6203Z	6203ZZ	–	6203N	17	40	12	0.6
6204	6204U	6204UU	6204Z	6204ZZ	–	6204N	20	47	14	1
62/22	62/22U	62/22UU	62/22Z	62/22ZZ	–	62/22N	22	50	14	1
6205	6205U	6205UU	6205Z	6205ZZ	–	6205N	25	52	15	1
62/28	62/28U	62/28UU	62/28Z	62/28ZZ	–	62/28N	28	58	16	1
6206	6206U	6206UU	6206Z	6206ZZ	–	6206N	30	62	16	1
62/32	62/32U	62/32UU	62/32Z	62/32ZZ	–	62/32N	32	65	17	1
6207	6207U	6207UU	6207Z	6207ZZ	–	6207N	35	72	17	1.1
6208	6208U	6208UU	6208Z	6208ZZ	–	6208N	40	80	18	1.1
6209	6209U	6209UU	6209Z	6209ZZ	–	6209N	45	85	19	1.1

⑩ 롤링 베어링용 플로머 블록(펠트링) (KS B 2052)

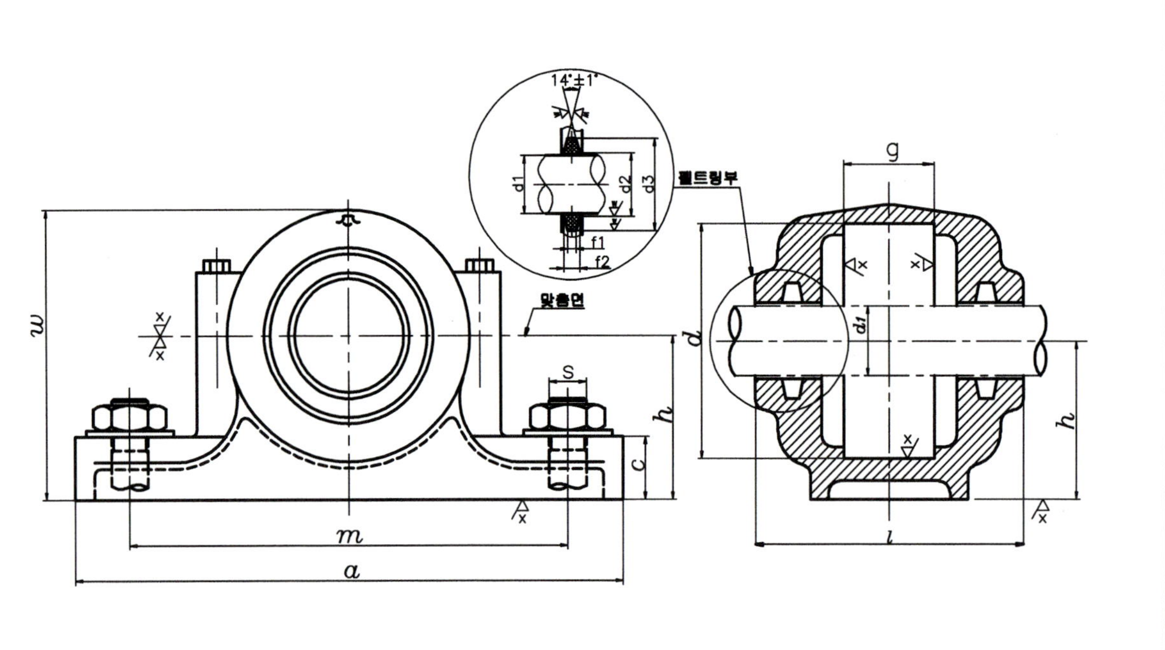

(단위 : mm)

호칭 번호	축지름 (참고) d_1	D H8	a	b	c	g H13	h H13	l	w	m	u	v	d_2 H12	d_3 H12	f_1 H13	참 고		
																af_2 (약)	고정볼트의 호칭 S	중량 kg
SN 504	17	47	150	45	19	24	35	66	70	115	12	20	18,5	28	3	4.2	M10	0,88
SN 505	20	52	165	46	22	25	40	67	75	130	15	20	21,5	31	3	4.2	M12	1,1
SN 506	25	62	185	52	22	30	50	77	90	150	15	20	26,5	38	4	5.4	M12	1,6
SN 507	30	72	185	52	22	33	50	82	95	150	15	20	31,5	43	4	5.4	M12	1,9
SN 508	35	80	205	60	25	33	60	85	110	170	15	20	36,5	48	4	5.4	M12	2,6
SN 509	40	85	205	60	25	31	60	85	112	170	15	20	41,5	53	4	5.4	M12	2,8
SN 510	45	90	205	60	25	33	60	90	115	170	15	20	46,5	58	4	5.4	M12	3,0
SN 511	50	100	255	70	28	33	70	95	130	210	18	23	51,5	67	5	6.9	M16	4,0
SN 512	55	110	255	70	30	38	70	105	135	210	18	23	56,5	72	5	6.9	M16	4,6
SN 513	60	120	275	80	30	43	80	110	150	230	18	23	62	77	5	6.8	M16	5,4
SN 515	65	130	280	80	30	41	80	115	155	230	18	23	67	82	5	6.8	M16	6,7
SN 516	70	140	315	90	32	43	95	120	175	260	22	27	72	89	6	8.1	M20	8,5
SN 517	75	150	320	90	32	46	95	125	185	260	22	27	77	94	6	8.1	M20	9,3
SN 518	80	160	345	100	35	62,4	100	145	195	290	22	27	82	99	6	8.1	M20	11,8
SN 520	90	180	380	110	40	70,3	112	160	218	320	26	32	92	111	7	9.3	M24	15,5
SN 522	100	200	410	120	45	80	125	175	240	350	26	32	102	125	8	10.3	M24	19,8
SN 524	110	215	410	120	45	86	140	185	270	350	26	32	113	135	8	10.7	M24	22,4
SN 526	115	230	445	130	50	90	150	190	290	380	28	36	118	140	8	10.7	M24	28,3
SN 528	125	250	500	150	50	98	150	205	305	420	33	42	128	154	9	12.2	M30	36,0
SN 530	135	270	530	160	60	106	160	220	325	450	33	42	138	164	9	12.2	M30	43,1
SN 532	140	290	550	160	60	114	170	235	345	470	33	42	143	173	10	13,7	M30	49,6

🔢 오일 실(G GM GA) (KS B 2804)

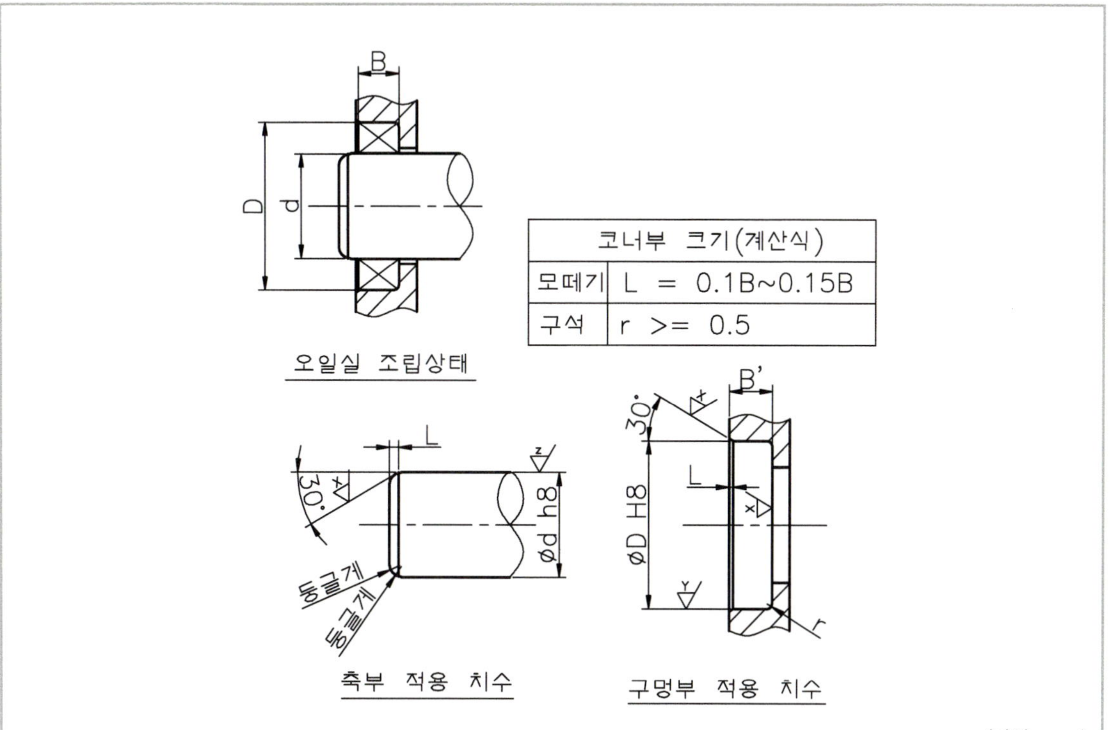

(단위 : mm)

호칭 안지름 d	바깥지름 D	너 비 B	호칭 안지름 d	바깥지름 D	너 비 B
7	18	4	*13	25	4
	20	7		28	7
8	18	4	14	25	4
	22	7		28	7
9	20	4	15	25	4
	22	7		30	7
10	22	4	16	28	4
	25	7		30	7
11	22	4	17	30	5
	25	7		32	8
12	22	4	18	30	5
	25	7		35	8

⑫ 지그용 부시 (고정용) (KS B 1030)

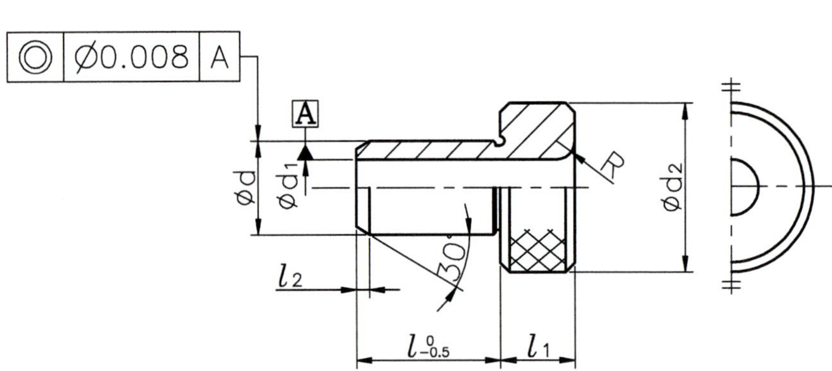

(단위 : mm)

d_1	d		d_2		l	l_1	l_2	R
	기준치수	허용차(m5)	기준치수	허용차(h13)				
4 이하	8	+0.012 +0.006	15	0 −0.270	10　12　16	8		1
4 초과 6 이하	10		18		12　16　20　25			
6 초과 8 이하	12	+0.015 +0.007	22	0 −0.330		10		
8 초과 10 이하	15		26		16　20　(25)　28　36			2
10 초과 12 이하	18		30					
12 초과 15 이하	22	+0.017 +0.008	34	0 −0.390	20　25　(30)　36　45	12		
15 초과 18 이하	26		39					
18 초과 22 이하	30		46		25　(30)　36　45　56			3
22 초과 26 이하	35	+0.020 +0.009	52	0 −0.460			1.5	
26 초과 30 이하	42		59					
30 초과 35 이하	48		66		30　35　45　56			
35 초과 42 이하	55		74					
42 초과 48 이하	62	+0.024 +0.011	82		35　45　56　67			4
48 초과 55 이하	70		90	0 −0.540		16		
55 초과 63 이하	78		100		40　56　67　78			
63 초과 70 이하	85		110					
70 초과 78 이하	95	+0.028 +0.013	120		45　50　57　89			
78 초과 85 이하	105		130	0 −0.630				

비고 : 1. d, d_1 및 d_2의 허용차는 KS B 0401의 규정에 따른다.

2. l_1, l_2 및 R의 허용차는 KS B 0412에 규정하는 보통급으로 한다.

3. l의 허용차는 $_{-0.500}^{\ 0}$mm로 한다.

4. 드릴용 구멍지름 d_1의 허용차는 KS B 0401에 규정하는 G 6으로 하고, 리머용 구멍지름 d_1의 허용차는 KS B 0401에 규정하는 F 7로 한다.

5. 표 중의 l치수에 (　)를 붙인 것은 되도록 사용하지 않는다.

🔟🔟 철제 V벨트 풀리 (KS B 1400)

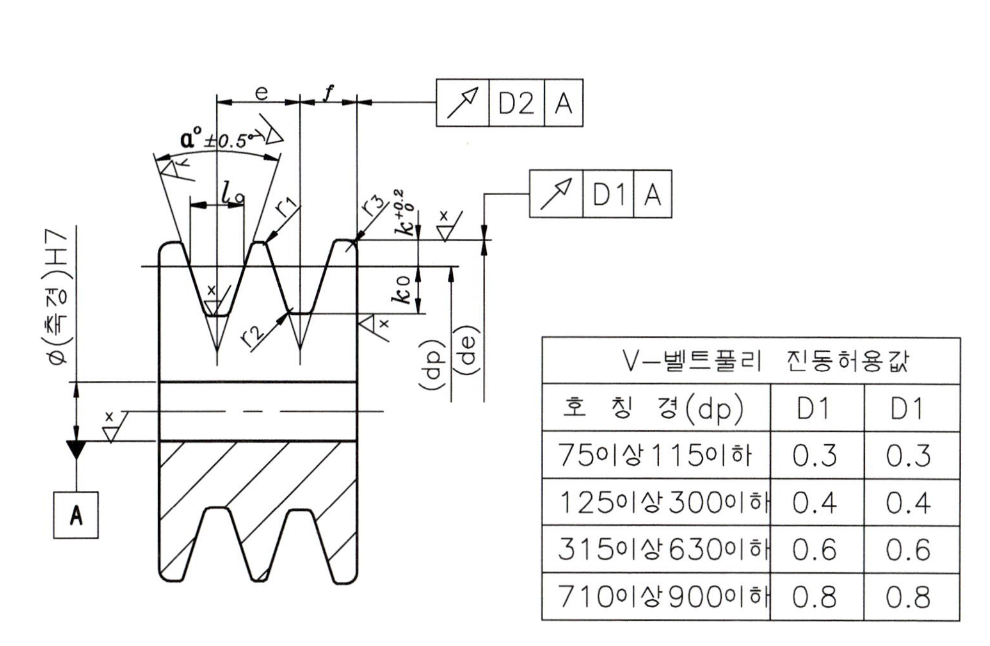

V−벨트풀리 진동허용값		
호 칭 경(dp)	D1	D1
75이상 115이하	0.3	0.3
125이상 300이하	0.4	0.4
315이상 630이하	0.6	0.6
710이상 900이하	0.8	0.8

(단위 : mm)

V벨트의 종류	호칭 지름(d_p)	$a(°)$	l_0	k	k_0	e	f	r_1	r_2	r_3	(참고) V벨트의 두께
M	50 이상 71 이하 71 초과 90 이하 90 초과	34 36 38	8.0	2.7	6.3	_(1)	9.5	0.2 ~0.5	0.5 ~1.0	1~2	5.5
A	71 이상 100 이하 100 초과 125 이하 125 초과	34 36 38	9.2	4.5	8.0	15.0	10.0	0.2 ~0.5	0.5 ~1.0	1~2	9
B	125 이상 160 이하 160 초과 200 이하 200 초과	34 36 38	12.5	5.5	9.5	19.0	12.5	0.2 ~0.5	0.5 ~1.0	1~2	11
C	200 이상 250 이하 250 초과 315 이하 315 초과	34 36 38	16.9	7.0	12.0	25.5	17.0	0.2 ~0.5	1.0 ~1.6	2~3	14
D	355 이상 450 이하 450 초과	36 38	24.6	9.5	15.5	37.0	24.0	0.2 ~0.5	1.6 ~2.0	3~4	19
E	500 이상 630 이하 630 초과	36 38	28.7	12.7	19.3	44.5	29.0	0.2 ~0.5	1.6 ~2.0	4~5	25.5

주(1) : M형은 원칙적으로 한 줄만 걸친다.

Inventor/SolidWorks를 이용한

CAD 실기 실습

2010년 6월 10일 1판1쇄
2018년 1월 10일 1판2쇄

저　자 : 강형식
펴낸이 : 이정일

펴낸곳 : 도서출판 **일진사**
www.iljinsa.com
04317 서울시 용산구 효창원로 64길 6
대표전화 : 704-1616, 팩스 : 715-3536
등록번호 : 제1979-000009호(1979.4.2)

값 20,000원

ISBN : 978-89-429-1169-1